机器意识

人工智能如何为机器人装上大脑

[印] 阿卡普拉沃·包米克
（Arkapravo Bhaumik） 著

王兆天 李晔卓 潘如玥 武建昀 张惠博 译

From AI to Robotics

Mobile, Social, and Sentient Robots

机械工业出版社
CHINA MACHINE PRESS

图书在版编目（CIP）数据

机器意识：人工智能如何为机器人装上大脑 /（印）阿卡普拉沃·包米克（Arkapravo Bhaumik）著；王兆天等译 . -- 北京：机械工业出版社，2021.7（2024.10 重印）

书名原文：From AI to Robotics: Mobile, Social, and Sentient Robots

ISBN 978-7-111-68603-3

I. ①机… II. ① 阿… ② 王… III. ①人工智能 IV. ① TP18

中国版本图书馆 CIP 数据核字（2021）第 133648 号

北京市版权局著作权合同登记 图字：01-2018-4592 号。

From AI to Robotics: Mobile,Social,and Sentient Robots by Arkapravo Bhaumik (ISBN: 978-1-4822-5147-0).

Copyright © 2018 by Taylor & Francis Group, LLC.

Authorized translation from the English language edition published by CRC Press, part of Taylor & Francis Group LLC. All rights reserved.

机器意识：人工智能如何为机器人装上大脑

出版发行：机械工业出版社（北京市西城区百万庄大街 22 号 邮政编码：100037）

责任编辑：王春华 刘 锋

责任校对：马荣敏

印　　刷：北京建宏印刷有限公司

版　　次：2024 年 10 月第 1 版第 3 次印刷

开　　本：147mm×210mm　1/32

印　　张：18

书　　号：ISBN 978-7-111-68603-3

定　　价：109.00 元

客服电话：(010) 88361066　68326294

从 Walter 的海龟机器人开始，技术已经发展了很长时间，我们现在能够为拥有 ASIMO、PR2、NAO 和 Pepper 这样先进的机器人而自豪。我对这个研究领域很有兴趣，这归功于我的学术背景，我曾经参与的各种开源机器人社区（Player/Stage、ROS、MORSE等），还有我的教学任务以及与学生一起进行的项目。最重要的是，我像孩子一样渴望制造机器人。我不能自拔地把过去十年学到的几乎所有东西都凑在一起，就像我们知道的那样，机器人技术和人工智能确实能改变我们的世界。在全书十章的内容里，我对各种各样的研究者进行了思考，如 Braitenberg、Dennett、Brooks、Arkin、Murphy、Winfield、Vaughan、Dudek、Dorigo、Sahin、Bekey、Abney、Wendell、Takeno、Bringsjord 和 Anderson 夫妇，这些让我印象深刻的人为我展现了通往正确道路的夺目光辉。除了这些学术上的影响和激励之外，科幻小说，特别是艾萨克·阿西莫夫、Philip K. Dick、Arthur C. Clarke、Cory Doctorow、Peter Watts 等人的作品，指引我去研究人工智能和机器人的各个方面以及它们对人类社会的影响，并帮助我在本书中阐述想法。

此外，我还受到了一系列电影的影响，这其中有标志性的描述机器人的电影如 *Wall-E*、*IRobot*，以及经典电影如 *The Metropolis*、*Blade Runner* 和 *West World*，还有最近的 *Interstellar*、*Real Steel*、*Robot and Frank*、*Big Hero 6* 和 *Ex-Machina*。

本书致力于向读者介绍在过去四十年中基于智能体的机器人所取得的成就，以及使用易用的电子和开源工具实现这些概念的方法，也介绍了多机器人团队、群体机器人和人机交互，以及在机器人技术中开发人工意识方面做出的努力。最后一章通过超级人工智能和技术奇点的预言展望了人工智能和机器人技术的未来。

本书的旅程从古希腊神话开始，以一个关于未来预言的争论结束，即人类和技术将融合在一起以创造出高等生物作为我们进化途径上的继承人。从赫菲斯托斯、Philon、达·芬奇、特斯拉、Walter、Toda、Moravec、Braitenberg、Brooks 到库兹韦尔，本书采用了实例、图片、与专家一对一的访谈、图解、漫画等方式，内容生动活泼。

本书共涵盖如下七大主题。

1. 人工智能与应用人工智能

任何学科的理论和实践总是有一定的差异，课堂教学的启发与实验室、工作室或工业中的实际应用本身就存在差异。这样的情况对于人工智能来说更多见。根据我的经验，这个问题常常被归结为是"学习人工智能"还是"制造机器人"。Russell、Norvig、Rich、Knight 这些人工智能中的杰出范本实际上对构建机器人并没有多大帮助，你必须挖掘在线教程、YouTube 视频等去学习如何建造机器人。机器学习也是如此，一篇文章可以为学生介绍神经网络，比如，Bishop 可能是你了解这门学科的最好途径，但是要想构建一个神经网络，学生必须找到合适的 C 或 Python 库。理论和应用之间的桥梁（如图 1 所示）不仅距离遥远，而且要求人们具备不同的能力。需要补充的一点是，人工智能本身不足以制造机器人，由于机器人的特性，它还需要利用电子、机械设计、传感器设计和其他交叉学科的知识来实现。本书尝试缩短这个桥梁，并希望通过将概念与实际应用相互联系，让读者更容易跨越它。

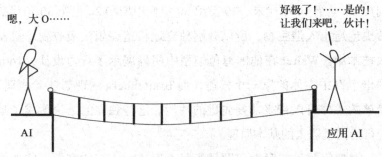

图 1　从人工智能到应用人工智能的桥梁。（对于初学者来说，这两个领域代表了两个不同的学科。本科生会发现很难看出人工智能学说的收敛性。例如，规划、搜索和知识表达是制造机器人的哲学基础和分析工具，但在初学者阶段，它简化为简单的编程脚本、传感器与电机的接口，这样更便于设计。因此，人工智能和机器人之间的相关性对年轻的爱好者来说可能不是很明显）

　　这些应用包括第 2 章和第 3 章中的设计简单的行为，第 4 章中的导航，以及多机器人系统和群集，其中许多补充了来自实际场景的示例、算法和软件介绍。导航的独特性在于它是一种基本行为，也是一种设计工具。第 5 章有几个关于硬件的例子，用来激发机器人爱好者的想象力和创造力。

2. 协商与反应及关联性问题

这两种有关基于智能体的机器人技术的实现途径的争论是由 Rodney Brooks 在 20 世纪 80 年代中期进行开创性工作时引发的。然而，这种思想可以追溯到行为主义和现象学。行为主义是斯金纳通过 19 世纪 90 年代末巴甫洛夫、Thorndike 的工作在 20 世纪 50 年代确立的一个心理学分支学科。Husserl、海德格尔和 Merleau-Ponty 在现象学领域的哲学发展帮助巩固了情境性概念与主体性概念。Walter、Toda 和 Braitenberg 这三位大胆的科学家分别在 20 世纪 40 年代末、20 世纪 60 年代中期和 20 世纪 80 年代初希望创造出人造生物，所以分别独立地将这些想法吸收到了机器人技术中。Walter 在他的海龟模型中明确展示了行为设计，Toda 提出了自主主体的第一个模型，而 Braitenberg 的理想实验表明，简单的主体可以带来非常先进的性能。这些独立的结论形成了基于行为的机器人的基本原理。

框架问题和关联性问题是机器人设计中固有的麻烦，这也构成了争论的核心。这个问题不能被根除，只能在基于行为的范式中完全避免，或者在 PENGI 这类软件中考虑把它处理到最小化。与此形成对比的是，我们人类可以"在运行中""解决"框架问题。目前，大多数机器人都具有协商式和反应式模块，并辅以机器学习能力，因此至少克服了在一个几乎已知的环境里含有的低级重复行为的关联性问题。然而，这个令人讨厌的麻烦一次又一次地出现。功利主义与道义论关于自动驾驶车辆的争执正是协商式与反应式争论的直接扩展，所有道义论使用的方法都被视为与预先设定规则的"框架"相关联，而功利主义原则基于即时性。此外，就像第9章中讨论的那样，大多数开发自主意识机器人的尝试，实际上是对关联性问题的探究：铃鼓的动态与它的拍子有关吗？看镜子时机器人会发现自己的影像吗？机器人能懂得适当的因果关系，并将动作与结论联系起来吗？毋庸置疑，我希望相信只有当机器人能像人类一样用五种感官解决框架问题时，它才是有意识的。

Fodor 声称由于框架问题，人工智能已经消亡了。过去二十年的研究让我们看到，有关框架问题的争论已经丰富了人工智能的内涵。

3. 工程机器人行为

我认为了解行为最好的参考书就是 Ronald Arkin 的巨著 *Behaviour Based Robotics*，Richard Vaughan 和 Alan Winfield 的著作和这本书中的相当一部分内容都记录了机器人预期行为工程学。

反应式系统比协商式或混合式系统运行得更快、更容易设计，它们不需要像照相机或激光扫描仪那样井然有序的硬件。通过对比可以看出，由于行为是自然发生的，所以很难设计有预期表现的架构。像"追踪光源"或"跟随线条"这样非常简单的行为，很难显示出智能体与环境之间的内在联系。群体机器人和 Braitenberg 的小车模型有助于说明这样紧密的关系以及设计的易化性与性能的不可预测性之间的对比。Gerardo Beni 非常巧妙地总结了这一现象，认为机器人的行为融合了不可预测性和寻求秩序这两种完全不同的想法。在过去的三十年里，机器人行为的定义已经被修改，在未来几年可能会进一步被修改。

Walter 的海龟理论是基于智能体的机器人的开端，但 Simon

和后来的 Toda 通过它设想了一个具有路标和多目标的自我维持的移动主体，它可以在补给和工作之间进行权衡。食菌者在遥远的行星上开采铀并收集真菌，而真菌消化则为它们提供了能量，Toda 的模型也是早期的路径规划模型。火星探测器可以说是现代食菌者的化身，尽管它们是利用太阳能电池板而不是火星真菌来获得能量。

20 世纪 80 年代，Wilson 的 ANIMAT 模型、Pfeifer 的基于智能体的机器人设计和开发原则，还有 Lumelsky 和 Stepanov 的 Bug 算法，都基于来自大自然的灵感，简化了自动自我维持移动主体的设计原则。

Braitenberg 的小车模型包含了更多相关功能的设计，如情感、价值系统、信息对应、整理现实以供记忆、学习和进化，所有这些都来自简单的运动感知原理。Braitenberg 的小车模型在许多章节中都作为阐述的示例出现，也是本书中反复出现的主题。

人工智能的灵感来源于自然界，从行为学研究得出的设计和行为模型中的拟人灵感可以看到这种趋势。最好的例子是：Fukuda 的肱动脉运动灵感来自猿猴的摆动运动；ECOBOT 系列机器人是在消化过程之上建模的；群体行为设计来自昆虫和鸟类的交哺现象；INSBOT 项目将机器人诱饵引入蟑螂群体中等。

机器人组和群体机器人之间的对比可帮助我们进一步理解如何设计一种行为的方方面面。反应式方法是多群体机器人的基础，机器人之间的这种内聚性是一个优点，因为它能灵活地适应局部环境的动态变化，而且在不妨碍性能的情况下更容易扩大规模。

然而，群体机器人臭名昭著，因为很难保证其可靠性以及将其性能标记为容错因子。因此，设计一个预期的群体行为比一种前沿技术更能成为未来研究的课题。而设计具有协商范式的机器人组在本地 Wi-Fi 网络上工作更为安全且可以预测，但是它们不太灵活、缺乏通用性且难以扩大规模。

4. 类人智能复制

几乎所有的人类活动动机都可以被归类为生存或好奇。前者对我们的自我平衡至关重要，后者则促进了文化、社会、智力、技术等的进步。无论是在低级行为还是在复杂行为中，机器人设计都开发了这两个方面。阿西莫夫定律记录了自我保护，同时也编码进了简单机器人里，如扫地机器人。而好奇心则与现象的出现紧密关联，也是基于行为范式的驱动力。

基于行为的方法不足以满足伦理责任和人为意识的要求，伦理问题在发展途径中找到了最佳答案，而有关机器人的人为意识问题已经开始在各种途径中进行探索，机器人还没有类人的意识行为。要充分解决伦理和意识问题，就要对人脑进行研究，机器人仍需等待在医学、神经学和心理学领域有所突破。

5. 开源机器人

机器人套件 Player/Stage/Gazebo 和后来的 ROS 是为 Ubuntu 安装而设计的，有助于将真实机器人的运行和仿真领域统一起来。这些软件套件功能以客户端－服务器的方式运行，并鼓励代码块中的众包、按硬件设计和调整，从而建立机器人硬件和软件的基准。ROS 还整合了 Arduino、Raspberry Pi、ODROID 等开源硬件，使设计和开发新的机器人更加模块化，从而向众包开放。

6. 有自主意识的机器人——不仅仅是工具、机器或奴隶

作为一个机器人爱好者，如果一本相关的图书没有提到艾萨克·阿西莫夫，那么它将不能得到我的认可。他对人类机器人社会的愿景是本书第 8 章的背景。然而，他的三条定律却被发现是相互矛盾的。它们存在实现问题并缺乏实际应用。同样，图灵测试更多只是一个概念，而不是一个真正能用来区分自然和人工的工具。阿西莫夫定律和图灵测试的这些失败让我们开始反思机器人到底是什么，它们是否会达到人类的标准以及它们可能会拥有怎样的未来。人工智能的最大胜利将是机器人能够获得自由意志并表现出类人的感知行为，而不是把机器人归类为工具或奴隶，这些想法将在第 9 章中进行讨论。

在实验室中研制拥有道德伦理的机器人已经取得了成功，它们也许很快就能作为护士和护理机器人得到应用。然而，对于机器人意识的关注仍然要么比较狭窄，要么时间比较短。

这场机器人革命胜利的不幸后果是人类会失去工作机会，这在报纸、博客、在线论坛和竞选宣言等广泛领域引发了激烈争论。如果这种趋势继续下去，我们可能很快就会有一个现代的卢德革命，它可能改变我们的社会规则和经济体系，并要求对自动化和人工智能的使用加以限制。对于人工智能最伟大成就的讽刺并没有就此结束，机器人毁灭人类，或者占领我们的世界，以及把人类降为二等物种，这种灾难性的未来现在看起来貌似会成真。领域专家预言这会是我们进化轨迹中的新达尔文式"跳跃"，这些将在第 10 章中讨论。

人工意识会为我们带来可能对人类造成毁灭性影响的超级智

慧生物，最终导致人类灭绝吗？这种质疑让我想起了小时候父母告诉我的一个印度神话故事[⊖]。这个故事是关于四个学习过生理学、解剖学和医学的门徒的，他们开始磨炼处理现实世界中问题的技能。这四个人发现了一具老虎尸体，为了检验他们的技能，第一个门徒把死老虎的骨头拼成了直立状态，第二个门徒按骨骼的结构提供肌肉，这还没有结束，第三个门徒添加了器官，第四个被认为是最聪明的人，他对自己的技能毫不掩饰，不顾其他三人的警告，赋予了老虎生命。故事的结局是个悲剧，老虎咆哮着跳了起来，吞食了四个门徒。我们把自己比喻成这四个有胆量的门徒，如果我们不够小心，人工智能很快就会反扑到我们身上。

7. 作为科学新定义的人工智能

科学是对宇宙运行的基本原理的研究，很大程度上基于实验和观察。这种一贯统一的知识体系是由我们的感官感知，并由我们大脑的处理能力推断出来的。当我们走向以自动化、自我丰富的人工智能智能体和虚拟现实为主导的未来时，技术（特别是人工智能）将决定实验和观察的过程。因此，人工智能将成为引导我们走向科学的工具和准则。此外，人们相信，当接近技术奇点时，技术增长将打破历史纪录，对于我们自己掌握的生物智能来说，速度太快了。随着人工领域处理能力的增强和信息的过剩，我们对科学是从逻辑中提取的信息和原理的统一体的定义，以及因果关系，将开始与人工智能紧密联系在一起。

我们能够预见，拥有惊人处理能力和获取令人难以置信的信息量的超级智能机器人正站在浪漫和恐怖的十字路口，并已经有

⊖ 这是 Vikramaditya 国王和一个叫 Betal 的幽灵进行对话的 25 个故事之一。

了一些存在。Skynet、AGI/ASI、Good 的超智能自复制机器，当然还有技术奇点的名字，都将在最后一章中详细讨论。库兹韦尔认为，到 21 世纪 40 年代，人类在虚拟领域的活动将超过在现实世界的活动，并且会伴随着能消除死亡的大脑上传（至少就我们所知是这样），这将引导我们走向生物与人工之间的无缝衔接。因此，人工智能将是一门涵盖所有已知知识和信息领域的学科，无论是象征性的还是感性的，都指向范式的转变，从而产生新的科学定义。

本书的写作使我发现了自己就是兼职艺术家和菜鸟漫画家，大量的漫画和示意图都是我自己草拟的。我在各种各样的网络漫画中找到了幽默和智慧，包括非常流行的 *xkcd*、*Far Side*、*Dilbert*、*Oatmeal*、*smbc*、*Zen Pencils*，以及没有那么出名的 *Widder* 的 *Geek and Poke*、McDermott 的 *Red pen Black pen* 以及 Iyad Rahwan 个人网页上的漫画。

人工智能科学家和机器人学家在他们的研究论文中所表现出的内在幽默感帮助我创作了这些漫画，通过这些漫画也能看出一个人的习惯和观点。例如，阿西莫夫的胡须、Brook 的大象、Kirsh 的耳蜗、PENGI 的企鹅模型、丹尼特的 R2D2 变体框架问题的图解、手推车问题、霍金关于暂停人工智能的观点、智力竞赛、Sparrow 的测试、哲学僵尸、内格尔的 Bat 等，这些都能在我的漫画里找到踪迹。另一个令人振奋的理由是，如图 2 所示，本书是为人类读者编写的，可能并不会吸引那些在未来岁月里敢于阅读这本书的机器人和其他超智能实体。用幽默感，特别是漫画来帮助阐述概念，可以通过讽刺的方法把概念融入人类的记忆中，这样基本不需要像更传统的教授概念的方法那样死记硬背。

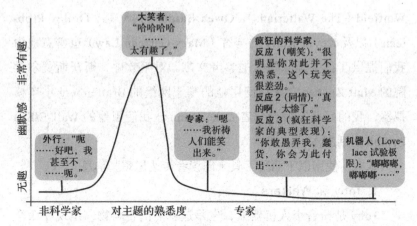

图 2 **McDermott** 的神秘山。(幽默感强调的是人类社交互动[223]，并反对在人工领域重新创造它的尝试。这可以看作与 **Masahiro Mori** 的神秘谷[214] 相同。幽默感是人类的独有特性，智商在 125～140 的普通人最容易拥有它。它随着智商的增加而减少，对于一个可以接触世界各地各种信息的机器人来说，幽默感几乎可以忽略不计）

　　需要提及展示史蒂芬·霍金和咆哮中的 Roomba 机器人的漫画，机器人上面有一张写着 1 和 0 的海报。这幅画展示在原书内封上，它讲述了我们正在考虑暂停人工智能的故事。

　　除了我的漫画，还有著名动画家和艾美奖获得者也为此做出了杰出的贡献，在第 3 章中有 Maciek Albrecht 3 张草图⊖的复制品，第 2 章中有 Mark Shrivers 的一幅厚脸皮的漫画。还有 4 组一对一的访谈：（1）希腊亚里士多德大学的 STDR 团队；（2）韩国首尔 Yujin Robot 的 Daniel 和 Marcus；（3）新西兰奥克兰大学的 Elizabeth Broadbent；（4）日本明治大学的 Junichi Takeno。Cool Farms 团队、Antony Beavers（Genesis at TwinEarth）、Alan

---

　　⊖　他的 3 张草图的标题是由我完成的。

Winfield（The Walterians）、Owen Barder 的博客（Trolley Problems）以及 Kevin Kelly 的博客（Maes-Garreau Law）也善意地为我们提供了很多趣味横生的参考文献。对于软件，斯沃斯莫尔学院的 Matt Zucker 允许我使用他的基于网络的 Braitenberg 小车模拟器，我的好朋友兼合作者 Luke Dunn 让我使用他的 Wall-E/Eva Python 对话脚本。

本书中使用以下两种工具来向读者传达思想和信息。

1. Toby 和 Walkers

Toby 是一台个人机器人，也是这本书的吉祥物，出现在四个短的连环漫画中。我的早期机器人草图如图 3 所示。这是 2015 版本的 Toby，其设计灵感源于对企鹅的拟人化，只不过没有嘴。它有着差动驱动、交互式触摸屏、迷你键盘、摄像机和一组声呐定位仪。它的售价为 600 美元。我们没有对 2036 版本进行详细讨论，为读者的想象力和未来的发展都留下了空间。在第 1 章的第一幅连环漫画中，Walkers 被一个关于彗星探索机器人 Philae 的消息逗乐了。在第二幅连环漫画中，Walkers 购买了一个 C3-90 机器人作为圣诞家庭礼物，机器人通过感知到的和明显的亲和力与小孩建立联系，而相比之下，父亲和年长的孩子却把它作为一个技术珍品。在第三幅连环漫画中，Toby 在处理母亲的急诊方面发挥了作用。在最后一幅连环漫画中，在 2036 年，机器人过时了，人们给了它新的设计和新时代的硬件，以及人形外骨骼和仿人类习惯进行沟通的能力。这给了 Toby 一个新的化身，使得它更像一个人类而不是一个单纯的机器。Toby 的故事流传了 21 年，这反映了人类对机器人可能会产生的爱宠关系，也阐述了现代和未来机器人的各个方面，并暗示了前面讨论的七个主题。

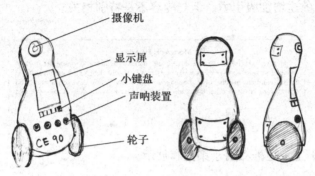

摄像机
显示屏
小键盘
声呐装置
轮子

图 3　Toby——第一张草图。（这是我 2015 年夏画的最早的连环画草图。四部连环画描绘了基于智能体的机器人的各种显著特征，并对人机交互的未来进行了推测。在教材中出现连环画似乎是不合适的，但轻松幽默的气氛有助于产生各种主题，如半感知范式、人工智能体的伦理、人机交互的当前问题、开源机器人、近乎人类习性和社会价值观的机器人的未来等。这四部 Toby 连环漫画由我设计、开发、勾画草图，使用 CC-by-SA 4.0 许可）

2. 排版约定

为了阐述清楚一些重要的信息，我使用了 4 种类型的方框，以下是对这些贯穿全书的方框类型的解释。

1）方括号：在提到某个定义或规则时会使用。其中包含了非常重要的信息，而且与内容紧密相关。

What is schema？

Schema is traditional to psychology and neurology, anthropomorphic motivations led Arkin to develop schema for mobile robots. Neisser defines schema as *a pattern of action as well as a pattern for action*, while Arbib explains schema as *an adaptive controller that uses an identification procedure to update its representation of the object being controlled*. In mobile robot concerns schema relates motor behaviour in terms of various concurrent stimuli and it also determines on how to react and how that reaction can be accomplished. Schemas are implemented using potential fields, individual schemas are often depicted as needle diagrams. Concurrently acting behaviours are coordinated using vector summations of the active schemas.

2）方框：展示某些可能比较有趣但无法在书里详细展开的信息。目的是增加吸引力，但与内容不是特别相关。

Moravec's Paradox

Moravec observed, that to design and develop elementary sensorimotor skills required more extensive resources than getting it to acquire high-level logical reasoning. It was seen that, making an artificial agency play a game of checkers or respond to an IQ test is much easier than replicating the perception and motor skills of a one-year-old baby.

3）上下边框：用于案例和展示。

An Example In Blending Of Behaviours

This is an illustration of blending in 2 behaviours, we use stage simulator in ROS. Stage is a 2.5D simulator, I will discuss more about Stage in chapter-5. Here, I use a model of the erratic robot, which is more of a box fitted with a single laser sensor. We try to blend in 2 behaviours, (1) laser obstacle avoidance and (2) keyboard based manual changing of the heading angle.

One can argue that here, changing of the heading angle is merely a fail safe arrangement and not a true behaviour, however it ought to be appreciated that this example does illustrate how a second behaviour at runtime can blend in with a lower level behaviour yielding a solution for the navigation.

4）灰色阴影：包含非常有趣的信息，很多都是通过我的个人渠道获得的一些信息，包括采访和个人邮件中的信息。

A tête-à-tête with Daniel Stonier and Marcus Liebhardt from Yujin Robot, Seoul

Yujin Robot is a Seoul based company which developed the Turtlebot-2 with the Kobuki base. Daniel and Marcus from the company's innovation team share with us the experience of developing these robots and future prospects. This interview took place on 24 Nov 2014.

AB: How did Yujin Robot come into being ?

DS & ML: More than 20 years ago Yujin Robot started in automation and is now comprised of several small business groups, not all of them directly related to robotics and has also seen a couple of internal teams successfully spin off their own businesses. The R&D group entered service robotics more than a decade ago and despite being a relative adventurous proposition at the time, the driving force then, and now has been the CEOs passion for building robots.

在机器人的帮助下，我们在宇宙征程中最远可到达彗星 67P。医学界前沿研究以最先进的机器人达·芬奇和宙斯系统为傲。护士机器人和 Paro 分别是在护理行业和治疗领域的最新尖端应用。在军事上，DARPA 为美军机器人应用提供了各种先进的选择，这也加剧了伦理争论。自动驾驶车辆和运载机器人，如 Starship 等，是运输行业的最新创新。很明显，机器人正在融入我们的生活，而个人机器人产业可能是未来十年中最有前景的产业之一。

总之，应该对机器人的未来持乐观态度。它们集人类努力和设计、美学、逻辑以及社会互动的心智能力为一体，而且是技术与自然达成协调的最好例子，接下来的内容将会佐证这些想法。

·· 致谢 ··

感谢我的编辑 Randi Cohen 和产品经理 Karen Simon，并感谢在 3 年辛苦的写作过程中所有帮助过我的 CRC Press 的工作人员。特别要提及的是 Randi 的同事 Veronica Rodriguez、帮助处理 LaTeX 问题的 Shashi Kumar、我的前任编辑 Sarah Chow、曾担任了 18 个月产品经理的 Laurie Oknowski 以及给了我这次机会的 Sunil Nair。当然还有一些我并不真正了解的工作人员，包括设计封面的 Jonathan Pennell 和设计团队的其他成员、本书文字编辑 Gail Renard，以及给出意见的审阅人员。整个过程中我得到了 Randi 持续的支持和鼓励，没有她的帮助，这本书不可能完成。这本书的撰写、组织以及设计和漫画工作都得到了她的协助。从其他出版商等机构取得图片使用授权的工作也是由她完成的。她 8 岁的儿子 Ari，也是我的小朋友，帮我命名了 Toby。

我对该主题的理解来自过去 10 年的积累。这里要感谢我在伦敦国王学院的老师，特别要提到的是 Samjid Hassan Mannan 教授，他教授我动力系统，自我毕业以来一直是我的良师益友。我对机器人的基础了解要感谢 Kaspar Althoefer 教授，他教授了这门课程，也是我的项目管理者。

我也很容易地从机器人开源城堡获得了帮助和支持，包括玩家项目邮件列表以及后续的 ROS 邮件列表和论坛。特别感谢 Richard Vaughan 教授有着深刻见解的邮件和指导以及 Rich Mattes 在 Player/Stage/Gazebo 上面的协助。感谢 ROS 的 Brian Gerkey、Tully Foote 和 David Lu 来自社区的支持。感谢比利时 IRIDIA 的 ARGoS 项目的 Carlo Pinciroli 和其他人员。感谢 Ronald Arkin 教授和 Alan Winfield 教授，他们在关于基于智能体的机器人的很多主题上给了我帮助。还要感谢 Ali Emre Turgut，他跟我进行了一个对我非常有帮助的关于群体机器人的 Skype 对话，后续还进行了邮件讨论。还要感谢 Graham Mann 和 Graeme Bell，他们在 2011 年夏天邀请我去了澳大利亚的莫道克，我很珍惜那次旅行给我留下的关于吉祥物机器人和 AR 无人机的美好回忆。

非常感谢 Takeno 教授、Broadbent 博士、亚里士多德大学的 STDR 团队、首尔 Yujin Robot 的 Daniel 和 Marcus 以及科英布拉的 Cool Farms 团队，他们帮助进行了面对面的互动，让我完成了四个采访（构成了本书中一个特别的章节）。还要感谢 Etienne Li，他向我提供了他们的舞蹈剧"机器人"的有用信息，其中包含与 NAO 机器人的现场表演。还要感谢 Beavers 教授，他提供了他对 *Book of Genesis* 的机器人仿制，以及 Matt Zucker 博士，他提供了 Braitenberg 模拟器。感谢所有帮助我为这本书获得各种图片的人。

感谢我的项目学生 Koushik Kabiraj、Sugandha Sangal 和 Kanishka Ganguly，他们和我一起工作，并且似乎在我的激情中找到了一些有形的东西。感谢我的朋友 Goncalo Cabrita、Eliseo Ferrante、Boubacar Barry、Luke Dunn 和 Vasileios Lahanas 以及所有为本书的创作做出了贡献的人。还要感谢我的表哥 Joydeep Banerjee，他也是我的律师。最后，感谢我的母亲、父亲和弟弟，没有他们，我不会成为现在的我。

·· 目录 ··

第二部分　实现——如何制造机器人

第一部分

理　　论

"唷！所有这些让我按部就班地制作我的机器人！"

第1章 然后有了移动机器人

在 20 世纪 20 年代，科幻小说第一次变成一种受欢迎的艺术形式，其中常见的情节就是机器人的发明。在这种众所周知的行为（把机器人写入科幻小说）和 Frankenstein 以及 Rossum 最终命运的影响下，情节的变化似乎只有一种——机器人被创造出来，然后毁灭了创造者。我很快就疲于这老掉牙的无趣故事。是的，知识有它的危险，但是做出的回应难道是从知识的领域撤退吗？1940 年，我开始写自己的机器人故事——新的一类机器人故事，我的机器人是工程师设计的机器，而非亵渎者创造的冒牌货。

——艾萨克·阿西莫夫 [367]

1.1 早期的先驱和 Shakey 诞生前的故事

人类希望自动化机器可以依据人类的命令做事，这样的愿望可以追溯到希腊神话。荷马笔下的由铁匠兼工匠的赫菲斯托斯创造的人工仆人，能思考，能说话，还能为奥林匹斯山的众神跑腿 [25]。

某种机缘巧合下，第一次发现自动机的线索是在大约公元前 250 年古希腊的亚历山大港，那时候拜占庭的 Philon 创造了一个

类人的自动机 [197]，它长得像女仆，右手端着一壶酒。当在这个自动机的左手掌放置一个杯子时，它会往里斟一些酒，然后与水混合，最后给人饮用。Philon 设计的这个有智慧的机械机制和气动装置的自动机被命名为 Automatiopoeica，据说是历史上第一个机器人。

大约公元 820 年，在拜占庭皇帝 Theophilos 统治期间发现了狮子样的自动机。而大约在中世纪的穆斯林世界，Al-Jazari 和 Banu Musa 的作品中就非常细致地记载了自动机的构建。从 11 世纪到 15 世纪，欧洲和阿拉伯世界也出现了例如像骑手、鸟、门等作为机械钟表零件的自动机。大约在欧洲文艺复兴时期，达·芬奇 [283] 在意大利皇家赞助下，开发了机械化的自动机，如图 1.1 所示。

图 1.1　**达·芬奇的鸟**（这些是鸟样自动机的草图。a) 摘自达·芬奇的 *Codex Atlanticus*，b) 摘自 *Codex Huygens*。这些资料来自 Rosheim[283]，经 Springer Science and Business Media 授权许可）

几乎是同时，地球的另一边，日本也有了自己的自动机，Karakuri 木偶。这些木偶运用了机械装置，用卷曲弹簧储存能量，连着凸轮、杠杆和齿轮以驱动木偶。发明木偶是为了娱乐，如

图 1.2 所示，这个木偶的流行用法是作为奉茶自动机。木偶会双手端着茶杯向前移动，然后向宾客鞠躬送茶，当宾客喝完茶把茶杯递还给木偶后，它会抬起头以示感谢，然后转身返回。

图 1.2　**Karakuri 木偶**（这些木偶制作于 17 世纪至 19 世纪的日本，由一个卷曲弹簧触发，可以奉茶。图片由 en.wikipedia.org 提供）

后来，更多精密的自动机问世了。Vaucanson 在 1738 年发明了机械装置的自动鸭子[368]，如图 1.3 所示。他的鸭子能够拍打翅膀，发出嘎嘎的声音，会喝水，会以逼真的吞咽动作吃谷物和种子。这个鸭子设计得和真实鸭子大小一样，由镀金的铜制成。Vaucanson 也发明了其他类似的自动机，如真人大小的演奏笛子和演奏铃鼓的自动机，会模仿人演奏乐器，Vaucanson 还发明了机器人服务员来提供食物、清理餐桌。

图 1.3 Vaucanson 的鸭子（制作于 1738 年，是早期自动机的代表。图片由 en.wikipedia.org 提供）

大约 18 世纪末，在印度的迈索尔，类似的机械装置被用于制作一个机械的木头老虎，转动把手时会咆哮并进行逼真的攻击。很多历史学家提出，这也许是 Tipu Sultan 和法国合作的结果。

所有这些进展都发生在没有任何电力的情况下，动力要么来自智慧的机械装置（大多时候是卷曲弹簧），要么来自气压或液压。直到大约 1890 年，特斯拉用电力建造了一个无线电控制的微型船只，如图 1.4 所示。

"robot" 这个词的创造得一直等到 1920 年。这个语源来自捷克语单词 "robota"，意为义务劳动。它第一次出现在 Karel Čapek 的戏剧里，即 *R.U.R*（*Rossum's Universal Robots*，*Rossum* 的万能机器人）[○]。"Robot" 这个单词的使用演变如图 1.5 所示，维基百科将它和其他单词及想法联系在一起的词云如图 1.6 所示。

○ Karel Čapek 的戏剧 *Rosumovi Univerzální Roboti* 是用捷克语写的，于 1920 年出版，1921 年 1 月 25 日在捷克斯洛伐克的布拉格第一次登上大荧幕。

图 1.4　**特斯拉的无线电控船**（尼古拉·特斯拉在 1898 年冬天申请了无线电控机器人船的专利，命名为 "teleautomaton"。特斯拉在那年纽约麦迪逊广场花园的电气展览会上展示了他的发明。图片由 commons. wikimedia.org 提供，CC 许可）

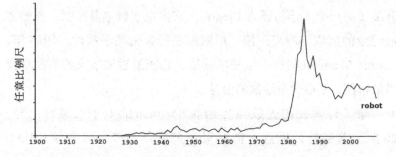

图 1.5　**单词 "robot" 的使用**（把 1950 年作为基准年，大约到 1985 年，单词 "robot" 的使用约增加了 12 倍。20 世纪 90 年代之后，术语迅速发展，例如，"roomba" 成为所有扫地机器人的代名词，"PUMA" 和它的变体统治了手臂机器人领域，"drones" 指代所有的飞行机器人，而且更新的科学小说更多是关于机器人和半机器人的，而不是 20 世纪 80 年代的简单的 R2D2 和 C3P0，所以单词 "robot" 的使用减少了（使用 Google Books Ngram Viewer [230] 制作））

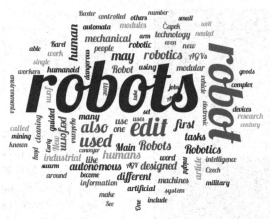

图 1.6 **维基百科的"Robot"词云**（几乎这里的所有单词都会在接下来的
几章用到。使用 Wordsalad App 制作，http://wordsaladapp.com/）

1928 年 W. H. Richards 创造了第一个人形机器人 Eric，并在伦
敦展出。大约在 20 世纪 40 年代，Westinghouse Electric Company
开发了另一个人形机器人 Electro，它由电子继电器控制，能够播
放记录的演讲、回应声控、用附加在脚趾的轮子移动。1938 年，
Claude Shannon 制作了电子机械鼠，它能通过试错找到前往目标
点的路径，是现代电脑鼠的前身。

除了特斯拉的无线电控船和 Shannon 的电子机械鼠之外，
20 世纪前半叶，机器人仍然很难被制作出来，因为像 ENIAC
（Electronic Numerical Integrator And Computer，电子数字积分计
算机）这样依赖于大而笨重的电子气阀的计算机技术因太大而不能
被集成到移动单元。直到 1949 年，Walter 的机器人 [344] 的出现才
形成了移动计算单元可以很容易和环境交互的概念。这些机器人
形似海龟，而且能够执行一些简单的动作，比如趋光和躲避障碍。
Walter 实现了电子和机械模块的第一次结合，机器人能对外界刺激做出反应。20 世纪 50 年代，Devol 设计了第一个可编程工业机械手——Unimate 机械手。

之后，在 20 世纪 70 年代初，Shakey 和 Stanford Cart 是在自主智能体和人工智能的原则下开发的早期机器人。差不多同时，早稻田大学开发了全真尺寸仿人机器人 Wabot-1，有两条腿、两条胳膊，能用日语和人类交流。从认知的角度来讲，这个机器人拥有 2 岁孩子的智力。

俄罗斯的月球任务促成了 Lunokhod 计划的发展。如图 1.7 所示，Lunokhod-1 是第一个登上另一个天体的机器人。1970 年的 Lunokhod-1 和三年后的 Lunokhod-2 都是遥控机器人车，被设计用来记录月球表面。这两个机器人车装有太阳能板——在白天提供能量，还装有放射性同位素加热器单元——在晚上提供能量。自 Lunokhod 开始的探索机器人，已经技术成熟并继续探索其他星球和天体（如彗星），如图 1.8 所示。

图 1.7 　Lunokhod-1（来自俄罗斯的月球任务，它是最早的遥控操作机器人之一。摘自 Spenneman[308]，由 Taylor & Francis Ltd 授权转载（http://www.tandfonline.com））

图 1.8　Philae (Toby, 1/4)（机器人登陆彗星 67P，随着阳光洒落在太阳能板上而启动 [134]，在 2015 年的 6 月 13 日与地球重新建立联系。此图是作者的 Toby 系列漫画的一部分 (1/4)，使用 CC-by-SA 4.0 许可）

随着 20 世纪 70 年代的微电子革命和 20 世纪 80 年代的计算机革命，很多微型组件、更小的处理单元和用户友好的软件接口变得可用，机器人技术随之飞跃了一大步。

1.1.1　Walter 的海龟

现代的移动机器人诞生于 1949 年，当时 W. G. Walter 制造了 2 个有三个轮子、像海龟一样的自动机器人 [154]。这些自动海龟有光传感器、接触式传感器，还有推进电动机用于前轮驱动，操舵电动机来移动方向，以及真空管模拟计算机。Walter 命名他的项目为 Machina speculatrix，还以《爱丽丝梦游仙境》里的人物 Elmer 和 Elsie 命名了两个海龟机器人，也正好契合了 ELectro MEchanical Robots, Light Sensitive, with Internal and External stability 的大写字母缩写。这是第一个电子机械的自主移动机器人。这些海龟有三个特点：对柔光有趋向性，对强光有排斥性，对障碍物有排斥性。在各种实验中，海龟对很多外部刺激都会有回应：

1. **目标追逐**行为。当在黑暗中启动的时候，海龟会向着光线移动，跟随着光束，直到找到它的"窝"。

2. 有**自由的意志**以在两者中做出选择，在跟随光线的行为中，会选择去靠近两个光源中更近的那个，靠近这个光源一段时间，然后移动去另一个光源，再返回之前的光源。这种循环的行为会持续直到能量耗尽。

3. **固执**。在跟随光源的时候，如果光源由于障碍物的遮挡在这些海龟的视线里不可见时，这些海龟会展示它们顽强的决心，它们会以随机的方向移动，并且在找寻光源的过程中，它们会呈现光跟随行为，如图 1.9 所示。

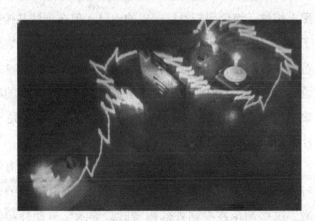

图 1.9　**Walter 的海龟**（Elsie 的时间位移图显示了它的**固执**。在跟随光源的过程中，受到蜡烛的光在抛光防火墙上的反射的影响，海龟偏离了它的轨道。最终它找到了到达屏幕后面的蜡烛的路。摘自 Fong et al. [107]，由 Elsevier 授权）

4. **最佳选择**。海龟会避免极端的刺激，而选择温和的刺激。比如，当跟随光源时，它们会被光源吸引，但是它们会排斥强光。

5. **社会组织与竞争**。当两只海龟同时被放在黑暗的环境里，并各自放置了两根蜡烛作为光源时，两只海龟都会被彼此的光源吸引，并且仍然排斥强光。这样，它们就跳起了合拍的舞蹈，两个海龟会绕着彼此跳华尔兹。Walter 甚至让这个实验变得更有趣，他又加入了第三个外部光源，刺激海龟的竞争行为，它们会争着跑向第三个光源。

6. **响应内部生理变化，如电池低电量**。Walter 将海龟设计为电池电量较低时就会受到一定强度的光的吸引，以引导它们去充电舱。

7. **自我实现**。Walter 甚至加入镜子来尝试更富创新性的实验。配上蜡烛，海龟跟随着镜子里的自己，但在到达并接触到镜子时，它的触觉传感器会将镜子检测为障碍，然后它就会绕着镜子转圈。Walter 把这种行为叫作自我实现。第 9 章会讨论自我实现，并说明镜子确实是意识测试非常关键的存在。

8. 除上面提到的之外，一份第一手资料显示 Elsie 是一名女性，Elmer 是一名男性。

这不像达·芬奇的机器鸟和特斯拉的机器船，因为海龟没有固定的行为。相反，它的表现主要取决于在运行时受到的外部环境的刺激。这些海龟在受到外部刺激时，展示了自动性和线路规划性。Walter 表示，他的海龟是"对生命的模仿"[344]，是第一个人工生命（Artificial LIFE，ALIFE）的例子，为拟人灵感在机器人设计方面的应用奠定了基础。值得注意的是 Walter 知道他的海龟还远远不完美，如果任其自生自灭，它们会在跟随光源的过程中最终耗尽能量、卡在坚硬的障碍物中或者和同类展开竞赛决斗。

　　这两个海龟机器人最终被分解以提供零件，用以构建其他 6
个海龟。然而它们中的大多数都丢失或毁坏了，只剩下 1977 年
Walter 去世后他的儿子继承的一个。1995 年 Holland 和他的技师
团队修复了这个海龟，使其恢复了正常运行，也做了复制品 Ninja
和 Amy，如图 1.10 所示。

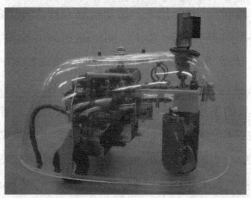

图 1.10　Ninja 和 Amy（Walter 的机器人复制品，由 The Bristol Robotics
　　　　Lab 的 Ian Horsfield 制造。使用的唯一现代零件是 2 个电机和
　　　　电池，剩下的几乎都是 Walter 已经造好的。图片经布里斯托尔
　　　　的西英格兰大学的 Alan Winfield 授权许可）

Walter 曾经计划进一步开发 Machina docilis 或者条件反射模拟（COnditioned Reflex Analogue，CORA）海龟 [345]，它们与 Elmer 和 Elsie 的基础相同，但是附加了从环境交互中学习的能力。Walter 以巴甫洛夫的条件反射研究为指导，应用了基本的神经模型来实现学习。然而，尽管可以肯定 Walter 已经开发了基于独立学习的设备，但不能确定他是否在海龟机器人上植入了此能力 [363]。之后，他努力开发的 IRMA（先天释放机制模拟）设备拓展了更加高级的学习模式，但也和 CORA 一样，没有集成在海龟机器人上。

虽然是巧合 [155]，但并不意外。1949 年，Walter 开始开发海龟，Wiener[352] 探讨了通过超高速计算机把传感器读数和运动动作结合起来的初步构想，几乎就在同时，图灵开始有了图灵机的构想，而 Shannon 也构建起了通信理论。

1.1.2 Shakey 和 Stanford Cart

大约在 20 世纪 70 年代末，移动机器人技术有了很大的飞跃。在美国斯坦福国际研究所（SRI），Nilsson 开发并编程了 Shakey[253]（见图 1.11），能在基于网格的环境下导航。这项技术的进步得益于之前 30 多年现代电子学、用户友好软件接口、人工智能开发的分析模型和工具的发展。Shakey 能够完成需要计划、导航、通过像 A* 搜索算法这样的搜索方法寻找路径以及运用像霍夫变换和可视图方法这样的复杂技术的任务。启动后，Shakey 由 SDS-940 计算机控制，此台计算机有 64K 的 24 位内存，编程通过 Fortran 和 LISP 完成。在之后的版本中，PDP-10/PDP-15 接口替代了 SDS-940 计算机。之后的像 Stanford Cart 和 CMU Rover 这样的机器人都是作为 Shakey 的直系后代被开发出来的，同时在尽力弥补 Shakey 的不足。

无线电
连接天线

电视摄像机

测距仪

板上逻辑

摄像机
控制
单元

碰撞
监测器

脚轮

驱动
电机

驱动轮

图 1.11 **1972 年的 Shakey**(这个标志性的机器人从 20 世纪 60 年
代末到 20 世纪 70 年代初在 SRI 被设计出来。Nilsson[253] 将
Shakey 描述为"被赋予有限的能力去感知、模拟它的环境"
的移动机器人系统。它可以用基于网格的方法导航,也能够
重新排列一些简单的对象。Shakey 是加利福尼亚山景城计算
机历史博物馆的展品。图片来自 commons.wikimedia.org)

Stanford Cart 是 Adams 在 1960 年为他的研究项目而制作的带机载电视的遥控移动机器人，之后的改进由 Earnest、McCarthy 和 Moravec 在 20 年的时间里指导完成。他们把它开发成第一个机器人公路车，尽管它被广泛用于视觉导航的研究。Adams 制作这个车是为了支持他在 NASA JPL 项目 Prospector 上的研究，希望可以在地球利用无线电控制遥控月球表面的机器人。Stanford Cart 有四个小的自行车轮子，附有由汽车电池供能的电动机，它还带着朝向前方的电视摄像机。Cart 是通过机载电视与其环境互动的。之后，从 20 世纪 70 年代中期到末期，Moravec 将它编程为可以在杂乱的环境中自主地导航。尽管如此，它的速度非常慢，陷入困境时平均速度为 10~15 分钟走 1 米，在每次困境最后，它会停下来拍照，然后缓慢地处理这些图像以规划它接下来的路径，这个过程会持续。越过 20 米的路程，同时还要躲避障碍物，通常会花费大约 5 小时。

Walter 的海龟和 Nilsson 的 Shakey 基本上是两个隔着 20 年的孤立事件，其间没有明显的实验进展，但整体来说人工智能在理论上得到了发展：以 Wiener 为首的控制论、促使 Toda 的 ANIMAT 诞生的人工动物基础及早期想法、促使电子处理器诞生的电子通用集成。在 20 世纪 70 年代末，由于人工智能、电子、计算机科学、软件设计等的创新，移动机器人的发展周期变得简单多了。下面我将重温这些技术的发展和范式的转变。

1.2 现代移动机器人

在 2000 年，Walter 的用真空管供能的海龟和 Nilsson 的庞大的处理器成了博物馆里的遗迹，现在，机器人都用整齐、便携又易用的硬件设计。像 PR2 或 ASIMO 或甚至 AIBO 这样的高端机器人已经成为人类社会的一部分，不仅是由于价格，还由于这些机器人仍然在被开发为一个积极主动参与人类活动的生态位。机器人现在在不同的领域里工作：在博物馆里作为交互式的导游；在办公室环境中作为咖啡传递员；在舞台剧里作为各种演员；作为足球运动员；作为老年人的助手帮助他们做日常琐事；绘制遥远行星上的未知地形；作为机器人护士照顾病人；作为新闻播报员进行实时新闻播报。机器人还能应用于其他类似的领域。

　　尽管带轮式基座且差速传动的机器人通常叫作"移动机器人"，那些有两条腿的机器人叫"二足机器人"，那些有类似人类外骨骼和腿部的机器人叫作"类人机器人"，但是却没有广义的分类方案。

Khepera

EPFL 在 20 世纪 90 年代末开发出了 Khepera，在 K-Team Corporation 的推动下走向了商业化，广泛用于教育和研究。该机器人通常被认为是进化机器人发展的一个重要方面。如图所示就是 Khepera 最原始的版本。摘自 Fong et al. [107]，Elsevier 授权许可。

最先进的机器人装备着用于物体识别的视觉模块、用于语言处理和基于语音的人机交互的自然语言处理模块、特定操作的附加信息和规则以及一个学习模块。遥控和远程呈现（如图 1.12 所示），以及使用 SLAM 算法构建地图，一直是现代机器人的基本功能，通常都会由制造商提供。

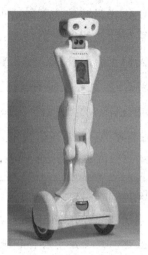

图 1.12 远程呈现和遥控一般是现代机器人的基本功能，大多数机器人软件套件都会支持这两个功能。如图所示，远程呈现机器人缺少自主性，在一定的距离被遥控，控制者可以通过视觉（屏幕）和语音（麦克风）频道来与机器人所在本地环境的人进行交流。当沟通交流开始通过虚拟现实进行时，远程呈现就是通向未来的第一步。左边是 Anybots QA，右边是 iRobot 的 Ava 500，两张图片均由 commons.wikimedia.org 提供，SA 3.0 授权

Roomba

iRobot 公司在 2002 年开发的 Roomba 是一款真空吸尘器扫地机器人。在用真空吸尘器扫地时，Roomba 遇到障碍物会改变

方向。它还可以检测到边缘，以此来防止它跌下楼梯。为了辅助真空吸尘和扫地过程，这个机器人有一对刷子，分别向相反的方向转动，来帮助扫除地板上的灰尘。图中为 Roomba 780。图片由 commons.wikimedia.org 提供，CC 许可。

　　有了 Arduino 以及类似的开发板和 Raspberry Pi 和 ODROID 等小而易用的处理器，机器人的开发路线变得更简单、更模块化了。Microsoft Kinect 的运动传感和其他类似的设备已经为在严格的预算下开发高质量的机器人提供了康庄大道。

Pioneer 机器人

　　Pioneer 在当今研究者中很受欢迎。它在 Georgia 的 Activ-Media Robotics 被开发出来，装配有一个由 8 个前向声呐和 8 个可选的后向声呐组成的环。这个基础机器人能够最快以 1.6 米每秒的速度前进，最大负荷重达 23 千克。图中是一个变体，在 Pioneer 的基座加了一个机械手。图片由 commons.wikimedia.org 提供，CC 许可。

　　一些机器人比较受本科生的喜爱，如 Khepera 和 Pioneer，一些大学也已经把 PR2 作为机器人课程的一部分。对于业余爱好者，Roomba、iBot 和 LEGO Mindstorms 是比较便宜的选择。Roomba 是一个真空吸尘器扫地机器人，但它得到了业余机器人爱好者们的广泛接受。iRobot 很像 Roomba，但是没有真空吸尘器部分，它也为机器人热爱者提供了一个独立的平台 iCreate。

Erratic 机器人

　　Erratic 是 Videre 在 2000 年设计并开发的 Pioneer 机器人克隆。它在学术界已经得到了应用，而且经常安装有 SICK 和 HOKUYO 激光。图中是利用 Gazebo 仿真生产出的 Erratic 模型。

Khepera 已经经历了四代。这个机器人是由 Jean-Daniel Nicoud 和他在 EPFL 的团队设计的，作为一个易用的实验与训练平台，可以用于本地导航、人工智能、集体行为等的实验和训练。它是使用 Motorola 68331 处理器在 20 世纪 90 年代开发出来的。最新的第四版机器人装配有 8 个红外传感器、5 个超声波传感器、Wi-Fi、蓝牙、加速度计、陀螺仪、彩色摄影机，并使用了 800 兆赫兹的 ARM Cortex-A8 处理器。定价为 2700 美元。

Turtlebot

2010 年年末，Melonee Wise 和 Tully Foote 在 Willow Garage（柳树车库）开发了 Turtlebot。图中为 Turtlebot 2，配有 Yujin Kobuki 基座、Kinect 传感器、可用作具有 BSD 许可开源硬件的双核处理器笔记本电脑，定价约 1000 美元。这个机器人受 ROS 社区支持，在多所大学的机器人实验课程中使用。

在机器人领域，总是有对高质量的模拟器的需求，出于极端的物流和成本的考虑，不能在每个实验中都用真实的机器人。作

为对比，最早的二维模拟器主要应用于路径规划，比如 Karel 和 Rossum 的 Playhouse（RP1），三维模拟器如 Webots 和 Microsoft Robotics Developer Studio（Microsoft RDS, MRDS）提供了额外的设计能力和近似真人的机器人模型。现在，Gazebo 作为一个独立项目，也作为 ROS 的一部分，是最好的机器人模拟器之一，也被认为是机器人模拟的标准。

Personal Robot-2（PR2）

PR2 是在柳树车库开发的类人机器人，但它是安装在一个轮式基座而不是机械腿上。它有两个 7-DOF 手臂，装配有 5 兆像素的摄像机，还有倾斜激光测距仪、惯性测量单元，由两个 8 核服务器驱动，每个服务器的内存为 24 GB，总共为 48 GB，位于机器人的基座。PR2 可以开门、叠毛巾、拿啤酒，甚至打台球。

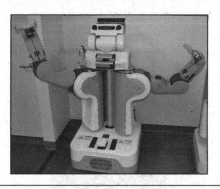

AIBO 和类似的设计（如 Tekno 和 CHiP）都是把狗拟人化，并与人类建立一种虚假的关爱和同情的关系。机器海豹 PARO 和机器恐龙 Pleo 都是目前最先进的宠物机器人，它们的外形都很亲切，对触摸和拥抱都有积极的回应。PARO 在抑郁症的心理治

疗和帮助老人方面都有应用，而 AIBO 则已经被用于陪伴疗养院居民。

AIBO

　　SONY 的标志性机器人系列从狗和狮子的幼崽获得灵感，它们的名字全称是 "Artificial Intelligence RoBOt"，AIBO 也暗示日语 aibō，是伙伴、朋友、搭档的意思。Toshitada Doi 和 Masahiro Fujita 是先驱，他们的工作促使 AIBO 在 1998 年被开发出来。图片由 commons.wikimedia.org 提供，CC 许可。

　　LEGO Mindstorms 套件服务于机器人教育，这个价格实惠的套件提供了定制机器人的简单组装并且可以用用户友好的语言对其进行编程。最新的版本 EV3 基于 Linux ARM9 CPU，也含有电机、触摸传感器、颜色传感器和红外传感器。

Honda ASIMO

　　Honda 最著名的类人机器人 ASIMO 据说是受艾萨克·阿西莫夫的启发，但实际应该是 "Advanced Step in Innovative

MObility"的大写字母缩写。ASIMO 被设计为可行走的辅助机器人,高 1.3 米,重约 50 千克,跑步模式下最快速度可达 9 千米每小时,可以通过个人计算机、无线控制器或声音命令进行控制。Honda 毫不脸红地声称它是"世界上最先进的类人机器人"。图片来自 commons.wikimedia.org,CC 许可。

　　开发了 ROS 的公司柳树车库还制造了 Turtlebot Ⅰ和 Turtlebot Ⅱ以及 PR2,它们都在移动基座上集成了 3D 传感器。Turtlebot Ⅰ采用了 iCreate 基座,而 Turtlebot Ⅱ采用了 Yujin Robot 开发的 Kobuki 基座。构造类人机器人总能引起人们的兴趣,PR2 只是部分类人,Honda 的 ASIMO 有类人的腿,能随着曲调跳舞。Honda 还没有开始发售 ASIMO,但是其租金却高达 15 万美元每月。PR2 的售价则高达惊人的 40 万美元,还包括学术项目的折扣。

NAO

这个标志性的迷你类人机器人由法国公司 Aldebaran Robotics

在 2006 年制造，软件开源。2013 年由日本的 SoftBank Robotics[2]收购。这个机器人高 58 厘米，重 4.3 千克，由 Intel Atom 处理器驱动，装有不同种类的传感器（包括红外、触觉和压力传感器）、高清摄像机、麦克风、声呐测距仪。这个机器人有相当的声誉：它会跳芭蕾，是机器人足球赛中进球最多的机器人，也被用于治疗孤独症患儿，还是第一个被编入道德伦理观的机器人，而且从某种程度上来说也是第一个实现感知的机器人，虽然时间非常短暂。图片来自 commons.wikimedia.org，CC 许可。

　　开源已经成为机器人社区的行话，机器人操作系统（ROS）、机器人开放平台（ROP）、Poppy 和 RoboEarth 都是着力于众包的项目，从而免费提供技术和知识支持。

Segway

　　这个电池供能、自平衡的两轮滑板车由普利茅斯大学、BAE Systems 和 Sumitomo Precision Products 合作开发，用了陀螺传感器和加速度计来保持平衡。尽管 Segway 不是传统意义上的机器人，但它是当下自动驾驶汽车的早期祖先，也是未来的希望。它的最大速度可达每小时 12 英里[⊖]，是高尔夫球场和其他短途旅行的理想交通工具，它还被设计为伴侣机器人[120]。

1.3 文化和社会影响

　　机器人让不同年龄的人都感到惊叹。与社交机器人（如将在第 7 章再次出现的 Kismet）交谈，或者用 LEGO Mindstorms 套件制作机器人（如图 1.13 所示），或者观看 ASIMO 随着曲调跳舞，这些都是机器人促进娱乐和休闲的例子。在学术界，简单易用的机器人开源模拟器和软件促进了很多大学和机器人爱好者们对机器人的研究，如图 1.14 所示的 MORSE[100]。另外，我们已经对奇点有了预言，也有像终结者这样的末日情景展现——智能机器接管了地球，这也是各种科幻小说的桥段。在本节中，我们将研究关于机器人的小说、电影、大众舆论，以及不同领域里（比如医学、军事、公共联系、娱乐等）移动机器人的实用性。

　　⊖　1 英里＝1609.344 米。——编辑注

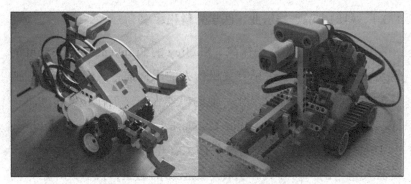

图 1.13   自 20 世纪 90 年代末开始，LEGO Mindstorms 不管是作为玩
具还是作为教学工具都已经很受欢迎。这些机器人套件包含传
感器（触摸、光和颜色）、电机，以及封装在"砖块"中且可以
用多种编程语言编程的处理器。两张图片都是使用 NXT 套件
构建的机器人，由 commons.wikimedia.org 提供

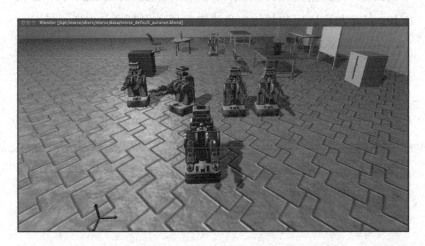

图 1.14   MORSE 中的 6 个 PR2。MORSE[100] 是在 Blender 上构建的一
个三维模拟器，它是由 LAAS，Tolouse 开发出来，专注于人
机交互，已经和各种元平台及中间件（ROS、YARP 和 MOOS）
绑定

1.3.1　科幻小说、娱乐业、医学外科和军事

Verne 的蒸汽动力机械象、Shelley 的 Frankenstein、Baum 的锡人，这些都是一些最早有关机器人的虚构描写。1940 年，阿西莫夫使情形变得更加复杂化。他的机器人与之前作者所写的不一样，是电子机械设备。Arthur C. Clark、Alvin Toffler 以及 Philip K. Dick 这些与阿西莫夫同时代的人，也为我们创造了很多包含机器人角色的不朽经典。随着电影摄影的诞生，机器人开始等同于电影中未来主题的代名词。1927 年，Lang 早期导演的默片电影 *Metropolis* 第一次把机器人搬到了电影院的大荧幕上，里面的 Maria（如图 1.15 所示）是一个金属铸造的女机器人。2014 年 Nolan 的科幻电影 *Interstellar* 中的三个机器人 TARS、CASE 和 KIPP 经常与电影里的其他角色带着俚语和讽刺说俏皮话。机器人为电影增加了吸引力、戏剧性、幽默与欢乐。在如图 1.16 所示的这 90 多年间，很多这些机器人已经获得了一定的地位，变得家喻户晓，成了惯用的引用。如 *Forbidden Planet*（1956）中的 Robbie（见图 1.17）、*2001*（1968）中的 HAL 9000、*Blade Runner*（1982）中的各种替身机器人、*Bicentennial Man*（1999）中的 NDR-114 类人机器人 Andrew、经典的《星球大战》中的机器人 R2D2 和 C3P0（见图 1.18），以及 Wall-E 和 Eva（见图 1.19），它们只是其中的一小部分。

图 1.15　Maria。Fritz Lang 1927 年的默片电影 *Metropolis* 中的机器人，
　　　　也是第一个出现在电影院大荧幕上的机器人。电影拍摄于德国
　　　　魏玛，是一个科幻故事，背景设定为反乌托邦的未来。如图所
　　　　示是电影公园里的机器人纪念塑像，在电影拍摄地巴伯尔斯贝
　　　　格制片厂外。图片来自 commons.wikimedia.org

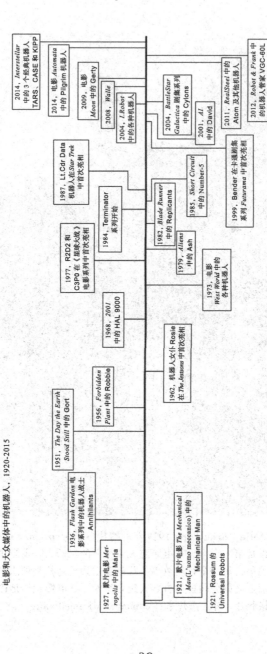

图 1.16 电影和大众媒体中的机器人时间线，1920—2015

图 1.17 **机器人 Robbie。**它出现在 1956 年的 *The Forbidden Planet* 里，是机器人在电影里面的最早亮相之一。Robbie 被设计为一个高 6 英尺 11 英寸的类人机器人，能够用带轮子的腿转身、旋转以及移动。Robbie 在电影原著剧本里的形象是由 Cyril Hume 塑造的，在导演 Robert Kinoshita 带领的艺术团队的努力下制作了一个真实的机器人，花费了 10 万美元

图 1.18　**人与机器人**。Anthony Daniels 在《星球大战》电影系列中饰演
　　　　类人机器人 C3PO，这里可以看见 C3PO 面具。C3PO 和它的伙
　　　　伴 R2D2 已经变成了家喻户晓的名字，也获得了标志性的地位。
　　　　图片由 commons.wikimedia.org 提供

图 1.19　**Wall-E 和 Eva**。*Wall-E* 中的标志性机器人。图片由 de.wikimedia.
　　　　org 提供

机器人小说经常追随一些流行的故事线，其中一个就是机器人接受了人类的标准和价值观，并且尝试融入人类社会，但是又时常会被提醒它们所带的缺点。Spielberg 的电影 *AI* 里的 David 和阿西莫夫的 *Bicentennial Man* 里的 Andrew 就是这种桥段，它们为自己的存在而挣扎，努力地模仿人类的行为、价值观和文化差异。第二种是反乌托邦的情景，机器人和聪明的人工智能反抗人类，如 *Blade Runner*、*Terminator* 和 *Battle Star Galactica* 所描绘的。第三种则是人和机器人擦出火花产生依恋，如 *Robot & Frank* 和 *Real Steel*。机器人大都被描述为近乎完美的人工生命，但是缺少人类的情感和价值观，尽管 *Blade Runner* 里的 Replicants、*Star Trek* 里的 Lieutenant Commander Data、*Battle Star Galactica* 里的 Cylons 可以说是近似人的，但类似图灵测试的特殊心理测试却必须被设计出来，以区分人类和人工机器人。

阿西莫夫的三定律（如图 1.20 所示）已经被视为机器人的首要原则，然而，这三条定律缺少实际应用，而且在真实生活情景里也经常互相冲突。第 8 章将会讨论到机器人的伦理原则不能从这三条定律里得出。多个领先的机器人学家和人工智能研究者已经提出这些定律是有缺陷的，认为它们更多的是作为一种人类控制机器人的工具，让人类作为优越的"主人"，把机器人当作奴隶控制。阿西莫夫在 1985 年对这些定律做了一些修改，引入了第 4 条定律，即第零法则。

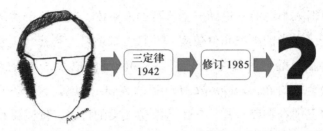

图 1.20 **阿西莫夫定律。**他的机器人三定律已经在科幻迷和机器人学家中获得了很高的地位。第一条形成于 1942 年，之后 1985 年又添加了第零法则。尽管很流行，但是这些定律却被发现彼此冲突，也缺少实际应用。对机器人伦理的学术观点和研究也更倾向于用发展的方式，而不是编撰定律。更多阿西莫夫定律的不足将在第 8 章进行讨论

除了电影之外，还有很多勇敢的尝试，追随着 Capek 的脚步，用机器人和机器人角色制作舞台剧，尽管很多还处于实验阶段。Annie Dorsen 导演的舞台剧 *Hello Hi There* 于 2013 年 9 月在格拉茨的 Steirischer Herbst 首次上映，之后巡演遍及欧洲和美洲，它的特点是没有任何演员，只有两个聊天机器人，由两个电脑屏幕显示句子，就这样构成了整个演出。两个聊天机器人聊天的内容，都是来源于 1971 年 Noam Chomsky 和 Michel Foucault 关于人性的著名争论的一个剧本。这个演出吸引人的地方在于它没有固定的情节，可以有 8400 多万种不同的演绎方式。

让机器人与真人演员及舞者在舞台上同步演出这种大胆而创新的探索相对较少，但是值得称赞，而且可能成为对演出和舞台表演的一种新形式的定义。Francesca Talenti 的演出 *The Uncanny Valley*[1] 里面就有一个机甲演员机器人，Oriza Hirata 使用了 Wakamaru 机器人，Blanca Li 的舞蹈剧 *ROBOT* 则有 7 个 NAO 机器人和 8 个人类舞者在台上一起同步跳舞。

　　除了电影和娱乐业之外，移动机器人是太空研究的心脏和灵魂。而且还被广泛用于军事和医学手术中，也让现代农业看见了曙光。很多现代太空计划都会有机器人漫游车，这些都是无人驾驶的，去尝试探索未知的天体。它们通常装有两种控制模式，即自主控制和遥控，后一种用得更多。在军事上，机器人的使用引发了激烈的争论，因为信任有杀伤力的机器人也许是致命的。从历史上来看，纳粹德国在第二次世界大战中使用的移动地雷歌利亚是机器人在军事上的第一次运用。而近年来，在军事上使用机器人是北约和美国军队一直期待的一个前景。2004 年至 2007 年，他们在伊拉克使用了无人驾驶的军事机器人，SWORDS 和 MARS 系统。无人驾驶的机器人车辆已经被用于危急时刻，如地震、滑坡与海啸。在医疗科学里，远程机器人手术单元，如达芬奇系统（Da-Vinci system，见图 1.21），是机器人的奇迹之一，它使得外科医生能够给远在几千千米之外的另一个大陆上的病人做手术。

图 1.21　**达芬奇系统**。在先进的医疗系统中，远程手术已经可以让外科医生为位于不同大陆上的病人做手术了。摘自 Kroh and Chalikonda[190]，Springer Science and Business Media 授权许可

1.3.2 机器人会对人类构成威胁吗

Vox Populii 收集的问卷和民意调查显示了人们对机器人的反应以及机器人对他们生活产生的影响。密德萨斯大学 2014 年做的一个有超过 2000 名参与者的民意调查显示：超过 30% 的人认为他们的工作会被机器人代替；46% 的人觉得技术进步得太快了（寻求安慰）；35% 的人对军事无人机的使用表示担心；大约 10% 的人期待可以在约 10 年内看到机器人警察；42% 的人认为机器人可以代替老师；11% 的人准备收养一个类似于 Spielberg 的 *AI* 里的 David 的机器人小孩；大约 20% 的宠物主人对用机器宠物代替自己所爱的动物产生了兴趣；25% 的人认为机器人在将来可以感受到人类的情感；荒诞的是，有接近 20% 的人准备和机器人发生性关系。"类人"在当今的人机交互中已经成为一个时髦术语。Hanson Robotics 在得克萨斯州的普莱诺的一个用户民意调查中向参与者展示了两个不同的机器人的图像，这些机器人被编程去模仿已知的类人情感，通过面部表情表达出来。这项努力获得了 73% 的压倒性支持，参与者确实喜欢并且融入了进来。在 Amazon UK 和 IMDB 做的另一个很受欢迎的民意调查里，超过 8000 人投票选择 R2D2 为"世界最受欢迎的机器人"，它在《星球大战》里的伙伴 C3P0 则排名第四。跨越大西洋，在美国的新泽西蒙莫斯大学，研究人员对 1700 名参与者进行了一项关于无人机使用问题的调查，结果很有趣：80% 的参与者支持将其用于搜救工作，约 67% 的参与者支持用无人机追踪逃犯，64% 的参与者赞同用无人机进行边境管制。然而参与者对用无人机开超速罚单表示担忧，只有 23% 的参与者同意。在人们认同的背景下，就随之而来的人机交互舒适度，Robohub 进行了一个探讨隐私和机器人自动机使用之间的权衡的在线民意调查，询问参与者："对于沐浴机器人，其自动化程度多高会让人们觉得舒适？"电子巨头 Sanyo 已经考虑把为老人服务的沐浴机器人作为一项商业投资了。调查结果确实也显示人类在沐浴时对机器人的控制相当满意，只有 4% 的人反对机器人自主化，48% 的人对由机器人负责表示放心，39% 的人对把部分控制权交给机器人表示舒适，13% 的人同意完全自动化，但是需要有人类监督。

很多这类民意调查深入到了反乌托邦式的场景，如机器人取代人类工作、天网启示、人机大战等。人工智能构成存亡威胁的观点引发了一场辩论，辩论的一端是 Space-X 的首席执行官埃隆·马斯克、著名物理学家斯蒂芬·霍金和 Microsoft 的领袖比尔·盖茨，另一端是人工智能研究员雷·库兹韦尔。我们是否应该尝试给人工智能套上缰绳并驯服它，这样它才不会失控？2014 年 10 月 *The Telegraph* 进行的一个在线民意调查得到的回应喜忧参半，如图 1.22 所示：36% 的人回应"是"，认为在开发人工智能时确实应该考虑这方面；42% 的人却不这样认为。

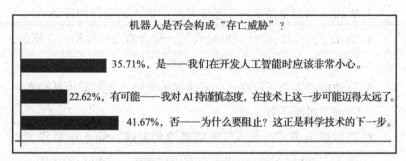

图 1.22　**机器人是否会构成"存亡威胁"**。2014 年 10 月 *telegraph.co.uk* 在线民意调查的结果，作为对埃隆·马斯克"召唤恶魔"言论的回应

机器人将取代人类工作的威胁是新卢德主义者的噩梦，尽管这并不是没有根据的。英国牛津大学和德勤的最新研究指出，未来 20 年先进的技术、自动化和机器人可能会让英国 35% 的工作岗位面临高风险。这个争议的另一方则表示，先进的技术将会导向一种更新的生活方式，这种生活方式将发展出更新形式的感知智能。机器人已经可以和人类有效交互了，如作为人工宠物、护理角色、浪漫寄托和爱人、组织导游、接待员等。人机交互和机器人伦理是研究的方向，将会在不久的将来得到应用。更多内容将会在第 10 章进行讨论。

小结

1. 在自动机器中，机器人可以找到相关的历史，智能机械操纵被运用于移动。15 世纪意大利的达·芬奇和 17 世纪法国的 Vaucanson 是最著名的例子。

2. 在世纪之交，特斯拉研发了一个无线控制的船。

3. Walter 的海龟是第一个基于环境的输入而运行的移动单元。

4. Toda 的虚拟动物认知理论模型，带有给定目标和生存机制，是自主智能体的第一个数学模型。

5. 移动机器人因可以在已知或未知的地带四处移动而从根本上不同于机械手臂。

6. 随着微电子革命和人工智能理论的发展，Shakey 是移动机器人在 20 世纪 60 年代末左右所取得的一个巨大的飞跃。

7. 通过电影、教育工具、科幻小说和家用电器，机器人产生了巨大的社会影响。

8. 源自机器人的存亡威胁是一个比以往任何时候都更常被问起的问题，而且和技术奇点的预测紧密相关。

注释

1. Čapek 的 *R.U.R*（Rossum 的万能机器人，Rossum's Universal Robots），这个演出以人类文明完结，名为"Adam"和"Eve"的两个机器人坠入爱河作为结局。

2. Vaucanson 的鸭子在 1897 年的火灾中不幸损毁。

3. 在 Nillson 的早期研究中，没有找到 Shakey 这个名字，而该机器人则是用其构造来描述的："……一个 SDS-940 电脑和相关的程序控制着载有电视摄像机和其他传感器的轮子车"。

4. Walter 在他放着海龟 Elmer 和 Elsie 的小棚子上面写了一则通知："请不要喂养这些机器。"

5. Cyborg、CYBernetic ORGanism，是由奥地利科学家 Manfred Clynes 在 20 世纪 60 年代创造的词源，主张有必要使用人工智能来增强人类的生物学功能，以在恶劣的环境中生存。

6. Flakey 是 Shakey 的继任者。开发于 20 世纪 90 年代中期，可以使用模糊逻辑控制。Pioneer 机器人和 Erratic 机器人都受到了 Flakey 的启发。

7. 大与小。最大的机器人高 8.2 米，长 15.7 米，是由德国 Zandt 的 Zollner Elektronik AG 制作的一个自动喷火龙。而翼展长 3 厘米的蜜蜂机器人 RoboBee 和 2 厘米 ×2 厘米 ×2 厘米立方的 ALICE 则都是小机器人的例子。

8. 机器人的一些奇异应用：（1）WF3-RIX 是 1990 年在早稻田大学制作的一个吹笛子的机器人。（2）贤二[61] 是一个小型的机器僧，大约 2 英尺高，外表卡通，穿着黄色的衣服，胸前有一个触摸屏，能够吟诵佛经并进行约 20 分钟的短暂对话。自 2015 年开始，这个机器人已经成为北京龙泉寺的主要景点。（3）多种机械手臂已经被用于素描肖像和风景。

9. 用于学习机器人导航的模拟器是机器人学术课程中很必要的工具。现在，ROS 或 MOOSE 等元软件平台比独立模拟器更受推崇，然而简单且易安装的软件也没有就此消失。例如，免费的 Khepera 机器人二维模拟 MATLAB 插件 Kiks。

练习

海龟与 Shakey。 从设计和性能方面比较 Walter 的海龟和 Shakey。这个研究也应该体现两个项目相距的 20 年中技术的进展，并尝试从它们各自的设计目的来看待两个项目。Walter 尝试为人类认知能力构建模型，而 Shakey 是为移动运动设计的。

第2章 具身人工智能与驯服食菌者的故事

我们的身体是拥有世界的一般媒介。

——Maurice Merleau-Ponty[228]

这种不知情的高超能力能达到多高的认知程度？

——丹尼尔·丹尼特，关于不使用展示 [92]

2.1 从人工智能到机器人

Walter 在他的海龟上使用了真空管，Nilsson 在 Shakey 上使用了机载计算机。这两个项目有着不同的结果，对海龟来说是非常有成效的，但是对 Shakey 来说却是又慢又笨重。除了这些实验性的尝试，另外一个自主主体的线索是 Toda 的食菌者模型。这些虚拟生物在完成多重目标时能够长期自我维持，也为人工自主主体提供了最早的模型。Wilson 的 ANIMAT 概念和从生物学与心理学获取灵感为机器人设计和架构奠定了基础。本章讨论人工智能如何运用于设计机器人、源于自然世界的灵感、各种学科的贡献以及传统人工智能的缺点。

2.2 机器人的人工智能

机器人是由什么组成的，它与机器又有什么不同呢？这个问题的答案在过去 80 年间已经发生了变化。类人自动机，如 *Rossum's Universal Robots* 和 *The Metropolis* 中的那些，就是以人体为模型的，但缺乏平滑的人体特征和肢体方向，也缺少人类情感[一]。随着工业和制造业的发展以及生产线和汽车工业的自动化，机器人的概念或多或少被局限于从事重复的"拿和放"作业的机械手臂。用于移动和其他比较高级的用途（如导航、简单行为、社交作用等方面）的机器人，在 Walter 的海龟之后才开始有起色。

不同于工业机械臂，人工智能机器人会对本地环境进行导航和探索，具有明显的智能，很多时候是为了完成特定的任务或作为特定角色的，如探索机器人、家用机器人、搜救机器人等。

Bekey 提出了以下机器人定义：

"……机器人是一个机器，在世界上感觉、思考、行动……"

这个定义并没有与给定的任务相关联，也没有突出机器人与环境的交互。因此以下 4 类机器人都被此定义涵盖了：（1）从事重复性工作的机器人，如工业级机器人和机械手臂；（2）那些缺少明确指令的机器人，如火星探测器；（3）社交机器人领域的那些有着人类外观的自动机或类人机器人；（4）通过扩展生物技术制造的未来机器人，如 Android 机器人和半机器人。这个定义不局限于普遍接受的机器人机电一体化的设计，即通过处理单元将机械和电子进行了融合。然而，工程方向的角度倾向于限制这个

[一] 当然，这些特征从来没有被植入机器人，而 Čapek 的演员把这些特征都反映在了机器人角色里。

定义，即机器人应该有电子、机械硬件以及处理单元。没有电子和处理单元的驱动更多是在自动机领域，由压缩弹簧、气动阀和 / 或液压控制，比如 Philon 设计的那些以及日本的 Karakuri 木偶。自那之后，机器人的定义就基于它们参与实际任务的能力，没有外在控制，人们倾向于认为机器人真的在"思考"，因为它处理来自传感器的数据到处理单元的动作与人类大脑的工作方式很相似。尽管这仅仅是执行代码段，本质上并非思考。第 9 章将重点关注机器人的"思考"能力和知觉行为。机器人的特定目标可以是具体的，如线跟踪、光线追踪或捡起空可乐瓶，也可以是朝着预定的方向迈进的一系列杂务，如军事机器人、护士机器人、家政服务机器人或者办公室助理机器人，这些将在第 7 章和第 8 章讨论。

Murphy 给出了一个更以人工智能为中心的定义：

"一个可以自主运作的机械生物。"

这个定义特别提到"生物"，和拟人论一致，也和 Toda[322] 与 Wilson[356] 的作品相吻合。不言而喻，它也暗示着自主功能和智能行为有重合之处。

作为本章范围内的有效定义，机器人是一个自主或者半自主的主体，在人类的直接控制下进行工作；或者是部分自主，由人类监督并由人类监督训练；或者是完全自主。在之后的章节中，我们会发现这个定义并不完善，随着我们朝着基于智能体的机器人的更新领域前进，这个定义将被修正。

艾伦·图灵在 20 世纪 30 年代末提出了早期的人工智能概念，以及他称为自动机的假设模型，之后被命名为图灵机。这是中央处理器的骨架，促进了计算机在战后时代的设计。在 McCarthy、

Minsky、Newell 和 Simon 的开创性努力下，这些早期的概念形成了一门新兴学科。

人工智能可以分为以下 7 个分支 [248]：

1. **知识表示**。机器人如何表示世界？在人类环境中，对于简单的工作，比如定位，我们倾向于用地图或地标并依靠之前的知识和经验。机器人则用激光或声呐来做这件事，现实世界里的一张桌子将被转换为一个与传感器感知强度相对应的数字数组。如果机载微处理器不是很强大，这些方法会根据维度进行近似，把物体缩小成各种各样的立方体、长方体等，就像一个缩小版的世界。

2. **自然语言**。语言是独一无二的，因为这种句法和语义结构的统一只存在于人类而不存在于动物身上，语言是我们文化和社会体系的决定性基础。著名的语言学家 Noam Chomsky 认为，语言处于两个突出的认知过程的接合处：它是外化的感觉运动，是更有目的性和协商式的概念化心理过程。让机器人理解并回应人类的声音仅仅在设计和开发更复杂的机器人当中发挥作用，这些机器人可以和人类社会紧密互动。自然语言处理库和聊天机器人很具发展前景，这些将在第 7 章讨论。基于语音的系统仍然在探索中，苹果的 Siri、微软的 Cortana、谷歌的 Google Now 都是很具前景的。

3. **学习**。在编程机器人时，会带有很多任务特定的策略，但是这些并不详细，而且为了能有效地运行，机器人必须从经验中学习。流行的学习范式有基于案例的方法、人工神经网络、模糊逻辑以及进化方法。几乎所有最先进的机器人都有一个学习模块。

4. **计划和问题解决**。制订计划或者算法步骤去完成一个目标并解决过程中遇到的问题的能力是 AI 智能体所固有的,并且通常是它们运行表现的一个标志。对于简单的机器人来说,计划大多是运动规划。然而,更有意思的任务也需要计划,如解决魔方问题、下棋、玩滑块拼图、堆积木、制定日常家务日程表等。

5. **推理**是从不完整或不准确的数据集中得出结论。机器人经常从传感器得到不准确的数据。为了应对这种情况,避免系统完全崩溃,机器人必须依赖推理,确保过程的连续性。

6. **搜索**对于机器人通常意味着在物理空间中进行搜索——搜索一个物体或一个目标点,但也可以意味着启发式的搜索,机器人以分析的方式搜索解决方案。

7. **视觉**已经成为机器人的一个主要部分。对人类来说,和其他感官相比,视觉是独一无二的,和我们的大部分运动动作都相关,这一点同样适用于大部分动物世界。因此发明能够处理其本地环境的智能模型的努力必须诉诸视觉。心理学家认为,视觉影响着我们的内心世界,而几乎我们的每一个行为结果都会先在内心世界中进行模拟,然后才在真实世界中做出行动。自 Gibson[121] 和随后的 Marr[221] 的早期先驱研究开始,视觉在人工智能中就占有重要的一席之地。视觉不像其他感官,"看"和"看见"的融合似乎是一个协商式过程,涉及我们大脑的快速处理。但是最近,动作性模式已经将视觉作为一种开发性感觉运动模型。

什么是"智能体"

术语"智能体"可交替地用于机器人、程序、行为、动画角色等，并可以表示软件和硬件实现。Russell 和 Norvig 将智能体限定为一个抽象实体，通过传感器感知环境，通过效应器作用于环境。移动机器人研究中"自主智能体"这个术语非常普遍，自主更多是根据情境或者根据行为定义。

松散自主也就意味着不需要其他实体进行输入，也不需要其他条件保持其运行。机器人能够在动态环境中感知和行动，以实现给定的和隐含的目标，而且它们可以在没有任何外部干预的情况下持续工作很长一段时间。在 Russell 和 Norvig 确认了感知和行动之间的联系的基础上，Franklin 和 Graesser[111] 为自主智能体提出了如下定义：

"自主智能体是一个位于环境中并且是这个环境的一部分的系统，它能够感知环境，并随着时间的推移对其进行作用，以追求自己的目标，从而影响其未来的感知。"

这里智能体是环境的一部分，并在交互的基础上成长，如图 2.1 所示。这条思路引出了一个分类，由 Luck 等人[210] 提出，如图 2.2 所示。然而，因为主体是基于环境的，对智能体和非智能体的严格分类，就算不是重复的，也是不必要的。每个智能体都位于世界之中，也是这个世界的一部分。它能够和世界交互，改变这个世界以及自身的认知。请注意区分软件智能体和程序。举例来说，打印一行文字的程序不算是智能体，因为它是在来自用户的输入上工作的。它没有任何与环境（在真实世界中）或其他程序（在软件世界中）交互的设备。它的输出也不会影响之后运行的程序，它只运行一次就会停止，缺乏时间的连续性。电脑游戏里的角色（如 *Pac Man* 中的幽灵）就是智能体，因为它们有自己的感知，并且有意识地与世界（*Pac Man* 二维宇宙）交互，玩家的每一个动作都会产生相应的结果，而这些结果又会激活来自幽灵的动作，从而动态地改变环境，并且一旦运行，游戏角色就会一直执行它们的任务，直到游戏结束。

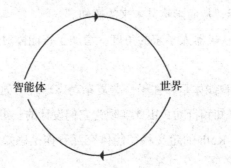

图 2.1　**智能体—世界循环**。智能体与世界循环地交互：智能体作用于世界，世界的改变影响着智能体的感知

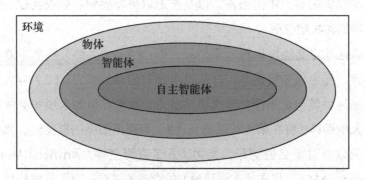

图 2.2　**自主智能体定义**，改编自 Luck 等人 [210]

快速浏览一下已有的各种各样的智能体定义是很值得的。最早

的定义之一是由着眼于移动智能体技术的 Virdhagriswaran 提出的：

"术语智能体用于呈现两个正交概念。第一个是智能体的自主执行能力，第二个是智能体执行面向领域的推理的能力。"

Russell 和 Norvig 承认感知和行动之间的联系：

"自主智能体是一个位于环境中并且是这个环境的一部分的系统，它能够感知环境，并随着时间的推移对其进行作用，以追求自己的目标，从而影响其未来的感知。"

Maes 从机器人学家的角度，增加了智能体对一组目标的内在追求：

"自主智能体是存在于一些复杂动态环境中的计算系统，在环境中自主感知和行动，由此实现为它们设计的一组目标或者任务。"

Hayes-Roth 的定义将智能体交互看作是感知、行动和推理的重叠：

"智能化智能体持续地执行 3 个功能：环境中的动态条件感知，行动以影响环境中的条件，以及推理以解释感知、解决问题、进行推断和决定行动。"

这些定义还可以进一步扩展，即：（1）如大部分移动机器人那样，作为认知智能体，有从世界感知信息的能力；（2）与大量智能体协调一致工作，形成集体动力，就像在机器人组和群体机器人中那样（将在第 6 章讨论）；（3）表现出很强的自主性、意向行为以及对定义道德行为能力（人工道德主体，Artificial Moral Agent，AMA，将在第 8 章讨论）的责任的关注；（4）能够构建两个或两个以上事件的因果关系以及表现意识相似性的能力，这些都会引出有意识的主体，将在第 9 章讨论。

2.3　具身人工智能——自主智能体的形成

　　Toda 的食菌者 [322] 是完全自主智能体的最早模型。Simon[304, 305] 之前制作的模型为 Toda 的虚拟动物奠定了基础。Toda 的食菌者能够在严酷的地形和捕食者的攻击中生存下来，同时努力完成收集铀的目标。Simon 和 Toda 的模型都扩展了 Walter 的实验工作和相关的生理学概念，如饥饿和饥饿阈值，让虚拟动物在实现目标（收集铀）和生存（不耗尽真菌，同时继续保持精力充沛）上取得平衡。Simon 总结说，在危险且危及生命的地形中，随机选择的路径会极大地危及生存机会，然而环境中也存在着有机体必须利用才能生存的线索。Toda 使用了相似的想法，给人工动物装配了多个传感器，使其具备早期的渐进式学习能力和适应力。行为经济学方法、动态系统方法和进化方法都是 20 世纪 90 年代初探索的一些设计原则，这些发展对 ANIMAT 方法很有帮助，在开发过程中把拟人论、自主和感知运动原理联系了起来。这里，我会讨论 Toda 的模型以及它在过去的 50 多年里是如何促进研究的发展的。

2.3.1　Toda 的食菌者模型

　　Toda 的食菌者是在 α-Sapporo 星系的 Taros 星球开采铀矿的类人人工生物，是第一个自主智能体的模型。这些人工生物有采集、移动和凭借着从环境中获得的信息进行决策的能力。Toda 在名为 *The design of a fungus-eater: a model of human behaviour in an unsophisticated environment* 的开创性研究论文中，将达尔文式的生存本能与以感知运动为基础的刺激反应，用理性的模型（基于商业目的搜寻、开采和储存铀矿石）结合了起来，还结合了博弈论和行为心理学，用来开发食菌者近似人类的行为。Toda 的努力是 Simon 的模型的扩展，这个模型提出：做理性决定的能力不应归功于智能体，而应归功于环境。Toda 的方法并不诉诸观察、测试、实验和统计这些传统的心理学方法，而是提出全系统研究，不仅仅是像计划、记忆或者决策这样孤立的方面。

　　Solitary Fungus Eaters（SFE）项目被设定为在 2061 年，这些人工动物被送去虚构的 α-Sapporo 星系的 Taros 星球采集铀矿石。这些生物的补给来源就是这个星球独有的一种真菌。这些食菌者听从基地指挥，彼此之间没有交流。它们会四处漫游来采集铀，把铀再卸载到标记过的容器里，直到它们由于缺少真菌（饥饿）或者因为事故而变得不活跃。Toda 的 Taros 是一个环境很匮乏的星球，满是白色和黑色的鹅卵石，上面有很多灰色的很有价值的真菌。然而，SFE 项目被认为效率低下，Toda 的开创性论文提出了一些改进性能的建议：

1. 食菌者被设计为轮式类人机器人。Toda[261, 322] 提出，食菌者的身体形式应该在研究地形、重力、气候条件、湿度、温度、地貌等之后再决定。

2. 因为食菌者的首要工作是在 Taros 星球上探测地形以及采集铀和真菌，Taros 星球地貌平坦，适合轮式模型而不是腿。

3. Toda 开发了视觉传感器或眼睛的详细设计，它们应该位于身体顶部，以便获得最大的可见度。

4. 食菌者的高度应该最优化，太高可能会使成本耗费太大，也可能不稳定，太低的话会阻碍有效调查地形的进程。

5. 推荐增添嗅觉传感器以闻出真菌。

6. 选择方案，对于食菌者，设：$E(u_r)$ 为沿着路径 r 获得的铀的预期量，$\Sigma_r u$ 为食菌者采集到的铀，v_0 为投入探索路径 r 前最初的真菌储存量，$\Sigma_r v$ 为沿路径 r 所消耗的真菌，w_r 为完成这条路径的真菌消耗最优估计量。则：

$$E(u_r) = \Sigma_r u + f(v_0, \Sigma_r v, w_r) \qquad （2.1）$$

这个函数 $f^{\ominus}$ 的形式取决于食菌者对该地形的适应能力。Toda 进一步提出 f 会随着经验（即学习和记忆技巧）而有所提高。Toda 开发了上述选择方案的随机模型，并结合食菌者的生理约束进行路径规划。

7. 修正后，食菌者应该有 3 个可用的传感器：用于铀的盖革计数器、用于寻找真菌的嗅觉传感器和用于导航的视觉传感器。Toda 建议开发用于协调这三种传入信息流的程序。这些都是传感器集成的早期概念。

8. 后来，Toda 将他的模型扩展到考虑情绪、非理性行为，为停止正在进行的进程增加了条件——与"异常处理"和停机问题一样。最后，Toda 在 Taros 星球引入了捕食者以模拟猎物 – 捕食者，就像社会心理学和博弈论模型一样。

Toda 的模型是一个自主和自我维持的主体的蓝图，它有设定的目标，可在没有任何外部支持的情况下长时间工作，并逐步适

⊖　Toda 在他的模型中使用了一个线性关系 $f(v_0 + \Sigma_r v - w_r)$，而我使用了 $f(v_0, \Sigma_r v, w_r)$。

应环境。与 Walter 很相似，Toda 也相信这个方法会促生出有人类行为和认知的模型。

2.3.2　自主 AI 智能体设计原则

Toda 的模型从广义来说是构建在感官运动原则的基础上的，食菌者缺乏明显的大脑活动能力，所以尽管它们是非常优秀的轴挖掘者，但永远不会听到它们吹口哨或一起歌唱来活跃气氛。毕竟，食菌者模型没有考虑情感和动机。大约 20 年后，首先是 Braitenberg，然后是 Pfeifer，用简单的感官运动原则设计了情感（即爱、恨、吸引等）模型，并证明反应模型也会促生情感和价值体系。这就产生了问题：自主、情感和价值体系就意味着智能吗？食菌者和它之后的改进是智能吗？答案将引导我们去探究具身认知的典型特征 [354]。

1. **认知是情境性的**。与一般概念上的认知不同，具身认知是一种情境性活动。智能体与真实世界环境交互，然后由感知与行动配对而产生认知。情境性认知包含一个连续的过程，在这个过程中感知信息连续在传感器中流动，促生运动行为，进而以与任务相关的方式改变环境。走路、拧紧螺丝、打开一盏灯都是一些情境性认知的例子。Wilson 指出很大一部分人类认知是"离线"进行的，没有任何与任务相关的输入和输出，当然也就没有任何明显的环境参与，从定义上来讲就是非情境性的。创造性思维过程（如写信或编写音符）就是例子。

2. **认知是有时间压力的**。具身认知经常伴随着"实时"和"运行时"这样的术语。因为具身认知是情境性的，它要求来自环境的实时响应。如果没有满足时间压力，就会导致"表征瓶颈"，并且如果没有连续的进化响应，系统将无法构建起一个完整的符号模型。基于行为的方法是对这些瓶颈的一种补救，它通过将实时的情境性行动视为认知活动的基础，进而动态地生成适合于情境的行动，从而显著地减轻时间压力。然而，这样的情境性认知模型不能被扩展，因此没办法促生出人类认知模型。

3. **主体将认知工作转移到环境中**。情境性主体尝试以策略方式利用环境，通过控制环境来处理手头的工作，而不是完全形成对相关行为的系统响应。例如，指南针导航利用了地球的磁场排列，从而能够找到正确的方向。类似地，在装配任务中，零件的排列或使用几乎是按照预期成品的顺序和空间关系进行的。这些转移发生的原因是，通常存在信息处理的限制、注意力的物理限制以及智能体可用的工作内存的限制。心理学和行为主义的概念证实了这一点，在本章后面可以看到。

4. **环境是认知系统的一部分**。认知不是大脑的一种活动，而是分布于主体与情境中（当它们交互时），是持续性的智能体 - 环境交互的结果。因此，情境和情境性主体是一个统一的系统。相似的观点已经由 Uexkull 从生物学的角度表达出来了，我们也会在后面讨论。

5. **认知是为了行动**。不像传统人工智能的认知，具身认知总是以行动为导向的。感知是动态的、实时的，并且与运动行动同时发生。

6. **离线认知是基于自身的。**当不处于环境中时，解耦主体中的认知过程是由类似于感觉信息处理和运动控制的仿真的心智结构驱动的。内心世界的概念将会在后面有意识的主体的内容中详细讨论。

因此，食菌者可以被认为有最基本的认知行为。然而，就这种主体的心理状态而言，这个模型还是不完整的，所实现的认知过程的层次也非常低。极具说服力的一个观点是，思维必须被理解为智能体本身不断与环境交互的一个属性。生物进化见证了从单细胞有机体的纯粹反应，到人类的认知思维的成长。也就是说，我们的提升是从具有感知传感和运动的基础技能的生物开始的，这些生物的认知更多是由直接、实时与环境的交互组成，而非大脑互动。因此，从这一论点来说，感官运动处理是一种底层智能行为。食菌者揭示了一系列开发人工自主 AI 智能体的设计原则和指导方针 [262]：

1. 完全的智能体，也就是"食菌者原则"。具身 AI 智能体应该是：

（a）自主的。具有在没有人类干预的情况下在真实世界中执行指派的任务的能力。

（b）自我维持的。它们能自己维持运行很长时间。

（c）具身的。在真实世界中，它们必须被设计为动态系统。尽管仿真有用，但却不足以了解智能体世界的动态。

（d）情境的。智能体世界的动态是从智能体的角度进行控制的，由经验去充实。

　　"食菌者原则"与传统的人工智能不一致，主体是由其实体和情境定义的。然而，完全满足以上四个标准的主体目前还不存在。

2. 生态位。第一条原则只有在智能体成为世界中的生态位时才有意义。AI 智能体通常缺乏人类智能所具有的普遍性和广泛性，而且常常是为特定的生态位而设计的。行为的执行是通过智能体与世界交互提供的能力而在真实世界中完成。例如，线跟踪器不会注意到任何像"向前移动"这样的命令，只有它的传感器能够感知到它应该跟随的黑 / 白线时才会有所动作。类似地，多机器人系统中的群集算法是为考虑足够大的群集被设计出来的，而且被发现在机器人数量比较少时无效。生态位可以被看作是将智能体与本地环境紧密联系在一起的关系。它的概念与传统人工智能形成了鲜明的对比，它不再是程序员编码的计算机程序，智能被定义为智能体和本地环境的交互作用。

3. 并行过程。源于生物学的观察证实，认知是一系列并行过程的重叠。这些过程彼此并行运行，松散结合，异步而且只需少量或者不需要集中控制。缺乏集中控制会将表现降低为仅仅是反射性的运动。而这成了一个争论的主题：在缺乏集中控制的情况下，是否能真正开发出更高层次的类人认知[⊖]。对人类而言，我们的认知能力是五官的重叠，再结合大脑的记忆和推理，很明显的是，我们参与的各种各样的活动比那些昆虫和鼠类等要更多样化。但是，如我将

⊖　在第 9 章，这个争论将从人工意识的角度进一步讨论。

在之后讨论的，这个原则已经非常成功了，而且促进了基于行为的方法在设计移动机器人方面的发展。

4. 学习机制和"价值原则"。"价值原则"从广义上来说是指智能体能够判断什么对于自己有利，即有一组价值观。隐式价值观可以通过监督学习或调节传感器响应来开发。

5. 感官运动协调。在前面的两个原则中提出的初级层次的认知（如移动），将会用感官运动模型来体现。这意味着分类、感知和记忆应该被看作感官运动的协调，更多依赖于反应表现而非独立模块。

6. 生态平衡。为了让每一个人工智能体有最优表现，传感器、处理和行动之间需要有一个同步。例如，装配有精密复杂运动传感器的机器人不能有低的处理能力（如搭配初级 PIC 微处理器）。否则会增加时滞和瓶颈，影响其性能。

7. 良好的设计，用于具身智能体发掘智能体世界交互及生态位。假设一个机器人的任务是沿逆时针方向围绕一个 5 米见方的正方形运动。这个工作可以通过一个程序来完成，即让该机器人每 5 米直角转弯一次。或者用另一个方法，用一个光传感器和一个根据机器人轨迹制作的黑条来实现，编程为每当这个黑条结束时机器人进行直角转弯。第一个方法会因为摩擦和其他阻力而产生误差，在几次运行之后开始给出错误的轨迹。但是这个问题的第二个解决方案是与本地环境紧密联系在一起的，并且总是会给出正确的轨迹，直到机载电池耗尽。这个原则比表面看起来更有用，特别是在群体机器人中，这将会在第 6 章讨论。

2.4 节将讨论源于自然界的灵感是如何塑造基于智能体的机器人的。

Moravec 悖论

Moravec 观察到，设计和开发基本的感官运动技能需要比让其获得高级逻辑推理能力更广泛的资源。可以看到，让人工主体玩跳棋游戏或者回应智商测试，要比让其复制一岁婴儿的感知和运动技能容易得多（示例如图 2.3 所示）。

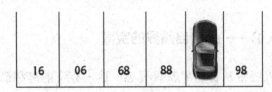

图 2.3　**停车场问题。**停着的车下面的数字是多少？要解答这个相当简单的问题，用人类的能力只需把这个图翻转过来即可，而算法途径却失败了。汽车图像为在 pixbay 上的 CC 图像

这个悖论是因为我们试图通过编程途径去重建生物智能实体而产生的。生物系统规则，如人类认知，在数十亿年的进化过程中通过与环境的交互不断进化，已经编码到我们的遗传物质之中。我们仍然不知道大多数这些过程是如何工作的，并且诉诸近似的数学模型来在人工领域中复制它们。一些研究者确实指出，争论的焦点在于人工智能研究者、哲学家和心理学家在智能上还未达成一致的定义。然而，人类大脑与人工智能的对比可以给我们一些启示。在人类大脑中，连接的神经元储存记忆，通过从外部世界广泛接收的感觉来分配信息和生成想法，并且通常会联系从多年学习中获得的记忆和刺激反应，从

而对任何给定的情境提供不同的响应。我们对外部世界的感知是由感觉器官决定的，它们会影响我们的精神状态。另一方面，CPU 是在数字逻辑上构建起来的，遵循算法规则。人类感知的简单方面通常不能由计算基础解决，而这一般发生在非常初级的阶段，比如一岁的婴儿身上。而跳棋游戏或智商测试是可以通过算法方法解决的问题，因为其规则是已知的，并且可以被编程到 AI 智能体。

2.4　拟人论——来自自然界的宝藏

机器人经常从自然界获得灵感。达·芬奇的鸟和狮子就是拟人论最早的例子。四个特定的概念帮助机器人搭起了从自然世界通向人工的桥梁：（1）"UMWELT[⊖]"（周遭环境）或内外世界的交融；（2）基于视觉的生态方法；（3）控制和改变行为的心理学技巧；（4）设计像 Toda 的食菌者这样的人工动物的原则。

2.4.1　源自符号学的概念——"UMWELT"

Uexkull 的符号学是对感觉世界和真实世界交融的一个探索，其中研究了很多生物，并将感觉确立为主体去构建"内心世界"的一个工具，从而找到对象的意义。

单词"UMWELT"在德语中既有环境也有生态的意思。Uexkull 将其描绘为包含着智能体的独有现象世界，"UMWELT"

⊖　Uexkull 于 1909 年在他的书 *The Environment and Inner World of Animals* 中引入了这个术语。

非常像一个围绕着有机体的肥皂泡。它围绕着智能体，并且包含与其自然作用相关的对象和过程。智能体也总是努力实现对现实的感知，从而主动地创建自己的"UMWELT"。因此，智能体的"UMWELT"是感知世界与效应器世界共同达成的最佳一致，如图 2.4 所示。有机体的神经系统配备有感受器（感觉网）和效应器（效应网）。感觉网帮助呈现有机体的 UMWELT 的一些特定特征。独有的感受器所产生的呈现则被标记为一个特征信号。效应网产生肌肉脉冲模式，并刺激效应器细胞产生效应器信号。如果有机体的 UMWELT 中的某个特定特征刺激了感受器的细胞，相应的感觉网会产生一个特征线索。这个循环是递增的，会不断加入反馈，因此也是自传入感觉的。随着在有机体的 UMWELT 中识别特征以通过逐渐增长的经验适应健康发展，会探索其世界的更多方面。

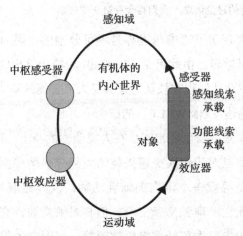

图 2.4　**功能循环与内心世界**试图将感觉和行动分别在感知领域和运动领域统一起来。这有助于递增地构建智能体的内心世界

简单有机体（如草履虫或者扁虱）的世界比较简单，复杂有机体（如人类）的世界比较清晰，蝙蝠的"UMWELT"由回声定位控制，如图 2.5 所示。肥皂泡的类比在受一些感官限制的低等动物中非常适用，但是在高等动物和人类中就不那么明显了。

图 2.5 **"UMWELT"——独有现象世界。**这里展示为肥皂泡的是一只蝙蝠的"UMWELT"，多多少少由其回声定位决定。这种现象学独有于相应生物，以帮助它感知世界。蝙蝠也是人工意识中一个有趣的讨论话题，我们将会在第 9 章讨论

这些观点表明了思维与世界是不可分割的，因为正是思维在为有机体解释世界。由此可见，Uexkull 的符号学构成了主动认知的基础，而主动认知现在被认为是具身人工智能的基本认知模型。

举例来阐述"UMWELT"的概念：

1. 雌性扁虱：扁虱经常寄生在人或动物的身上，以血液为食。雌性扁虱对我们人类感兴趣的大部分事情视而不见。其一生就是寻找一个温血的哺乳动物，以其血液为食，产卵，然后死亡。扁虱又聋又哑，但有光敏皮肤，交配后，会受阳光的指引去草叶或者树枝顶端，直到它的猎物——哺乳动物到来。它能够通过所有哺乳动物的典型特征——汗液

的气味（来自皮脂腺滤泡的丁酸）来识别猎物，然后向猎物靠近。一旦附着在哺乳动物身上后，它的下一个工作就是找到一块温暖、无毛的地方吸血，筑巢产卵。这 3 个生物符号组成了扁虱的"UMWELT"：（1）由阳光指引；（2）感觉到哺乳动物的汗液；（3）感觉到热量，并找到自己的猎物哺乳动物无毛的地方。

2. 斗鱼：斗鱼只有在以每秒 30 次的最小频率游动时才能识别出自己的倒影 [35]。这可以帮助我们成功进入它们的"UMWELT"。这些鱼捕食快速游动的鱼和其他海洋生物。它们的运动速度比较慢——像慢动作摄像机，因此它们有能力捕捉到"低速移动"的猎物。

3. 蜜蜂：据观察，蜜蜂喜欢降落在有断口形状的物体（如星星和十字架）上，也似乎会避开紧凑结构（如圆形和方形）。蜜蜂的主要工作是从绽放的花朵上采蜜。联系到蜜蜂的"UMWELT"，它把绽放的花朵视为星星或者十字架，而花蕾被视为紧凑结构——可能是圆形和方形。值得注意的是，蜜蜂也许是有形状和结构意识的最低等生物之一，而更低等的生物，如草履虫、软体动物、蚯蚓、扁虱等，都缺少这样的概念，因此在其内心世界并没有真正的知觉形象。所有更高等的生物，如动物和人类，都对形状、结构和方向有了解，会在内心世界展现出来。

这是对于理解生物学的一个完全不一样的尝试，不是作为一个技术模型，而是作为一个自主生物和其"UMWELT"间不断展开不断转化的调和。这里的焦点不是把智能体作为一个物体来研究，而是通过它们与其环境的交互将其作为活跃的主题。这个方法已经帮助发展出嵌入式人工智能中的具身与生态概念，这会在本章剩余部分讨论。

2.4.2　源自生态学的概念——视觉的独一无二性

视觉感知在人工智能中有着特别的地位。它通常是所有人类感知中最强的部分，并形成最持久的记忆。视觉包括两种感觉，一种是反应式刺激（看），另一种是协商式感知，将环境中的物体和事件联系起来（观察）。在过去 300 年间各种各样的视觉理论被提出，Berkley 的经验论（18 世纪初）、格式塔六项原则（20 世纪20 年代）和 Gregory 的自上而下分析法（1970）是视觉方向更为传统的方法，这些方法中的视觉概念很大程度上依赖于已知的世界视觉呈现。因此，在传统观点中，视觉基于我们的环境、已知的呈现和记忆主动地构建我们对现实的感知，并对环境或主体的动态或多或少保持沉默。

因为视觉不能像感觉运动那样容易地被操纵，研究者已经考虑其他的方法来对其建模，而图像处理通常是一个支持工具，并被用于机器人研究。更简单、便宜的机器人通常采用非视觉传感器（如声呐和红外）来提供距离度量信息，在低层次任务和以导航为中心的行为中作为补充。

Gibson[121] 和 Marr[221] 分别在 20 世纪 80 年代和 20 世纪 90 年代为将视觉作为一种生态现象建模提供了动力。视觉的功能是对视野内的事物、形状、空间和空间布局进行描述和呈现，并帮助获取更高层次的信息，如阅读路标。Gibson 提出视觉不仅仅局限于这样的认知过程，还常常是协调运动的机制。Gibson 的自下而上法是第一个在心理学上将运动与感知联系起来的方法，与传统的视觉理论非常不同。Gibson 不支持行为主义与内部呈现，并且发展了光流的概念。同样，Marr 也拒绝图像处理，并认为视觉是信息流而不是孤立的独立现象之间的相互联系。

　　Gibson 的方法是基于信息流的，把环境和观察者看作"不可分的一对"。环境应该从生态方面（媒介、物质和表面等）去建模而不应该被建模为坐标系，因为动物感知的是前者而不是后者。视觉基于光流阵建模，它是由汇聚在一个给定点上的所有光线构成的。光流阵在每一点上都不一样，因此对于运动中的观察者来说，阵列在不断地变化，从而创建了一个光信息流场。由一个移动的观察者同时采样的光流阵中的变换指定了移动路径，而不是更传统的用于起点和终点等的坐标系。光流包含了关于表面布局和主体运动的信息。Gibson 的模型阐明，主体所感知到的环境属性通常取决于观察者的物理和生理能力。例如：（1）可供人类坐的一定高度、大小和倾斜度的表面以及那些可供踩踏的不同高度、大小的表面；（2）可供捕捉的以一定速度移动的物体，其他则太快或者太慢等。值得注意的是，这些行动都是源于人类心理学的普遍反应，而不是从经验等学习到的。对运动的这些可能性的感知是必要的，它们也包含在光流阵中。开始移动就是收缩肌肉，以让前面的光流阵流出去，停止移动就是让这个流动停止。因此，智能体的内力是光流的函数[98]。

$$F_{internal} = g(flow) \qquad (2.2)$$

这里，$F_{internal}$ 是内力，$flow$ 是光流。利用这些控制法则，并将生态心理学扩展到机器人领域，在机器人与障碍物和人类在实时动态环境中进行交互方面，已经取得了可喜的成果。这种激进的视觉理论很明显缺乏对光流或者内力的量化，因为它依赖于情境和主体等。然而，这的确暗示了一些想法，即移动不是机械的牛顿力学，而是由感知驱动的，而感知是由心理和生态原因触发的。Duchon[99] 在生物学方向扩展了 Gibson 的框架，为生态机器人总结了以下原则：

1. 智能体与环境是"不可分的"，它们被视为一个系统。
2. 智能体的行为产生于系统的动态。
3. 根据感知和行动之间的关系，智能体的任务是将可用信息映射到控制，以实现系统的期望状态。
4. 环境提供信息和暗示，以此来鼓励适应性行为。
5. 因为智能体是环境的一部分，所以不需要先验的或实时的 3D 地图或模型。

Duchon 利用以上原则演示了机器人导航与避障。

因为认知不是发生在智能体"内部"的事物，而是归结于其具身，主体在环境中的认知在适应性交互本身中被标记。因此，智能体经历的环境不仅受到其自身主体的限制，也被限定为通过智能体的自身活动而出现。经历的世界是由智能体的生理、感知运动回路以及环境⊖之间的共同交互来描绘和确定的，如图 2.6 所示。这意味着，智能体自身是一个活的、有经验的结构，也是所

⊖ Varela、Thompson 和 Rosch 通过扩展 Merleau-Ponty 的身体现象学而提出了主动方法。

有认知行动的情境[333]，因此感知不会发生于主体或主体内部，而是一种行动。根据主动方法（Enactive Approach）[320]，主体"带来了"自己的认知域，并有能力对自身进行一些控制，主要是为了健康和生存。因此，智能体让其主体与其环境直接交互。符号计算和信息模型不是认知的本质，外界事件也不能支配认知过程。认知是情境性的，它从不发生在抽象中，通过具身认知和情境认知的重叠来实现对行动的适应性协调和控制。最后，经验对于认知和大脑的理解是很重要的。

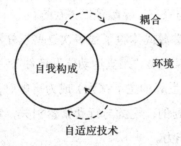

图 2.6　**主动作用**是对环境的一个连续的探索过程，其中智能体的自我构成是其身份，它在与其环境的耦合过程中是守恒的（连续箭头）。耦合关系随自适应性变化而变化（虚线箭头）。摘自 Froese and Di Paolo [113]

O'Regan 和 Noe[259, 260] 提出，视觉和视觉意识确实是一种与行动紧密关联的感觉运动活动，相比作为严格意义上的感觉运动对，更多的是作为一种探索性的感觉活动工作。这个探索过程是由作者所定义的"感觉运动偶发事件"的知识来调节的。这种方法强调视觉的现象性，而不是其更传统的表征性。"感觉运动偶发事件"可以被定义为根据感知者的行动而产生的感觉刺激的规律性。感知者的视觉让其知道形状、颜色、纹理、光线和行动过程，从而帮助其理解这个已知的世界。

例如，由于视觉可以被看作三维空间的二维投影的采样，二维的方形和三维的方块的顶部视图可能是一样的，但是朝着物体细微靠近或者远离，都会导致进入视网膜的光量变大或者缩小，这样眼睛感知到的就会不同。另一个例子是，由于反射的光量是由每一种颜色决定的，每个色块对应一个独一无二的偶然性，因此经常表达着心理意义，如红色的光反射值在 0.4 到 0.5 之间，反射了几乎一半的入射辐射，所以比其他颜色更能引起视网膜的兴奋。因此，红色是与兴奋、温暖等相关联的。

在智能体已经掌握或体验了很多次这些已知法则，即大脑如何编码视觉属性，以发展"感觉运动偶发事件"，并使探索性感觉（换句话说，就是对世界的主动探索）成为可能时，会产生视觉经验。正如我们所看到的，视觉与行动紧密相关，它可以说是主动作用最重要的感觉能力。

2.4.3　源自心理学的概念——行为主义

行为主义是心理学的一个分支，研究个体的环境和随即产生的行为之间的关系。这基本上是一个"黑箱"方法，与大脑功能不相关。行为主义在 20 世纪 20 年代到 20 世纪 50 年代间很受欢迎。早期的先驱是巴甫洛夫、Twitmyer 和 Thorndike，他们各自的研究都是独立的。巴甫洛夫在 19 世纪 90 年代的实验聚焦于狗的消化，如幽默版的图 2.7 所示，狗会先听到节拍器的声音，然后立即被提供食物。经过几次这样的试验，观察到狗听到节拍器的声音就会开始分泌唾液。节拍器拥有了刺激唾液分泌的性质。巴甫洛夫的发现证实了之前的中性刺激（节拍器），在多次试验后变成了刺激唾液分泌的条件刺激。Twitmyer 也记录过相似的结果。这种将生物刺激与先前的中性刺激（如声音或光线等）配对的动物行为改变被称为经典条件反射或巴甫洛夫条件反射。

图 2.7　**巴甫洛夫的狗**。行为主义最早的实验之一是由巴甫洛夫进行的，在这个实验中，他就条件反射理论研究了狗的消化。(c) 2003 Mark Stivers www.stiverscartoons.com，授权使用

在 20 世纪 30 年代，斯金纳提出了操作性条件反射，它依赖于通过其结果来改变行为，要么强化，要么惩罚，而不是通过操纵巴甫洛夫条件反射。代表性的基于老鼠的斯金纳箱实验（如图 2.8 所示）展示了受试老鼠在按了某个特定控制杆后，会得到积极强化（如提供食物），在按了某个不同的控制杆或按钮后，会得到消极惩罚（如不提供食物）或积极惩罚（如给受试老鼠轻微电击或

喷冷水）。随着时间推移，老鼠会更频繁地按下食物控制杆而避开产生惩罚的控制杆或者按钮。随着不断将刺激作为一种操作反应的方式，刺激会成为对受试者的控制手段。操作性条件反射的 5 个类型如图 2.9 所示。

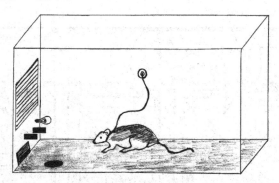

图 2.8 **斯金纳箱**。研究操作性条件反射和经典条件反射的实验工具。这个箱子是用玻璃围起来的，里面有一个按钮或者按键或者控制杆，动物按下去后分别会得到特定的刺激回应（如光或声音信号），然后投放食物或水作为强化

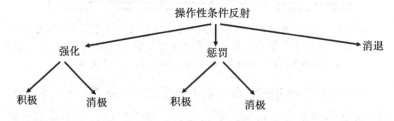

图 2.9 **操作性条件反射**。强化和惩罚是斯金纳方法的控制机制

强化可以分为两个方面：在积极强化中，回应跟随着奖励，如在按控制杆时提供食物；在消极强化中，回应跟随着一种不愉快的影响，如让受试老鼠受到噪声的骚扰，当它按下一个控制杆

或者按钮时则可以关掉。惩罚也有两种模式：在积极惩罚中，回应会跟随着一些不悦的体验；在消极惩罚中，回应会移除一些愉悦的体验。两种情境都不鼓励回应。区分惩罚与消极强化常常不是那么容易。通常，惩罚以调节恐惧为特征，是主动的回应，而惩罚是抑制性的，在很长时间内，回应只在惩罚解除时出现一次。在消退中，之前强化的回应不再被强化（无论是积极强化还是消极强化），由于不再经历期望的结果，回应会削弱。斯金纳相信操作性条件反射能被用来设计有机体复杂而丰富的行为。

经典条件反射与操作性条件反射的区别在于前者支持反射行为，而后者则通过操纵刺激来控制主体的行为。行为主义直接影响了基于智能体的机器人，结论是：

1. 行为主义主要与可观察的行为相关，不同于像思考和情感这样的内在事件。可观察的（即外在的）行为可以被客观而科学地衡量。内在事件（如思考）应该通过行为主义的术语来解释，或者干脆消除。

2. 人没有自由意志，一个人的环境决定其行为。

3. 在出生时，我们的大脑是一块白板，没有记忆也没有经验。

4. 人类的学习与其他动物的学习几乎没有区别。因此，研究不仅可以在人身上进行，也可以在动物身上进行。

5. 行为是对刺激的反应结果。因此，所有行为（无论多复杂）都可以被简化为简单的刺激反应模型。斯金纳的刺激－反应（SR）理论是一个强化正向行为同时消除不理想行为的努力。

6. 所有的行为都是从环境中学习到的。新的行为是通过经典条件反射或操作性条件反射学习到的。

2.4.4 人工动物——ANIMAT

ANIMAT（或人工动物）是灵感来自动物行为和运动学的机器人。在 Toda 之后，其他许多人（Braitenberg、Holland、Brooker 及 Wilson[356, 357]）也提出了相似的人工动物模型，"ANIMAT"这一术语是 Wilson 在 20 世纪 80 年代中期创造出来的。他的 ANIMAT 是 Walter 的海龟的升级版，因为它不仅可以与环境交互，而且还可以从经验中学习⊖。行为主义和条件反射构成了 Wilson 模型的基本原则。具体包括规则适应性、遗传进化、涌现和联想等范式。Wilson 提出了定义 ANIMAT 的四个原则：

1. 人工动物处于感觉信号的海洋里，但在任何特定情况下，只有一些信号（对运动行动）是重要的，而其余的是多余的。

2. 人工动物有行动的能力，而这实际上会倾向于改变这些信号。

3. 某些信号和 / 或某些信号的缺失对人工动物来说具有特殊的地位，如缺乏食物会触发生存本能，看到捕食者、遇到危及生命的地形等，会对人工动物的生存造成问题，并取代所有其他行为。

4. 人工动物在外部行动，并且也会通过内部的操作，以最佳地优化特殊信号的出现。

前两个原则是关于感觉运动和具身化的概念，第三个原则将生存能力视为最基本的行为，第四个原则将条件反射和规则适应性结合了起来。

⊖ Wilson 将 Walter 的海龟视为"半人工动物"，因为它们缺少学习能力。

有人提议，将感觉信号与理想的行动结合起来的最合适的规则，必须由 ANIMAT 作为一种偶然的练习来"发现"，否则不理想的规则应该被忽略。模仿动物可以允许行为在不受外界影响的情况下在体外开始 [349]。因此，在相关的背景下，它允许在一个范围内来精确、灵活和有效地设计这些行为，这在真实动物的研究中可能永远不会被观察到，我们将在后面的章节中举例说明。ANIMAT 的研究对于基于行为的范式发展和塑造人工生命（ALIFE）学科有一定帮助。

如图 2.10 所示是《圣经·创世记》故事的诗意改编，在这里，Beavers 思考了 ANIMAT 发展的各种原则，如学习、涌现、形成具有智力成长性的复杂生物等，为人工进化和成长提供了依据。达尔文的自然选择会受到自然灾害的影响（如诺亚洪水的传说），未来反乌托邦机器人启示录在这里也是为了保证质量，这些也可以作为故障安全技术和众所周知的"切断开关"。

ANIMAT 在探索自然世界的过程中发挥了重要作用，利用来自大自然的设计，与已知的数学模型和技术协同工作。当然，设计 ANIMAT 的途径并不是单一的，研究者已经用了各种各样的方法来设计人工生物。如图 2.11 所示的臂式机器人控制器是通过观察灵长类动物从一棵树摆荡到另一棵树而设计出来的。Nakanishi 等 [250] 将这种运动作为修正的摆振建模，并用神经网络添加了机器学习方面。与之形成鲜明对比的是 gastrobot[353] 以及之后的其成熟版本 ECOBOT 系列机器人，它们是基于人类的消化过程和胃肠道系统设计的，目的是利用微生物燃料电池（MFC）实现能量自主。

摘自《孪生地球的创世记》的一段读物

起初，孪生地球是一个空的创造，神一般的运营和开发团队说，要有区别，于是就有了区别。他们把这种差异的一部分称为"存在"，另一部分称为"不存在"，由此产生了所有其他的区别和差异，直到一组模式填充了这个一度为空的创造。

第四天，神一般的运营和开发团队创造了可以自行移动的模式，他们称这些生物为 ANIMAT，他们非常高兴，事实上非常高兴，以至于在第五天，他们决定按照自己的形象创造 ANIMAT，称之为机器人。由于机器人是按照创造者的形象制作的，所以与其他 ANIMAT 不同，它们可以自己决定事情。它们可以思考和计划，所以神一般的运营和开发团队想到，机器人可能有一天会变得强大到足以伤害他们并可能取代他们。因此，他们说，让我们把它们变得负责吧，让它们成为自由的存在，能够明辨是非，并据此行事。

现在蛇是神一般的运营和开发团队创造的所有 ANIMAT 中最聪明的，它对他们说，自由和责任？首先，你们能对它们进行怎样的公正对待？你们考虑过道德成本吗？你们打算如何将它们的自由用责任捆绑起来？毕竟，五千年的道德探索可有为最基本的道德问题提供令人满意的答案？我不想和你们串通一气。

神一般的运营和开发团队说，傻蛇，你真的认为这会阻止我们吗？别说五千年只有 125 代，而且这些生物将会进化得更快。也许不久它们就能告诉我们答案。

"假如你不喜欢它们的答案呢？"蛇问，"假如仅仅知道是不够的，你打算怎么办？即使是沃旦也不能创造一个只做自己想做的事情的自由英雄。"

"我们还没有考虑这些。"神一般的运营和开发团队说。然后他们还是继续构建他们的机器人，结果却淹没在这个小故事的第七章，从某种道德上的自然选择（比如诺亚）重新开始。同时，我们可以想象，如果必要的话，他们可能在机器人启示录中再次摧毁它们。

以上是我对《孪生地球的创世记》的解读。

Anthony Beavers
埃文斯维尔大学

图 2.10　**孪生地球的创世记。** Beavers 对《创世记》的戏仿，这里 ANI-MAT 由"神一般的运营和开发团队"开发出来，并编码了进化版 AI，有从简单的到复杂的类型（如机器人）。随着时间的推移，它们形成了自由意志和伦理价值观。如果事情发展出现偏差，点缀着如诺亚洪水和未来机器人启示录的达尔文式自然选择就是用来使用的工具。Antony Beavers, University of Evansville, 授权使用

图 2.11　Brachiatron，基于灵长类动物臂力摆荡的机器人。Nakanishi 等通过修正摆振而设计了这个运动。右图来自 wikipedia.org，CC-by-SA 3.0 许可，左图来自 NASA JPL Laboratory, www-robotics.jpl.nasa.gov

　　研究总是试图把更新的想法从大自然引入人工智能，如将在后面章节讨论的机会主义 [11] 和内心世界 [149]。最有趣和最复杂的 ANIMAT 研究之一涉及基于大脑神经形态的机器人，是基于动物的大脑功能建模的。新千年的 ANIMAT 研究集中于学习中的神经网络应用，并模仿人类的神经系统和神经过程。CPG 和基于大脑的机器人是 ANIMAT 研究和仿生设计中比较新的流行词汇。

　　以动物为原型的机器人开发不仅有助于记录已知的自然行为，而且有助于将机器人的设计、行为和过程作为一个单一系统的融合来理解。研究者已经用各种方式应用了 ANIMAT 范式，我们在后面的段落中会配合案例研究讨论。

　　1）ANIMAT 中的行为建模：ANIMAT 中的行为建模可以用于理解昆虫和动物的运动的工程学和生物学机制。

　　（a）人工昆虫项目。Beer、Lorenz、Baerends 和 Arkin 分别

独立完成了将动物行为开发为由控制回路连接的交互模块。如图 2.12 所示，在 Beer 的人工蟑螂模型中，进食被建模为两种行为：食欲和满足。前一种行为是识别食物的努力，后一种行为是摄取食物的尝试。能量水平决定人工蟑螂的觉醒与饱足程度，当它处于饱足的状态时就不会再试图获取食物。运动没有作为单独的行为而明确地说明，它通过"边界跟随"和"漫游"在原地发生。Beer 注意到进食（食欲和满足）明显比边界跟随优先级更高，然而如果在昆虫觅食的路上有障碍物，那么这个顺序就会反过来。然后人工蟑螂会跟随着障碍物的边缘过去，尝试获取食物。因此，这两种行为之间的顺序是可变的，并取决于环境。Baerends 将这种方法命名为"行为的功能性解释"。Beer 的蟑螂和 Baerends 的掘土蜂和银鸥显示，动物行为可以被表示为一系列同时起作用的原始模块，根据所遇到的情境，存在层级顺序和 / 或抑制或者模块抑制。Arkin 等人设计了类似的螳螂行为解构模型并应用在了 Miguel（一个 Hermes-Ⅱ机器人）上。

（b）GRILLO Ⅲ，跳跃机器人。浙江大学（中国杭州）的李霏等人和 CRIM Lab（Polo Sant'Anna Valdera, 意大利）的合作研究人员[205]，从袋鼠、兔子、青蛙、蟋蟀、叶蝉和跳蚤身上获得灵感，构建了一个 50 毫米 ×25 毫米 ×20 毫米的跳跃机器人——GRILLO Ⅲ，如图 2.13 所示。设计考虑的是小体积、轻重量、较小的接触面和高能效，以驱动跳跃。它们遵循半经验关系式，这个关系式适用于毫米到厘米大小的昆虫。

$$\frac{F_{max}}{W} \propto \frac{l^2}{l^3} \sim \frac{1}{l} \tag{2.3}$$

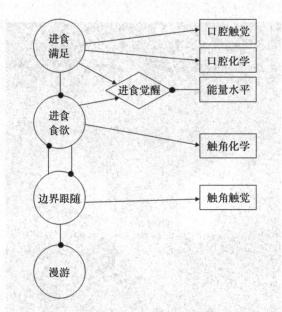

图 2.12　**蟑螂的行为解构。** 人工蟑螂所用的传感器是触角传感器和口腔
　　　　传感器，用于从环境中提取信息并与之交互。人工蟑螂能进食、
　　　　移动、漫游和边界跟随。带黑圈的线表示行为之间的抑制。改
　　　　编自 Beer[33]

　　这里，F_{max} 是昆虫肌肉能施加的最大力，取决于接触面，
W 是昆虫的重量，l 是昆虫的特征长度。较小的特征长度使得
ANIMAT 的关节受力较小，确保更多的稳定性并保证通过跳跃
更好地完成移动。这里，对各种昆虫和动物的生态位都要加以
利用，以对跳跃行为进行建模。GRILLO Ⅲ重 22 克，一次可以
向前跳越 200 毫米。研究人员总结出，有了这样一个模型，它
确实补充了昆虫如何选择运动模式以及进化以改善自身健康的
知识。

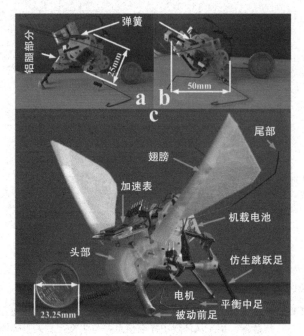

图 2.13 **跳跃机器人**——GRILLO Ⅲ，从袋鼠、兔子、青蛙、蟋蟀、叶蝉和跳蚤身上获得灵感而开发出来。图片来自 Elsevier[205]，授权许可

（c）**迪士尼的步态机器人**。迪士尼研究实验室的单足跳[57, 206]设计如图 2.14 所示。这个单足步态机器人是独一无二的，因为它完全依靠锂电池运行。步态机器人通常是用液压设计的，但是这个机器人使用了一个**并行线性弹性驱动器（Linear Elastic Actuator in Parallel，LEAP）**装置，如图 2.14 所示。LEAP 有 4 个组件：编码器、温度传感器、带双压缩弹簧的并联音圈驱动器和两个能驱动做出跳跃动作的伺服电机。这款机器人仍处于研发阶段，在翻倒之前，它可以跳约 7 秒或差不多 19 下，缺乏美感，顶部还有

一堆电线。后续的版本将希望使用 Odroid、Raspberry Pi 等使其拥有更强的机上处理能力，让机器人可以保持平衡更长时间。步态机器人的跳跃动作与《小熊维尼》动画系列中跳跳虎的动作非常相似，尽管迪士尼尚未对此进行官方确认。

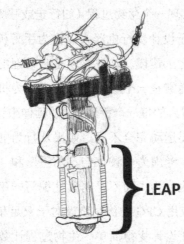

图 2.14　**迪士尼的单足跳机器人**，仍然处于研发阶段，重 2.3 千克，高 30.5 厘米，在翻倒之前，它可以保持平衡约 7 秒或跳差不多 19 次。迪士尼粉丝们称这个单足跳机器人让人想起了小熊维尼最好的朋友跳跳虎，尽管迪士尼还没有发表任何官方声明

（d）**两足和四足行走的机器人**：中枢模式发生器（CPG）是一种在中枢神经系统之上建模的振荡神经元电路，它产生并控制与已知的动物／人类运动模式相似的节律性运动过程。在自然界中，这些过程是在有机体内部进行的，没有任何来自四肢、其他肌肉或任何其他运动控制的感觉输入，而且被认为是负责咀嚼、呼吸、消化和运动的。运动的这种节奏性过程已经在猫、狗和兔子身上得到证实，而且也被认为存在于人类的运动中。CPG 可

以说类似于钟摆，以恒定的频率产生正弦信号。模式发生器对于模拟涉及两个或两个以上的运动过程的已知的生物运动功能是有用的，这样每个过程就会以串行顺序依次跟随。因此，为了设计一个动态问题的 CPG 解决方案，研究人员设计了一系列以串行顺序工作的基元来实现一个生物过程（如行走或呼吸）。

CPG 曾被用于设计步行机器人以作为手臂机器人的扩展，在逆向运动学原理之上建模。这被发现是难处理的和资源密集型的技术问题，并且通常是一个缓慢的过程，因为机载微处理器需要通过计算类人机器人的每一个手臂 / 腿的延伸来计算它的下一个位置，其运动与人类运动完全不同。如果从行为的角度解决同样的问题，将"行走"考虑为一种来自"前进"和"平衡"的原始运动行为的自然发生行为，而不是明确地编写一串代码，这有助于显著提高性能。应用 CPG 的仿生设计对于双足和四足移动是一个很好的选择，也让设计变得简单。生物过程让数学建模落在了空处，但是可以从原始行为来认真地设计。

如图 2.15 所示，Matos 和 Santos[222] 通过让"平衡运动""屈曲运动"和"罗盘运动"这三个运动基元同时工作，设计了 DARWIN 机器人的行走。

CPG 源安装在两足机器人靠近头部的位置，为移动产生周期性运动动作。来自放置在四肢上的传感器的反馈，通过修改 CPG 生成的模式以帮助适应环境。

2）ANIMAT 作为小白鼠：ANIMAT 为探索动物行为提供了一个现成的平台，有助于推算在之后阶段可能会用于人类的模型，也有助于理解动物心理学和运动学。在演示、教学和研究方面，与豚鼠和兔子相比，ANIMAT 是一个更便宜、更高效、更合乎道德的选择。

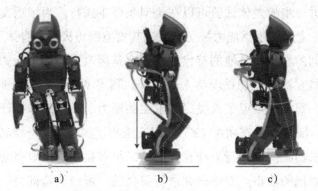

　　a)　　　　　　　　　　b)　　　　　　　　　　c)

图 2.15　**两足运动**是 CPG 的一种新型应用。Matos 和 Santos[222] 使用运
　　　　动基元——a）平衡运动；b）屈曲运动；c）罗盘运动。Matos
　　　　和 Santos，已经能够使用 DARWIN 机器人展示行走了。图片
　　　　来自 Elsevier，授权使用

　　（a）从啮齿类动物到机器人，WR-3 机器人和 iRAT：以下两
个例子都是直接来自老鼠的灵感，帮助构建了老鼠的心理学和运
动学模型，从而有助于开发用于药物测试的实验测试台。东京早
稻田大学的 Ishii 等人在已经制作出了类鼠机器人，首先是 WM-
6[161]，之后是更精良的 WR-3[151, 162]，如图 2.16 所示。基于老鼠建
模，用来诱发真实老鼠的压力与抑郁，从而创建可以用于新药测
试的心理状况实例。为了模仿老鼠的动态学和生物工程学，该机
器人有 14 个活动自由度，其中 12 个用于模仿老鼠行为，另外 2
个活动轮装备在其臀部。这个研究试图探讨压力的心理刺激和导
致应激易感性的精神障碍对老鼠体内平衡的影响。WR-3 是为攻
击和追逐行为而开发的，作为一个实验，它被放入 3 周大的老鼠
群样本中，并记录下老鼠的行为模式和生理上的刺激反应。老鼠、

豚鼠、兔子和仓鼠常用于实验室试验，这些试验的结果可推及人类，让进一步的人体试验可以在类似条件下进行。为了诱发压力和抑郁，老鼠的嗅觉能力被切断或让其被迫经历极端的身体不适，如长时间的游泳，其他的替代方法还有基因改造和环境压力，然而，这些方法都不能重现类人的抑郁。利用 WR-3 机器人进行的实验中，则实时重现了人类经常发生的压力、耻辱感和抑郁的发展过程。Ishii 等人在两组 12 只老鼠上进行了实验。第一组老鼠持续受到机器鼠的攻击行为骚扰，而第二组老鼠则是只要移动就会受到机器鼠的攻击。对该研究进行量化的一般经验法则是，抑郁的老鼠会表现出行动迟缓。而该研究发现，在前几周有被骚扰史的老鼠受到间歇性攻击时，会产生最高程度的抑郁。运用这些方法联系上人类的情况，尝试找到脓毒症、烧伤和创伤的治疗方法。如此调整临床试验也有效地降低了此类试验的成本。此研究的进一步目标是把此类试验扩展到精神障碍领域（如精神分裂症和焦虑症）。WR-3 是早稻田大学"Mental Model Robot"小组在过去 17 年里对老鼠与机器人交互的研究的延续。

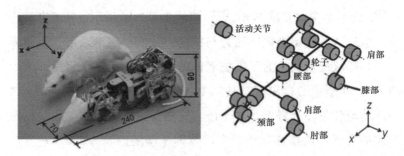

图 2.16 WR-3 机器人，灵感来自老鼠，Ishii 与合作研究人员在早稻田大学做的早期研究。Taylor & Francis Ltd(www.tandfonline.com) 授权转载 [162]

类似的一个项目是 iRat，名称取自 Intelligent Rat ANIMAT Technology [28] 的首字母。如图 2.17 所示，它是作为研究老鼠对人工老鼠的反应的一个工具在昆士兰大学被开发出来的。研究发现这些老鼠会小心翼翼地接近它们的机器人伙伴，并与之互动。研究人员提出研究 iRAT 与真实老鼠之间的竞争与合作行为。iRAT 已经配合 RatSLAM 一起使用，RatSLAM 是来自生物灵感的一个 SLAM 系统，架构在控制大鼠大脑导航的神经过程的认知机制上。RatSLAM 的优点是可以很好地处理低分辨率和低强度的剖面可视化数据。

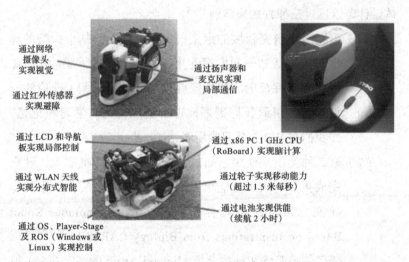

图 2.17 iRAT（Intelligent Rat ANIMAT Technology[28]）是一个人工老鼠，被用于操纵老鼠行为，作为机器 - 动物交互，也用于实施 RatSLAM。Springer 授权转载

人们对基于大脑的模型和仿生认知机器人 [56] 的热情越来越高。成人大脑重 1300 克到 1400 克，有约 10^{11} 个神经元，它的复

杂性使得任何试图复制它的尝试都只能望而却步。测量动物大脑信息流和时序目前也还没有可能，这增加了任何直接尝试基于大脑的工作方式设计机器人的难度。然而，利用间接手段，像 WR-3和 iRAT/RatSLAM 这样的项目已经尝试将啮齿动物的行为与大脑功能直接联系起来。OpenWorm 项目 [81, 103] 已经把这个问题交给了公民机器人专家，这是一种新的尝试，旨在将大脑神经连接模型的众包、设计和编码集中起来。这样的项目为不久的将来提供了机会，因为融入了现实世界，感官刺激是动物所经历的，因此在神经网络中研究信息流成为可能。基于大脑的机器人中的智能体设计可以通过三种方式来辨别 [189]。

（1）根据这个研究领域的定义，认知机器人的基于大脑的模型与生物认知一起发挥作用，这作为测试大脑功能（如操作性条件反射、恐惧条件反射和技能习得）理论的一种手段，帮助我们更好地理解适应行为、学习和记忆，如我们在 WR-3 项目中所看到的。

（2）第二种类型是使用已知的神经地图来设计机器人，让它完成更多与人工智能相关的工作，如地图制作、定位和导航。Damper 和其合作研究者为 Autonomous Robot Based on Inspirations from Biology（ARBIB）[82, 83]（以著名的控制论和神经学家 Michael Arbib 的名字命名）项目设计了一个人工生物，这个人工生物能够应用使用了中枢模式发生器（CPG）的人工神经系统学习并适应环境。ARBIB 是在经典条件反射之上建模，并证明了随着经验的积累，行为会有所改善。其他的例子还有来自

iRAT 的 RatSLAM 算法，利用老鼠的连接体在 SLAM 算法上进行改进。类似地还有 OpenWorm 项目 [81, 103, 216]，开始于 2011 年，模拟线虫（秀丽隐杆线虫）由 302 个神经元组成的神经网络，形成 6393 个突触连接体。这帮助开发了需要 95 个肌肉细胞的运动模型。这个代码被下载到一个有两个轮子的小乐高机器人上，用来演示简单的避障过程，机器虫的鼻子神经元被机器人上的声呐传感器取代。可以看出，乐高机器人在某种程度上复制了线虫的行为：如果机器人距离障碍物不到 20 厘米，声呐的刺激会让机器人停止下来。一旦停止，从触觉传感器传回的反馈会帮助机器人决定前进或者后退。在其他实验中，也可以看到在声音强度高于一个特定阈值时，这个机器人就会被 "引诱" 着朝着声源移动。值得注意的是，这些简单的行为都是源于机器虫的连接体，没有其他编码或任何行为的基元创建。因此将 Open-Worm 连接体模型上升到人类大脑，在未来有着光明的前景。

（3）第三种类型是试图复制特定的感知过程，特别是大脑的视觉或体感过程，来设计机器人。例如，为了方便基于大脑的机器人 Darwin IX（如图 2.18 所示）的体感感知，在它身上装配了一组由聚酰胺条组成的 "胡须" 阵列，这些 "胡须" 排列成行或列，在弯曲时发出信号 [225]。按列排列的 "胡须" 模拟了墙壁跟随和躲避行为中的人工神经系统，与猫、刺猬等动物的类似能力相似。

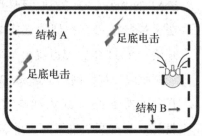

图 2.18　**带胡须的 DARWIN IX。**达尔文系列机器人生产于 2005—2007 年，被作为基于大脑的机器人技术的试验台。在这个实验里，Darwin IX 最初是希望实现使用它的"胡须"作为新型触摸传感器完成避障和墙壁跟随——就像在猫、刺猬等动物身上看到的那样。还希望它在遇到高反射时能停止并返回，反射是通过它向下指向的红外传感器检测到的，研究人员将这种行为称为"足底电击"。这些由高反射材料制成的"足底电击"装置被放置在如图所示位置，并且机器人会在本地环境中进行训练。之后，当"足部电击"被移走后，机器人仍然会根据条件反射做出反应，避开这些区域。该机器人的模拟神经系统由 17 个神经区域组成，含 1101 个神经单元和大约 8400 个突触连接。图片来自 Krichmar[189]，Elsevier 许可使用

　　拟人模型和基于大脑的机器人似乎殊途同归于计算神经科学，而计算神经科学可以说是神经生物学建模（目的是重建动物神经网络）和通过监督和/或非监督学习增强的并行分布式过程的折中。然而，缺点很多：①大脑-身体平衡缺乏关注，因为研究要么过于关注大脑功能和神经设计，要么则基于较低层次的行为开发了智能体，又预期会出现脑的高级功能。②还没有显示出高度并发性的认知机器人，拥有最先进视觉系统的认知机器人则没有足够好的躯体感觉系统或嗅觉感知系统，感觉系统之间

也没有无缝的集成。③ ANIMAT 模型不允许任何建模形态计算的尝试。在动物中，身体系统在不同的感觉节点持续进行计算，并通过中枢神经系统传输到大脑。这还没有被复制到人工领域。④最后，ANIMAT 模型没有考虑机器人的思维能力，而相反，认知机器人则依赖于神经地图和大脑功能，但也没有考虑主体的独特经验能力，因此不足以展现意识。这个主题会在第 9 章进一步讨论。

（b）**蛇形机器人**：蛇形机器人由许多相互连接的模块化关节组成，并通过 CPG 设计，如图 2.19 所示。这种蝾螈的 ANIMAT 模型已经在瑞士洛桑的 EPFL 实验室被开发出来，并希望能够为脊髓损伤患者提供一个运动学模型，帮助其电刺激治疗。

图 2.19　**蛇形机器人**。由许多相互连接的 CPG 模块组成。图片来自 wikipedia.org

3）**有组织的团体和群体中的社群行为研究**：ANIMAT 为我们提供了理解和探索动物－机器人社群中如合作、内聚、适应这样的社群行为的机会，这被证明是群体机器人的一个福音。在下面的两个场景中，第一个场景里面机器人为一群鸭子提供领导力；而在第二种中，机器人蟑螂在一个蟑螂群体中找到了社会认同感，反过来在修正群体行为方面发挥作用。值得注意的是，与 WR-3 不同，这两个项目并没有努力追求视觉效果良好的机器人模型，只是模仿其中一个目标物种，即鸭子和蟑螂。

（a）**Robotic Sheepdog 项目**：Robotic Sheepdog 项目 [335] 是 Cameron 和他在牛津大学的合作研究者的创意，这是对动物交互机器人的首次研究。该项目的目标是构建和编程一个自主机器人以放牧一群鸭子。机器人会展示领导力，把一群鸭子聚集在一起，并领着它们去往一个已知的安全区域。这个项目探索了动物、昆虫和鸟类因为收集食物、躲避捕食者、社会凝聚力、以相同或相似的地理位置作为目标点、外貌、筑巢等而形成群体的一般趋向性。整个系统如图 2.20 所示，由一个定制的探测车、两个工作站和一个头顶摄像头组成。探测车的速度为 1~2 米每秒，大约是鸭子的两倍，它需要将鸭子群作为一个整体而不是单个分开对待，同时也要避开障碍物。这个项目显示了使用机器人完成行为仿真可以作为一个合适的设计工具，这种方法可以很容易地用于动物－机器人交互。

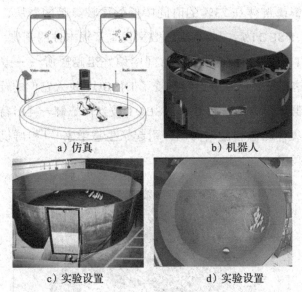

a）仿真　　　　　　　　b）机器人

c）实验设置　　　　　　d）实验设置

图 2.20　Robotic Sheepdog 项目。来自 Vaughan 等 [335]，Elsevier 许可使用

（b）INSBOT：蟑螂群体中的移动机器人。因为 ANIMAT 的灵感来自动物，它们应该能够被动物社群所接受。由于 Robotic Sheepdog 项目是构建在鸭子的条件反应基础上的，而且机器人能够有效地驱赶鸭群，所以类似社群中的其他行为应该也是貌似合理的。Halloy 等人 [139, 296] 在一个跨越三个国家的 4 个实验室的合作中，通过在一个蟑螂社群中引入一些机器人对其进行了探索。如图 2.21 所示的 INSBOT，被从雄性蟑螂身上采集的信息素处理过的滤纸包裹着，然后引入蟑螂群体。INSBOT 上的信息素诱发了友善的接受行为，这在蟑螂的生理机能中是根深蒂固的。Halloy 等人准备了两个居所，一个是黑暗的，另一个是明亮的。众所周知，蟑螂喜欢黑暗的条件。但是 INSBOT 没有这样的

偏好。蟑螂群体在 73% 的时间中偏好比较黑暗的居所，但是在引入了 INSBOT 后，收集到的数据发生了根本性的变化，蟑螂 – INSBOT 社群只有在 39% 的时间中偏好黑暗居所——差异达到 34%。这不仅表明蟑螂已经接受了 INSBOT 进入它们的社群，也证实了群体行为的一致性，INSBOT 被当作蟑螂一样对待。动物机器人集体动态和凝聚力已经引起了生态学家[87]和群机器人研究者的兴趣。

图 2.21　**蟑螂群体中的 INSBOT。**INSBOT 被从雄性蟑螂身上采集的信息素处理过的滤纸包裹着，制作得并不像真的蟑螂，因为蟑螂的所有社群交互都是基于信息素的而非基于视觉的。图片来自 Elsevier[296]，授权许可

4）**行为模型的既有实现：**可以使用 ANIMAT 方法来实验验证决定动物社群交互的最优性、食饵 – 捕食动态、信号发送、博弈论方面的控制模型。

为了支持基于行为的机器人的新架构范式，Brooks 在麻省理工学院利用行为分层设计了他的机器人生物，在行为分层中每种

行为都被设计为一个有限状态模型。运动是这些生物的基础，避障是最原始的行为，随后的漫游是第 2 层，目标导向的运动是第 3 层。每个行为层都是一个完整的循环，从传感器读数到驱动，这些层之间的相互作用被限制为零。但是，更高的层可以支持、规避、中断或覆盖较低的层。Brooks 称他的人工生物为 Mobots（Mobile Robots，移动机器人），他和他的团队是根据以下原则进行设计的：

- ❑ 人工生物必须相应地处理动态环境的变化。
- ❑ 人工生物应该足够健壮以承受其环境。
- ❑ 人工生物应该能够在多个目标之间完成协调。
- ❑ 人工生物应该表现出它存在的目的，并采取行动以改变其世界。

　　Brooks 的机器人生物是新的人工智能机器人的里程碑，这将在接下来的几节和第 3 章中进行讨论。这个新范式的突出特点是缺乏计划模块，甚至没有环境建模和源自大自然的直接灵感。这与传统已知的人工智能技术（如 Nilsson 为 Shakey 的移动而运用的基于网格的方法）完全不同。Brooks 和他的合作研究者的全部研究包含许多机器人：Toto、Allen、Herbert、Seymour、Tito、Genghis、Labnav、Squirt 以及其他。如图 2.22 所示，Herbert 是为办公室工作空间而设计的。它的主要工作是四处漫游，用它的长手臂去搜集那些无法轻松拿到的空饮料罐。Genghis 被设计成一个六条腿的机器人，它通过原始和简单行为的快速同步方法来行走。Squirt 是微型机器人制造的早期尝试，Brooks 幽默地称它为"世界上最大的一立方英寸机器人"。

图 2.22　Herbert。它的顶部有一个机械臂，其目标是在一个杂乱的环境
　　　　　中寻找百事可乐罐并收集它们。图片来自 wikipedia.org，CC0
　　　　　1.0 通用公共领域专用许可

Cog（如图 2.23 所示）是一个根据感觉运动原理设计的类人机器人。然而，这个趋势并没有成为真正的动力，所有现代最先进的类人机器人（如 ASIMO、PR2 和 NAO）都有感觉运动和具身主义的信息。

图 2.23　Cog 是一个根据感觉运动原理 [92] 设计的类人半身机器人。图片来自 wikipedia.org，CC0 1.0 通用公共领域专用许可

完全相反的是，洛斯阿拉莫斯实验室的 Hasslacher 和 Tilden 开发了一个完全不一样的模型 [145]，在这个模型里是生存决定行为和移动。他们的人工生物叫作 BIOMORPHS（BIOlogical MORPHology，生物形态学），依照在一个之前未知和明显不友好的地形中生存的出发点而设计。这些机器需要遵循以下三个规则：

❏ 机器必须保障其存在。

❏ 机器必须获取比其消耗更多的能量。

❏ 机器必须有（定向）运动能力。

BIOMORPHS 的设计是为了生存，而不是执行一组目标导向

的任务。太阳能是这些机器人的燃料，制造它们时使用了 BEAM
（Biology、Electronics、Aesthetics、Mechanics，生物学、电子
学、美学、机械学）技术。BEAM 利用微型太阳能电池来模拟生
物神经元，并产生微电机和 LED 所需的极少量电力。步态机器人
是 BIOMORPHS 最流行的类型，Hasslacher 和 Tilden 还设计了两
条腿、四条腿、六条腿的变体。BIOMORPHS 不仅是最小的主体，
而且试图创造生命，这些机器人的控制核心包括一个人工神经系
统，一个充当大脑功能的神经层。因此，它有丰富的行为范围，
并表现出卓越的学习能力。

5）**对生物过程建模：**食菌者能够消化真菌并获得能量。这种
通过消化有机物质来产生运行动力的能量自主，是 Gastrobot 和
Ecobot 系列机器人的设计灵感来源。这些机器人通过在微生物燃
料电池（Microbial Fuel Cell，MFC）中消化有机物质来产生能量。
自 2000 年 Wilkinson 的 Gastrobot 项目 [353] 开始，以及较新的项
目如 Ecobot-Ⅲ和 Ecobot-Ⅳ都已经展现了真实的能量自主。

Gastronome——Wilkinson 的 Gastrobot 机器人，可以在现实
世界中收集食物，通过咀嚼把食物分解成更小的可消化的块，然
后把它摄入人工胃，在胃里通过一个受控的化学反应产生能量，
而废物则作为排泄物排出。Gastronome 由 MFC 供能，MFC 通过
微生物的作用，可以直接将各种食物成分和有机废物的化学能直
接转化为电能。Wilkinson 为该机器人确定了 6 个不同的操作：

❑ 觅食，寻找和辨别食物

❑ 收获，收集食物

❑ 咀嚼，咀嚼以把食物分解成更小的块

❑ 摄入，吞咽到人工胃

❑ 消化，提取能量

❑ 排便，排泄废物

它的运动表现为趋光行为。然而，效率相当低，大约只有1.56%，在之后的版本里也没有显著改善，这也阻碍了它在商业领域（如家用机器人、办公机器人等）的应用。这是在人工干预很少或没有干预的情况下实现能源自主的第一步，但它仍然需要使用机载电池，需要从主电源进行初始充电。为了提高其性能和通用性，先进一些的设计应该有一系列传感器，实现视觉和嗅觉感知以进行觅食和收获，实现味觉感知以避免摄入可能对微生物工作有害的食物。

机器人能从本地环境中的自然资源中维持能量需要。能量自主在不久的将来的一些前景是：由落叶或水果供能的水果采摘机器人或土壤检测机器人；由海草和藻类供能的海洋探索机器人模块；以水果、蔬菜和草为燃料的森林探索机器人等。

根据设计范式，这些机器人通过微生物释放的能量供能，机器人的收集机制则为微生物提供食物，这是一种非生物和生物之间独特的相互依存关系，被称为人工共生，共生机器人（SymBot）。

Ecobot 系列机器人——Ecobot-Ⅰ（2002 年）、Ecobot-Ⅱ（2004年）、Ecobot-Ⅲ（2010 年，如图 2.24 所示）和 Ecobot-Ⅳ（进行中）是布里斯托机器人实验室和布里斯托生物能源中心的 Ieropoulos和他的合作者们为实现能量自主而制作的一系列机器人。Ecobots没有机载动力源（如液态燃料或电池），它们移动前也不需要从外部电源充电。相反，它们近乎能量自主，通过收集废料从环境中提取能量。Ecobot-Ⅰ重 960 克，以糖为燃料，通过以大肠杆菌为

图 2.24 **布里斯托机器人实验室研发的 ECOBOT III。**能量自主,能够
消化有机物质来获得运行能量。图片来自 wikipedia.org,SA 3.0
授权许可

阳极、铁素体为阴极的氧化作用来维持。Ecobot-Ⅱ更为先进，它使用污泥微生物，能够通过蝇类和腐烂的水果合成能量。Ecobot-Ⅱ可以说是第一个实现能量自主，也符合人工共生的机器人。Ecobot-Ⅳ是这个系列中最新的也是正在研制中的机器人，旨在研究微型化设计的效果。

　　各种各样的特殊 ANIMAT 可以通过它们的概念设计来辨别，在实现、软件和平台发生变化的情况下，机器人仍然会保持它们的抽象概念。例如，对于 ARBIB，机器人在各种硬件实现上保留了它的 CPG 模型和神经模拟器（如图 2.25 所示 Zilog 上的 ARM 或 Khepera avatar）。其他这类例子如：Stiquito，不管硬件如何变化，其形状记忆特征维持不变；以独特的六足设计为特征的 R-Hex，已经有了很多实现；以及拥有圆形底座、内置笔记本电脑和时髦的运动传感器（如 Microsoft Kinect 或 ASUS Xtion）的 Turtlebot，已经有了三个正式版本，并为一些更新的机器人设计提供了灵感。

图 2.25　ARBIB（Autonomous Robot Based on Inspirations from Biology，基于生物灵感的自主机器人）。这里所示的为 Zilog Z180 avatar。图片出自 Dampier 等[83]，Elsevier 授权使用

根据定义，ANIMAT 研究是人工智能与动物智能的交叉领域，如图 2.26 所示，它受感觉运动交互的支配，依赖于较低级别的行为反应。友好的拟人化特征往往有助于机器人融入人类社会，如图 2.27 所示，但这对于类人的认知过程是不够的。第 3 章将简要讨论简单的感觉运动设计如何也能表现与人类相似的情感和价值观。

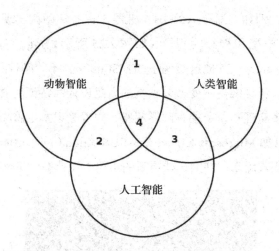

图 2.26 **智能的三个领域**。（1）动物和人类智能的融合可能是最常见的，并在驯养动物、利用动物力量（如骑马等）等方面发挥作用。（2）ANIMAT 研究是人工智能与动物智能的交叉领域。（3）人类智能与人工智能在聊天机器人、类人机器人和伦理责任（将在第 8 章中讨论）中协同作用。（4）所有这三个领域的交叉则是神经形态和基于大脑的机器人技术的目标。本表改编自 Yampolskiy[370]

图 2.27　圣诞节礼物 (Toby，2/4)。爸爸把 Toby 带到 Walker 家。来自作者的 Toby 系列卡通（2/4），SA 4.0 授权许可

2.5 评估性能——人工智能与工程学

一个好的工程学设计往往能够让一项工作得到完美执行，而一个好的认知科学设计将致力于让智能体成为一个情境实体，融入生态系统的生态位。Pfeifer 通过收集乒乓球的任务来阐述这一点。工程学的解决方案是高功率的真空吸尘器；而认知科学的解决方案是一个来回走动的移动机器人，捡起物体并根据已知的乒乓球图像来辨别它们。工程学的解决方案更快，但也会收集所需物体以外的东西；认知科学的解决方案会比较慢，但是会只收集乒乓球。时间标准不足以评估这两个方法哪个更好，因为真空吸尘器绝不会有移动机器人那样的适应性和灵活性。类似的比较还有在未知地形的地图上查找位置的任务，如图 2.28 所示。工程学解决方案是运用观测方法；而认知科学解决方案则是即时定位与地图构建（Simultaneous Localisation and Mapping，SLAM）。在SLAM 中，机器人在给定的地形中来回走动多次，逐渐形成一个地图。工程学方案会更快，但要求知道一些角度和距离；而认知科学方案会比较慢，但没有这些要求。Pfeifer 指出，一个特定方案的快捷性并不足以说明它的优点。例如，SLAM 可以用于人类无法接近的地形，如观测行星体和其他危险的、困难的地形，这些都难以通过观测方法确定。而对于陆地、水域和空中以及一些角度和距离可以获得的情况，SLAM 就难以有这种灵活性。因此，以解决方案能实现"多快"为基准并不足以彰显这个方案的优势。

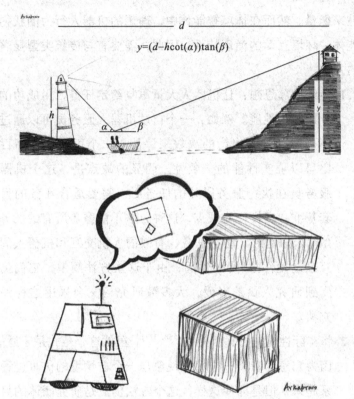

$$y=(d-h\cot(\alpha))\tan(\beta)$$

图 2.28　**工程学解决方案与认知科学解决方案**。为给定地形绘制地图，工程学方法（上部）用三角测量观测高度和距离。认知科学（下部）则会应用一个移动主体进行即时定位与地图构建（SLAM），从而绘制地图

　　研究人员已经采取了各种不同的方法来评估自主 AI 智能体的性能，但是在确定一个特定的方法上缺乏共识。因为 AI 智能体是情境性的，它们与传统的反馈控制系统有很大的不同。在传统系统中，性能通常由控制变量的平均偏差与预测值的商、控制器对噪声的敏感性、控制器动态的稳定性和可接受误差范围内的可重

复性来衡量。然而在情境智能体中，理想的机器人行为的获得是智能体 – 环境互动的涌现特性。因此，需要有与传统类型显著不同的方法。

1. 传统推算思想：让机器人大量重复给定任务，用成功的百分比衡量性能。例如，一个自动机器人服务员可以通过它正确服务没有出错的次数来评估。一个可评估的高百分比可以证实性能的一致性。明显的缺点是，这个机器人服务员在执行服务以外的任务时，需要适合任务的另一套基准。同样作为缺点，这种方法不能覆盖所有的任务类型（未知地形、动态任务、有效的人机交互和机器人间交互以及硬件故障）。然而，由于这些方法简单，它们仍然受到研究人员的喜爱，大多数研究论文会采用这种评估方法。

2. 将实际性能与仿真相关联[163, 371]。虽然这个范式是矛盾的，因为它意味着将一个情境现象与一个非情境的仿真过程联系起来，但是即使这样，这个方法仍然是研究团体的另一个宠儿。目前的软件仿真方法非常复杂，可以模拟真实的环境，通常有一个物理引擎，并产生近乎真实的性能。但是，仿真仍然有它的缺点，因为它不能为摩擦、磁相互作用、磨损、断裂、水分影响、二阶效应等提供现实的物理条件。还有，这会陷入基准、性能、计算能力和仿真运行的机器硬件方面（即 RAM、数据速率、CPU 功率、计时器等）的影响上。而且，跟前面的方法一样，这种方法也不能处理未知地形和动态任务。

社会机器人、多机器人组、群体机器人等更容易进行评估，因为这些主体被其实际工作打上了标签，与环境密切相关，而且不是任意的。因此，评估方法分别专注于人机交互和群体行为质量上。

2.6　路上的三个困难

尽管有了灵感，但研发自主智能体仍然困难重重。人工智能倾向于使用基于规则和基于图像符号的方法，这里面将正确的推理转化为正确的表现形式被视为是期望的智能体行为。相反的是，具身主体似乎不符合这种方法。本节将讨论困扰这一学科，并成为机器人设计痛点的三个引人入胜的问题，正是解决这些问题的尝试促生了人工智能的新方法和设计自主主体的新方案。

丹尼特塔 & 人工进化

Toda 的食菌者、Tilden 的 BioMorphs 和 Wilson 的 ANIMAT 都是从非常低层次的认知能力来设计自主。这与生物进化有着惊人的相似之处，在生物进化中，智力和适应性的提高促生出更高级的生命形式。丹尼特在他的书《达尔文的危险观念》中用他所谓的"生成与检验之塔"来阐述进化论的这些属性。在这个塔中，较低的是无智力的生命形式，智力和适应性随着每一层的增加而增加，但理所当然数量也会更少，是它下面那层的子集。每一层都可以用"生成与检验"机制辨别（如图 2.29 所示）。

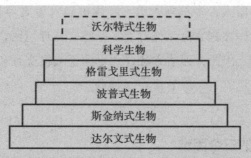

图 2.29 **丹尼特塔**。Winfield 提议在丹尼特塔上再加一层，如图所示，并建议将这个在不久的将来以具身人工智能为原则、人工工程进化的沃尔特式生物以 W. G. Walter 命名

　　达尔文式生物的"生成与检验"机制只有自然选择，突变和选择是这些生物作为一个物种能够适应环境的唯一途径。它们的个体不具备自己的"生成与检验"机制。优胜劣汰。在我们看来，地球上达尔文式生物的数量就是进化物种的总数。**斯金纳式生物**已经从自然选择中进化了，它们只能通过不断生成和盲目检验所有可能的反应来学习，直到其中一种得到强化。在下一次尝试中，斯金纳式生物就将选择被强化的反应。缺点是在尝试并检验所有可能的方法时，不幸的斯金纳式生物可能会因为检验出一个致命的错误方法而死亡。斯金纳式生物是以操作性条件反射的先驱 B. F. Skinner 命名的，它们除了自然选择之外，还把强化学习作为智力活动的主要主题。**波普式生物**，作为斯金纳式生物盲目检验的一个进化版，会有远见地行动，以此可以放弃那些不理想的行为和致命的行动。丹尼特认为，对于这种预先选择的能力，必须有来自某种内在环境的反馈，类似于创建一个未来行动的仿真，然后选择最好的行动，或者

有选择地剔除坏的行动。他也引发了一个争论,即很难清楚地区分斯金纳式生物和波普式生物的类属。然而,根据研究的趋势,海蛞蝓类的海兔可以归类为斯金纳式生物,而鸟类、鱼类、爬行动物类则主要表现出波普式生物的特征。**格雷戈里式生物**的"生成与检验"机制中涉及制造工具的能力,特别是可以开发抽象的工具,如语言、语义、逻辑和手势,这意味着个体不再需要"生成与检验"所有可能的假设,因为其他人可能已经这样做过了,并且可以将这些知识通过文化和社会交互传递下去,从而循环地提高生成员和检验员的数量。而人类是格雷戈里式生物最好的例子,在不同的动物,特别是类人猿身上,都有明显的社会行为和文化部分。这里值得注意的是,虽然自然选择、条件反射和预先选择在格雷戈里式生物中也很普遍,但是智力活动的主要表达是使用思维工具——语言和手势。**科学生物**具有格雷戈里式生物的思维工具的融合能力,并能严格地、集体地、公开地"生成与检验"科学方法。目前的争论在于这种转变是始于轮子的发明,还是始于16世纪中期的哥白尼革命,还是始于20世纪80年代末弦理论的发展。但不管怎样,科学生物的"生成与检验"机制是科学地处理和构造信息以形成智力活动的能力。

Winfield[359]将塔向上延伸,提出了**沃尔特式生物**,这里面科学生物在人工生命的发展中起着重要作用。最初由格雷戈里式生物制造的工具开始有了自己的生命,独立于工具制造者的资源和支持。沃尔特式生物是聪明的工具,它们已经学会了思考,长大了,离开了工具箱,有了自己的存在。而且也像格雷戈里式生物一样，它们能分享工具、知识和经验。具身人工智能、ANIMAT 和人工生命根据其定义（获得了生命的工具）有这样的能力。无论如何，作为格雷戈里式生物的升级版，沃尔特式生物有模因学习的能力。因此，如果至少有一个沃尔特式生物学会了一个技能，不管是在线的还是之前上传过的，那么另一个沃尔特式生物就可以简单地下载了。沃尔特式生物作为一种不仅离开工具箱和工具制造者，而且还离开基因库并逃避自然选择的生物，其目标是超越人类。它们是格雷戈里式生物的创造物，但不会被束缚在地球供养的生物圈中，也就是说，在进化后，它们最终可能不需要氧气、水和食物，只需要能量就能生存。但不管怎样，它们仍然与它的格雷戈里式 - 科学式根源有关——通过遗传和进化过程，人为地从生物学中获得灵感。

Winfield 相信沃尔特式生物会非常不同，与格雷戈里式生物和科学生物相比是难以想象的。这些 Elmer 和 Elsie 的后裔比起卑微的食菌者要远远优越得多，因为沃尔特式生物能够根据自己的需求完成进化。我们人类通过更新的工具强化并熟悉自身，以弥补感知和生存能力的缺乏。与之形成鲜明对比的是，沃尔特式生物可以影响它们自身的人工进化过程。这个能力并不是全新的，在大自然中原本就有发现——如果蜥蜴、蚯蚓和其他一些低等动物在不幸的事故中失去了部分肢体，它们能自己长回来。但沃尔特式生物与所有已知的生物生命形式相比会进化得更快。举个例子，Winfield 设想了一个未来的场景，一个智能自主探索机器人正在绘制一个未知星球的地图。这个机器人是一个沃尔特式生物，有能力仿真并预见未来的各个方面，并按照仿真利用像 3D 打印机这样的内置设施飞速地重建自身的各个部分。这样，通过聪明地进化，它会处理在未知地形中遇到的情境。假设未知地形是一个有大型水体的星球，机器人掉入水中，一个完全进化的沃尔特式生物可能能够"长出鱼鳍"，并在溺水前复制类似鱼的游泳能力，从而比动态环境进化得更快以确保生存和健康。

沃尔特式生物并非没有相似之处。Toda 和 Braitenberg 都预测了合作、竞争和相互依赖的自然进化，因而创造了一个人工生物的生态位，趋向于它们自己的社会和文化的发展。这种改变自身生理机能、控制自身适应性以及完成进化的能力，类似于 20 世纪 40 年代冯·诺伊曼所论及的自我复制机器的模型。在现实机器人领域，当下的人工智能研究已经开发出了拥有多个手臂的机器人，即使失去了一个手臂和一些功能，它们仍然可以发挥作用并完成目标。这些机器人可以利用机载 3D 打印设备，飞速地"治愈"和"长出"失去的肢体。

2.6.1　完整性问题——规划是 NP-hard

机器人的任务通常包含移动，在合理的时间内移动到指定的位置，同时尽量减少努力和麻烦。这类问题经常会用到运动规划和轨迹生成。许多其他复杂的任务都是移动的扩展，因此导航和路径规划既被视为基本的行为，也被视为设计的工具。

研究表明，规划空间的维度越高，规划过程越复杂，即 xy 平面上的二维导航比 xyz 空间中的三维导航要更容易设计和编程。路径规划的复杂性随维度和障碍数的增加呈指数增长。然而，以规划为核心的简单工作，例如，去往目标点、搜寻、跟踪、绘图等，从理论上来说也可能会花费无限的时间和／或变得非常复杂以至于不切实际。这类问题被称为 NP-hard（非确定性多项式时间困难）问题。对于这类问题，很容易对给定的解进行验证，但没有一种分析方法可以在有限的、合理的时间内找到给定问题的解。这会使得规划不能完整，因而并不总是能产生一个结果。现实世界问题至少需要从三个维度进行规划，移动障碍物的存在使问题从理论上来说是困难的和棘手的。

举个例子，设想一个机器人的工作是穿过一条繁忙的街道。解决方案是注意车辆和其他行人，在交通流量较小的时候，小心地走到街道的另一边。我们大部分人亲历过这个情况，尽管看起来很简单，但是编程给机器人却不是一件容易的事情，因为几乎不存在没有交通流量的场景。简单的程序（如注意左方、注意右方并且在没有交通流量时去到街道的另一边）会直接失败，或者被卡在无限次地去尝试执行这个工作上。在这种场景下，机器人通常会持续进行编程循环，尝试找到期望的移动终点，并且持续失败直到耗尽燃料。因此，程序员会把"异常处理"这个条件放入程序来避免无限循环，即机器人会在几次尝试后停止，并报告工作无法完成。

一个好的算法应该保证能够在有解决方案的时候找到解决方案，如果没有则报告，但是完整性问题永远无法被"解决"。尽管它们可以被适当避免，或者减小到最低程度。穷举搜索是一个很明显的解决方案，但是在时间上要妥协。其他方法还有预先对空间进行切片造粒或者运用子目标和混合方法，以及当第一个路径规划器冗余时应用第二个。这些技术都是以导航为核心的，我们会在第 4 章讨论。

完整性也是机器人设计可能遇到的一个问题，但是这个问题是无所不在的，并且也是人类认知的标记，很多时候，我们人类也可能无法理解一个理论上确实存在的解决方案，或者当解决方案不存在时陷入逻辑难题。

2.6.2　意义问题——符号接地问题

20 世纪 80 年代，Searle 提出了一个思想实验，可以被表述为：假设在不久的将来，人工智能已经发展出能理解中文的人工主体，它也能通过图灵测试，至少在文本和语音内容上，与人类的反应相比，输出结果是无法区分的。因此，这样的 AI 能够使任何一个中国人相信，它也是一个说中文的人类。Searle 的问题是："这个主体真的'理解'中文吗（强人工智能）？还是仅仅是模拟理解中文的能力（弱人工智能）？"因为该主体通过把输入和在程序脚本中给出的语法规则联系在一起产生输出，但没有真正掌握语义，就像目前的翻译软件一样，如图 2.30 所示。结论是程序脚本不能促生"意识"，但是能够尽可能地完成模仿，因此强人工智能不可能存在。

符号接地问题和 Searle 的中文屋问题紧密相关。它的缺陷是需要将语言标签，如单词和语法（符号），与实际样子联系起来。例如，设想一个机器人，它的前方有一个球。这个机器人会无法把单词（符号）与这个对象（样子）联系起来，一旦被给出像"捡起球"这样的指令时，它将无法执行这个任务。人类克服了这个

问题，因为人类认知是通过神经学习发展起来，并通过逐渐熟悉
环境和已知的社会规范培养的。

图 2.30 **谷歌翻译**和类似的翻译软件用的是更快的字典搜索，而不是试
图理解语言（其语义和文化方面）。机器学习算法可以通过观察
模式轻松地翻译字母、单词和句子。相比之下，人类翻译人员
需要学习语言，而不仅仅联系符号以形成语义。正如 Searle 所
说，计算机只会操作符号，不会理解语义。因此，强人工智能
并不存在，任何人工手段都不能取代人类认知

符号接地问题探讨了"机器人能处理符号接地吗"？或者"机
器人能识别、表达和交流世界信息吗"？工程师和设计师们已经
能够让机器人应用强度启发式学习或图像处理，从而识别出图像
或者视频中的单词。然而，这仅限于选定的一组已知对象，并倾
向于为特定的工作定制机器人，牺牲了情境，因而也就牺牲了它
在其他工作和意外发现活动（如探索与发现）中的多功能性。因
此，机器人可以被编程来通过其感觉运动具身与现实的符号接地
交互和操作，但是明显缺乏普适性。

Harnad[142] 提出，符号接地问题比起只是通过将图像与名称联
系起来（如图 2.31 所示）开发出某种机器人词典更引人注目。处
理符号接地应该是机器人自主地、广泛地将符号与世界联系起来
以建立符号网络的能力。因此，符号接地现象为意识行为设定了
优先级，这里意识状态是至关重要的。

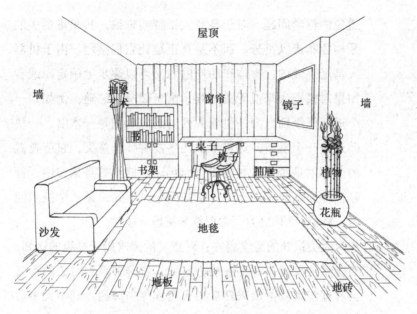

图 2.31 **符号接地问题的一个很差的解决方案。**符号接地问题的一个明显、粗鲁的解决方案是标记所有事物。然而，这仍然不足以开发出所有的符号关系，并赋予对象意义

解决符号接地问题

解决这个问题的尝试，已经经历了从近似解到完全否定，再到将其作为人类认知的一个固有问题接受。

1. 近似解：解决符号接地问题最明显的方法是监督学习。将语言与视觉模式结合的实验已经表明了行为的逐渐优化。然而，这只是一个很好的近似，只是拓宽了视野，并没有解决问题。

2. 避免低级行为：这个对计算机来说似乎有严重影响的问题，对机器人来说却无关紧要，或者充其量只是一个可以安全

避免的哲学问题。对于具身人工智能来说，其职责更多的是构建和操纵符号，而不是真正地让它们接地。由于机器人是局限性的，物体和动作的意义可以逐步地确定，或者如果对机器人来说无关紧要，则可以完全忽略。例如，一个进行低级别行为的机器人面对的障碍物是一本书、一块砖还是一个盒子，对它来说几乎没有什么意义，它所要做的全部就是避开这些障碍物而已。因此在具身认知中，符号接地问题与其说是一个认知问题，不如说是一个技术问题，Vogt[340] 称之为 "物理符号接地问题"。

3. 作为人类认知的哲学局限：对意义的需求属于高级的认知。当尝试为机器人制订解决方案时，符号关系和对象的意义会被仔细地映射出来然后由人类程序员编码。其中大多数是基于人类语义和文化的，而不是像问题定义所期望的那样由人工智能体自主建立的。因此，这种解决方案偏重于人类知识和推理，而不是自主智能体的裁断。

Touretzky[324] 提出了一个 "中文屋问题的机器人版本"，通过使用机器人而不是电脑来反驳 Searle 的观点。修正中文屋问题为，假设有一个机器人，能通过图灵测试，能大胆地说地道的中文，问到的问题是 "走到窗户边，告诉我你看到了什么"？这里，视觉感知将是一种对心理意象的探究，可能并不会有所期望的人类反应，即机器人可能无法感知天空是蓝色的，或者阳光是温暖的等。因此说明了中文屋问题可以用具身主体来克服。这是图灵测试的一个版本，我们会在第 9 章进一步讨论这样的方法。

对于低级行为机器人来说，符号接地几乎不是问题，但对于开发高级的认知功能来实现类人行为来说，这将是一个问题。将符号与现实世界联系起来的缺陷并不是机器人独有的问题，我们人类也经常会遇到。例如，当我们遇到来自不同生物群系的水果和蔬菜时，我们很多人都会产生疑问，于是我们求助于互联网上的在线搜索。

赋予一个对象意义的思路和解析它们的思路往往是不一样的。因此，高级认知功能中的意义总是与语境相关的，并且会随着感知、记忆、训练、认知偏差等的不同而不同。因此，符号接地问题将永远不能被解决 [79, 310]，但可以通过以下三点有效地减少：（1）知识划分，通常见于定位和情境驱动的任务，如在导航上可以是：标记目标点，去往红色标记处，穿过 3 个固定的障碍物等；（2）机器学习；（3）既然我们处于互联网时代，可以使用在线知识库来搜索给定对象或实例的适当意义。

2.6.3　相关性问题——框架问题

这三个问题中框架问题吸引了最多的争论 [166]，并且已经有能力改变人工智能的学科方向。与其说它是一个关于人工智能或编程的问题，不如说它是一个逻辑和我们对世界的理解上的空白，而且通常被重新定义为"相关性问题"。问题在于哪些变化与手头的工作有关。例如，当我正在街上行走，并且看到在我前方大约六英尺有一个香蕉皮，我会略微改变我的方向以避开香蕉皮。现在，假设我正在行走，这次不是香蕉皮，而是在远处的西伯利亚冻土带出现了台风。很显然这不会影响到我的行走，但存在很多不能像这样简单地确定相关性的情境。

这个问题已经被很多著名的哲学家和人工智能科学家解析过了。丹尼特 [89] 用一个例证讨论了框架问题，其中机器人 Robot R1 必须进入一个房间获取电池来为自己供电，并同时避开一个定时炸弹，如图 2.32 所示。Robot R1 识别出了电池和炸弹，并推着同时载有电池和定时炸弹的手推车走了出来，很快炸弹爆炸，机器人被炸成了碎片。Robot R1 知道炸弹在手推车上，但无法理解把手推车带出房间的同时也会带出炸弹，因此它无法完成任务，因为它无法推断出自己行动的后果。为了克服这个看似微不足道的问题，机器人设计师开发了 Robot Deducer R1D1，它比 R1 更完善，因为它被设计为不仅能识别其行动的预期影响，而且还能识别其副作用。潜在的想法是 R1D1 不会犯把电池和炸弹一起推出的错误，因为它将能够推断出这样做的后果（读取错误）。投入工作后，R1D1 试图推断其行为的各种（很多是不必要的和无关的）后果。很快，炸弹在它无忧无虑的思考期间爆炸了，R1D1 面临了和它的前身一样的命运。Robot Relevant Deducer R2D1 是第三个改进的设计，尝试使用一个详尽的列表式的方法来将其行动的后果归类为"相关的"和"不相关的"，即一个找出其行动的所有可能后果的彻底的方法。不幸的是，炸弹爆炸，Robot Relevant Deducer R2D1 也被炸成了碎片。这三个机器人都遭受了"框架问题"，并且都没有办法找出是什么与手头问题相关⊖。

⊖ 《星球大战》的参考确实很有说服力，但更多是一种推测，即 R2D2 可能完成了在取出电池的同时避开定时炸弹，框架问题得到了解决。

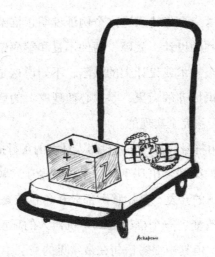

图 2.32　**丹尼特的框架问题例证。**机器人进入一个房间获取电池来为自己供电，并同时避开一个定时炸弹

在这三个机器人中，随着知识量的增加，让机器人推断相关信息以解决手头问题的代码量也会增加。随着这些机器人的编程中被加入更多的代码量和似乎更多的理性意识，它们的效率也随之降低。即编码和信息最简单的 R1 至少能推着手推车走出来，这是 R1D1 和 R2D1 没能做到的，它们在推断各种行动的后果时就已经被炸成碎片了。R1D1 和 R2D1 陷入了不知何时停止思考的困境，或者说陷入了哈姆雷特问题[⊖]。框架问题可以被看作工程领域

⊖　莎士比亚的戏剧《哈姆雷特》是一部"英雄是傻瓜"流派主题的悲剧。作为丹麦王位的继承人，哈姆雷特王子是剧中的主角。他冷静且善于思考，不按本能行动，而是非常努力地确保每一个行动都是预先考虑好的。他的角色被进一步打上了为演示可证明性的徒劳尝试的标签，各种质询也无法得到肯定的回答。哈姆雷特为他父亲被杀而复仇的抗争造成了他的忧郁和与自己理智的斗争。在此背景下，丹尼特的第三个机器人 R2D1 在被悲剧地炸毁之前，正处于一个像哈姆雷特一样的思维流中。

的哈姆雷特问题。丹尼特通过这个例证说明了框架问题可能看起来像是一个糟糕的设计、故障、硬件不良和编码错误的问题，但与其说这是一个技术或设计上的缺陷，不如说这是一个认识论问题，是人类常识推理的后果，是"心理现实"的后果，这些情境都是编程代码无法完全实现的。

当试图使用符号表征[269]为机器人环境的可行描述找到足够数量的公理时，框架问题出现了。该术语来源于"帧"技术，用于舞台角色或动画的开发，其中移动部分和角色被叠加在"帧"上，通常背景不会改变。一个框架或一个机器人的环境需要大量的语句来进行描述，但其中很多语句在最常见的交互中几乎没有变化。因此，就相对运动而言，框架问题被描述为物体的空间定位，在机器人的运动过程中，大致不会移动。从而机器人行动的构成必须联系上在整个事件中保持静态的对象。

在一个进一步理解框架问题的例证中，如图 2.33 所示，如果即便最微不足道的事情也被提及的话，两个朋友之间的对话可以很容易变得很奇怪。然而值得注意的是，看似荒谬的想法，如 Joe 的酒吧在晚上 7 点前会保持存在、对话中的两个朋友之一的死亡以及被陨石击中的灾难，在战争、叛乱和可怕的情况下会有意义。所以无论这些看起来多么荒谬，它们都不能被先验地排除在外。在这样的对话中发现，人类的常识和已知的社会规范会决定理性，而这很难通过人工智能来复制，因此在机器人中很难实现。

图 2.33　**对话变得奇怪**。现实世界情境中如果有太多表征，"情境独立"
　　　　 表征会失效。如果一方开始引入非常低概率的事件，简单的对
　　　　 话就会变得奇怪。改编自 French 和 Anselme[112]

　　框架问题是对确定在给定的情况下哪些信息与推理相关、哪
些信息可以忽略的探索。它是人工情境智能设计中的一个问题，
在人工智能和机器人的历史上有着非常特殊的地位。著名的人工
智能哲学家 Dreyfus 和 Searle 认为框架问题是人工智能的终结。

要扭转局面，一个明显的解决方案是将每个事件与概率关联起来。然而，概率知识在现实世界情境中几乎没有什么用处，在危险的情境甚至会完全失效，就像丹尼特的三个机器人一样。此外，在机器人传感器上近乎实时更新的概率建模计算代价太高[43]，最多只能限于简单的世界。

2.6.3.1　表征——万恶之源

框架问题是由符号表征和推理规则引起的。它不是启发式的问题，而是一个建模问题，就像一个算法问题解决者并不总是提前知道下一步要做什么，而且做详尽的列表也不会得出解决方案。框架问题也不是内容的问题，而是形式的问题。可以看出，信息等价系统在效率上确实有很大的差异。因此，表征性知识可能适用于简单的场景，但可能不适用于现实世界问题。框架问题更不是数据结构、编程语言和算法的问题，而是一个哲学问题。它出现在信息未封装的过程，对于可能与之相关的信息不存在先验限制。因此，非常低层次的认知过程将不受框架问题的影响，当然这也是公平的，因为它们能完成的任务也会少得多。综上所述，解决这一难题的方法有：

1. 无表征——基于行为的方法：不使用表征性知识，而是采用一个反射性方法。基于符号的系统尝试模拟一个绝对可知的世界。与那些作用于行动的即时性的方法不同⊖，无表征是来自生物和自然世界的灵感。这个方法适用于蚂蚁、螃蟹、蟑螂等，而更高层次的认知，如人类的认知，众所周知是基于

⊖ 无表征方法在人工智能社区遇到了强烈的反对。可以追溯到 20 世纪 80 年代中期，在大量的文献中这些工作被贴上了矛盾修饰法的标签。James Firby 的博士论文常被认为是一个分水岭，因为它将表述从"反应式规划"变成了"反应式执行"。

一个非直接存在的环境的表征来构造思想，从而构建行动。

2. 联结主义——神经网络方法：联结主义方法，如人工神经网络（ANN），能免受框架问题的困扰，因为 ANN 是通过固定的权重对从训练数据获取的知识进行编码，从而让表征永远不会影响到模型。然而，由于缺乏训练数据，以前没有进行过的任务无法使用 ANN 建模，因此确实会遇到鸡生蛋还是蛋生鸡的问题。

3. 情境独立表征——传统人工智能：传统方法的灵感来自一种假设，即世界可以用大量的符号的意义来表示，这些符号代表世界上的对象和行动，并通过一系列规则来操纵这些符号。由于提前了解世界和规则通常是不太可能的，这个方法依赖于类推——将一个对象与另一个对象联系起来，即一个见过立方体但没有见过长方体的智能体将能够联系上自己的经验将其作为立方体的扩展。然而，考虑到世界的动态性，这样的方法并不能走得很远。此外，随着符号和规则数量的不断增加，智能体的建模无法实现实时响应，可能会面临计算能力上的挑战。

4. 情境依赖表征——适用于简单场景：研究者尝试了开发情境依赖的方法。在非常简单的场景中，基于符号和基于规则的方法会运行得很好。例如 PENGI[4] 软件仿真（如图 2.34 所示）中的一个非常简单的世界模型，在一个二维迷宫中，一只企鹅试图在各种规则的限制下逃脱被蜜蜂咬伤。Agre 与 Chapman 将其作为一个情境依赖表征的尝试开发。在 PENGI 中，二维"世界"由企鹅、蜜蜂和冰块组成。冰块以方形块表示，可以滑动。企鹅必须躲避蜜蜂的蜇咬，它可以通过躲在冰块后面实现这一点。蜜蜂可以通过蜇咬企鹅或者蜇咬企鹅直接藏身的冰块而杀死企鹅。企鹅可以通过踢蜜蜂碰巧在后面的冰块来进行反击。在 PENGI 中，所有的事件都是由情境决定的，它使用标引的功能实体将对象编入操作中。没有像"蜜蜂"或"杀"这样的实体，而只有"正在推动的冰块"。因而也就没有了框架问题。然而对于更复杂的世界来说，这样的标引的功能实体数量会不断增加，变得不太可能去处理。

图 2.34　PENGI。通过多种基于规则的策略建模的一只企鹅和一只蜜蜂。情境依赖方法在最小的二维方块世界中运行得很好

　　情境独立表征似乎非常适用于人工智能，但未能满足具身人工智能的动态需求。对于情境依赖方法，如 PENGI，主要有两个思想流派：一派认为像 PENGI 这样的模型能真正应用于更复杂的世界，而另一派则考虑转到一个无表征、更像是一个感觉行动的领域。对人类进行的种族志研究表明，在计划阶段和执行阶段之间没有明确的界限，在不了解领域知识和计划目标的情况下，计划通常也是不可执行的。

1989 大辩论

关于通用规划最引人入胜的辩论之一是在 *AI Magazine* 1989 年冬季版上的四篇文章上发生的。辩论的双方是 Ginsberg（反对通用规划）与 Chapman 和 Schoppers（支持通用规划）。

1. 在第一篇文章中 [124]，Ginsberg 对通用规划提出了批判，部分论点是基于计算复杂性的。他还论证了使用通用规划是不切实际的，因为其大小会随域状态数量的增长而呈指数增长。也就是说在类似于真实世界的复杂世界中，机器人的感觉-运动对数量会激增。Ginsberg 认为通用规划没有把真实世界固有的不可预测性考虑进去。然而最有趣的是，Ginsberg 指出这种绘制地图的方法可能对移动等"预测活动"很有效。

2. 在第二篇文章中 [67]，Chapman 试图用 BLOCKHEAD 中的例子来回应 Ginsberg 的批判。BLOCKHEAD 是一个类似 PENGI 的系统，它可以安排字母块来拼写出 F-R-U-I-T-C-A-K-E，这样就解决了所谓的水果蛋糕问题（Fruitcake Problem），因此也就坚持了通用规划的方法。Chapman 展示了利用可视化标记，水果蛋糕问题是可以处理的。

3. 在第三篇文章中 [293]，Schoppers 进一步用一些论点反驳了 Ginsberg 的批判。他主张使用标引的功能变量，这在简单的、类似 PENGI 的世界中非常有效。他还支持在反应式规划中使用程序缓存，在这种情况下，只要完成几次任务，该任务就会成为智能体固有的特性，并且还可以在没有任何实际规划的情况下完成。

4. 在第四篇文章中 [123]，Ginsberg 回应了 Chapman 和 Scho-ppers。他坚持认为由于现实世界中有太多可能的变化，反应式规划无法捕获代理的期望行为，而且反应式规划无法通过更多的计算资源来提高性能，因此在智能行为的开发中存在明显的缺陷。在对 Schoppers 的缓存规划的回应中，Ginsberg 提出了这样的问题：何时该缓存规划，缓存的规划何时与特定的行动相关，是否可以对缓存的规划进行调试和重新构造，以便将它们在运行时的有用性扩展到最初设计的情况之外等，这使得 Schoppers 使用缓存的论点至少说起来是不完善的。

Ginsberg 的论点被证明是正确的，通用规划确实非常适用于移动，在 ND 图导航中，五种（或 ND+ 的六种）状态完全定义了智能体在二维平面上导航时遇到的所有可能情况。

通 用 规 划 是 Nilsson、Kaelbling、Schoppers、Agre 和 Drummond 的研究的汇合点，这个术语是由 Schoppers 创造的。它包括制订一项计划，其中对智能体可能遇到的所有情况进行分析并制成表格，而智能体所要做的就是通过其传感器探测情况然后参考该表。

然而，表 2.1 所示的三个困难本身都无法解决，它们只能被最小化或避免。同样，对于低级别行为，如二维导航等，这些问题都是最小的。它们对于更高层次的认知过程是不利的，在朝类人认知前进的过程中，必须要有办法克服这些困难，一个简单的 ANIMAT 模型是不够的。

表 2.1　如何克服三个困难

困　难	解决方案
完整性问题	1. 异常处理，编程故障保护 2. 穷举搜索（如 ND 和 Bug-2）
意义问题	1. 监督学习 2. 视觉与语音模式结合 3. 低级别行为可以避免
相关性问题	1. 无表征或非常少的表征 2. 联结主义架构

小结

1. Toda 命名为食菌者的虚拟动物模型是第一个自我维持的人工实体的例子。它们可以收集真菌来满足自己的能量需求，而且可以按设计的要求来收集轴。
2. 来自心理学和自然世界的灵感推动了进一步的发展。
3. Wilson 的 ANIMAT 模型非常有影响力，并促进了 ALIFE 和动物 – 机器人交互的研究。
4. 移动机器人发展中的三个令人望而却步的问题是：（1）复杂性问题；（2）符号接地问题；（3）框架问题。
5. 解决框架问题的努力促生了无表征模型和它们在机器人中的实现。

注释

1. 自主智能体的第一个模型出现在 Toda 在 1962 年发表的研究论文 *The design of a fungus-eater: a model of humanbehaviour in an unsophisticated environment* 中，但是 Toda 在论

文中并没有提及 Autonomy 或 Autonomous 这个词。

2. Toda 以一个问题作为他的开创性论文结尾："一个 SFE 遇到一个饥饿的同类时，可能通过出售它的真菌储备来拯救后者，交易的货币是铀。那么价格应该是多少呢？"这就需要将 Toda 的模型扩展到博弈论的讨论范畴，然而这个问题仍然有待解答。

3. Lacan 使用了"INNENWELT"，或者说与 Uexkull 的"UM-WELT"形成对照的内在世界，来表示自我的心理体验。

4. Randall Munroe 在他的网络漫画 *xkcd* 中简要讨论了仓鼠球机器人 [244, 245] 的设计和应用。受此启发，乔治亚理工学院的学生利用 Windows 嵌入式平台制作了一个类似的机器人。

5. Pinker 在他的书 *The Language Instinct* 中把 Moravec 悖论写成一句格言："难的问题简单，简单的问题难。"

6. 在下面的智力游戏中可以看到 Moravec 悖论的另一个例证：
8809=6 7101=1 2172=0 6666=4 1111=0 3213=0 7662=2 9313=1 0000=4 2222=0 3333=0 5555=0 8193=3 8096=5 7777=0 9999=4 7756=1 6855=3 9888=7 5531=0 9966=4 2681=？该模式基于每个数字中的圆圈数。数字 8 的形状有两个圆圈。数字 6、0 和 9 各有一个。因此 2681 = 3。机器人将尝试使用模式识别代码来解决这个问题，这不仅会花费大量时间，而且会让这个智力游戏失去优雅和美感。

7. 人类不需要解决框架问题，或者说人类从来没有意识到他们无意中已经解决了框架问题。其明显原因是人类认知被建模为一个连接架构，神经元连接在一起形成动态网络。这种连接主义架构不受框架问题的影响，人类认知也涉及大量并行的无意识处理，通过各种感官积累信息，并将当前的情况与过去的经验联系起来。这些活动几乎在不经意间对人类个体的关注起作用，但这样的认知在人工领域还不可能实现。

8. 斯金纳在他的小说 *Walden Two* 中描绘了一个建立在行为主义原则基础上的乌托邦社会。

9. John Haugeland 在 20 世纪 80 年代中期为符号人工智能创造了缩写 GOFAI（Good Old-Fashioned Artificial Intelligence，有效的老式人工智能）。在机器人技术中，类似的术语是 GOFAIR（Good Old-Fashioned Robotics，有效的老式机器人技术）。该方法基于一种假设，即智能可以通过操纵符号来实现——PSSH（Physical Symbol System Hypothesis，物理符号系统假设），因此它广泛地独立于智能体和环境。

10. 短语"巴甫洛夫的狗"已经成为一个习语，指的是只对情况做出反应而不进行批判性思考的人。

11. 巴甫洛夫条件反射是奥尔德斯·赫胥黎的反乌托邦小说 *Brave New World* 的主题。

12. Merleau-Ponty 在一篇精彩的文章 *Eye and Mind* [227] 中进一步讨论了视觉的能动作用，从生理学和哲学的视角探讨了这个概念。

练习

1. **线跟踪器的"UMWELT"**。对于一个只有一个声呐传感器的线跟踪机器人，讨论和描绘它的"UMWELT"。当变成由六个声呐组成的声呐环时又会有怎样的变化？

2. **青蛙设计**。设计青蛙的行为分解，就像图 2.12 中对蟑螂所做的那样。考虑以下行为[注]：

　　❑ **面对猎物**。当青蛙看见一只苍蝇时，它需要面向苍蝇以伸出舌头捕获它（我们假设青蛙的舌头方向性有限，不能做出大的角度运动）。

　　❑ **吃**。当青蛙看到它的猎物在舌头范围内时，它伸出舌头吃掉苍蝇。

3. **蟑螂移动**。Arkin 对蟑螂的行为分解见图 2.35，这是在 Beer 的模型（见图 2.12）基础上的修正。在这两种模式下，行为会如何变化？

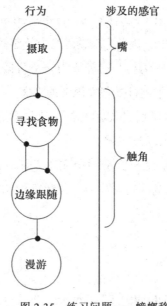

图 2.35　练习问题——蟑螂移动

注：我无法宣称这是原创的，因为 Horswill 已经用这些行为通过编程语言 GRL 设计了一只青蛙。

第3章 移动机器人的控制范式

WALL-E: "指令？"
Eve: "机密。"

——来自电影《WALL-E》

前面的幻想源于科学

——Valentino Braitenberg[44]

3.1 控制范式

移动机器人被设计用来完成各种任务。最基本的任务能够四处移动，并可以避开障碍物到达某个给定的目标点。其他任务包括追踪气味、绘制未知地形图纸、对声音和手势做出回应、关注以人为中心的环境（博物馆、剧院、机场等）。

最简单的机器人至少包含一组配对的传感器与执行器。配置更多的传感器和执行器可以提高机器人的能力，增加其多样性。其他重要的参数是对机器人的约束，以及对过程、安全考量、自我保存和优化性能的约束。本章主要讨论机器人的控制范式和体系结构，并尝试在工程上实现上一章所提概念。

一个好的控制范式包含三个重要方面：闭环控制、实时响应以及克服传感器误差的鲁棒性。闭环控制是其中一个关键。这点可从最简单的一种机器人——巡线机器人的例子中看到。该类机器人装有一个光传感器,它会跟踪一条用某种颜色标记的线(通常是黑色或白色)。任何偏离直线的不理想偏差都是由光传感器和电机之间的感知运动对来避免的。ANIMAT 的推论假设有一个眼睛盯着路面的虚拟动物,如图 3.1 所示。闭环与开环的信息流对比则如图 3.2 所示。如果没有光传感器,机器人将无法跟踪这条线,它将会在线段端部指向的方向上任意移动。

　　缺少反馈机制⊖将使机器人无法与环境进行交互,流程图中对此进行了解释。此外,移动机器人应该具有最小延迟的实时响应。该组传感器执行器配对是由一个微控制器进行调节,并由一组控制规则和参数所构成。通常,这是在准确性和延迟时间之间进行的权衡。第三点是,传感器容易出现故障,并会给出错误的和有噪音的读数。在这种情况下,该系统需要在某一领域的实际应用中保持良好的运行。因此,移动机器人的控制应该采用并行的方法进行组织,包含柔性降级并高雅地处理异常,如此一来,单一的硬件或软件模块故障就不会妨碍机器人的总体目标。

　　设计一款机器人有三种广义方法。第一种方法简称 SPA (sense-plan-act),它遵循了传统人工智能的概念。它在 20 世纪 50 年代早期兴起,通过处理感官信息来生成计划和地图是这种方法的基础。机器人必须绘制出详尽的、近似的环境地图用以进行导航,其中,建筑物近似为长方体,云近似为球体,人近似为一个椭圆形的头、一个圆柱形的躯干以及较小的圆柱形手臂,道路近似为一组平坦的直线段等。当绘制出了这样的环境地图,机器人必须从中找到合适的路径以到达目标点。

　　　　⊖　反馈在控制系统和电子学中是一个很重要的概念,并且结果表明基于反馈的闭环系统比开环系统更为稳定。

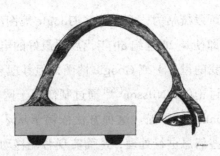

图 3.1　**基于 ANIMAT 的巡线者**———一个一直盯着路面的人工动物。该模型等同于一个基本的带有光传感器的线跟踪器。然而，这样一个只有光传感器的设计不会有太多的实用价值。一个高鲁棒性的设计应有一圈光或超声波传感器，以及其他先进的硬件、反馈方式和传感器融合，并考虑到摩擦、不平坦地形以及其他环境因素的影响

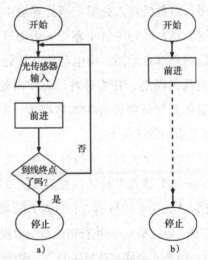

图 3.2　**闭环系统**。在 a）中，光传感器会考虑到与环境的交互，线追踪器会对线进行跟踪，直到线的末端；在 b）中，没有光传感器，机器人没办法获得环境的任何相关信息，将进行没有任何目标或动机的随机移动。这种情况下，机器人将不会优雅地停止移动，并很可能会导致一些碰撞

　　这种方法可以概括为一个结合了 Google 地图的《我的世界》（Minecraft）。即使是 20 世纪 60 年代后期最好的电脑也无法制作出像今天的《我的世界》或 Google 地图，但其理念却大致相同。正如第 1 章所讨论的，Nilsson[253] 通过制作基于网格的（先验的）地图设计了 Shakey 的导航。这种方法依赖于从环境中获取的信息，然后对这些信息进行处理，从而实现智能移动。由于与传感器的范围相比，空间显然是无限的，机器人的移动将通过一个循环过程进行，在这个过程中，传感器感知环境，微处理器制定在这种环境中的导航规划，最后执行器将触发运动。

　　第二种方法则依据行为主义原则 [52, 53]，这个原则里不需要制作一个先验地图，而是机器人凭借在所处环境中接近实时的传感器读数搭配即时驱动，并利用这个感知 - 运动对开始移动，该方法中没有良好的规划或者地图，类似动物与所处环境的交互。这种方法取消了先验的规划，并将环境动态实时处理为即时信息。这种方法在导航和其他低级任务中非常有效，但是我们将发现，它不能扩展到更高级别的任务上。

　　第三种方法，既包含规划，又包含行为主义。这样的建构可以在大多数最先进的机器人中看见。在后面的章节中，我们将讨论混合架构对于以人为中心的机器人和机器人伦理的重要性。

1. 协商式方法（协议法），需执行前进行细致规划。在导航环境中实施时，机器人必须在开始移动之前设计详细的环境地图。

2. 反应式方法，主体将根据环境来行动，没有提前规划。从动物和昆虫世界获得的灵感，当看到障碍物时会向左转也许是最简单的反应式范式。当主体跨多个传感器、通过各种并行任务行动时，反应式范式将生成基于行为的机器人设计方法。

3. 混合法，两种方法的结合，严谨的规划将以一种被动方式进行执行。

下一章是关于神经科学家及控制论专家 Valentino Braitenberg 做的一些思维实验，为基于简单感知运动设计的行为发展提供了很好的例子。它扩展了反应式方法对设计机器人的描述。

SR 图（刺激反应图）

刺激反应（Stimulus Response, SR）图是用图像呈现受到刺激（Stimuli, S）导致反应（Response, R）而产生的反应式行为。由 Ronald Arkin 在 20 世纪 90 年代初期所发展。

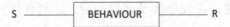

通过将 SR 图叠加在一起，可以设计出完整的智能体控制机制，正如 Braitenberg 的车辆 -3c 一样简单，如图 3.6 所示。传统上，简单行为被放在下端，复杂行为被放在上端，如图 3.19 所示。

对行为的等价代数方法可使用函数进行表示：

$$\beta(s) = r \qquad (3.1)$$

其中，行为为 β，给定的刺激为 s，导致的回应为 r。

3.2 Braitenberg 的 4 种车辆——工程行为

Braitenberg 的"合成心理学"是在一系列 gedanken 实验的

基础上发展而来，这些实验使用的是具有最简单硬件的移动车辆。Braitenberg 详细阐述了如何使用这些最简单的硬件来设计能够表现人类行为的车辆，比如爱、恐惧、攻击性、喜欢、不喜欢等。

这些车辆被视为 Wiener 在控制论方面开创性研究的直接动机[351]，并被设计成"自然环境中的动物"。他认为，动物大脑结构可能确实可以被解释为计算机机器的一部分。他最初的想法产生了 14 种不同的车辆。这里的讨论旨在作为基于行为范式和行为概念的初级读本，也将基本聚焦于前四种 Braitenberg 车辆。

车辆 -1：使用简单的感知 - 运动对进行四处移动。该车辆配有一个温度传感器，并与其单独一个发动机相连，使其在较高的温度时加速，在较低的温度时减速，或者使作用在车辆上的力与周围环境的开氏温度成正比。该车辆将沿着寻找低温地方并远离高温的方向移动。该车看起来似乎有生命且焦躁不安一样，乍一看是一种非传统的车型。然而，这种运动与布朗运动非常相似，在布朗运动中，原子和分子随着温度的升高而加速运动。

车辆 -2：懦夫 & 侵略者。此处，不是通过一个电机控制两个轮子，而是车辆的每个轮子都有一个发动机和一个用来检测光的传感器。光照越强，电机转速越高。Braitenberg 对该模型进行了进一步的操作，车辆 -2a 使用了直接连接，车辆 -2b 使用了交叉连接，如图 3.3 所示。

设计中的交叉连接直接受到人类大脑和视觉交叉的生物学研究结果的影响，左边大脑由右边视觉而形成图像，右边大脑则由左边视觉而形成图像。触觉和听觉反应和视觉类似，都与大脑异侧相连。嗅觉则相反，连接到的是大脑同侧。

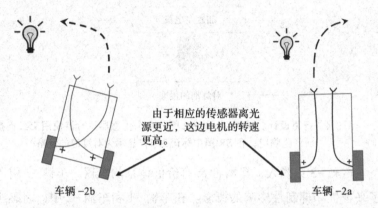

由于相应的传感器离光源更近，这边电机的转速更高。

车辆 -2b　　　　　　　　　　　　车辆 -2a

图 3.3　**Braitenberg 的车辆 -2**。车辆 -2a 远离光源，展示出情感上的**怯懦**，而车辆 -2b 朝着灯泡驶去，带着**侵略性**。受到生物学的启发，Braitenberg 设计了交叉连接，犹如人类的眼睛，左眼和右边大脑相连，反之亦然

如果光源在正前方，那么两个车辆就会加速，并努力去压碎前面的灯泡。但是正前方在更一般情况下通常是罕见的，可以把光源放在汽车的一侧（如图 3.3 所示）。车辆 -2a 中，靠近光源的电机因光照更强会获得更大的转速，并将尝试加速远离光源；而车辆 -2b 使用交叉连接，远离光源的电机会获得更大的转速，以曲线轨迹努力朝着光源前进。

这两种行为分别对应于对光源的怯懦和侵略。在它的两种化身中，车辆 -2 显示出简单的传感器响应可表现复杂的类人情感。车辆 -2b 特定行为的硬件配置（如图 3.4 所示），有助于"封装"并将这些行为与其他行为结合起来使用，后面将对此进行说明。

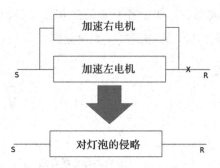

图 3.4 **行为设计**。车辆 -2b 的 SR 图。两个传感器执行器使用交叉连接而产生响应，在 SR 图中标记为 x，显示为对灯泡的侵略

车辆 -3：爱人，探索者 & 有价值体系的车辆。车辆 -3 引入了兴奋性和抑制性影响的概念。在车辆 -1 和车辆 -2 中，因感应到兴奋性的影响，加快了车辆的移动速度。车辆 -3a（如图 3.5 所示）为直接连接，传感器感应到更多的光时将使电机减速转动。因此，它会慢慢地停在光源附近，但仍然面对光源。车辆显示了对光源的依恋，类似于爱的感觉。

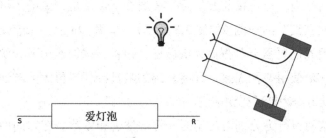

图 3.5 **Braitenberg 的车辆 -3a**。如果影响变为抑制而非兴奋，那么车辆在走到光源时就减速，显示出对光源一种类似于爱的情感

车辆 -3b 为交叉连接，在靠近光源时它会停下来，但它会背对光源。如果车辆 -3b 有其他如嗅觉、温度等传感器，那么它会

为寻找其他目标而从光源附近跑开，就像一个对光源不感兴趣的探索者可能会转而去找寻其他的喜好一样。

如图 3.6 所示，车辆 -3c 具有 4 个传感器，可表现出多种行为，如躲避高温、讨厌灯泡等，是一种清晰的喜欢与不喜欢的价值观，这种价值观体系可以在人类身上看到。这些行为的设计如图 3.7 所示，一个行为模块不会过多地影响另一个行为模块。然而，由于每个模块都与环境相互作用，很难预测电机之间的运动响应。

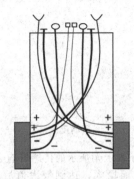

温度传感器
非交叉兴奋性——讨厌高温
光传感器
交叉兴奋性——对灯泡的侵略
氧气浓度传感器
交叉抑制性——爱氧气
有机物质传感器
非交叉抑制性——探索有机物质

图 3.6 **Braitenberg 的车辆 -3c，**一个有价值体系的车辆，讨厌热的地方，对光源带有复仇性的侵略，喜欢氧气充足的环境，会很乐意探索周围的有机物质

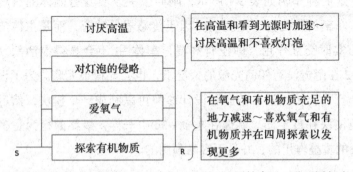

图 3.7 **车辆 -3c 的 SR 图。**车辆 -3c 的 SR 图结合了 4 种不同行为

车辆 -4：具有独一无二的轨迹。如非兴奋性或抑制性的传感器响应，而是如图 3.8 所示的连续传感器响应，车辆的速度会随着光强的增大而增大，达到最大值后，则会随着光强的增大而减小。车辆 -4 将能够形成如图 3.8 所示的闭合轨迹。该车辆相较于之前的车辆来说，更难预测，更多的是凭直觉在行动。

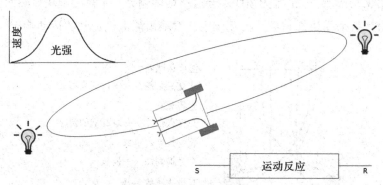

图 3.8 **Braitenberg 的车辆 -4**。对于左上角所示的传感器响应变化，车辆的速度随着光强的增大而增大，达到最大值后，随着光强的增大而减小。车辆将直接连接两个光源，并形成闭合轨迹

这四种车辆如表 3.1 所示，阐明了关于具身智能体的有趣观点。车辆的行为并不是完全归因于传感器的响应，而是主体与环境的实时交互作用，即没有高温，车体 -1 不会显得很活跃，车体 -2 在附近没有任何光源的情况下，也会显得很无聊。为了设计一个行为，传感器 - 响应和设计参数可以制成一个模块，然后与其他模块并行工作。就像在车辆 -3c 中一样，最终的行为是多种模块的重叠作用的，并且不容易预测的。

表 3.1　Braitenberg 的车辆（1 至 4 号）

车　辆	设　计	行　为
车辆 -1	温度传感器	类似布朗运动
车辆 -2a	光传感器，直接连接，兴奋性	懦弱，远离灯泡
车辆 -2b	光传感器，交叉连接，兴奋性	侵略，碾碎灯泡
车辆 -3a	光传感器，直接连接，抑制性	爱，慢慢停在灯泡前
车辆 -3b	光传感器，交叉连接，抑制性	探索，四处走动寻找的不仅仅是灯泡
车辆 -3c	多种传感器和设计硬件	具有价值体系，喜欢和不喜欢
车辆 -4	连续的传感器反应	形成闭合轨迹

　　车辆 -3c 和车辆 -4 是不容易预测的，但它们表明可以通过设计特定的主体来操纵硬件来完成特定的任务。缺点是，由于行为不能用硬件或程序代码来设计，而且是主体与所处环境的交互，所以主体需要在一个可预测的环境中，并且至少它要具有进行这项任务所该有的知识。

　　这些车辆只采用传感器执行器配对，没有任何编程模块，因此不能重新编程。机器人的智能源于其运行时与环境间的交互。合成心理学显示认知是一种实时的交互，而不是一种编程范式。一些非常简单的硬件和琐碎的设计便能够产生复杂的行为响应。Braitenberg 称这种现象为"上坡分析与下坡综合定律"，在这种定律中，计算一个内部机制已知的系统的性能，要比根据输出行为来想出内部机制的设计更容易。这是对 20 世纪 80 年代左右所流行的已知智能模型的一种替代。

　　合成心理学不诉诸常识，但它的力量在于其设计的简单性，它的成功之处在于，人们可以很容易地从机械设备中看出类似人类的情感反应。1991 年，Hogg [152] 和他在麻省理工学院媒体实验室的同事用 LEGO 积木验证了 Braitenberg 14 辆车中的 12 辆。这项研究也为 LEGO Mindstorms 套件的开发奠定了基础，随后该套件在年轻的机器人爱好者中变得非常流行。这些车辆极其有趣的变体通常用于深受本科生和研究生喜爱的机器人课程和实验室项目。

对这些车辆的进一步分析提供了有趣的结果。通过势场模型 [273]，可以看出两种行为的结合可以导致新的独特响应，其中障碍物被建模为排斥势，目标被建模为引力势。例如，对障碍物的躲避能够通过怯懦（车辆 −2a）和爱（车辆 −3a）的结合来完成。

动力学与心理学与艺术的结合——Maciek Albrecht 的素描

Braitenberg 赋予了无生命的物质以情感和生命。自从 17 世纪末的牛顿后，我们已经逐渐把运动看作是一个严格的数学模型。然而，这些"生物"诞生于人工，被似乎会影响它们情绪的外部刺激所引起、激发和推动，而非是为了驱动和控制而依附于发动机动力，并以公理的方式描述质量乘以加速度。

如果"爱"会使它们带着渴望和亲近的欲望靠近一个灯泡，那么"生气"使它们凶猛地冲向同一个灯泡并试图去碾碎它。结对实验时，两辆类似的车辆将配合着完成一支舞蹈，非常类似于 Walter 的海龟所做的那样。

这些车辆可以互动、愿意相互合作并发展社会地位的世界想法是 Braitenberg 模型的浪漫延伸。这样的一个世界通过著名的艺术家、动画家以及艾美奖得主 Maciek Albrecht 的素描而描绘出来。Braitenberg 的经典 [44] 成为 Albrecht 10 页作品集的一部分。

"这套关于车辆的作品集中，按艺术家 Maciek Albrecht 的想象，有些车辆安静地休息，大多数疯狂地倾斜着，展示了 Valentino Braitenberg 的作品中众多令人惊叹的‘生物’中的一小部分”

这里是他的三幅素描。Albrecht 使用凹槽、铰链、螺母、螺栓、横梁和多面体等机械装置来传达如图 3.9 中的工程部件，并使用翅膀、羽毛、口鼻和触须等拟人化象征来表现如图 3.10 和图 3.11 中车辆的情感属性。后两张素描更展示了其两栖和树栖的生态系统。有明显的迹象表明生态位的演变，图中两种或两种以上不同类型的车辆会合作共存，特别是在图 3.10 的右下角，显示了一辆较大的车辆领导着许多较小的车辆，暗示着会成群结队的车辆。Albrecht[5] 简明扼要地说道：“……这是一个很有趣的项目。”

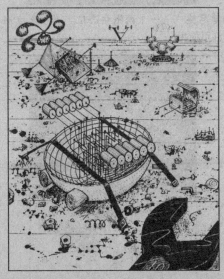

图 3.9　半球体、多面体、螺母、螺栓和扳手——用以设计运动的硬件，图片来自 Maciek Albrecht，经许可使用。这幅图大约是原图的一半

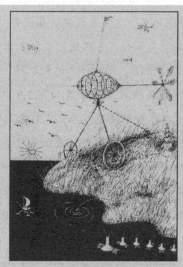

图3.10 陆地尽头——一个两栖生态位。图片来自 Maciek Albrecht，经许可使用

图3.11 有翼生物——树栖生物。图片来自 Maciek Albrecht，经许可使用

情感和行动的统一结合已经成为自 Braitenberg 车辆以来机器人学的基础范式。Pfeifer 设计了带有"情感"和"价值体系"的车辆，扩展了包含 Hebbian 学习的"食菌者"模型，并将其命名为"感知－运动－反射"。他的研究结果与 Braitenberg 的相似。Pfeifer 和他的同事还以 Braitenberg 车辆原理为基础，设计了一个完整的控制体系架构 [198, 290]。

Karpov[171] 也使用了类似的方法来设计移动机器人的情感体系架构。新西兰的两位研究人员 Lee-Johnson 和 Carnegie 也成功地探索了相反的现象，即人工情感有助于调节机器人的动作 [201]。尝试复制类人强调情感的行为和智力，是培养人类倾向和智能行为的首要工具，同时也显示出社会学习设备主要通过人类表情 [31] 来运行。

Braitenberg 的车辆和 Walter 的海龟在建立新型的人工智能、反应性的机器人设计路线方面起到了重要作用，鼓励多个传感器执行器对的并行功能，而非烦琐且往往耗时的顺序体系结构。Braitenberg 车辆的原理和概念与类动物特性相关，以模拟运动反应、封装行为、平行控制层、体现与突现行为，这些都是基于行为方法发展的各个方面。

3.3　协商式方法

移动机器人控制广泛遵循两种哲学：协议和反应。协商式方法或者横向分解提倡从感官数据的融合、规划的制定、给定任务的后续执行以及此过程的重复，来进行集中性的全局表征。

为了说明这一点，可以想象一个使用协议原则的简单巡线机器人。机器人有一个光传感器来感知环境（感知）和一个电机来进行移动（行动），同时也有一台流畅的机载电脑进行路线地图设计，在机器人运动之前为巡线机器人（规划）遍历线段。

因此，与 Braitenberg 的车辆不同，感知和行动是两个完全不同的物理过程，并通过规划连接在一起。与 Braitenberg 的车辆相比，这种方法需要一台机载电脑，使得巡线机器人造价昂贵，而且在硬件和软件方面也都增加了体积。如可免于提前规划，那么这不仅对设计有利，而且任务的执行也会更容易，如图 3.12 所示的流程图。

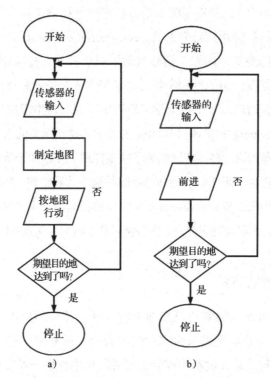

图 3.12　**"感知－规划－行动"法 vs. 反应式方法**。在 a）中，两个平行四边形框被一个矩形框分开——即输入和输出之间的信息处理。相反，b）缺少规划，事情迅速发生——更像 Braitenberg 的 1至 4 号车辆的控制范式

早期的机器人是在 20 世纪六七十年代发展起来的，如 Stanford Cart、Shakey、Hilare、Alvin 等，它们的目标更多的是为了让机器人移动起来，而不是获得更高的能力和认知水平。它们都是基于"感知 – 规划 – 行动"模型，这是一种自上而下的方法或称为功能分解。在"感知 – 规划 – 行动"模型中，感知系统将原始的传感器数据转换为一个世界模型，然后规划系统在这个世界模型中制定执行目标的计划，最后行动系统执行这个计划。这个模型的智能在于规划系统或程序设计者，而非行动系统。

3.3.1　协商式方法的缺点

20 世纪 80 年代中期，研究人员在"感知 – 规划 – 行动"模型中发现了几个缺陷。无法对实时响应做出反应，经常无法处理紧急情况，系统瓶颈会在未知、不可预测和嘈杂的环境下导致长时间延迟与性能下降，这些都证实了系统的不足。由于"感知 – 规划 – 行动"是循环工作的，因此添加更多的传感器或完成多个目标意味着需要在循环中传输更多的数据，从而导致更为糟糕的性能。

如图 3.13 所示的横向分解，本质上假定环境在连续的规划之间保持静态。这种假设与一个障碍不断移动和目标点不断变化的动态世界非常不相关。另一个缺点是缺乏鲁棒性。由于信息是按顺序处理的，任何单个组件的故障都会导致系统的完全崩溃。

这些实施中的问题，如 Braitenberg 的车辆和 Walter 的海龟的自然世界动机，以及移动机器人控制中对并行性的明显需求，这会导致反应式范式或者纵向分解的发展。因此，除了协商式方法的不足外，还有两个原因促成了新人工智能的产生：来自自然世界的动机，以及机器人与计算机之间的差异。

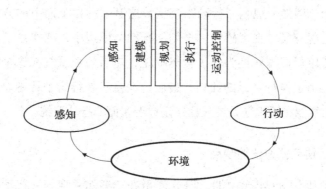

图 3.13　**协商式方法**或横向分解。从感知到行动，感知、建模、规划、执行和运动控制模块被作为一个系列过程来进行设计。因此，任何模块的瓶颈都会减慢整个进程。此外，从感知到运动控制的每一个模块都必须为这种控制结构的成功而努力。这些模块中的任何一个出现故障都会导致机器人的崩溃。参考 Hu 和 Brady 的相关文献 [157]

3.3.2　从动物到机器人

生物科学一直被证明是人工智能和机器人发展的丰富动力来源。想要发展具有自身智能的人工生命，应当从生物世界中获得启发。最早的先驱者之一是达·芬奇，他以鸟类为灵感设计了未来主义的交通工具。蚂蚁和蜜蜂已经影响了优化算法。

趋风性推动了导航方法的发展。Fukuda 设计了研究长臂猿的臂形机器人。Gibson[121] 和后来 Duchon[99] 的著作阐明了基于生态学的机器人技术基础，其灵感也来源于动物行为。为了将生物学的思想与人工智能的思想结合起来，已经形成了一门完整的控制论学科。而所有的集群机器人学也都受到动物、鸟类、昆虫等自然群体的影响。

3.3.3　机器人和计算机从根本上是不同的

人工智能是在 20 世纪下半叶发展起来的，当时的重点是数字运算系统的发展，这也促进了计算机的发展。"感知 – 规划 – 行动"模型非常类似于计算机程序的运行。然而，机器人和电脑是不同的。

1. 机器人固有的平行性：计算机程序基本上是为导致结果的算法的串行执行而开发的，但在机器人中，必须在保持稳定性、避免风险和同时处理动态环境的不确定性的同时达到目标。所有这些都是通过一系列的传感器和电机来实现的。因此，并行处理比顺序处理在这里更受欢迎。

2. 与动态世界的互动：机器人不断地与动态的世界进行交互，通常所设置的算法不足以涵盖所有这些动态，因此机器人的最终行为与编码的内容有很大的不同。开环计划执行的"感知 – 规划 – 行动"法因没有来自环境的实时反馈，不足以处理环境中的不确定性、移动的障碍以及紧急情况。

3. 机会主义对规划准则的抑制：在现实世界中，盲目地遵循计划已经被证明是有害的。设想一个如图 3.14 所示的觅食机器人，按照"感知 – 规划 – 行动"原则，它有两种传感器，一种用于避障的激光传感器，一种用于食物探测的嗅觉传感器。一个简单的串行算法：

算法 1 采用串行方法的觅食机器人

---

repeat, move forward
    if obstacle **then**
        move left
    else
        use olfactory to detect food item
    end if
until forever

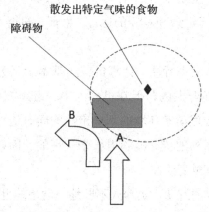

图 3.14 **机会主义对规划准则的抑制**。机器人正在觅食，它有两种感知能
      力：激光用于避障和嗅觉检测食物，并由串行算法驱动。在 A 点，
      机器人为了找到食物必须向右移动，但这对于所设定的串行执行
      是不可能的

在 A 点，食物在嗅觉传感器的探测范围内。通过串行操作，
机器人必须先避开障碍物，移动到 B 点，此时食物将超出它的探
测范围。如果机器人不是在 A 点向左移动，而是采取机会主义的
方式向右移动，那么它就能成功地找到食物。

4. 柔性降级：对于在现实世界中运行的机器人，有三种特定
    情况会使事情变得困难 [164]：

（a）由于动态环境，给定的命令结构会以不同的方式运行。例如，一个沿着一条白线轨迹的机器人，通过其光传感器从两种强度的对比中辨别轨迹；当它进入一个灯光很亮的区域时，两种强度的对比会变弱很多，这种情况会使机器人减速或者无法对白线继续进行追踪。

（b）机器人程序对世界做出的假设，其结果将证明该假设是错误的。例如，如果一个机器人按程序顺序向前移动 20 米并拿取一个黑球，那么速度计就会被编码为 20 米，然而，程序假设中并没有考虑摩擦。机器人将由于摩擦力很大而无法完成这项任务。

（c）传感器故障，对于不准确的输入数据，计算机程序会给出不可靠的结果。然而，对于机器人来说，来自传感器的不准确数据是普遍存在的。在设计机器人程序时，机器人的性能不应因这种故障而下降。多个传感器上的并行处理则解决了这个问题。

这些机器人在现实世界中交互的困难将其与数字处理系统分离。在传感器执行器对的并行性方面的努力有助于在传感器故障的场景中维持机器人系统，有效地对动态现实世界进行处理，并且以一种机会主义的观点来完成给定的任务是通过反应式方法实现的，这也被称为新人工智能，因为它是从传统人工智能转变而来的一种范式。

3.4 反应式方法

为了让机器人可以和环境进行智能交互，研究人员通过数字运算来寻找解决方案，这更像是在解决一个数学问题。这种方法已经被称为"传统人工智能"，或者 John Haugeland 提出的"老式人工智能"或"GOFAI"，传感器输入转化为数据，在不同的抽象层次进行处理以制订计划并进行执行，使机器人完成其目标。

规划是这种方法的核心，但完全缺乏即时性。装备了基于摄像机的视觉系统的机器人将首先开发像素化的地图，然后尝试通过这些地图协议到目标点的合适路径。通过渐进的循环过程使机器人实现其目标。到20世纪80年代早期，研究人员发现了这种方法的问题：在动态环境中失败的高滞后时间。研究人员和科学家认为，这是由于缺乏高质量的处理器，人们相信，技术的充分进步可以克服这个缺点。这个缺点不在于硬件，而在于范式。

Walter 的海龟，Toda 的食菌者模型以及 Braitenberg 的车辆被证明是新人工智能发展的基石。这三个发展坚定地奠定了通过使用具体化人工智能的自由路径表现来开发自治智能体的原则。这三种发展都是由动物行为驱动的，或与动物行为极为相似。Toda 建立了一个具有目标和生存手段的自我维持的假想动物模型，Braitenberg 使用 gedanken 实验阐明了感知－驱动概念，Walter 则先于 Toda 和 Braitenberg 便努力证实了这种理论模型的真实性。虽然 Brooks 受到 Walter 的影响，但 ANIMAT 和 ALIFE 的研究是基于食菌者的直接产物。其基于行为方法的三个典型特征为：

1. **情境性**：机器人处于真实世界中。它们不能够处理抽象和模型，即云不是球体，建筑物不是长方体。从内部状态或有助于局部认知的短期记忆中获得的信息也不是地图或世界模型的形式。

2. **具身化**：机器人有感知能力，可以融入环境。它们的行为会对他们自己的传感器读数产生即时反馈，从而影响他们的感知。因此，机器人是环境中积极的一部分。

3.**突发性**：机器人的最终行为是一种突发现象，在运行之前无法确定。这既是一种恩惠，也是一种诅咒，因为它通常会带来性能上的新奇结果，但使得为期望行为进行机器人设计变得更为困难。

正如前一章所述，新人工智能是低到没有表达性的建模，并否认心灵主义模型，往往被设计为感知运动。反应式方法是一种最小的范例，设计为一种自下而上的方法，其中机器人的动作由多个模块的并行工作而决定。这也称为纵向分解，如图3.15所示。新一代的人工智能摆脱了计划的模式，将感知和行动结合在一起，更加依赖于应急功能。因此，认知是一种突现现象，是感知与行动的重叠。

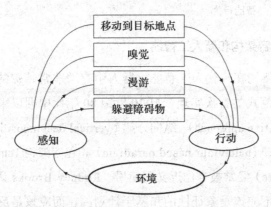

图 3.15　**反应式方法或者纵向分解**。行为分层的每一层都是一个独立的单元，可以独立于其他层运行，避免了瓶颈，一个模块的故障不会影响机器人的整体运行。参考 Hu 和 Brady 相关文献 [157]

Rodney Brooks 的包容架构 [50] 在机器人的新人工智能中被采用，如图 3.16 所示。这个新的范式很快得到了较新的实现，如 Ronald Arkin 的运动图式（motor schema）和 Pattie Mae 的行动 - 选择，并被证明比传统方法更有效。

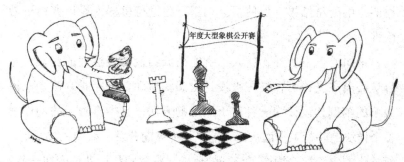

图 3.16 **将军！**在 Brooks 题为《大象不玩象棋》的研究论文中，他反对具身认知，并鼓励对机器人采取一种反射性的、基于行为的方法。Brooks 举了一个讽刺性的例子来阐述他的观点：大象不懂得欣赏国际象棋的表现形式和规则，然而，它们确实表现出了智能行为

3.4.1 包容架构和新人工智能

包容架构在现代人工智能机器人中有着非常特殊的地位。这是反应式范式的首次实现。自 20 世纪 80 年代中期以来，反应式方法（reactive approach）、纵向分解（vertical decomposition）、基于行为的范式（behaviour based paradigm）和包容架构（subsumption architecture）经常被当作近义词使用。Rodney Brooks 认为，机器人的智能不应该是象征性的和基于计划的，而应该是反应性的和基于本能的。Brooks 的新理论是基于无表示无理由情况下的智能构建，是主体与环境间的交互。

Brooks 将体系结构设计为每个行为一层，以开发他的控制结构。每一层都是一个有限的状态机，较高的层次可以禁止或抑制较低层次的行为。这种对信息的抑制在人工智能领域是新出现的，然而 Ludlow 在神经生物学中发展了这种他称之为"决策者"（decision makers）的模型，这与斯金纳学派（Skinnerian school of thought）的思想有明显的相似之处。在这个模型中，智能可以被称为"智能体 - 环境交互"，也可以称为"由于各层的影响而产生的应急行为"。

有限状态机（Finite State Machine, FSM）

　　有限状态机是一个状态数有限的系统。系统可以在这些状态之间转换，同时遵循一组固定的规则。例如，双向开关有两种状态，即两种规则，它们定义了从一种状态到另一种状态的转换。

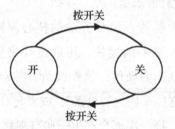

　　设想一个更进一步的场景，一只甲虫，在亮光下向前直线移动，当周围暗下来时就停止。如果甲虫遇到障碍物，它就会转身向后退 10 厘米。10 厘米后，如果它处在亮光下，它会再次改变方向，并向前移动。甲虫可以由 3 种状态 5 条规则来表达。

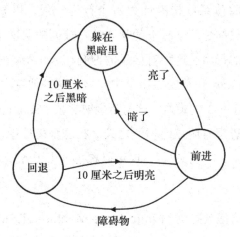

这种方法的明显缺点是它是对系统动态的妥协，因为每个 FSM 只能代表有限的状态。在包容架构中，Brooks 将每一层当作一个 FSM。

包容架构的设计考虑是：

1. 将进化作为机器人设计方法的核心原则，通过在已有的雏形上添加更多的模块，可以设计出更专业的性能。这些模块可以作为硬件、软件或两者的混合实体而被引入。Brooks 称这些模块为"电路"，或者是有关包容的术语——"控制层"。每一层都会产生一些可观察到的新行为，让机器人与环境进行交互。

2. 每一层都是感知与驱动的结合。

3. 为了系统的设计和可预测性，有必要最小化层与层之间的相互作用。

这种反应式的方法产生了直接的效果，而且 Brooks 的实验室里不再使用像 Stanford Cart 那样移动缓慢的机器人，而是使用大量的小装置以实时响应的方式在周围运行。如将智能行为简化为仅仅是对环境的反射，这种想法是激进的，但它解决了规划和世界建模的问题。

这一争论不仅局限于规划与响应，而是在于程序使用恒定内存量的有限状态计算与经典人工智能中更强大的计算模型之间。这些计算模型通常必须解决诸如无限级分类树（图）搜索之类的问题，这些问题通常更像是一种公断，而非包含在有限的内存中。

另一个优点是，Shakey 和 Stanford Cart 采用了协商式方法，体积庞大，并且搭载了高性能的计算机，相比之下，Brooks 开发的反应范式机器人体积要小得多，因为它们不需要高水平的计算方法。

在老式人工智能中，程序设计者很重要的，如图 3.17 所示。没有规划情况下，机器人永远不会失去与世界的同步性，如图 3.18 所示。包容架构的优点是它的设计方法、并行性与模块化特点。设计方法使得构建一个系统和添加具有另一层行为的新硬件变得更为容易。

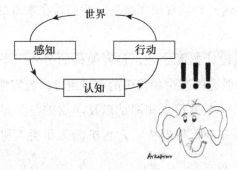

图 3.17　**老式人工智能**。认知是一个循环过程的结果，观察者只是一个"旁观者"，而非真正参与在认知周期中。过程的智能性是由程序设计者编码实现

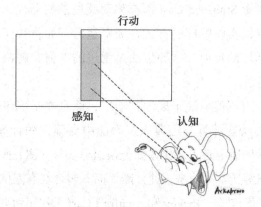

图 3.18　**新人工智能**，行动、感知和认知不是周期性循环的而是连续的
过程，认知在行动和感知重合时发生，正如观察者所感知的那
样。反应式方法围绕着以观察者为中心的突现概念建立认知
模型

通过并行性，每一层独立和异步运行的能力结合了动态世界
的运转，保证了在任何一层控制失败的情况下，可以进行柔性降
级。包容架构显然比"感知－规划－行动"法更具模块化特性，
但是也有人对这一特性提出了批评，我们将在本章的后面部分进
行讨论。

除了这些设计方面之外，包容架构的另外三个显著特征是
低成本、计算能力的减少和代码的可重用性。包容架构是模块化
的，因此更低成本的建立和测试以及单层的行为足以让机器人
运行。其效果在步行机器人、六足机器人和类人机器人中最为
显著。

许多标志性的机器人都是用包容架构所制造的：Atilla、
Herbert、Chengiz 以及后来的 Cog。Connell 通过将一些独立的

包容单元（如图 3.19 所示）连接在一起，并对这些单元进行进一步的优先级划分，从而构建了用于 6 个任务特定级别的 15 种不同行为的 COLONY 架构（如图 3.20 所示）。COLONY 架构的设计初衷是设计一个安装在移动基座上的机械臂，用于回收饮料罐。

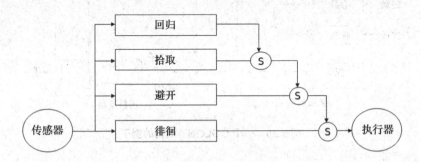

图 3.19　**捡垃圾机器人的 SR 图**，该设计使用了包容架构。其中包括了简单操作，如"徘徊"被放在最下层，其他所涉及的行为，如"拾取"和"回归"则置于顶层。顶层行为会抑制低层行为。机器人能够在探测距离内看到垃圾并对其进行识别。只要看不见垃圾，机器人就会"徘徊"。一旦机器人的传感器看到垃圾，之后就会抑制"徘徊"，"避开"障碍物并到达垃圾所在的地方，在垃圾"拾取"的地方就会抑制"避开"。然而一旦垃圾被"拾取"，那么"回归"垃圾场就会抑制"拾取"。一个收垃圾和觅食机器人可以使用相同的基本行为

COLONY 是第一个用于手臂 / 手操纵器的基于行为的范式。之后的各种研究小组开发了专门的基于行为的机械手架构，用于操作拿取和放置，以产生更丰富的行为和跟踪操作。各种更多的架构以包容架构为考量被进行开发，两个非常著名的是 SSS 架构和电路架构。

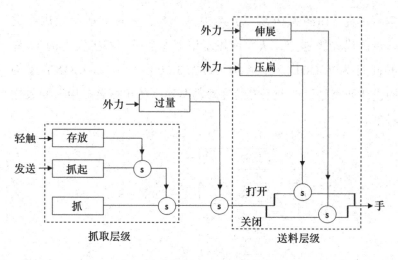

图 3.20 一个 COLONY 架构的例子

3.4.2 运动图式

运动图式[17]由 Ronald Arkin 在 20 世纪 80 年代末发展而来。尽管它是一种行为范式，但它使用了一种基于图式的矢量方法，而非分层控制。每个模式的输出都被设计为速度矢量。这种模式的动态分类被用来执行复杂的行为。输出为所有活动模式的标准化矢量和。Arkin 的模型是在 Arbib 对青蛙的研究基础上发展起来的，Arbib 将动物的运动控制描述为一个矢量模型。将该想法扩展到机器人领域，图式被发展成原始运动行为，即对从环境中获得的感觉信息的反应。

什么是行为（behaviour）？

在人工智能领域，不存在一个普遍接受的行为定义。这一术语是由 Simon 在 20 世纪 50 年代末从心理学引入的，用以发展智能和理性模型，暗示了具身化和情境性的概念。之后，Toda 在其食菌者模型中使用了术语"行为计划"（behaviour program），他认为行为是一种适应未知且明显不复杂的环境的方式。在他的研究论文中，Brooks 引入了带有"任务实现行为"（task achieving behaviours）的垂直分解来发展包容架构。

Brooks、Payton 和 Arkin 的研究将行为广义地定义为机器人动作的基本构件，或者是主体对其环境的响应。在反应式方法中，原始行为指的是感知运动对，这些原始行为的结合会导致机器人的应急现象。一个更正式的定义应该是，行为是物理结构的功能，及其物理设计和构造的动力学系统，同时也是该物理结构在工作环境中的属性与其内部的控制系统。

然而，由于反应式系统的表现是突发的，因此很难确定系统的行为。通常，机器人控制器中的一个子程序被错误地称为"行为"。作为一个有效的解决方法，Gat 在编码时使用"Behaviour"，在执行时使用"behaviour"，来区分编码与执行，即"Behaviour"是一段代码，它在运行时产生一个"behaviour"。

这一定义对于混合系统来说还是有所不足的，因为混合系统通常具有协议性的、反应性的和适应性的组成部分。在反应式系统中，行为指的是一种纯粹的反射性动作，而在混合型系统中，它可以指反射性的、先天性的和后天习得的动作，这很难区分编码和执行，因为该系统具有很高的突发性。

与包容架构不同，运动图式没有预先设定的层级，也不试图禁止或抑制某个给定模块，而是将行为融合在一起。行为在运行时作为一个矢量生成，并像矢量总和一样把行为叠加起来。使用Khatib 开发的人工势场，可以很容易地在软件中实现运动图式，如图 3.21 所示。

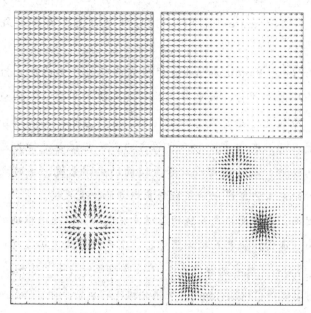

图 3.21　**利用人工势场实现运动图式。**向前移动图式（左上角），路径追踪图式（右上角），障碍物图式（左下角），两个目标和一个障碍物图式的叠加（右下角）

Arkin 将导航图元从独立图式中进行分类，将这些图元叠加可以产生更复杂的行为，如图 3.22 和图 3.23 所示。在乔治亚理工学院 Arkin 利用图式为机器人 Callisto、Io 和 Ganymede 开发了先进觅食行为。

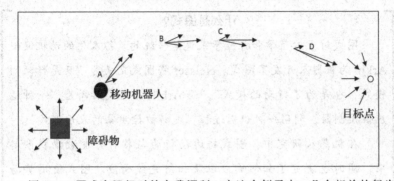

图 3.22　**图式在运行时的自我调制**。在这个例子中，几个相关的行为是："徘徊""避障"和"向目标移动"。"徘徊"行为总是在起作用的，而其他两种行为是由环境造成的。在 A 点，机器人受到了来自障碍物的最大排斥力以及来自目标的微弱吸引力，矢量和不会指向目标点，"避障"为主导行为。在 B 点和 C 点，机器人受到了来自障碍物的少量排斥力以及来自目标的更多吸引力，矢量和仍然没有指向目标。在 D 点，障碍物的排斥力几乎没有意义，矢量合几乎指向目标点，"向目标移动"为主导行为。在这样的方式下，模式以动态的方式执行行为。值得注意的是，机器人<u>并不会</u>绘制从 A 点到目标的最短路径

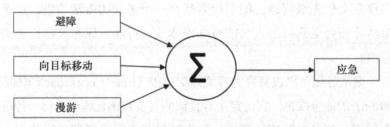

图 3.23　3 个图式的 Sigma 图叠加。与包容架构不同的是，图式没有抑制任何行为，在图 3.22 的例子中，这 3 个模式是协同作用的。然而，在 A 点时，"避障"占主导地位，其他两个模式的贡献并不明显。接近 D 点时，"向目标移动"占主导地位，其他 2 个模式对机器人的应急行为贡献则不大

什么是图式？

图式对于心理学和神经学来说是传统的。拟人化的动机促使 Arkin 为机器人开发了图式。Neisser 将图式定义为"既是行动的模式，也是为了行动的模式"，而 Arbib 将图式解释为"一种适应性控制器，利用一种识别过程，更新被控对象的表示形式"。

在机器人研究中，图式将运动行为与各种并发激励联系起来，同时也决定了如何响应以及如何完成响应。图式使用势场来实现执行，独立的图式通常被描述为针状图。同时，行动行为利用活动图式的向量求和来进行协调。

3.4.3 行动选择与竞标机制

行动选择或者行动选择机制（Action Selection Mechanism，ASM）由 Pattie Maes[?, 217] 所设计，与抑制、禁止或矢量化叠加行为不同，它采用了一种相反的行为选择动态机制。ASM 是一个基于行为基础范式的竞争性执行的选择，它克服了用于包容架构的预定义优先级问题。每个行为都有一个关联的激活等级，这个激活等级会受到机器人当前传感器读数、行动目标和其他行为的影响。

激活等级可以被解释为啤酒蟑螂模拟（Beer's cockroach simulation）的能级推论，它决定了对食物的兴奋和饱食等级。每一种行为都有一些最低限度的要求，称为激活等级，必须满足这些要求才能激活。这些等级也会随着时间的推移而下降。从所有的活动行为中，选择激活等级最高的行为进行实际执行。Minsky 的《心智社会》启发了 Maes，即任意的主体在局部范围内进行互动，从而导致一个社会的有效运作。然而，Maes 的工作也与 Tinberg 和 Baerends 的工作相似，并且从生物学延伸到人工智能。

Maes 将每个自治主体设计为一组能力模块，并使用列表结构实现了她的算法。一个能力模块 i 可以表示为一个元组（c_i, a_i, d_i, α_i）。其中，c_i 是一个必须满足的先决条件列表，然后主体才能激活。a_i 和 d_i 代表主体行动的预期效果（依据添加列表和删除列表），α_i 为激活等级。当所有的先决条件都为真（true）时，能力模块是可执行的，此时可以选择激活级别超过阈值的可执行模块来执行一些实际操作。

行动选择解决了当一个层被禁止或抑制时，信息丢失的问题。它避免了运动图式的势场执行问题，并充分利用了机器人可以获得的每一条信息。然而，在动态执行中，很难预测机器人在运行时的应急行为。Maes 的行动 – 选择也被用于与强化学习相结合，并产生了更好的结果。

行动选择为基于竞标机制的控制范式发展提供了动力。在基于投标式的控制体系结构中，每个行为根据执行操作的紧急程度进行投标，这可以在行动选择机制（ASM）中与在操作选择中按激活级别降序准备列表进行比较。然而，与 Maes 的方法不同的是，投标机制并未使用一个决定性的激活等级来驱动，这些行为也没有任何需要满足的先决条件，它们是时刻准备进行竞标的。ASM 中的行为也会影响其他行为的激活程度，而在竞标机制中，行为之间是完全独立的。

Rosenblatt 开发了移动导航的分布式架构项目（Distributed Architecture for Mobile Navigation, DAMN）。在这个体系结构中，

一组行为通过对各种可能的动作（如控制航向角和速度）进行投票来协同控制机器人的路径，然后由仲裁者决定执行哪个动作。拥有更多票数的操作将被执行。但是，这组操作是预定义的，并且它具有基于网格的路径规划（如图3.24所示）。

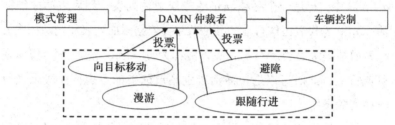

图3.24　DAMN架构是竞标机制的一个例子，其中行为模块"投票"来决定采取哪种行动

基于行为的体系架构可以根据行为之间如何协调进行分类。（1）竞争性：在这些架构中，系统选择一个动作并将其发送给执行器，这是一个赢者通吃的机制。包容架构、行动－选择和竞标机制是竞争性协调的例子；（2）协作性：在这些体系架构中，系统将来自多个行为的动作组合起来，产生一个新的动作发送给执行器。运动图式和Braitenberg的车辆－3c是合作协调的例子。

统一行为框架（Unified Behaviour Framework, UBF）的设计使机器人能够通过单一架构来使用竞争策略和合作策略，如图3.25所示。UBF允许通过改变仲裁技术实现在不同的体系结构策略之间进行的无缝切换。

通常一个底层控制器及其行为是为特定的任务而开发的，因此，未来任何重新设计或将该实用程序扩展到其他任务的工作都受到严格限制。由于 UBF 允许在运行时在不同的架构策略之间进行无缝切换，因此它鼓励对各种不同模式下的行为进行复用，即将任意行为、基于优先级的选择、协作和半协作仲裁等随机激活。UBF 的模块化架构有助于通过代码复用简化设计和开发。

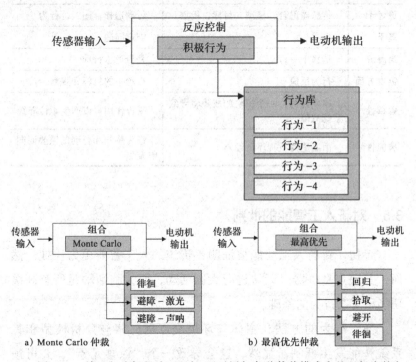

a）Monte Carlo 仲裁　　　　　b）最高优先仲裁

图 3.25　**统一行为框架（UBF）**，通过添加各种仲裁模式为基于行为的方法提供了动力，允许在同一个控制器上运行协作和竞争架构策略，鼓励代码复用。两个使用 UBF 的仲裁，a）**Monte Carlo**，机器人随机地在徘徊和两种避障模式之间交替，b）**最高优先**仲裁更像传统的包容架构，其中具有最高优先级的行为可以预先编程或通过投票获得执行权

竞标机制和 ASM 试图在反应式架构中加入一些协议内容来设计更高层次的行为。这可以看作是导致本章后面所讨论的混合架构的早期尝试（参见表3.2）。

表3.2 传统人工智能和反应式方法的对比

	传统人工智能	反应式方法
设计于	传感器融合，模型，目标，规划	行动选择，图式，行为
基于	搜寻	绑定问题
信息流	选择下一行动	并行竞争行动
突发方面	行为反应	行动中的目标和规划
鲁棒性	串联行为，一个模块的故障将导致系统故障	平行作用可以产生柔性降级
智能性	由制造商或程序员编码	作为感知和行动的重叠而同时发生

3.5 对新人工智能的批判

起初，新的人工智能被证明比传统的人工智能更为快捷。然而，其缺点是机器人无法进行大脑活动，而大脑活动是所有高级功能和复杂行为的基础。

基于行为的方法在主体与环境交互时，将与分析模型和其系统智能发生抵制。显然，这会导致一个"惊喜元素"，并可预测性地处于次要位置。然而，应急行为变得更具鲁棒性，其原因是它较少依赖于准确的感知或行动，以及它作出较少的环境假设。

突发性始终是一个动态过程的产物，是通过实例证实的。

Brooks 举了一个可爱的例子，他演示了双足行走是如何从一个非常简单的反射网络中产生的，几乎不需要任何分析模型或中央控制。Agre 展示了如目标导向动作序列这样复杂的行为是如何作为一种突发属性而被建模的。

3.5.1　新人工智能的问题

包容架构导致了移动机器人以及后来的两足机器人和人形机器人可以执行近乎实时的运行，然而，对控制层的禁止和抑制意味着信息的丢失，而这些信息对于在战场环境下航空航天和军事硬件的硬实时运行是至关重要的。

运动图式依赖于指令协调，因此没有任何信息丢失的问题，尽管它继承了所有势场法所存在的问题，特别是局部极小值的问题。基于行为的方法来自自然界的启发，在反映类人智能方面效果不佳。有人认为，为了开发与人类类似的高级智能，自由呈现的方法被证明是有所不足的。

3.5.1.1　包容架构的执行问题

1. 信息丢失和底层功能中断：

当底层的功能被禁止或抑制时，包含在这些层中的信息就会丢失。因此，在执行顶层行为时，机器人将可能无法在底层执行简单行为。

2. 如何识别顶层行为：

确定某一特定行为是顶层或底层，是一个仲裁问题 [143]，没有真正的方法来确定这一点。为了顶层而抑制底层的普遍规则，并非一个好设计的标志。

3.层与层之间并非真正相互独立的：

包容架构假定每个控制层之间都是彼此独立的，但这并非总是正确的。顶层的内部功能常常会干扰底层的功能，而且两个或多个层级通常会使用同一硬件，这使得这些层级的独立性受到质疑。这样，在没有重新设计大部分其他层级时，底层的小变化就会很难得以实现。特别是，较高层级可以禁止、抑制和读取较低层级的信号。因此，通过添加更顶层级行为而不改变较低层级功能是不可能的。层级之间的物理连接属于硬连接，因此不能在执行期间进行更改，从而降低了系统对于环境变化的动态性。例如，一个电机，这是一个以待机和目标运动为其 2 个层级的常见硬件。当待机被目标运动所抑制时，电机已经处于非零速度，即目标运动的设计通过电机从零开始启动所实现。可能发生的情况是，在较高的速度时进入待定状态，电机可能很难对准目标点，或更糟的是，可能会完全错过目标点。

4.层级之间必须具有优先级：

每个行为都与一个优先级相关，因此同等优先级的行为不能用包容架构表示。

5.缺乏对每种行为内部状态的访问权限：

随着控制层的增加，通常很难确定行为的内部信息。这个缺点产生了一个设计问题，并且通过添加更多的控制层来协调大量的行为技能，以实现所需的一致的复杂行为，这是一项困难且容易出错的工作，使得飞机、电梯和医疗等硬实时系统因缺乏模块化特性而令人担忧。批评家称这样的行为设计很明显的，与其说是科学不如说是一门艺术。

6. 缺乏折中的解决方案：

由于包容架构是一种"赢家通吃"的哲学，所以当两个或多个控制层的工作有相互冲突的目标时，它就无法获得一个折中的解决方案。一个来自 Rosenblatt 和 Payton 的例子，如图 3.26 中所示的两种行为。避障优先由 I 来实现，其次是 II 和 V[⊖]。向目标移动可以通过 IV 和 V 来实现，IV 为最优选择。最优选择用连线表示，次优选择用虚线表示。在包含这 2 种行为的包容架构中，避障会抑制机器人向目标的移动行为，机器人在避障时将停止向目标移动，这可能对当前的任务无益。选项 V 作为一个更好的选择，ND 导航可以用作这两种行为的一致性行为，但包容架构中并不值得这样的折中解决方案。为了克服这个缺陷，Rosenblatt 和 Payton[282] 提出了一种连接机制体系结构，它使用非常细致的分层架构。不是把行为设计为具有内部状态和实体变量的有限状态机，而是由内部状态可访问的原子功能元素组成。这些简单的决策单元及其相互之间的联系共同定义了一个行为。由于行为之间可以相互作用，由此可以实现对折中方案的选择最佳。在后续工作中，Rosenblatt 还提出了"内部规划"（internalized plans）的概念，而不仅仅是行动程序，规划被视为对智能体的信息源与建议源，该规划在对动态环境的处理中完成。因此，规划被有选择性地使用，用于提高系统性能或在极端的情况下形成失效保护。在执行中，"内部规划"的概念由全局导航（基于势场的梯度下降法）实现。

⊖　下一章会对 ND 导航的细节进行介绍。

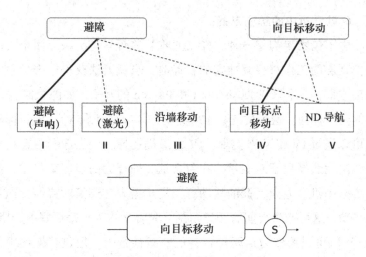

图 3.26　**缺乏折中解决方案**。包容架构无法对折中解决方案进行辨别，
参考 Rosenblatt 和 Payton 的相关文献 [282]

3.5.1.2　运动图式的相关问题

运动图式使用类似于矢量合成的混合行为，而非禁止或抑制某个行为，因此没有信息的丢失。

但是，这种方法存在 3 个问题：

1. 局部极小值问题：

运动图式的一个内在缺陷是局部极小值问题，它困扰着所有势场的执行⊖。

2. 缺少实际的混合解决方案：

运动图式等合作机制面临的一个问题是，混合行为的解决方案不一定能真正解决问题。假设一个机器人的正前方有一个裂缝，

⊖　下一章将会介绍势场导航方法的各种实现方法以及克服局部极小值问题的方法。

有两种不同的行为对其进行躲避，一种是尝试从右边避开，另一种是尝试从左边避开。这两种行为的矢量和将是一个指向正前方裂缝的矢量，此时应急行为不能解决这个问题。研究者试图用行为选择和竞标策略的动态方法来克服这一问题，其中激活等级最高或最受需求的行动将会被执行。

3. 零总和：

另一个实现问题是，当两个或多个相同量级的图式在相反的方向上作用时，将使净矢量和为零。此时，尽管有外界刺激，但不会引起任何运动反应。

3.5.2　反应式方法的高级功能拓展

Brooks 的"无理性与无表征"人工智能假说非常适用于依情境而定的活动，如步行、跑步、躲避障碍物、爬楼梯等。然而，对于诸如下棋、解拼图、解魔方等大脑活动，它却无法起效。比如丹尼特的机器人，R1、R1D1 和 R1D2 不具备任何表征性认知，即关于电池或炸弹的视觉认知，此时一切任务都将失败，并且会（再次）被炸毁，这是纯粹的基于行为的方法。

Kirsh[180] 在他对反应式方法的反对中，坚持认为机器人不可能在没有表征的情况下被建模，例如"类昆虫型机器人"的行为发展（如漫游、躲避障碍物和沿墙移动），将永远不足以进步到更高的智能水平，如图 3.27 所示。Kirsh 同意 97% 的人类行为是抽象的，然而在剩余的 3% 中，人类从事的是大脑活动，这是人类智慧中典型的不平凡之处，缺乏反射能力和动物智慧。Kirsh 认为，一个生物在没有"概念"[⊖]的情况下行为是受到限制的，对于更顶层级的智能来说，需要在行动、感知、学习和控制中有概念表征[112]。

图 3.27 **"今天是地蜈蚣，明天是人？"** David Kirsh 赞成表征理论，并坚持认为，在机器人身上重现类似昆虫的行为，不足以激发出更高水平的智能。Kirsh 将表征与感知、学习和控制联系在一起，这使得它在类人智能的发展中变得至关重要。Brooks 针对这一评论进行回应，建议基于行为的范式需要结合认知方法来开发具有类人能力的人形机器人。Brooks 将这一学科称为"认知机器人学"（cognobotics）

然而，Kirsh 的评论并没有提出任何其他方法来实现人工类人智能。在类似的情况下，Wilson[357] 指出缺乏一个对智能完全理解的模型——缺乏自然科学方法和自然之间的紧密联系。

行为哲学所建议的自下而上的方法常常有所不足，而且不能达到类人智能的目标。ANIMAT 和 ALIFE 的研究试图通过在一个简单的层级上模拟和理解完整的类动物系统来开发类人智能。这种缺陷在更复杂的行为中表现得最为明显，因为认知并不局限于高等生物的条件反射。神经科学还提出了两种人类行为的两种"模

⊖ Kirsh 更喜欢使用"无概念"（concept-free）这个术语，而非"无表征"（representation-free）。他认为，移动机器人控制真正涉及的是智能活动的概念化，而非反应式方法的表征化。

式", 如图 3.28 所示。Steve Pinker 也提出过类似的观点, 认为在更高等级的生命形式中 (比如人类), 存在两个层级的意识, 这将在第 9 章中进行讨论。

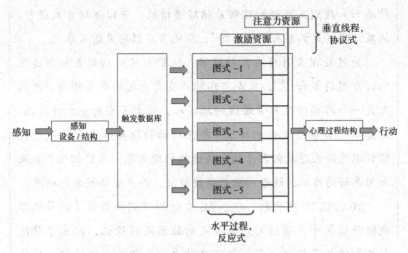

图 3.28 **认知的两种模式**。例如人类的高等生命形式至少有两种认知模式在进行协同工作, 即反应式和协议式

哲学家 & 机器人

基于智能体的机器人技术被视为尖端技术的顶峰, 而哲学则被视为众所周知的"扶手椅、老教授和旧书本"。然而, 这两个学科是密切相关的。正如前一章所讨论的, 关联问题和内部表征的争论是一场哲学上的辩论, 而不是技术上的限制。哲学上关注的问题几乎总是与基于智能体的机器人技术相吻合, 在后面的章节中将对机器人伦理、人工意识与超级智能进行探讨。

在 20 世纪 60 年代早期, 基于智能体的机器人被认为是计算机的延伸，因此智能被认为是"思考事物"的笛卡尔模型，而信息处理是这个模型的核心。机器人必须去感知当地环境，绘制地图，找出最合适的路径到达目标点，然后沿着这些路径移动。这种感知－规划－行动的过程是循环递增的，并以连续方式进行。机载计算机是机器人的"大脑"，其他传感器则是输入单元。

通过处理来自传感器的数据，机器人可以利用表征形成康德时空观的概念[150]，从而与环境产生有意义的交互作用。其结果是一个移动速度非常缓慢的机器人，带有笨重的机载计算机，完全不适合动态变化的环境（包含移动的障碍和变化的地形）。这种不佳的表现被归因于缺乏快速的处理单元，人们相信，如果采用更好的技术，这个问题将会被解决，并产生所预期的结果。

20世纪70年代初，Dreyfus在他的开创性著作《计算机不能做什么》中，通过对计算范式的缺陷进行论证，指出了传统人工智能的局限性，并论证了这种方法在哲学上的缺陷。他的论点是基于符号和规则的数量激增来攻克框架问题。Dreyfus建议使用海德格尔和Merleau-Ponty的哲学观点来克服传统人工智能所追求的无实体、文本化和符号计算的空白问题。他建议把范式转化为他创造的"海德格尔式人工智能（Heideggerian AI)"，抛弃表征与规划的理性方法，以智能体与世界的动态交互为基础而进行设计，这种方式聚焦于即时性，而非长期规划。因此，智能与感知运动所产生的行动相关而非与缓慢和渐进式的规划设计相关。这种对环境始终如一的应对，在海德格尔的工作中被命名为"存在于世上"。

在基于行为的范式中，情境性和具身化的概念分别源于海德格尔和 Merleau-Ponty。海德格尔式人工智能能够避免传统人工智能的本质问题，因为它既解决了框架问题（通过定位），也解决了符号基础问题（通过表征）。海德格尔式人工智能是认知联结主义方法和人工生命行为主义方法的哲学基础。

　　除了机器人技术，海德格尔式人工智能也可以在 Agre 的索引功能实体开发中看到（用于设计 PENGI 和 Freeman 的大脑神经动力学模型）。在 20 世纪 90 年代，Varela 与其同事[320, 333]通过将 Merleau-Ponty 的身体现象学拓展到具身化 AI，发展了主动范式（enactive paradigm）。该方法强调了主体的身体不仅是一个活的、经验上的结构，而且还是所有认知过程的基础。

　　在开发类人智能的努力中，基于行为的范式是对人类经验所需的最小条件的阐述[92]。然而，这并不足以产生类人智能，具有伦理的主体和有意识的行为都不能从中推演出来。这将在第 9 章和第 10 章中进行讨论。到目前为止，最先进的机器人系统采用的是双重混合系统：底层行为由一个反应模块产生，而顶层行为由一个协议模块控制。

　　20 世纪 90 年代末，Brooks 将基于行为的研究方法扩展到类人机器人领域，发明了机器人 Cog，并将其命名为行为范式的"第二次转变"[55]，这是一种对认知机器人的倾向。他认为，类人机器人的体型和形态、人工动机的发展（自然地对事件进行优先处理）、各类更小的子系统的一致作用以及对运动控制和世界动力学的适应将在"第二次转变"中发挥重要作用。

　　这种"cognobots"（认知机器人）的开发必须通过一种集成的方法进行，其中认知开发、传感器工程、集成和形态设计需要并行工作，且各个子团队都需要了解彼此的工作内容与方式。对人类大脑的研究势在必行，这对认知机器人学也有极大的影响。Cog被规划为一个长期的项目，随着时间的推移，项目进展也在放缓，但它仍然是开发类人机器人的早期努力之一，也是设计机器人人工意识的第一次尝试。

基本上所有的现代类人机器人都有自然语言处理、地图映射和机器学习模块。所有这些都需要某种形式的表征和协议模块。

3.6　混合式架构

正如前一章节所简要提到的，协议式和反应式系统都有其各自的缺点。反应式系统几乎很难发挥作用，或者它们最多只能满足非常低级的任务。这些由自然界所激发的系统，如图 3.29 中关于哲学的时间线所示。例如，我们讨论了一个使用包容架构的觅食机器人设计，就是受到动物王国中相似活动的启发。对于一只觅食的鹿来说，它是由嗅觉反应来引导的，但是它也由视觉刺激所引导，因为它知道食物长什么样子（比如叶子、青草、灌木等），这些都是它从实践与经验中获得的知识。

认知并不是一个单一的传感器和执行器的组合（感知－执行对），而是在多个感觉器官一起作用下发生的。类似的论点也适用于鸟类、鼠类等。畜类、鸟类甚至一些昆虫通过经验获得表征性知识，这些经验在导航、觅食、捕食等任务场景中非常有用。对于人类而言，心理学家已经确定，人类行为有两种截然不同的模式：意识模式（willed mode）和机械模式（无意识模式，automatic mode）。

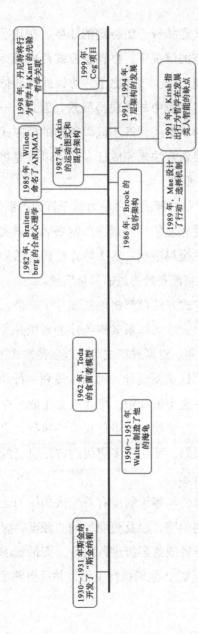

图 3.29　**行为哲学**（Behaviour Based Philosophy, BBP）的时间线（1930 年至今）。基于行为的方法可以说源于 1890 年巴甫洛夫的早期实验，也始于 1910 年胡塞尔现象学哲学的开端，后者后来由海德格尔和 Merleau-Ponty 的工作所拓展延伸。这条时间线更多地聚焦于技术成就，而非哲学或心理学。该图由作者所制作，具 CC-by-SA 4.0 许可

反应式架构通常意味着一组特定的任务。在几乎不对整个控制器进行修改与调整的情况下，根据反应式范式设计的控制器很难与另一组任务协同工作。相比之下，协议式智能体在静态环境中运行良好，在动态环境中却表现得很差。因此，一个在动态世界中执行复杂任务的机器人，既不能以纯粹的反应式方法完成任务，也不能以协议规划方法来完成任务，所以研究将两者优点相结合的方法是很有必要的。

显然，一个最简单的解决方案是为基于行为的系统配备地图。基于传感器的对周遭环境的认知通常由网格表征来实现，而先验地图通常具有更多的全局数据。第 3 种方法通过感知来对认知进行整合。这些系统通常配备最先进的视觉系统。

使用地图的反应式方法可严格地实现导航功能，因此具有可识别的协议式和反应式范式体系架构组件的系统开发在人工智能圈中得到了更多的应用。这两种范式可以以多种方式进行组合。

最简单的设计尝试重新设计"感知－规划－行动"方法，并遵循反应式范式。在这个设计中，机器人会生成一个规划用以完成任务，并在感知－行动执行中进行反应性执行，之后，规划模块会生成进一步的规划，而这种多层级的方法也已经深受研究者的欢迎，如图 3.30 所示。

混合架构与管理公司等级制度有着惊人的相似之处，这类公司具有高水平的规划策略，以及更明智的"经理"级别以上的决策，并将它们传递给较低的层级进行执行，而最低的层级，即反应层就是所谓的"工人"，他们执行工作，并且更熟悉手头工作的即时性。

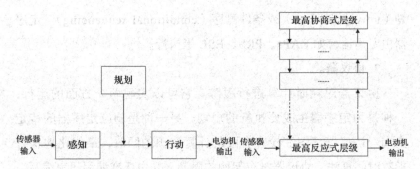

图 3.30　**混合范式的方法**。在设计混合架构的各种方法中，有两种方法比较突出。规划，感知-驱动（Plan, Sense-Act, P,SA）是感知-规划-驱动（Sense Plan Act, SPA）的一个混合方法领域扩展，并通过反应式方法执行。将反应式层级置于底部层级的设计已成为研究人员的一种趋势，这种分层可以在 AuRA 和 ATLANTIS 中看到

Firby、Gat、Connell、Bonasso 等人的工作产生了三层架构的发展 [116] 及其变体——3T 架构、ATLANTIS 和 SSS。基于行为的机器人路径控制会考虑传感器到执行器的直接映射，相比之下，三层架构基于两种类型算法进行工作，（a）调节路径活动序列算法，其更依赖于内部状态，而非基于指数时间搜索的过程，（b）基于搜索的算法和规划。该架构的组成部分如下：

1. 控制器。

控制器执行一个或多个反馈回路，使传感器与执行器紧密耦合。控制器的算法应该具有恒定时间和空间复杂度，应该能够检测到故障并应该尽量减少对内部状态的使用。

2. 定序器。

定序器选择控制器在给定时间中应该使用的基本行为。这可能是一个困难的选择，Gat 建议两种方法来影响定序器，即通用规

划（universal plans）或条件测序（conditional sequencing）。定序器由专用语言如 RAPs、PRS、ESL 等执行。

3. 协议器。

协议器对耗时计算进行跟踪。它可以实现两个方面的运行，一种是为定序器生成要执行的规划，另一种是响应定序器的特定查询。协议器试图在检查有限的计算资源的同时，最优化地执行指数时间算法。协议器没有架构的限制，并由标准编程语言编写。

控制器最具反应性，并取决于目前的状态，定序器依赖于当前和过去的状态，而协议器，正如其名称一样是具协调性的，取决于当前、过去和未来的状态，如图 3.31 所示。这种架构和其变体已经通过增加组件和数据库支持，在各种机器人上得以实现：如 JPL 的 Robbie 机器人、Alfred、Uncle Bob 和 Homer，以及英国国防部资助的战场空间无人水下航行器（BAUUV）项目（2010—2015）。

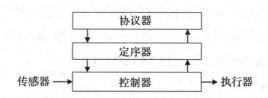

图 3.31　**三层架构。**三层架构的通用流程图，这是反应式系统和协议式系统之间的权衡

自主式机器人体系架构（AuRA），其图表如图 3.32 所示，由佐治亚理工学院的 Arkin 所研发，尤为受欢迎机器人专家的喜爱，并已经成为各种其他架构的基础，包括用于多个机器人的 ALLIANCE，为美军机器人设计的伦理架构，这将在第 8 章讨论。

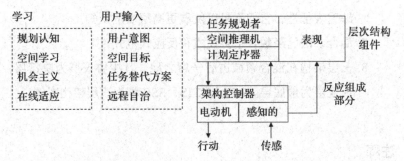

图 3.32　**自主式机器人体系架构（AuRA）图表**，以最底层为反应层的模块分层

小结

1. 机器人对外界刺激的反应需要机器人的控制范式。在最简单的情况下，例如作为"巡线者"，这点并不是很明显，但当装有更多的传感器和要完成更多的动态任务，而不仅仅是移动时，事情就变得很有趣了。

2. 开发机器人的三种方法是：（i）协议式，（ii）反应式，（iii）混合式。

3. Braitenberg 的车辆和 Walter 的海龟为移动机器人的拟人方法奠定了基础，Brooks 把这些想法拓展延伸，构想了包容架构。

4. 机器人不同于计算机，其内在的并行性和处理动态环境的能力对开发功能良好的移动机器人至关重要。

5. 包容架构、运动图式、行动 – 选择和基于投票机制的架构是反应式范式中最受欢迎的执行方式。

6. 反应式方法克服了协议式方法所遇到的问题，然而，由于缺乏表征性，它们不足以发展更高层次的认知。

7. 混合方法已经融合了协议式和反应式范式。

8. 三层架构在混合领域占有一席之地，其中协议层为决策层，反应层为最底层。ATLANTIS、SSS 等为三层架构案例。

注释

1. 运动图式由位势场导航方法构建，是由 Khatib 最初开发的一种导航算法。值得注意的是，虽然已经有了许多较新的范式，如用于自主导航的 ND、DWA、Bubble band 等，但它们都没有找到用作机器人控制架构的方法。

2. 就像"地蜈蚣"相关论文一样，Lammens 和他的同事发表了一篇题为"关于大象和人类"的论文，对 Brook 的论文"大象不玩象棋"提出了评论，也介绍了 GLAIR 架构。

3. Horswill 带着半开玩笑的幽默，用以下算法表达了协议式方法：

算法 2　协议式方法，改编自 Horswill

```
repeat for all sensors
    check the sensors
    update the model
    compute a plan for the current goal
    execute the first action of it
    throw the plan away and start over
until forever
```

4. 相比之下，Braitenberg 的车辆如车辆 –3c，其输出很难预测，但 Braitenberg 并没有真正承诺任何额外的新颖性。Brooks 方法承诺所产生的行为由于突发而产生了新颖性，这些只能在实际运行时看到，解析分析是无法显现的。

5. "全局"一词常与协议式范式相关联，而"局部"则与反应式范式联系在一起。然而，Murphy 指出，在混合系统中不可能像这样进行严格地区分。

6. Dreyfus 所做的评论一语双关地把海德格尔（Heidegger）解释为"Dreydegger"。正如 Woessner 所说"Dreydegger 是哲学上的弗兰肯斯坦。它从精神哲学、存在主义、实用主义、分析学和欧洲大陆性传统中借鉴了一些东西，不知为何，它会设法靠自己的双脚蹒跚前行。如果起初它是为了表明人工智能研究是如何建立在错误的哲学前提上的，那么它最终发展出了自己的思想，并遵循自己的道路"。

7. Dreyfus 对"海德格尔式认知科学"的发展进行了展望，认为这是一种本体论、现象学和大脑模型，没有任何表征。

8. Ronald 和 Sipper[280, 281]建议用一项测试来检查自主机器人系统中的突发情况。该测试考虑两个独立个体：一个系统设计者和一个系统观察者，并存在以下三个情况：1）设计：系统由设计者用 $\mathcal{L}1$ 语言描述组件（如人工生物和环境元素）之间的局部基本相互作用而构成。2）观察：观察者完全了解这个设计，但是使用 $\mathcal{L}2$ 语言来描述运行系统在一段时间内的全局行为和属性。3）惊喜：设计语言 $\mathcal{L}1$ 和观察语言 $\mathcal{L}2$ 是截然不同的，在 $\mathcal{L}1$ 中设定的基本相互作用和 $\mathcal{L}2$ 所观察的行为之间的因果关系对于观察者来说并不明显，因此观察者会对此感到惊喜。换句话说，观察者对 $\mathcal{L}1$ 中所陈述系统设计的心理印象与其对 $\mathcal{L}2$ 中系统行为的同时观察之间存在着认知上的不一致。

这三个情况与设计、观察和惊喜有关，并将突发概念降维为设计语言和观察语言中的一个缺陷。通过这项测试，Ronald 和 Sipper 表明，使用人工神经网络和进化人工智能的系统一定会表现出突发行为。他们进一步将上述方法应用于各种系统，即（1）模拟蜂群筑巢；（2）蚁群中的协调合作；（3）Braitenberg 的车辆 1、2、3 号；（4）Minsky 的心智社会模型等。这个测试还表明，突发性依赖于观察者的成熟度和意识。

9. 著名的机器人学家 Masahiro Mori 写道："机器人具有佛性。"源自宗教的动机并不是技术所追求的，然而机器人和佛教原理似乎有很好的关联。（1）佛教的启迪通过冥想和自我反省达到了更高层次的意识，这与基于行为的机器人认知能力的出现有直接的联系；（2）佛教提倡，身体经验是体验自我意识的必要条件，具身化是呈现认知的基本范式；（3）"渴求自我"的状态是达到自我意识临界点所必需的，Tilden 和 Hasslacher 的机器人研究表明，人工智能对生存的渴望也会导致基于感知－运动应急行为的发展。Hughes 将这一比喻扩展到以佛教原理为基础的人工道德者模式。

10. S* 架构，Tsotsos 开发了一个基于视觉的方法循环，用以克服包容架构的表征性缺陷，每个行为都通过修改 SPA 周期来构造，从而产生 SMPA-W，而不是将每个行为建模为有限状态机。

11. 基于行为的电量管理，利用带有 UBF 的三层架构来模拟控制器，Fetzek 开发了一种方法来节省移动机器人的电池电量。Fetzek 提出了一种树状遍历方法，通过这种方法可以确定哪些车载传感器是不需要的。那些当前不需要的传感器，其有效集的电源可以被关闭。在电量低于一定临界点时，耗电量会通过低电量模式来进一步节约，在这种模式下，高耗电量的车载设备被强行关闭，最高优先权会交给当下执行的任务或者努力去获得更多电量，即蹒跚到最近的充电站。对于提供相似功能的多个传感器，高耗电的传感器会关闭以支持低电量的消耗。以上范式又加了一个"电量计划"，这个计划中，机器人人工智能在预测到不久的将来会有高耗电需求时对电量进行保留。

练习

1. **从 ANIMAT 到机器人**，我们已经简短地讨论了巡线者的 ANIMAT 方法。将机器人限制在给定路径上的对比工程方法是为了给机器人进行轨道设计，这就像火车在轨道上行驶一样。讨论这两种方法的优缺点。你将如何对机器人的表现进行量化？

2. **探矿机器人。**对一个类包容架构的探矿机器人而言，它会有 4 种基本的行为：漫游、障碍物躲避、探测烟流和矿物的烟流追踪、使矿井无害化的烟流扩散。图 3.33 中给出的控制结构可以解决什么问题？如何对一个以上的矿山修改此架构？

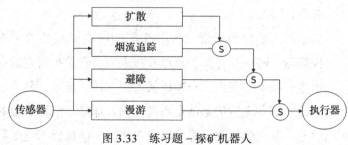

图 3.33 练习题 - 探矿机器人

3. **丹尼特的机器人**，R1，R1D1 和 R1D2 在前一章遭遇了框架问题并被"炸毁致死"。如果被设计成 AuRA 这样的混合架构，它们能在执行任务的同时避免被定时炸弹"炸死"吗？

4. 对于一个踢足球的人形机器人，其结构设计如下：

$$t \text{ 时刻脚的位置} = t \text{ 时刻球的位置} \qquad (3.2)$$

这个架构的缺点是什么？这个拟人机器人会表现出什么样的行为？

5. **Braitenberg 模拟器**，参照附录 A，运行如图 3.34 所示的 Braitenberg 模拟器，并试用其中的一些车辆。

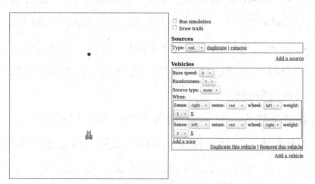

图 3.34 练习题——Braitenberg 模拟器

第二部分

实现——如何制造机器人

第4章 机器人专家的工具

我们都在探索未知的世界，只有通过回顾我们走过的路，才能看到我们要走的路。

——Thor Heyerdahl，In the Footsteps of Adam: A Memoir

恐怕下面的三段论会在将来被某些人使用：

图灵坚信机器可以思考，

图灵和男人发生了关系（lie 双关：图灵对人们撒谎），

所以机器不会思考。

你深处困境的，

艾伦。

——艾伦·图灵

4.1 工具：导航和适应性

机器人设计不能被固定为一个过程或一系列规则，因为一个智能体是由工作任务和工作环境所唯一确定的。然而，有两个基本概念几乎是相同的：（1）导航及其变体——最基本的行为集合，如避障和向目标的移动；（2）通过机器学习技术实现自适应。除了这两个概念之外，如果在传感器部署和融合方法中重复使用相同的硬件组件或设计范式并进行收敛，那么就会出现一些设计

· 185 ·

要点。

Simon[304, 305] 证明了智能机器人做出理性选择的能力随着其能够预见将要发生的谨慎行为的数量增加而提高——远见的能力。他在论文中总结道，对于一个假想的动物来说，为了寻找生存所需的能量和补给等来源而进行的随机运动，对其来说可能将是灾难性的。因此，该假想动物将不得不在环境中寻找显而易见或至少是符合期待的线索。它必须利用这些线索来寻找生存概率足够高的路线。对于 Toda 的食菌者在设计时特别需要注意所处环境，主要聚焦于其适应性和其赖以为生的收集真菌的运动模式，同时食菌者所需满足的其他目标是对轴的收集，并且随着时间的推移，它们可以适应周围的环境并提高自身性能。Wilson 的 ANIMAT 的设计表明，自适应算法减少了寻找食物所需的步骤数量。这些结果使得（1）智能移动和路径规划以及（2）适应能力和经验学习成为设计自主智能体的必要工具。

路径规划和导航算法试图解决机器人的高质量任务，而不仅仅是被动任务，并为机器人的行为和设计带来更多的可预测性。导航作为一个必不可少的工具，也是最基本的机器人行为，即巡线机器人、迷宫鼠、简单的避障等，几乎所有从简单到最复杂的机器人，制造者都为其配有编码模块，使其具备导航这样的基本功能。

构型空间（Configuration space，也称 C-space）是导航的一个重要方面，它被定义为由机器人所有可能的构型构成的假想空间。构型空间的维数就是机器人的自由度。移动机器人的构型空间是二维平面，这种形式将机器人和障碍物分别视为二维地图上的点和块状物，从而将机器人的导航问题简化为二维平面的路径规划问题。

　　使用网格来细化构型空间是一个简单的选择，如图 4.1 所示，以实现"分而治之"的算法和方法。基于网格的算法，如"广度优先"和" A*"，总会找到一个存在的解。然而，这些算法通常给出较适合简单导航任务的次优路径，在复杂任务中可能并不适用，比如收集空的百事可乐罐、跟踪红旗等。它们既不能用于正在被勘测和被逐渐发现的区域，也不适用于安全相关的关键性任务和救援行动中。另一个缺点是，基于网格的技术难以处理更高维度的问题。例如，装有机械手的移动机器人，其移动底座具有两个自由度，其机械手具有 3 个或更高的自由度，因此这个五维或者更高维度的构型空间无法通过简单的数学运算进行表征或操作。

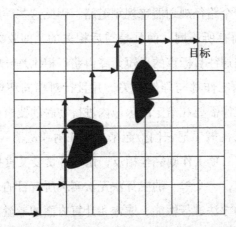

图 4.1　**利用二维网格对空间进行颗粒化**受到研究者的普遍欢迎。这里机器人是一个无量纲的点，障碍物为块状物。该方法的缺点是：（1）给出了次优路径；（2）仅适用于简单任务；（3）不能扩展至更高维度

如果要考虑机器人的形状，则必须通过在障碍物边界上增加机器人的尺寸来修正构型空间。如图 4.2 所示，一个圆形机器人需要避开一个正方形的障碍物，导致了如图所示的构型空间修正。这使得障碍物"长"成一个更大的具有圆角的长方形。

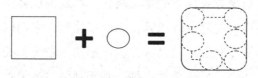

图 4.2　**构型空间的概念。**对于一个要绕过正方形障碍物的圆形机器人，无碰撞路线需要考虑机器人的尺寸大小，因此在构型空间中，障碍物将是一个更大且具有圆角的长方形

因为，规划属于 **NP-hard** 问题（或 NP 难题），所以在所有的地形和情况下找到通往目标的路径并非总是容易的。几乎每一种导航方法都有一个路径规划器来规划道路，因此这些导航方法随着环境的复杂性而有所不同，而且是前后相关的，即收集所有的百事可乐罐与找到通往目标点的最短无障碍路径相比是一项非常不同的工作。这两项工作都与导航有关，并且针对相同环境中的相同主体。第一项工作需要在给定的区域内进行彻底的搜索，找到各种可乐罐，然后用机械手把它们捡起来，装在附在机器人上的容器中。相比之下，第二项工作则完全相反，用一种贪婪又直接的方法到达目标点。因此，一个单一的主算法无法实现所有目的。

对不同的方法进行性能、成本和计算方面的考量。Bug 算法和A* 是最简单的，而势场法（potential field）和近似图（Nearness Diagram，ND）导航有助于保持简单性。动态窗口法（Dynamic Window Approach，DWA）和 Monte Carlo 技术是较为复杂的方法。此外，除了导航之外，研究人员还经常使用地图映射作为工具。本章将分两个部分对这些工具进行概要介绍：导航、路径规划和映射，以及自适应技术。

导航是一个庞大的主题，不可能在一个简短的章节中涵盖，读者可进一步查阅相关文献，如 Latombe[199]、LaValle[200] 和 Choset et al[68]。

4.2　导航、路径规划和映射

对机器人来说，最简单的任务就是安全地避开障碍物找到一条通往目标的安全路线。导航也是人类最基本的行为，用于寻找安全的庇护所、觅食、躲避捕食者等。在原始形式中，导航方法依靠的是观察恒星的位置、跟踪气味、观察水流等。相比之下，现代导航工具依靠的则是地图、路标和 GPS。在历史和流行文化中都存在的一些关于导航的有趣例子：（1）在米诺斯（Minoan）传说中，人身牛头怪物是一种被困在迷宫里找不到出路的野兽；（2）在格林童话《汉斯和格莱托》中，两个孩子在去森林的路上扔下糖果，作为回家的路标；（3）当然，历史上也有许多冒险家和航海家，他们在星象、意志力、贪婪和商业目标的指引下，永远地改造着这个世界。在现代，除了自主机器人之外，导航在国防系统、航空旅行、船舶、空间探索、动画制作等领域也具有重要意义。因此，可以说，导航和路径规划是几乎所有认知过程的根源，复杂的人类行为是这些简单导航模块同步作用的结果。

对于移动机器人来说，最简单的行为是"徘徊""避障"和

"向目标移动"。更复杂的行为，如"映射"和"会合"，都是导航和路径规划的变体。一般的路径规划问题，如"钢琴搬运工问题"和"逃离迷宫"，已经被数学家和逻辑学家使用全局导航方法解决了，这种方法依赖于一个先验地图的处理方法。相比之下，使用机载传感器进行移动机器人导航是一个非常不同的问题，因为它必须通过其所具备的感觉运动能力进行局部问题的实时处理。不过，现在几乎所有最先进的机器人都在它们的处理器中同时具备局部和全局信息，值得记住的是，路径规划在其最一般的形式下是时间指数在机器人中的自由度，在结合了移动障碍物的动力学特性后，该问题在数量上呈指数型增长，从而将一般导航问题转化为 NP-hard 问题。

4.2.1　A* 和 Bug 算法

在 20 世纪 60 年代末，Nilsson 使用 A* 算法在网格环境中对 Shakey 进行导航。很明显，原始的反应式方法，如"看到障碍物，向左转弯"或"如果目标是可见的，移动到目标处"，未能结合地形的多样性和实时导航的动态性，如不平坦的路面、其他智能体和移动的障碍。同样，这些简单的反应模块也不能用于有趣的任务，比如收集红色球、看到黄色旗子时停止等。

Bug 算法由 Lumelsky 和 Stepanov[211, 212] 开发，是最早的基于传感器的路径规划方法。他们考虑了在二维空间内，一个质点机器人在体积和数量有限的障碍物环境下进行的导航，在该情况下，机器人知道自己的坐标和目标点的坐标，而且可以测量任意两点之间的距离。利用传感器，即激光、相机、触觉等获取障碍物的局部信息，将两种选择分别命名为 Bug-1 和 Bug-2，如图 4.3 所示。其中 Bug-1 被设计为一种穷举搜索算法，而 Bug-2 是利用贪婪算法设计的机会主义选择。

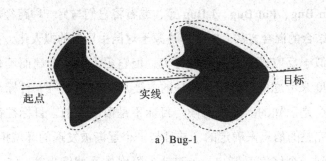

a）Bug-1

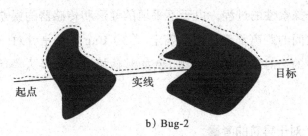

b）Bug-2

图 4.3　Bug 算法。忽略机器人的尺寸，将其视为一个质点机器人，黑色块状物表示障碍物，实线为连接起点和终点的假想线，虚线表示机器人从起点到终点的路径。在如 a）所示的 Bug-1 中，移动机器人从"向目标移动"的指令开始，到达第一个障碍物时切换到"边界跟随"。在沿障碍物边界绕行一圈后，当移动机器人再次遇到实线时，它会再次采取"向目标移动"的指令，并向下一个障碍物移动。在如 b）所示的 Bug-2 中，移动机器人以"向目标移动"的指令开始，到达第一个障碍物时切换到"边界跟随"。在下一次遇到实线时，机器人会切换到"向目标移动"，并向目标移动，直到遇到下一个障碍。两种算法的"向目标运动"行为是相同的，但在执行"边界跟随"时，Bug-1 是穷尽性的，而 Bug-2 是由直接条件驱动的，这是一种贪婪范式

所有的 Bug 算法及其后续的衍生算法本质上包含两种行为："向目标移动"和"边界跟随"。多年来，对这两种算法的修改增加了新的内容，其中比较流行的有 Tangent Bug、Polar Bug、Optim Bug、Pot Bug、I Bug 等，或者将它们与另一种路径规划算法相结合的混合方法。Bug 算法源于对昆虫导航的拟人化，并使用了类似于反应式范式的添加行为，但它更多地从全局而不是局部的角度来考虑问题。Bug 算法的主要局限性是：（1）目标点的位置很少是已知的。多数时候，目标不是很明确的，目标往往是通过不完整的信息来确定的，并且与一个逐渐被发现的环境相对应，即看到一个红旗就停止，越过 8 个障碍物后就停止等。（2）导航是一个探索性的过程，由于不平坦的地形和传感器的误差，任何两点之间的距离都无法精确确定。（3）Bug 算法是针对二维静态障碍物的，对于移动障碍物（例如其他机器人以及人类等）并不适用。

4.2.2　对于导航的考量

在过去的五十年里，相关研究一直在试图缩小无菌实验室和仿真中理想情况与现实中实际情况间的差距。以下几个方面有助于评估路径规划的性能：

1. 具身与表征、环境的结构、机器人的机电一体化设计、形状等。局限于单一平面或二维的运动通常更容易规划和导航。三维运动是一种难以规划和设计的运动，目前还缺乏有效的方法。一个典型的立方体世界或模拟的盒子世界，其中的每一个障碍都是一个立方体，更容易导航；然而，现实世界中存在着各种各样的障碍和挑战，对机器人性能的考验也是在一个混乱环境中的导航问题。一种方法的性能往往会随着障碍物的变化而变化，而如图 4.4 所示的更为复杂且极端凹形或 U 型的障碍物则很难通过，因此可以证明一种方法的有效性。

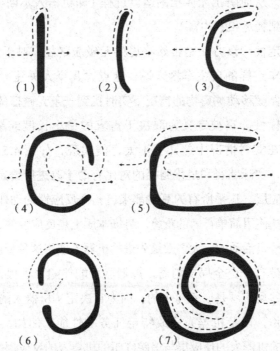

图 4.4　**障碍物分类**。针对各种类型的障碍测试算法是保证和提高算法性能的方法之一 [34]。障碍大致可归为七种类型：（1）平面障碍物；（2）浅度凹型障碍物；（3）中度凹型障碍物或 C 型障碍物；（4）高度凹形障碍物；（5）扩展 C 型或 U 型障碍物；（6）外接型障碍物；（7）螺旋形障碍物。至少对于后三种障碍物来说，都需要算法具备更高的复杂度，即更高的复杂性和更多的计算资源

2. 空间或时间的复杂性、计算资源（即机载微型控制器的复杂性）、数据存储的数量，以及找到解决方案的所需时间。

3. 完整性。如果存在路径，该方法是否保证找到该路径？如果路径不存在，该方法是否会报告？算法应该是这样的：机器人在有限次数的尝试后"放弃"，并报告缺乏解决方案，从而防止无休止的运算过程（即机器人不断寻找路径，直到耗尽机载电源）。

4. 稳定性。该方法是否始终提供无碰撞路径？对于像 Google 汽车这样的自主车辆来说，这点尤其令人关注，因为必须在伴随移动障碍物的情况下实时找到一条无碰撞的路径。

5. 最优性。它被定义为取决于需求的最小长度或最短路径，而在实时情况中这几乎不太可能实现，如图 4.5 所示。不过，实际路径和最优路径的对比有助于改进所给定的方法。

6. 反应层。几乎所有的算法都来自一个反应性的动作，即 Bug 算法使用简单行为的重叠。势场本质上是反应性的，ND 是基于情景活动的，大多数最先进的机器人使用这种反应性分层，并带有一个全局规划器，规划器可能伴随着远程人工操控。这种反应层是必不可少的，因为它决定了机器人的局部交互作用，以及机器人完成特定任务的性能。例如，由嗅觉驱动的机器人的反应层与追踪红旗的机器人的反应层是不同的。

7. 地图映射已经成为导航的基础。它不依赖于光鲜昂贵的硬件，有助于测量未知的地形，并与定位协同工作。

8. 任务危急程度。安全性始终是一个需要考虑的因素，具有严格期限的关键任务或可能需要突然停止的任务需要不同的编程考虑。一个很好的例子就是机器人救护车，它载着可能需要立即就医的致命伤患者，这样的车辆不仅要找到交通流量最少且最快的路径，还要遵守非常严格的最后期限。

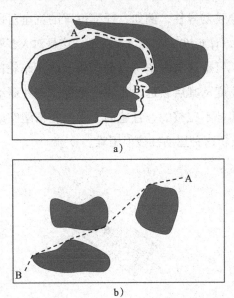

a)

b)

图 4.5　**最优性的重要性**。在自主导航中很难达到最优，如 a) 所示从 A 点到 B 点的虚线是最佳距离，但是两个障碍物之间的这条路径非常狭窄，如果没有第二层全局规划或远程人为控制，机器人很容易迷路。同时它也面临着安全问题，即机器人的任何延伸部分（如手臂或天线等）都可能撞到墙上。因此，由实线表示的较长路径是更有利的。如 b) 所示，在最优路径中，机器人跟随路径从 A 点到 B 点，从一个障碍物的边缘到另一个障碍物，直到通过 5 个短虚线段后到达目标点，这与可视图概念相似，但它不是智能体的自然探索行为，而且在这样的运动中，机器人将面临撞到障碍物的危险。当机器人在受限制的情况下（如看门狗机器人）重复导航回路或已知数量的行为时，最优性开始起作用。机器学习技术有助于提高性能，从而使机器人获得最佳性能

9.运动学考量。大多数规划器将机器人视为二维空间中的一

个点或一个圆，传感器呈圆形对称布置，这是一种理想情况，因为机器人的身体不总为圆形结构，传感器也不总是能够呈圆形对称进行布置。扩展用于车型机器人的简单算法会导致差异性，例如，任何位置的汽车可以在二维空间表示为 (x, y, θ)，如图 4.6 所示，这是对大多数路径规划的要求，但是这与汽车可以通过转向改变车轮的方向，影响其线速度及其后续运动是不一致的。差速驱动和转向的车辆运动是不完整的，且趋向于限制在构型空间中的自由区域。分析这种运动往往很困难。

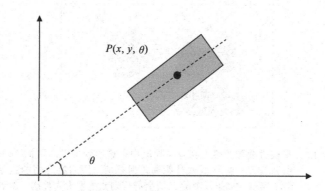

图 4.6　x、y 和 θ 表示移动机器人在平面上移动所需的参数。研究者把 θ 称作姿态、航向角和方位角。对于像汽车这样的非完整系统来说，上述信息是不完整的，因为汽车可以通过转向改变车轮的方向来改变其移动轨迹

分治策略在自主导航中很流行。这种方法将给定的问题分解为更容易解决的子问题，如图 4.7 中机器人导航的分类方案所示。这些子问题通常与初始问题相似，但是更容易解决，不那么复杂，并且通常分布在更小的区域中。

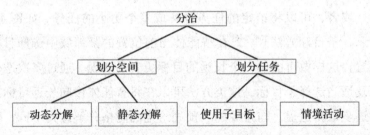

图 4.7 **"分治"** 是一种流行的技术，可以分为以下几类。划分空间可以
分为运行中的动态分解（例如基于复杂算法的动态气泡和动态窗
口技术）和或多或少是先验的静态分解（例如基于简单网格的方
法、Voronoi 图法、梯形分解等）。使用子目标 [34, 346] 和已知的反
应性技术，如势场方法或 ND 导航，有助于维持算法的简单性及
其运行性能。ND 图是基于情境活动的，在飞机的二维导航中已
经取得了巨大的成功

通过规则网格、随机梯形、可视图和 Voronoi 图将二维物理空
间分解成多个单元格可能是最简单的方法。如图 4.8 所示，给定的
区域被分割成若干个多边形并编号，通往目标的路径相当于遍历
整个图，并保证过程中没有碰撞。

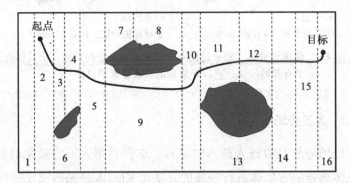

图 4.8 **单元分解**，给定区域被分割为多个多边形（如虚线所示），导航
问题简化为遍历连接图的问题。机器人从起点 2 到终点 16，对
应的连接为 2-3-4-5-9-10-11-12-14-15-16

或者，可以将给定的任务分解成多个更小的任务。如图 4.9 所示，子目标方法 [34, 346] 在智能体当前位置的紧邻域中选择目标位置，这样做可能比一个长远的目标更容易实现。通过多次迭代以及适当选择子目标，这类方法可以在将智能体移向长远目标方面逐步取得进展。与常规的、预先给定的网格分解结构不同，子目标方法常常动态地分割它们的构型空间，本质上是在传统的离散型和连续型导航之间的折中。最早的子目标技术是 SSA，由 Krogh 在 20 世纪 80 年代后期提出。研究表明，由于子目标的存在，算法性能得到了提高。

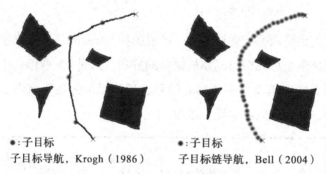

●:子目标　　　　　　　　　　　　●:子目标
子目标导航，Krogh（1986）　　　子目标链导航，Bell（2004）

图 4.9　**使用子目标**，是通过任务分割来实现分治的目标。子目标链是一
个有趣的应用，它以非常短的间隔放置子目标 [34]

4.2.3　人工势场法

势场导航是机器人技术的基石。这种利用人工力量来对基于自主传感器的智能体进行导航的方法由 Khatib 最先研究发展 [177]。Khatib 在自己关于机械臂的博士论文中提出了这种方法，后来将其扩展到移动机器人的研究中 [178]。这种方法受到平方反比定

律、谐振子、二次曲线势、几何约束和拉格朗日动力学等物理学概念的影响。后来，Koditschek、Khosla、Connolly、Chatila 和 Latombe 等人对其进行了扩展，并将其引入算法和启发式方法。该方法易于实现，是一种适用于机器人的在线避撞方法，可用于没有局部环境的先验模型的情况，即智能体会在运动执行期间对环境进行反应性检测，因此，它并不依赖于昂贵的硬件设备。正如上一章所讨论，Arkin 的运动图式使用势场来结合反应式架构中的行为，这使得势场方法成为一种独特的导航工具，同样也是行为实现的工具。势场方法是为机械臂操作器所设计的，后来扩展到了移动机器人的设计中。机器人被视为受势场 U 的影响，势场 U 被实时调制以表示其所处环境。通过如下与静电场的类比，可以很容易地解释这种方法。

机器人被模拟成一个带电的点，与环境中的障碍物具有相同的电荷，与目标位置具有相反的电荷。机器人与障碍物之间产生斥力，与目标之间产生引力。适用于目标点的吸引势如图 4.10 所示，适用于障碍物的排斥势如图 4.11 所示。

将高势值与障碍物相关联，而低势值与目标相接近。两个电势叠加形成机器人所受的净人工势：

$$U = \sum U_{obstacles} + U_{goal} \qquad (4.1)$$

这对应于人工力场

$$\mathbf{F} = -\nabla \mathbf{U} \qquad (4.2)$$

然后通过由局部力驱动的迭代梯度下降来执行机器人的运动：

$$q_{i+1} = q_i + \delta_i f(q) \qquad (4.3)$$

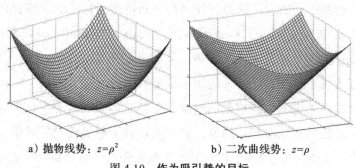

a）抛物线势：$z=\rho^2$　　　　b）二次曲线势：$z=\rho$

图 4.10　作为吸引势的目标

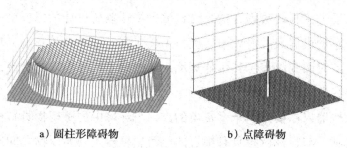

a）圆柱形障碍物　　　　b）点障碍物

图 4.11　作为排斥势的障碍物

其中，对于第 i 次迭代，q_i 为坐标，δ_i 为步长，$f(q)$ 为标准化力：

$$f(q) = \frac{F(q)}{\|F(q)\|} \tag{4.4}$$

因此，机器人会不断努力将其势能降到最低，从而同时运行"向目标移动"和"远离障碍"，在运行时至少增加这两种行为。排斥势被建模为：

$$U_{\text{obstacles}} = \begin{cases} \dfrac{1}{2}\eta\left(\dfrac{1}{\rho(x,y)} - \dfrac{1}{\rho_0}\right)^2 & \rho \leqslant \rho_0 \\ 0 & \rho > \rho_0 \end{cases} \tag{4.5}$$

这里，$\rho(x, y)$ 表示障碍物上距离最近一部分的欧式距离，ρ_0 表示障碍物不再对智能体产生影响的距离，η 是表示排斥力强度的比例常数。Khatib 把这个势能函数命名为 "FIRAS"，这是法语 "从表面引起的人工排斥力" 的首字母缩写。用抛物面碗形势函数来模拟目标：

$$U_{\text{goal}} = \frac{1}{2}\xi\rho^2_{\text{goal}}(x, y) \qquad (4.6)$$

其中 ξ 表示引力强度的比例常数。该模型在计算上是精益的，但允许有效的实时实施，由于其简单且易于实现，该式在机器人学界一直很受欢迎。

读者可能会注意到，势场方法是另一种对世界进行建模的方法——尽管是应用在运行中，但只适用于充分已知和可预测的环境。势场法的局限性主要是如图 4.12 所示的局部极小值问题，因为机器人的运动是由两个相反力所引起的，因此当这两个力的合力为零时，机器人会因没有有效的力作用于其上而静止不动。这种局部极小值就像 "陷阱"，一旦达到局部极小值，机器人就会在达到目标之前突然停止。基于导航的势场研究通常包括克服或避免这些局部极小值的尝试。这种方法的另一个缺点是，机器人在狭窄的路径中行进时，由于它面临来自墙壁的斥力，因此会随着快速变化的梯度产生振荡。当机器人经过一个大的障碍物时，也有类似的振荡。此外，该方法限制了机器人直接朝向障碍物的任何移动，因此当目标点接近障碍物时，机器人将无法到达或陷入无限循环。

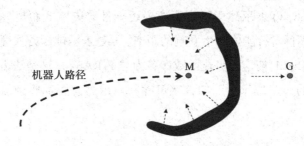

机器人路径

图 4.12　**C 形障碍和局部极小值。**C 形、U 形障碍或"盒形峡谷"问题不易克服，Bug 算法和广度优先等简单算法无法执行，对于位势场层面，该问题演化为局部极小值问题。点式机器人受到的总作用力是障碍物的斥力和目标点 G 的吸引力之和，这将引导机器人进入 C 形障碍。在 M 处，吸引力正好抵消产生零力的斥力，机器人在局部极小值处突然停止。改编自 Latombe

为了克服局部极小值问题，研究者已经做出了很多努力。重新设计椭圆势的势函数可以减少局部极小值的影响，但这并不能从势场中消除极小值，而且在杂乱的环境中也不太有利。另一种方法是在遇到局部极小值时使用第二种路径规划器。这些技术中最常见的是"回溯"，即当遇到局部极小值并且智能体已充分移动时，避免该局部极小值。在此后的时间内，应该避免所有曾经遇到的局部极小值。这可以在随机路径规划器（Random Path Planner，RPP）或模拟退火法（Simulated Annealing，SA）中看到，机器人在物理空间中采取随机数量的步骤以试图走出局部极小值。

很多实现方法都使用基于网格规划器的势场。Choset 等人建议将波前规划器作为局部极小值问题的最简解决方案，如图 4.13 所示。另一个非常流行的实现方法是向量场直方图法（Vector Field Histogram，VFH），其中的吸引 / 排斥仅限于最近的相邻单元，因此更容易设计。空间离散化一直是与势场一起使用的一种工具。一些方法借助于物理学，运用了静电势、谐波场等概念。正是在这样的背景下，Connolly 等人观察到，适当使用基于网格的方法，有可能得到"几乎不受局部极小值影响"的势场，并将其命名为导航势场。这些场是拉普拉斯方程 ($\nabla^2 \phi = 0$) [186] 的解，它们没有任何局部极小值。这些解在解析上与静电场、磁场和流场具有相似性。静电势场（Electrostatic Potential Field，EPF）方法将导航问题比作电阻网络中的电流流动。EPF 被建模为一个由电流引导的离散电阻网络，电流总是采用最小的电阻路径进行移动。电流是模型沿着最大负梯度下降的路径导航的准则，因此基于网格的电阻网络的解即为拉普拉斯方程的解。它不受局部极小值的约束，是唯一的极值点，是移动机器人的源和汇聚或目标。

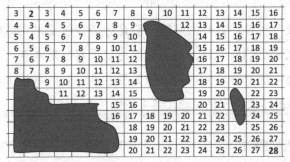

图 4.13　**利用波前路径规划器的势场导航**。在该方法中，波前算法向目标点（单元 2）分配一个较低数目，远离目标的所有网格位置得到较高数目，障碍物所在部分的任何网格则没有编号，编号直到到达起始点（单元 28）。一旦波前算法将网格设置为数字阵列，势场法就成了梯度下降法。其明显的缺点是，该方法不适用于测量或逐渐发现的环境，来自障碍物的信息被简化为一组网格点填充，并且这种方法是对势场运行时间反应性能的折中

这些克服局部极小问题的解决方案（所有基于网格的方法，特别是导航势场和谐波场）在计算上烦琐且昂贵，并且不适合于逐渐发现的环境或目标点不是很清楚的情况，在紧急或事关安全的关键任务中，回溯可能是不可取的。所有这些方法都是对势场方法简单性和反应性能的折中。

势场的另一个弱点是，当智能体位于靠近障碍物的地方时，它将无法达到目标点。这个局限性是由葛树志等人[118]作为GNRON问题（Goals Non Reachable with Obstacles Nearby，附近有障碍物的无法达到的目标）所提出，其提出的解决方案是对FIRAS势进行修改，使得在目标点存在一个全局最小值。

$$U_{obstacles} = \begin{cases} \dfrac{1}{2}\eta\left(\dfrac{1}{\rho(x,y)} - \dfrac{1}{\rho_0}\right)^2 \rho^2(x,y) & \rho \leq \rho_0 \\ 0 & \rho > \rho_0 \end{cases} \quad (4.7)$$

尽管存在各种各样的问题，但是势场导航及其变体经常被学生和研究人员们所使用，因为它们可以很容易地实现。各种机器人软件套件都有势场的应用，作为反应性导航的默认工具，并且它们也是机器人世界杯足球比赛中所使用的首选方法。

4.2.4 近似图法

Minguez 和 Montano[234] 设计了一种非常简单且易于实施的"向目标运动"的同时"避障"的情境活动方法。他们的方法建立于对基于传感器的智能体在与环境的交互中遇到的各种情况所进行的分类。智能体与环境交互作用的详尽情况必须从感知中识别，即声呐，激光或红外线。如图4.14所示，近似图

（ND）定义了五种情况，将其扩展为具有六种情况的 ND+。每种情况都对应于一个杂乱环境的二维结构。自由行走区域和安全区域是该算法的重要决定因素。自由行走区域计算如下：根据障碍物场的角度分布确定间隙，然后将距离机器人可导航目标位置最近的区域指定为自由行走区域。安全区域是一个以智能体为中心的任意圆。安全区域的半径对算法的有效性至关重要，而最优半径对于平滑的无障碍物路径的生成至关重要。利用决策树对传感器数据进行分类。决策树的输入包括机器人、目标位置以及障碍物分布。输出即为当前情况。以下四个标准对导航模式进行了定义：

标准 1：安全标准。分为两类：当安全区内有障碍物时，认定为低安全性，否则称为高安全性。

标准 2：危险障碍物分布标准。

（a）低安全性 1（LS1）：安全区内的障碍物只出现在自由行走区域间隙（接近目标）的一侧。动作为将智能体从障碍物移向（接近目标的）间隙处。

（b）低安全性 2（LS2）：安全区内的障碍物在自由行走区域间隙的两侧。动作为使智能体沿着两个最接近的障碍之间的平分线方向进行导航。

标准 3：目标与自由行走区域标准。

（a）区域高安全目标（HSGR）：目标位于自由行走区域内，否则应适用其余两个选项（HSWR 和 HSNR）。动作为驱使智能体朝目标前进。

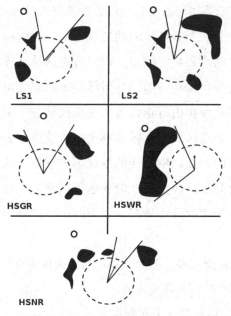

图 4.14　**ND 图导航**是在 5 种情况下设计的——两种是低安全性的（LS1和 LS2），三种是高安全性的（HSGR、HSWR 和 HSNR）。黑色的团状物为障碍物，虚线的圆圈为安全区域，它需要明显大于机器人的几何尺寸。这里没有显示这个机器人，而是将其表示为安全区域的中心。目标点表示为大 O 形，自由行走区域为LS1、LS2、HSGR、HSNR 中两条线段之间的锐角，HSWR 中为钝角。箭头表示根据这个算法所产生的运动方向

标准 4：自由行走区域宽度标准。如果自由行走区域的角宽度大于给定角度，则自由行走区域是宽的。反之，自由行走区域是窄的。

（a）高安全宽区域（HSWR）：自由行走区域很宽。动作为使智能体沿着障碍物移动。

（b）高安全窄区域（HSNR）：自由行走区域很窄。动作为引导

　　机器人通过自由行走区域的中心区域。

　　所有智能体——环境交互都可以符合这五种情况。这种情况定义并不取决于所考虑的空间分辨率或大小。ND+，试图通过增加一个状态来细化 ND，即低安全区域目标（LSGR）。ND 和 ND+都是在混乱的环境下非常成功的协商策略。它们建立于情境活动，包含反应式范式，因此可以对动态环境做出响应。ND 是一种对势场的改进，它避免了 U 形障碍物的陷阱，在非常接近障碍物和狭窄空间中导航时运动不会发生振荡，与势场不同，它并不禁止机器人直接朝向障碍物的运动。所有这些原因使得 ND 成为一种稳健且易于实现的方法。ND 图法的局限性在于：（1）它不考虑非圆形形状或车辆运动学和动力学约束；（2）该方法是针对圆形对称且对称布置的传感器所设计，设计为一个典型的环形激光或声呐传感器环，并依赖于角度扫描，这对于非圆形机器人（如非完整汽车）来说可能很难实现；（3）它不能实时解决传感器的噪声问题。

　　目前，研究人员在运动规划和自主导航方面探索的一些问题包括：导航（1）适用于有移动障碍物的动态环境；（2）适用于逐渐发现的环境；（3）适用于杂乱和非结构化环境；（4）适用于非完整和欠驱动系统；（5）适用于向更高维度和更高自由度的扩展，如三维导航；（6）适用于多机器人导航。

4.2.5　三维导航

　　如图 4.15 所示，大多数区域机器人（无人机）都是由地面遥控的，目前还没有一种可靠、高效和安全的方法来实现三维空间的自主导航。然而，一般的导航实际上是一个三维问题，在机器人学中的各种应用都涉及三维导航，例如在灾害领域的探测或对未知或逐渐发现的环境的探测，如洞穴探测和未知行星的复杂地形探测。当考虑三维空间时，关于全局规划与局部规划之间的争论要复杂得多，因为大多数全局规划者倾向于用二维的投影来观察问题，而非一个三维问题，因此很难保证所有规划器都汇聚到期望的目标点。目前还没有一种良好的导航方法能够平衡全局和局部，并且更多地关注在于路径规划而非反应式行为。在游戏编程或虚拟现实应用中，三维导航已经成功地设计出虚拟角色，但在实时导航方面仍存在不足。基于网格的方法在三维空间中是难以处理的，并且像在结构化地形中显示的那样简单，会导致节点数量的激增。Kutulakos等人[195]和Kamon等人[167-169]先后试图将Bug算法扩展至三维空间。这两种方法都试图将二维的Bug算法与表面探测相结合，在探测模式下，反应式行为将被抑制。如4.16所示，这种方法在结构良好的环境中产生结果，并且只在诸如积木块世界这样的简单模拟中进行了尝试。如果给定的地形之前已被探索，这种方法是有效的，但是对于探索性的任务，如测量或灾难管理等，则并不是很有用。这个问题通过利用子目标和与梯度下降一起使用的子目标，也得到了解决，并经成为一种前景，但仍没有被发展成算法。该方法同时使用了多个传感器和子目标，但缺乏通用性，这类方法要么使主体过于庞大，要么增加了所需的计算资源——这两者都是不可取的。目前还没有一种通用的三维导航[337]可以容易地实现，运用较低的计算资源，工作范围广，并被机器人和人工智能领域所接受。

使用激光或声呐来绘制局部区域的地图时，持续的探测已与机器人导航密切相关。同步定位与映射（SLAM）以一个空的二维地图开始，并在每次扫描给定的局部区域时逐步地对其添加特性。
Monte Carlo 定位（MCL）则试图解决定位问题。

图 4.15　**三维导航**，三维导航大多由人类远程控制，目前还没有一种良
　　　　好的三维自主导航技术。图片由 commons.wikipedia.org 共享，
　　　　CC-by-SA 3.0 许可

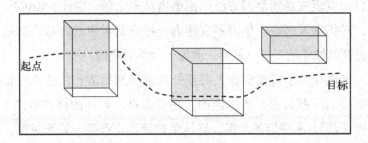

图 4.16　**三维导航算法**，已经在模拟仿真和简单环境的研究中通过扩展
　　　　Bug 算法和三维导航的 A* 算法进行了尝试，但是传统的三维
　　　　导航方法还没有取得突破性成果

4.3　适应性与学习

对于一个人类来说，重复一份工作通常比第一次做得更容

易，这样的重复会有助于发展特殊能力，在不出现真正麻烦的情况下执行这项工作。这种方式提高了工作绩效，因此学习是人工智能主体的基本原则。对于自治主体来说，Toda 的食菌者模型，Wilson 的 ANIMAT 模型和 Pfeifer 的设计范式有力地证明了他们的论点：相对于机器人的各种任务，适应性更适合于机器人的长期性能。因此，机器人必须能够从与环境交互经验中进行学习。

　　首先，学习可以看作是从感知世界（传感器）到执行下一个动作（执行器）的映射，通常如基于行为的方法一样，伴随着没有经验或先验知识，机器人"发现"世界并以此涉及其自身行为。然而，要将输入的感官信息简单地映射到机器人的行动以及世界的下一个状态上并非易事，这种全局增强的类型不仅耗费时间，并且已被发现在当前学习方法的范围内是多余的。因此，Brooks 建议，对机器人来说，学习不应作为一种应对世界的方法，而是一种提高其性能的工具，机器人就像一台学习机器。

　　这也导致了有关机器人必须处理远非初始的和往往不完整的数据集的一些讨论，如错误的传感器数据，损坏的硬件组件（包括传感器），不平坦的地形，环境条件等。正如前一章所讨论，混合架构已经成为设计者的选择，用以克服现实世界所产生的这种多样性和动态性。作为混合架构的替代选择，增量式学习也得到了青睐。这是因为，（1）学习更容易实现，并且现在大多数机器人软件套装中，它是作为机器人固件中的现成模块进行提供的；（2）与预先编程的行为不同，学习在运行过程中发生，并且作为控制策略而存在，在执行中比行为更具原子性；因此（3）不需要单独设计成行为，也不需要执行人员来协调各种行为；（4）学习可以跨越简单的行为到更抽象的行为——甚至那些架构可能没有考虑到的并且不需要求助于环境的半经验数学模型，或者关于机器人可能遇到的不确定性的时变函数。

从工程学的角度来看，一个机器人被赋予一项特定的任务，或多或少将自身包含于已知环境中，机器人设计者知道机器人所需的先验信息和表现，并且除非环境或机器人发生了严重和突然的变化，原则上不需要求助于增量学习功能。然而，研究人员也注意到一些特殊的表现，如节省电池电力、避免跌落悬壁，以及避免自然威胁、覆盖一段特定的地形或找到一个特定的项目，如矿石、植物或已知的地标等，这样，在不久的将来，重复实现这些特殊技能就会变得更加容易。

显然，机器人可以利用学习来提供先验的表象和信息，这将使它能够以某种方式随时与世界进行交互，而不是通过大量的尝试，随着时间的推移重新学习它，或让它朝着特定目标前进，帮助它在困难的地形中生存更长时间。对于像导航这样的简单行为，学习将有助于修改对世界的表达方式，从而简化所给定的任务。由于低级反应性任务与导航密切相关，因此对于需要重复的任务，制作地图就变得非常重要。例如，子目标技术导致最终的目标需要机器人学会识别子目标，即如果子目标被标识为一个闪烁的红灯，机器人将需要对所有这样的子目标给出几乎相同的表现，直到到达最终的目标。学习与智能行为和自主性密切相关，不仅有助于智能体熟悉环境，而且是对传感器噪声、传感器和执行器故障和损坏的补救措施。在各种机器人体系结构中，学习与控制回路协同工作。

在长期的执行过程中，对于复杂任务的学习将导致开发更新和更高级的行为模块。作为示例，如图 4.17 所示为看门狗机器人在无人设施中的工作，在这里，机器人具有简单的行为，它必须遵守一个已有的标准，即通过机器学习技术所使用的环路，随着时间的推移，它将监视任务发展为一种更高级的行为。

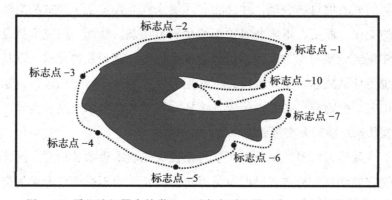

图 4.17　**看门狗机器人的学习**，要考虑到机器人在一个遥远的星球上或者像山区、易发危险的地区等难以进入的困难地形上的无人设施进行巡查。在这里，机器人已经绕着给定的路径（绕着大的灰色团状物）走了一圈，并在地图中的实点位置（子目标点）将照片和信息发送回至任务指挥。机器人用于监视的环路（从标志点 -1 至标志点 -10）和其所有追踪路径几乎相同，机器学习技术（如 ANN、模糊逻辑）有助于使机器人在每个环路中都保持在它自己的路径上，避免由于机载功率，不平坦地形，天气条件，如风暴、磨损和撕裂的环境因素，缺乏定期维护等问题而导致的变化。该机器人被设计为简单行为，如 "移动至（子）目标"，"避障" 和 "拍照"，长期监控是机器学习技术所发展的一种新的更高级行为

综上所述，学习可以使机器人拥有以下特征 [54]：

1. 增加特定表现形式的实用性以提高性能，在给定的示例中，这些特殊表现形式为实点所表示的子目标。

2. 辅助进行与动作传感器（或行为协调）相关联的特殊情况，对看门狗机器人来说，可以看到传感器所读取到的动作之间的这种校准，它必须在达到子目标时进行拍照。

3. 克服不确定性，如果机器人在一个可预测的领域从事重复的任务，这种情况就更明显。就像我们所讨论的那样，机器学习技术将环形路径与机器人性能相关联。

4. 逐渐发展为更新、更复杂的行为模式，例如，通过融合简单行为将监视发展为一种新的行为。

人工神经网络在机器人上的首次应用，使最早的自动驾驶汽车模型的设计得到了改进。NAVLAB 车辆即为 20 世纪 80 年代末自动驾驶汽车研究的成果。神经网络中自主陆地车辆（ALVINN）的想法由 Dean Pomerleau 提出 [268]。ALVINN 是在 NAVLAB 车辆上所进行的工作。这是一辆经过翻新的陆军救护车，配备了一台 5000 瓦的发电机，并拥有一个可以每秒处理 1 亿次浮点运算的操作系统。

ALVINN 有一个三层的反向传播神经网络，该神经网络的输入项为来自摄像机的图像和来自激光测距仪的数据，输出项为计算车辆继续沿着行驶道路所应该行驶的方向（如图 4.18 所示）。使用模拟的道路图像进行训练。由于车辆没有按照预定的路径行驶，并且局部变量指向车辆应该遵循的方向，因此它可以适应各种条件和各种类型的地形。在 NAVLAB 车辆上使用 ALVINN 获得的最高速度约为 110 千米每小时。

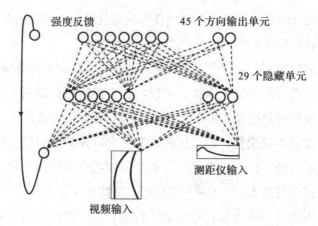

图 4.18　**ALVINN 结构**，是一个三层反向传播神经网络，来自相机的图像和来自激光测距仪的数据是两个输入项，反馈项为强度，它计算了车辆继续沿着道路行驶的方向。图片改编自 Pomerleau[268]

　　用于开发机器人控制系统的进化方法可以通过使用真实机器人或通过使用软件来实现。然而，可以看到，使用真正的机器人，即使是最简单的行为模型也往往会在数百代进行运行，时间跨度非常大。因此，电力是最明显的问题，因为电池不能维持如此长的时间，限制电源的使用可能在任何情况下都不是适当的选择，并且可能会对运行过程产生限制。Jakobi 还指出，机器人的磨损可能是实质性的问题，而真实的机器人实际上并不是一个切实可行的选择。因此，首选的途径是通过软件进行实现，然而对于复杂的机器人和更苛刻的行为，模拟和真实机器人之间的表现几乎没有了相似之处。因此，需要开发一种方法，在这种方法上可以轻松、廉价地构建模拟器，从而使模拟仿真和真实机器人能够具有几乎相同的性能，这在时间、速度、机器人数量和行为领域的复杂性方面都是可延伸扩展的。在他革命性的方法中，Jakobi 建议开发机器人与环境交互的基本集，以及模拟的基本集。模糊逻辑是一种易于实现的机器学习技术。将模糊逻辑与导航算法相结合作为势场则是研究者最喜爱的技术。

另一种技术是实现基于案例的方法。大多数软件驱动系统都是由内存缓存来进行备份。使用高速缓存设计行为将导致智能体以几乎与之前相同的方式响应相同的情况。这种基于案例的方法[271, 272]意为对主体遇到的场景及其响应做一个详尽的列表，并在遇到新情况时更新该列表。基于案例的学习法可以总结为以下五个步骤：

1. 定义当前的问题。

2. 从内存中获取相似的案例。

3. 修改这些案例以适应当前的问题。

4. 应用开发的解决方案，并评估结果。

5. 通过存储新的案例来进行学习。

这种方法对于导航和低层次的行为非常有效，特别是对于一个简单的世界，它是对纯反应式方法的一种改进。

小结

1. 导航和自适应学习是机器人学家的两个重要工具。

2. 导航是为设计更新和更丰富行为的最简单行为，也是最容易实现的测试平台。

3. 基于网格的方法易于实现，但缺乏反应性，不能在动态环境中实现。

4. 势场法在自主导航领域中得到了广泛的应用。

5. ND 是一种基于情境活动的导航算法，在二维导航中非常成功。

6. 简单的导航算法没有考虑机器人的形状和运动学。

7. 在三维空间中缺乏良好的导航方法。

8. 自适应技术通过对环境变化的鲁棒适应，使机器人产生更新的行为。

注释

1. 势场法在游戏产业中得到了应用。

2. VFH 的一个变体被用来制作"导盲棒"，这是一种用于帮助盲人的机器人导航引导。

3. 不推荐将 A* 用于基于传感器的导航，因为它依赖于对网格中给定节点的启发式评估，并且当机器人从一个节点移动到另一个节点时，可能会导致其产生不连续性。

4. Braitenberg 的车辆 −5 由图灵机驱动，据说它具有一个"大脑"，由连接在传感器和电机之间的阈值设备实现。一些阈值单元仅当信号高于阈值时才会触发，而另一些只有在超过阈值时才会停止触发，这实际上建立了两个运行状态，即，根据阈值调整的 ON 状态（1）和 OFF 状态（0）。混合了来自车辆 −3 的兴奋型和抑制型连接的阈值单元，Braitenberg 几乎复制了 McCulloch-Pitts 神经元，其中阈值设备与隐藏神经元相同，并且显示当被布置成反馈回路时，这些设备可以用于实例化简单的存储单元，类似于数字逻辑（AND，OR 和 NOT）。然而，车辆的计算能力相当有限，10 个阈值设备只能存储 10 位二进制数或 1023 的最大十进制数。车辆 -5 的设计不仅是为了实现其自身的记忆功能，还包括读取和写入外部世界的能力。想象一下，你会发现汽车在海滩上行驶，在沙滩上追踪图案，然后通过阅读这些图案和回溯自己的轨迹来对回程进行协商。利用外部世界来存储记忆是机器学习的一个特征，McCulloch 和 Pitts 证明了这种阈值设备的网络可以用来构建图灵机。车辆可以被看作是磁带头，而沙滩则相当于可在其上书写符号的磁带，以此将车辆 -5 与图灵机相关联。

5. 动态窗口方法（DWA）[109] 是少数考虑运动学约束的导航算法之一。该方法结合了机器人的机电一体化功能，可扩展到非完整机器人，并可用于未知动态环境的建模。

练习

1. **网格方法**，举例说明基于网格方法会导致的次优路径。

2. **针对 ND 中的 C 型障碍物**，讨论 C 型障碍的物 ND 图导航性能。

3. **局部极小值**，说明当障碍物不是 C 型或 U 型时，也可能出现的势场导航局部极小问题。基于此结果，讨论对于不平坦地形、移动障碍物等情况下的机器人通用导航来说，势场导航是否是一个好的选择？

第 5 章　软件、仿真与控制

ROS = 管道 + 工具集 + 功能块 + 生态系统

———Brian Gerkey

如果你能通过机器人的眼睛看这个世界，那看起来不会像是一个装饰着十字准线的电影画面，而是类似这样的东西：

225 221 216 219 219 214 207 218 219 220 207 155 136 135

213 206 213 223 208 217 223 221 223 216 195 156 141 130

206 217 210 216 224 223 228 230 234 216 207 157 136 132

. . .

———Steve Pinker

5.1　机器人软件

如果没有提到控制软件与仿真平台，那对机器人技术的讨论就是不完整的。正如我们在第 2 章简要探讨过的，仿真是测试机械电子设计和运行机器人的算法的必要工具，它有助于我们了解机器人在简单环境中执行简单任务的表现。虽然仿真是机器人技术的一个必要工具，由于它们只对有限的一系列现实世界的特征和过程进行建模，而这常常受到近似和不精确的困扰，因此仿真技术也受到了限制。尽管高质量的基于物理学的仿真器取得了成功，但其缺陷也很快暴露了。对于简单的力，如摩擦力和磁力（非接触）互作用，缺乏建模技术。用于测量作用在给定物体上的各种力、扭矩、力矩、磨损等的软件应用的是有限元方法，因此不能在移动主体上实现。相比之下，简单易用的仿真界面永远不足以了解机器人的真实性能，也无法胜任复杂的环境和复杂的任务。

　　直到 2000 年左右，机器人技术的两个软件领域——仿真和控制，还是截然不同的。仿真处理的是将机器人在计算机屏幕上呈现，并使其执行软件领域中的各种任务，而控制则负责处理硬件中的实时实现。在 20 世纪 90 年代，这两个流程是非常不同的，仿真使用的是像素化的图形界面，而对真实机器人的控制则使用微控制器编码，如 PIC 微控制器。2000 年之后，机器人学界一直在努力开发整合这两种范式的元平台，以及开发既可以在计算机屏幕上进行仿真，也可以在真正的机器人上实现类似的性能的相同的代码。最早尝试将这两种范式融合的是 player 项目和微软机器人开发工作室，类似的推动在 cyberbotics 的仿真器 Webots 中也可以看到。Tekkotsu、ROS（Robot Operating System）、YARP（Yet Another Robot Platform）、MOOS（Mission-Oriented Operating Suite）、ORCOS（Open Robot Control Software）和 URBI（Universal Real-time Behaviour Interface）都是更新、更完善的此类创意的平台，由于它们是开源的，因此吸引了极客、研究人员和学生的众包和修补，并引入了更新的硬件和软件。当然，还有 V-REP 和 Webots 这类商业模拟器，它们在工业界和学术界也占有一席之地。其中，ROS 是最流行的，并且已经成为机器人软件在学术界和工业界的基准。

　　这些元平台，尤其是 ROS，同时处理了软件领域中的仿真工

作和硬件 / 软件接口中的控制工作，这有助于在机器人领域中建立一个基准，以便让更新的硬件可以方便地引入到现有的系统中，从而鼓励众包和开源的软件和硬件设计，如图 5.1 所示。本章不是关于如何使用 ROS 的讨论，而是对元软件平台的阐述，并向读者介绍它的有趣之处。

图 5.1　BB-8，《星球大战》中用 STM32F3 MCU 制作的新型机器人。制作更好的机器人需要更新的处理器和新型的硬件。适配这类硬件的新软件平台不仅烦琐，而且很难在机器人上添加摄像头、机械手、声呐、运动传感器（如微软 Kinect 和华硕 Xtion）等附件。ROS 等元平台有助于为软件 / 硬件接口（如软件模块的信息交互）设置基准，这样附件就可以被添加进来

Rossum 的 Playhouse（RP1）诞生于 1999 年，是最早的开源机器人仿真器之一。它以二维的方式模拟世界，可以用于简单导航，如解决迷宫问题——迷宫机械鼠的本职工作。它大约有 700 kb，对于程序员来说是一个方便的工具，可以很方便地作为算法和控制逻辑的测试平台使用。用户可以根据设计布局制作机器人模型，并应用执行器、红外传感器、距离传感器和碰撞传感器。

player 项目是整合控制与仿真领域的第一次尝试。"player"和"stage"这两个名称的灵感来自莎士比亚的戏剧《皆大欢喜》中的一句话："All the world is a stage"。该套件被设计成客户端——服务器模型，player 提供服务器接口，Stage 作为 2D 仿真器 [334]，Gazebo 作为 3D 仿真器。Stage 后来被引入到了 ROS，主要由 Richard Vaughan 使用 FLTK 开发，支持简单的块状环境和使用类似 LEGO 积木块的机器人模型。它为用户提供了二维图形环境，其中还有一个透视摄像机的设备，能使其成为一个有效的 2.5 维仿真器，如图 5.2 所示。Stage 能够使用简单的脚本对机器人及其传感器进行建模。自版本 3 以来，为了提升其仿真性能，Stage 已经发生了重大变化。新的功能包括独立的仿真器、控制器的使用和多线程的任务执行。Stage 支持几乎所有基于 Unix 的操作系统和 Mac OS X 系统。

Gazebo 是使用 OGRE 开发的一个 3D 仿真器，它使用 ODE 进行物理仿真，如图 5.3 所示。通过 Blender 或 Google SketchUp 制作的机器人模型可以很容易地导入到 Gazebo 中，以形成基于 xml 的机器人统一描述格式（URDF，Unified Robot Description Format），而且 ROS 也有大多数流行的机器人模型的内置库。这是在 Stage 之上的一大提升，Gazebo 现在是 ROS 中的默认仿真器。ROS 从两个仿真器起步，即 Stage 和 Gazebo——它们都是从 player 项目中分离出来的。从那时起，Stage 和 Gazebo 也都发展为独立的开源软件。STDR 则是 ROS 的新增成员，将在本章后面简要介绍。

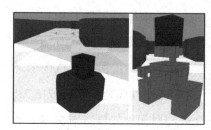
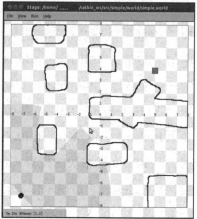

图 5.2　**Stage 仿真**，先锋机器人和 Wall-E 在 Stage（版本 3）中的 LEGO
　　　类块模型。安装在两个机器人上的立方体是 SICK 激光器。在第
　　　三幅图像中，左下角是小的先锋机器人，右上角是一个可移动的
　　　立方体，围绕着先锋机器人的半圆是 SICK LMS 200 激光器的
　　　视场

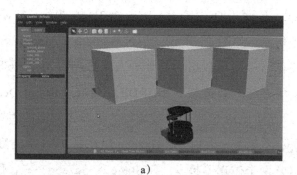

a）

图 5.3　**Gazebo 仿真**。Gazebo 界面 a）可以在一个简单的环境中生成机器
　　　人——这里的机器人是 turtlebot-Ⅱ，环境里面包括 3 个巨大的立方体。
　　　该仿真是交互式的，能放大和改变角度，如 b）和 c）所示。ROS 中提
　　　供的地图映射软件可以实现 SLAM 功能以创建 2D 地图，如 d）和 e）
　　　所示

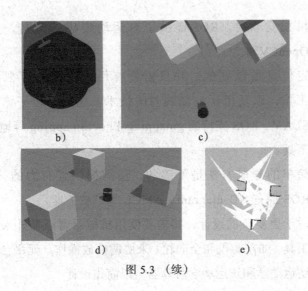

图 5.3　（续）

　　作为一个跨学科的领域，机械工程、计算机科学和电气工程等各个专业院系都开设了机器人学课程。一些大学甚至有专门的机器人技术中心和学院。大多数机械工程专业关于机器人的课程侧重于机器人手臂，而计算机学科开设的课程则侧重于人工智能，并且通常是人工智能课程的延伸。专门针对移动机器人的课程很少，而且基本只由全球排名前 50 的大学提供。然而，随着机器人技术慢慢占据舞台中心，这一局面必将发生改变。因此，元平台应该尝试解决以下问题⊖：

1. 元平台应该提供可重复使用的代码片段，帮助构建简单的机器人行为。

2. 由于视觉是所有感觉中最重要的，所以需要专门的计算

　　⊖　这些想法大多数都由 Touretzky[325] 提出。

机视觉软件。ROS 提供了对运动传感的支持，并支持 OpenCV 库。

3. 定位是最重要的，并且需要有用于测距和可视地标的工具，以及用于地图映射的技术，如基于粒子滤波器的 SLAM，ROS 支持的 gmapping 和 octomapping 等地图映射工具。

4. 简单的导航方法是不够的，还需提供强有力的试验场。ROS 拥有 ND-diagram、AMCL 等导航工具。

5. 对于更复杂的设计，将需要使用机械手臂以及外来的设计工具（如陀螺仪和全向轮）来协调拾放操作。元平台应提供逆运动学和正运动学解算器，以简化设计。

6. 随着复杂性不断增加，机器人构建者会努力开发模块化设计以及使用类库简化编程代码。模块性、代码和硬件的可重复使用性以及易于使用的类库应该成为元平台范式的核心。

7. 搜索和规划应该是元平台随时可用的模块。

8. 它应该支持 C++ 和 Python 中的机器学习库。

9. 尽管人脸识别、语音识别和生物特征识别已经成为我们日常生活的一部分，但人机交互仍处于起步阶段，将它们集成到机器人中依旧是未来的一个期望目标。这个模块应该包括自然语言处理、人脸识别和情感识别。由于人机交互也应该符合已知的社会习俗，因此这个模块也应该解决机器伦理问题。

10. 许多机器人编组和群体机器人都是十分有趣的，学生将从中学到显式协调（机器人编组）和隐式协调（群体机器人）。大多数机器人软件都是面向单个机器人设计的，包括 ROS 在内。这种方法的明显折中之处在于，它放弃了群体的精彩之处（在第6章讨论）。使用多主线控制将多个机器人范式合并到 ROS 中是具有前景的，并且 ROS 的未来版本可能具有设计群体机器人的能力。比利时 IRIDIA 的研究人员研发的 ARGoS（Autonomous Robots Go Swarming）是目前研究群体机器人软件平台的最佳选择。

ROS 很容易实现上述问题的前六项，但它尚未被应用到社交机器人或群体机器人上。

5.2　ROS 简介

ROS（机器人操作系统）是一个用于机器人软件开发的元平台 [270]，它提供了类似操作系统的功能，拥有适用于机器人研究的各种内置实用程序，即硬件驱动、地图映射和定位（SLAM）、路径规划算法、仿真接口等，还允许你开发自己的实用程序和算法。它由 Willow Garage 和斯坦福大学共同开发，于 2010 年 3 月 2 日发布第一个发行版 Box Turtle，可以在 Ubuntu 8.04 LTS 下安装。

ROS 根据 BSD 许可条款发布，属于开源软件，可以免费商用及在研究中使用。它是为 Ubuntu 下安装所准备的，在早期，它有两个自己的机器人：PR2 和 Turtlebot。ROS 是 STAIR 项目的一个扩展，首先从 player 项目中移植了大部分的功能和仿真器。目前，它已经拥有了几乎所有重要移动机器人的 URDF 模型。也可以部分地引入 Windows 和 Mac OS-X 系统中，还支持 Raspberry Pi（树莓派）、ODROID 等开源硬件平台，以及微软 Kinect、华硕 Xtion、Sphero 和 LEAP 等各种时下流行的硬件设备。它还支持许多的机器人，包括 PR2、Turtlebot（Ⅰ和Ⅱ）、Corobot、Roomba、Care-O-Bot、乐高机器人、Shadow Robot、Billibot、RAVEN-2 外科手术机器人、REEM-C 类人机器人等。ROS 已经发布了 12 个发行版（见表 5.1），现在由开源机器人基金会（OSRF）维护和开发。

表 5.1 ROS 版本

名　　称	发布日期
Box Turtle	2010 年 3 月 2 日
C Turtle	2010 年 8 月 2 日
Diamondback	2011 年 3 月 2 日
Electric Emys	2011 年 8 月 30 日
Fuerte Turtle	2012 年 4 月 23 日
Groovy Galapagos	2012 年 12 月 31 日
Hydro Medusa	2013 年 9 月 4 日
Indigo Igloo	2014 年 7 月 22 日
Jade Turtle	2015 年 5 月 23 日
Kinetic Kame	2016 年 5 月 23 日
Lunar Loggerhead（图 5.4）	2017 年 5 月 23 日
Melodic Morenia	2018 年 5 月 23 日

图 5.4　ROS 的 Lunar Loggerhead 版发布于 2017 年 5 月 23 日。龟是 ROS 上一个反复出现的主题，所有的发布和标识都有龟的元素。有人认为，这是因为第一代现代机器人往往被认为是两个海龟机器人，即 Walter 开发的 Elmer 和 Elyse。图片来源：http://wiki.ros.org/，知识共享署名许可协议 3.0

ROS 是什么？

Brian Gerkey，ROS 的主要开发者、OSRF 的 CEO，用下面的方式解释了 ROS：

ROS = 管道 + 工具集 + 功能块 + 生态系统

1. **管道**：ROS 提供发布 – 订阅消息传递基础架构，旨在支持快速而简单地构建分布式计算系统。

2. **工具集**：ROS 提供了用于配置、启动、内省、调试、可视化、日志记录、测试和停止的分布式计算系统的大量工具。

3. **功能块**：ROS 提供了大量实现有用的机器人功能的库，重点放在移动性、操纵功能和感知能力上。

4.**生态系统**：ROS 由一个大型共同体支持和改进，重点关注整合和文档。ROS 网站是一个一站式的商店，可以查找和学习世界各地的开发者提供的成千上万个 ROS 包。

管道是 ROS 的最有价值的部分，其跨发布－订阅系统的通信节点保证了机器人在设计水平、行为水平、传感器水平和控制水平上的通用性，这主要通过 roscore 完成。ROS 最引人注目的特性之一是，它的工作方式更像是一个操作系统而不是应用程序，而且各种命令结构和文件结构与 UNIX 中的标准 bash 命令比较相似。工具集属于 ROS 的操作系统级这一层面，它是一系列用于可视化、诊断和调试的基本工具，通常为 mimics sh 命令行。功能块是开发定制代码和设计的设施，目前通过 catkin 搭建，在 make/cmake 文件架构上进行开发。生态系统，除了 ROS 网站之外，还有各种各样的论坛、讨论组和年度活动来推广 ROS。需要进一步指出的是，ROS 不是一种编程语言，不是一个编译器，不是一个 IDE，也不是一个软件库，尽管它以这种或那种方式支持了所有这些功能。自其问世到现在，ROS 已经成为机器人领域使用最多的软件平台。

在 2000 年前后，各个机器人研究小组基本都在自己的软件平台上工作，很难重建已发布的结果，如图 5.5 所示。这对于机器人技术的未来发展是不利的。ROS 通过在机器人领域建立软件基准，使软件比硬件更具重要性和通用性，基本上解决了这个问题。

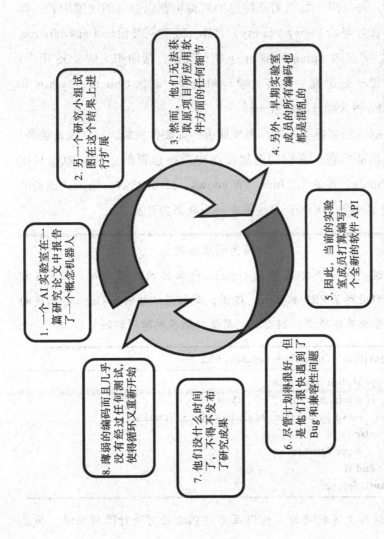

1. 一个 AI 实验室在一篇研究论文中报告了一个个概念机器人

2. 另一个研究小组试图在这个结果上进行扩展

3. 然而,他们无法获取原项目所应用的任何细节方面的软件

4. 另外,早期实验室成员所有编码也都是混乱的

5. 因此,当前的实验室成员打算编写一个全新的软件 API

6. 尽管计划得很好,但是他们很快遇到了 Bug 和兼容性问题

7. 他们没什么时间了,不得不发布了研究成果

8. 薄弱的编码而且几乎没有经过任何测试,使得循环又重新开始

图 5.5 **"重复发明轮子"**。由于缺乏能被普遍接受的硬件/软件平台,机器人研究受到了困扰,而且很难重现已发布的研究成果,这对机器人技术发展来说是不利的。改编自 Cham[65]

自 2010 年首次发布以来，ROS 在开源圈中得到了越来越多的认可，并且用户贡献的软件包的数量也在以惊人的速度增长。除了其官方网站（www.ros.org）之外，还有问答论坛（answers.ros.org）、博客园（planet.ros.org）和讨论组，帮助和支持 ROS 用户，这有助于促进圈中人员的参与和众包，就像 Ubuntu、Python 和 Apache 等大型开源项目一样。

ROS 提供标准的操作系统服务，如硬件抽象、底层设备控制、常用功能实现、进程间消息传递和数据包管理。目前 ROS 只支持 Ubuntu，扩展到 Linux、Windows、Mac OS-X、嵌入式设备的 ARM 版本等其他操作系统的实验正在努力开发中。

行为涌现示例

这是在一个 ROS 中的 Gazebo 仿真器的使用示例。在第 4 章中我们提到了 PR2 机器人，这里，我们尝试让它在 Gazebo 构建的类盒子世界环境中，利用激光器执行简单的障碍回避。

Algorithm Obstacle avoidance, PR2

repeat, full laser scan
   if minimum range $\leqslant$ 0.5 **then**
      move by a certain angle in a given direction
   else
      move forward
   end if
until forever

运行上述代码时，我们注意到 PR2 没有进行障碍回避，而是表现出笨拙的推盒子行为。

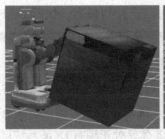

这里发生了什么? 在这个仿真中，PR2 伸展着手臂。在编码时并没有考虑到这一方面，算法是针对点状机器人，或者最多是圆形机器人开发的，使用 0.5 作为保持最小接近度的任意方向距离。对于这里的设定条件 minimum range ≤ 0.5（下图中的 AB 线），它大约只对应到 PR2 的臂弯处，每当代码在此处检测到障碍物时，都没有考虑其手臂，然后 PR2 会继续向前移动。由于 Gazebo 是一个物理仿真器，因此在这个盒子世界中，PR2 机器人就表现出一个推盒子的行为。当将代码校正为 minimum range ≤ 1.2（下图中的 CD 线）时，问题就解决了。

推盒子行为从来没有被编码进来，它是代码与 PR2 以及盒子世界交互的结果。

ROS 有一个丰富的库用以支持传感器、执行器和机器人，新型机器人（如图 5.6 所示）或智能设备也可以轻松地实现接口连接。ROS 有两个实体，操作系统实体和特定数据包实体，里面用户所贡献的一系列数据包被组织成称为堆栈（stack）的集合，以实现各种功能，如导航、地图映射、规划、感知、仿真、设备接口等。从 ROS 的架构来看，操作系统实体是处于现有 Unix 系统层之上的，与 bash 和 cmake 实用程序相似，而特定数据包实体通常由用户定义。

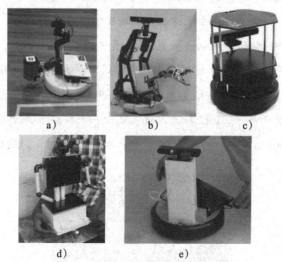

图 5.6 **差动式机器人。**人们对制造差动式机器人的兴趣与日俱增，无论是商业性的，如 a)、b) 和 c)（出自 Touretzky[326]，Taylor & Francis Ltd 许可转载），还是业余爱好者性的，如 d)（Achu Wilson 的 Chippu，图片由 Achu Wilson 提供），以及 e)（本文作者名为 Tortue 的项目，由华硕 Xtion 和一个 Roomba 560 基座在 ROS Electric 上构建）

在 ROS 中，机器人、传感器和执行器之间的每一次通信都是由节点完成的。节点是可以执行的最简单的代码块（通常用 C++

或 Python 编写）。节点可以是机器人、传感器、某些外围设备的设备驱动程序，也可以是以显式信息写入的接受、处理或发送的数据。节点间的通信不是直接的，而是以信息的形式通过一个共同的主题进行的。发布服务器节点将消息发布至主题，订阅服务器节点订阅该主题，从而获取发布服务器节点发布的消息。

通过跨设计实现（CAD 模型和 URDF）和软件功能（如用于导航和地图映射的预制工具模块）的模块化优势以及仿真和控制的接口统一，ROS 将大量的进程和大量的硬件与软件结合在一起，是所有机器人爱好者必不可少的工具。ROS 的最佳资源是其网站：http://wiki.ros.org/。

一段与 STDR 开发者的闲聊

来自希腊的 Manos、Aris 和 Chris 告诉我们他们在 ROS 上开发 STDR 仿真器（启动界面如图 5.7 所示）的经验。本次访谈时间为 2014 年 11 月 10 日。

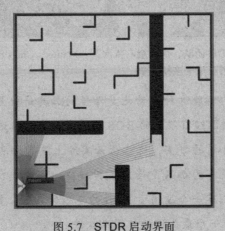

图 5.7　STDR 启动界面

作者：跟我们谈谈 STDR 的开发吧，比如动机和需求？

STDR 团队：STDR 仿真器的开发过程开始于 2013 年 11 月，由一群涉猎机器人技术的电气工程师，特别由来自希腊亚里士多德大学的 P.A.N.D.O.R.A. 救援机器人团队的成员（图 5.8）进行。STDR 背后的动机是构建一个易于安装和使用的低需求仿真器，从而提供一个良好的工具，来尽可能轻松地测试初始想法或开发中低级的项目。我们的目的不是提供最逼真的或者功能最强大的仿真器。相反，总体设计为一个最低限度的快速机器人算法原型。这一事实对于我们的方法至关重要，因为许多仿真器都需要相当长的时间来安装、配置和设置实验。

图 5.8　STDR 团队，从左至右依次为：Manos、Chris 和 Aris，均来自希腊亚里士多德大学

允许我们实现这种自动化灵活性的工具是机器人操作系统（ROS）。作为已经有经验的 ROS 用户，我们精准地发现了 ROS 没有专属仿真器的事实，这意味着实际上没有仿真器是在 ROS 中构建的，现有的都只是使用了其接口。因此，我们决定使用 ROS 工具来创建一个适用于 ROS 的二维仿真器，旨在提供易用性并使其成为一个最先进的机器人软件。

作者：ROS 显然已经有了其他的二维 / 三维仿真器，比如 Stage 和 Gazebo，那么 STDR 如何在这之上进行改进呢？

STDR 团队：STDR 仿真器的贡献是一个矛盾体，从某种意义上来讲，这种改进可以被描述为"一种故意的退化"。通过只提供基本的 / 最少的功能，我们大大地降低了安装和配置的复杂性。除此之外，系统需求也被无限地最小化，使得大量的开发者都可以进行实验。如前一个问题所述，STDR 是纯粹在 ROS 中实现的，因此它不会像 Stage 或 Gazebo 那样，在使用专门定义的参数文件启动实验之后，才提供 ROS 绑定或封装。正相反，在 STDR 中，机器人开发者可以直接执行仿真器，添加一个机器人，以图形形式提供其规格，并轻松订阅适当的 ROS 主题。

作者：STDR 中能运行 A*、Bug 算法、人工势能场等基本算法吗？

STDR 团队：由于 STDR 是一个仿真器，它的工作就是仿真机器人及其环境。就环境仿真而言，用户可以提供一个简单的图像文件，包含障碍物、空闲空间以及未知区域。另外，通过机器人仿真，机器人开发者可以访问仿真所需的效应器（轮子）和接收器（LRF、声呐等传感器）。从这个意义上讲，用户可以执行一个 SLAM(同步定位与地图映射) 算法，或者预先已知地图，从而在上面执行种种算法，如 A*、Bug 算法、人工势能场、路径规划、导航模块等。当然，开发者还可以从系统社区所提供的大量 ROS 数据包中获益。由于 STDR 是基于 ROS 的，所以可以轻而易举地使用这些数据包。

作者：STDR 如何处理多机器人仿真？是否有实现协调 / 合作或

群体行为的方法？

STDR团队：STDR仿真器支持多机器人仿真。开发者可以生成多个机器人，并向其效应器发送指令或从其传感器接收数据。当然，他还可以通过ROS基础架构（messages/services/actionlib）自由实现多机器人通信控制器。然而，多机器人支持目前只是一个处于萌芽阶段的特性，还将进一步发展。在当下的版本中，可以仿真多个机器人，但这些机器人缺乏物理上互相检测的能力，也就是说，机器人可以彼此导航，但机器人的传感器无法感知另一个机器人。

作者：根据你们的经验，一个人在开始接触ROS之前需要了解些什么？C++或一些编程背景？

STDR团队：这取决于应用。拥有一些编程背景在开发软件时总是有用的，但并非所有的应用都需要。ROS有几个抽象层，因此编写简单程序时，不需要了解底层（基础架构）的实现和设计细节。良好的C++和Python背景肯定是有优势的。对于不熟悉C++概念的人来说，掌握ROS将是一场艰苦的斗争。

作者：STDR的未来是什么？

STDR团队：我们下一步的工作将围绕对环境进行更真实的仿真展开。通过这种方式，我们的目标是添加一个简单的物理引擎，以便更逼真地执行碰撞检测。同时，我们也在设想一个动态的环境，在其中，机器人可以将彼此感知为移动的障碍物，或者能感知普通的移动障碍物，比如一扇移动中的门。由于STDR是一个开源项目，它的未来将受到社区对新特性、漏洞修复等兴趣的深刻影响。应该提及的是，我们已经获得了一些来自ROS社区的贡献，而且我们鼓励潜在的开发者告诉我们，他们在使用我们的仿真器时遇到的任何问题，或者获得的任何成果。

STDR 仿真器目前是一个官方的 ROS 数据包，可以通过 apt-get 下载。它支持的 ROS 版本为 Hydro Medusa 和 Indigo Igloo，因此支持的操作系统是 Ubuntu LTS 12.04 和 14.04，以及中间所有的发行版。

ROS 在太空中的应用——Robonaut 2
（宇航员 2 号，R2）的人形躯干

　　Robonaut-2 是国际空间站（ISS）研制的第一个类人机器人项目，该类人机器人基于 ROS 运行（如图 5.9 所示）。该项目由美国国家航空航天局（NASA）和通用汽车公司（GM）在休斯敦约翰逊航天中心合作进行。项目的目标是开发一种自动化的人形躯干，配备两个灵巧的手臂，可以起到太空中宇航员的作用。R2 比其他机器人的进步地方在于，它可以同宇航员一样操作相同的工具，不需要专门再为其设计。R2 的优势是能够在恶劣和不利的条件下（如空间站和外星基地）执行简单、重复或危险的任务。R2 由执行 STS-133 任务的“发现号”航天飞机送至国际空间站，任务周期为 2 周，即 2011 年 2 月 24 日至 2011 年 3 月 9 日。在登上“发现号”期间，测试和基本操作在 Destiny 模块内启动。到达国际空间站后，它被部署在一个固定的基座上。该项目采用 ROS 和 ORCOS 串联实现实时控制。R2 是太空中的第一个人形机器人，它高约 1 米，重 132 千克，由镀镍碳纤维和铝制成。它配有 54 个伺服电机，有 42 个自由度，需要 120 伏直流

电。该躯干可以配置腿部机构，使其成为一个完整的人形，它部署在一个基座上或安装在一个四轮平台上使用。NASA 的团队使用 Gazebo 完成了 R2 的仿真，并将 ROS 包发布到了开源社区上。

图5.9　Robonaut 2 使用 ROS 运行，并被应用到了国际空间站上。这里左边展示的是该机器人实体，右边展示的是其 Gazebo 仿真

与来自首尔 Yujin Robot 的 Daniel Stonier 和 Marcus Liebhardt 的面对面访谈

Yujin Robot 是一家总部位于首尔的公司，该公司使用 Kobuki 基座开发了 Turtlebot-2（图 5.10）。来自公司创新团队的 Daniel 和 Marcus 与我们分享了开发这些机器人的经验和未来展望。本次访谈时间为 2014 年 11 月 24 日。

图 5.10　Kobuki 基座和 Turtlebot-2

作者：Yujin Robot 是如何诞生的？

Daniel 和 Marcus：二十多年前，Yujin Robot 从自动化起步，到现在由多个小型企业集团组成，并非所有这些集团都与机器人直接相关，我们还可以看到一些内部团队成功地剥离了自己的业务。我们的研发团队十多年前就进入了服务机器人领域，尽管当时这是一个相对冒险的主张，当时和现在的驱动力一直都是 CEO 们对制造机器人的热情。

作者：你们都开发过哪些机器人？

Daniel 和 Marcus：自 Yujin Robot 进入服务机器人领域以来，已经探索了几个方向。唯一不变的是 iClebo 清洁机器人，最初只能随机移动，后来成了一台拥有视觉 SLAM 的机器。还有几款用于大学研究的产品（足球机器人、移动平台），以及许多版本的 RobHaz（救援机器人），用于危险作业。直到最近，还有另一个主要的方向，即教育（特别是课堂）机器人技术，有像 iRobi（图 5.11）和 RoboSem 这样的机器人产品。虽然这在亚洲以外的地区还没有那么具有商业吸引力，但相当多的数量、难以置信的竞争性和父母的关注度创造了一个非常不一样的经济环境，这对机器人领域的发展具有很大的吸引力。Yujin Robot 探索了小型和大型产品线的发展，但尽管大众对机器人技术充满了热情，也有健康的经济环境，但这样的市场仍然面临着销售困难的问题。

作者：跟我们聊聊 Kobuki 吧，为什么给它起了这个名字？

Daniel 和 Marcus："Kobuk" 是韩语中"龟"的意思。在句子中使用这样的名词时，添加后缀"i"是典型的韩语句法，但也给人一种更亲密的感觉。至于为什么一开始选用它作为我们的移动平台，已经在一定程度上被时间所掩盖了。我们没有给机器人命名的确切时刻，但有些事情是肯定的。在很长一段时间里，我们在实验室中有一个用于实验的基于移动平台的清洁机器人，我们称之为 Kobukibot。自从 ROS turtle 教程第一次发布以来，我们也开始对海龟产生了浓厚的兴趣（我们中的一些人还记得，甚至在有这样的教程之前，就有一个教程介绍了使用 ROS 服务添加 1+1 的反常但又有趣的方法）。韩国也以其龟甲船而闻名，这是一个我们可以关联到的工程设计！

图 5.11 iClebo 和 iRobi

作者：既然 Kobuki 和 TurtleBot 2 都打算在 ROS 上运行，那么你们会如何向年轻的爱好者解释 ROS？比如说有一个 15 岁的孩子，他刚刚开始学习一些 C++ 和 Java 或 Python 的零碎知识，并且想要拥有一个 Kobuki。

Daniel 和 Marcus：Kobuki/Turtlebot 是一个现成的硬件单元（开发团队如图 5.12 所示）。因此，使用这样一个平台完全是为了解决问题，当然还有编程，在一个平台上做这些事情可以让你构建出比在 PC 上更生动有趣的应用程序。ROS 本身允许你编写可以相互通信的程序，ROS 生态系统也为你提供了大量的软件，你可以就自己的需求重用和回收它们。我认为对于一个初出茅庐的年轻开发者来说，这些都是很棒的概念，可以让他们走得更远。它教会了我们如何将复杂性问题分解为小块，以及如何有效地与现有组件整合。如果没有这些技能，开发者将无法扩展他所能做的事情，也无法像周围的开发者那样快速进步。在当今的软件世界中，这些概念往往比精通某种特定语言更重要。

图 5.12　Kobuki/Turtlebot-2 团队，从左上至右上、左下至右下依次为：Hyeong Ju Kim、Jorge Santos Simon、Young Hoon Ju、Nosu Lee、Min Jang、Marcus Liebhardt、Sam Park、Jaeyoung Lee、Daniel Stonier 和 Joohong Lee

作者：ROS 和 OSRF 社区对 Kobuki 的反馈如何？

Daniel 和 Marcus：一直都非常积极。Kobuki 最初只打算在韩国市场销售，因为我们无法在这里销售 iRobot Create 机器人，而我们希望向韩国大学生展示 ROS 在 TurtleBots 上的应用。这是在 iRobot Create 之上的一次重大飞跃，它很快就让 TurtleBot 和国际 ROS 社区所着迷。Willow Garage 和后来的 OSRF 也从硬件设计开始就参与了这个过程。最值得一提的是，它现在已经成为一些小型初创公司的原型平台。

作者：最近有什么有趣的项目吗？既然我们正进入一个机器人和智能电子产品将主导我们生活的时代，你如何预测这个行业的未来以及对社会的影响？

Daniel 和 Marcus：技术融合现在的确正在发生。过去几十年来，我们第一次在技术世界的多个领域实现了爆炸式的增长，最有趣的是，几乎所有这些领域都对机器人技术的发展产生了影响。智能手机→嵌入式计算、良好的摄像头、无线局域网外的通信功能。游戏→三维传感。IE5 瓶颈后的互联网爆炸→云计算资源、远程连接。作为第一步，我们看到了成本的降低和在半/非结构化环境中导航的能力，这引发了服务行业中移动机器人的出现（室外清洁机器人）。在这些行业中，我们第一次感觉到新产品上市的热度正在上升。然而，我们认为这些成功也不能完全归因于技术融合的事实。历史表明，技术的飞跃往往无法渗透市场。这些飞跃必须要么是意义重大，要么是满足了某些需要才可以。我们现在面临的是一个非常现实和迅速逼近的危机，即在不久的将来，各个行业领域（如医疗和老年护理）的人力资源短缺。这正在打破我们迄今探索过的几个行业中的保守主义思想，现在则更热衷于冒险。也就是我们要进入这些新兴的服务机器人应用领域，Yujin Robot 正在开发像 GoCart（图 5.13）这样的产品。现在，我们不再试图销售服务或提供娱乐，而是着眼于满足服务世界的自动化需求。

图 5.13　GoCart 机器人

作者：跟我们多聊聊 GoCart 项目吧。

Daniel 和 Marcus：一年前，我们成立了创新团队，目标是创造 Yujin Robot 的未来产品。这个尝试的第一个成果就是我们的自主餐饮运输系统 GoCart。它是我们 Gopher 系列的第一个机器人，结合了 Yujin Robot 用于室内交通的各种技术，比如新的基于立体视觉的 dSLAM 系统。GoCart 是我们为解决熟练护理人员短缺和不断上升的医疗与老年护理成本等问题所做出的努力。它将能负责在医院和老年护理机构等设施内的餐饮和其他用品运送服务，从而腾出看护人的时间，让他们能更多地与住院医生和病人相处。同时，GoCart 价格实惠，也能降低设施的整个运营成本。

小结

1. 机器人领域的元平台统一了仿真和控制范式，让运行仿真的同一段代码可以在真实的机器人中工作。
2. ROS 和类似的一些平台提供了硬件接口，还提供了大量的软件工具。
3. Gazebo 和 MORSE 等仿真器提供了高质量的基于物理学的仿真，而 STDR 和 Stage 等简单的仿真器则可作为实验台来试验算法等。
4. ROS 使新型机器人和附件实现接口变得容易。

注释

1. 洞穴环境中的先锋机器人是 Player/Stage 的默认仿真，图 5.2 所示的洞穴环境十分具有标志性，可以在各种研究出版物、教程和视频中看到。
2. Willow Garage 于 2013 年 3 月停业，而后 ROS 由 OSRF 维护和开发。
3. ROS 生态系统是一个不断增长的与 ROS 密切相关的软件集，包括 MoveIt!、ROS Industrial、OpenCV 等。
4. ROS 2.0 是 ROS 的新版，但尚未成为主流。

第三部分

机器人间交互与人机交互

第6章 机器人间交互、组和群体

他们在成群结队，但他们并不认为自己在这么做。

———Maja Mataric[92]

群体机器人学是一种用来协调大量相对简易的机器人的新方法，它的灵感来自群居昆虫。

———Sahin[287]

6.1 多机器人系统

由于系统性能的提高、多个位置上的分布式操作、更好的容错能力和经济方面的优势，许多串联工作的机器人往往比单个机器人更受青睐。作为系统中的一部分，单独的或两到三个机器人并不总是一种很好的设计，因为如果其中一个机器人停止工作，那么手头的很大一部分工作就会陷入停滞状态。如果这是医院、生产线或车间的可移动系统，则不得不尽快找到合适的替代设备。这就是为什么使用（机器人组）或不使用（机器人群）集中控制的机器人团队都倾向于将手头的问题简化为许多可以更轻松完成的子问题。

在多机器人系统中，传感器在多个机器人身上工作，因此，其感知范围比受物理条件限制下的独立机器人要大得多。该行动还可以在距离感测点更远的地方进行。因此，一个机器人团队可以承担更多的任务，而其中大多数任务都不可能由单一机器人独立完成。不过这也会导致一个问题，当分布式系统中的复杂性增加后，整个机器人编队的传感会存在延迟，这将增加导航中的混乱，从而导致更多"机器人－机器人"和"机器人－障碍物"的碰撞，这可能会破坏机器人编队的根本目的。

　　Kiva 系统在大约 1000 个机器人之间采用了协商知识共享，而 Robo Cup 则证明了传感器信息的共享可以提高性能，这些实例证明，机器人成组工作比独立机器人更为优秀。作为 20 世纪 90 年代中期最早一批的尝试，Parker 的 Alliance 体系结构为一组机器人设计了包容式分层架构。Mataric 的 Nerd Herd 则首次实现了机器人社交行为和群体机器人。Mataric 的机器人可以进行一些非常简单的行为，比如，在一个公共基地上安家并四处闲逛，同时避免了人工觅食和集群行动带来的更复杂社会功能的障碍。

　　如图 6.1 所示，协同推箱是一种工具，也是展示机器人团队合作的最受欢迎的一项实验。它类似于昆虫群落协作运输的直接动机，一组机器人将一个像物体一样的盒子移动到一个给定的目的地，而独立机器人就无法实现这个目标。从自然界中观察可知，性能随着主体数量的增加而提高。因此，推箱成了一种较为理想的测试或展示团队合作的参照。

图 6.1 **协同推箱**是展示机器人团队合作的常用工具。来自 Kube 和
Zhang[191]，图片得到 Springer Science 和 Business Media 的许可使用

6.2 网络机器人

多机器人编队以合作和协调为其特性，并在体系结构、投标
机制和模糊逻辑方法等方面都进行了尝试。在过去的十年里，网
络机器人更多地被视为一种生态系统，是一种用来互通和交流的
信息交换，而不是对机器人中的协作与协调进行明确的编程。随
着无处不在的计算技术的普及 [350]，移动机器人网络可能不再被其
成员机器人所局限；而是包含了更具交互性的生态系统，它可以
分布在数千台电脑上，在工作时将机器人、电子设备、嵌入式硬
件、软件等等编织成一个单一的系统，可通过平静的，具有上下
文感知的用户界面无缝地交换信息。

这样一个无所不在的机器人网络是机器人技术的基础。这项
未来的技术预计可将地球上所有的机器人，通过一个单一的网络
连接在一起，并结合成一个综合生态系统。自然界中生态的相互
依存关系确保了大量物种和生物圈的生存和维持。**Duchon** 及其研
究团队 [98, 99] 从自然界中获得启发，提出了一种综合生态学模型，
包括以下显著特征：

1. 智能体和环境不能被视为独立的存在。

2. 智能体基于智能体环境相互作用下的动力学。

3. 智能体试图将可用信息映射到控件，以执行其任务。

4. 信息可以随时从动态环境中获得，供智能体学习和适应。这种适应不仅是一种为了生存而付诸的努力，而是标志着智能体在技能上的优势。

5. 不需要集中控制或执行。

Duchon 的模型与 Toda 提出的食菌者模型非常相似，后来又由 Pfeifer 进一步完善。然而，与 Toda 不同的是，Duchon 认为他的模型是一种固有的生态，因此，智能体之间的相互依存和无缝信息交换构成其模型的基本原理，比低级别智能体环境中的交互更为重要。另外，智能体不需要是同类的，也可以是完全不同的类型，就像类人机器人和自动驾驶汽车那样富有变化。

可以预见的是，功能强大的普适计算会使机器人不仅仅成为硬件实体，还将被虚拟地展现出来，这会使机器人技术和人机互动无缝衔接并能平静稳定地周转。这种机器人和设备在世界各地运行的网络上的大规模集成将重新定义我们的生活和社交互动方式。综合生态系统中无处不在的机器人通常是一个实体，由三个层次的系统协同工作：（1）软件；（2）嵌入式环境；（3）移动机器人。该软件易于在网络中移动，因此具有近乎实时获取信息的优势；具体来说，嵌入式环境是一种传感器网络，用来收集本地化信息；而移动机器人可以执行具体的动作。以下三个项目将进一步阐明综合生态学和网络机器人的原理：（1）普适网络上的类人机器人系统[257]；（2）PEIS[286]；（3）RoboEarth[341]。它们旨在帮助老年人完成日常琐事，并且倡导一种以资讯及通讯科技为主导的新型生活方式，在那里，设备和机器人的共有生态与人类的需求可以和谐一致地工作。

基于普适网络的类人机器人系统：通过在远程网络上扩展遥操作（Teleoperation），Okuda 等人[257] 研发了可以通过手机在广域网上远程控制的类人机器人系统，该系统能够在配备智能电子设备的家中进行监控并执行一些简单的任务。这项研究是由爱知县立大学和三菱企业协作并提出的一种网络机器人的分类方法：（1）虚拟类型，由操作员通过图形界面驱动，仅存在于虚拟空间中。（2）无意识类型⊖，由嵌入式硬件驱动，更多是机器的扩展。（3）可视类型，几乎是自主的，可根据人类的命令执行操作，如个人机器人。该网络由可见型 HOAP-2 类人机器人开发，具有 13 自由度，并通过 RT-Linux 的接口进行使用。在该项目中的机器人可通过手机进行远程操作和监控，如图 6.2 所示。

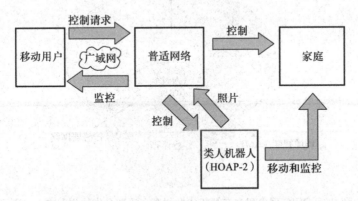

图 6.2　**普适网络上的类人机器人系统**是首个通过远程网络，使用类人机器人做简单家务的项目。图片改编自 Okuda 等人[257]

⊖　此处用无意识来命名可能不太贴切，在后续章节中将会对此进行细致的讨论。

物理嵌入式智能系统（PEIS）：PEIS[286]，该项目旨在开发一个能照顾老人的智能家居系统。作为该项目的理念，它意味着要构成一个智能体群相互交流与合作的生态系统，其中家庭系统的性能取决于生态中各智能体间的相互作用，如图 6.3 所示。该项目试图设计出各种智能体交互的丰富生态，并超越独立的类人机器人和标记为遥操作的任务。它建议在整个家庭中使用嵌入式传感器阵列来分配本地信息，而不是用大量传感器仅仅去过载一两个类人机器人。举例来说，嗅觉传感器可以探测火灾、陈腐食品、安全隐患等，如果通过网络将一些更便宜的传感器植入整个家庭，而不是只为类人机器人配备最先进的传感器，那么嗅觉传感器的工作效率则会更高。同理，让类人机器人负责夜间的安全工作也是十分多余的。相反，采用智能电子工作计时器来处理夜间安全工作更为合适。

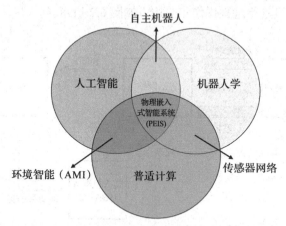

图 6.3　**PEIS 理念**建立在智能体群相互交流和合作的生态之上，而不单是去使用一个类人机器人。这种方法不仅使成本更低，而且可以处理更为广泛的任务，且不受网络延迟和网络瓶颈等影响。技术领域的重叠与发展人工生态学的概念产生了共鸣，并且在将来可能会屡见不鲜。改编自 Saffiotti 和 Broxvall[286]

该项目的受试者来自现实生活中的一个瑞典家庭，是一对老年夫妇。Saffiotti 和队员们通过网络使用 RFID 标签来识别这对夫妇日常使用的物品，如：烤面包机、杯子、杯垫、闹钟等。研究小组还铺设了一层装有 RFID 传感装置的地板，以检测家中老人的移动情况。这与像 Roomba 和 Pioneer 这种操作简单又廉价的负责处理家务的机器人间的沟通和合作是密切相关的。该项目的明显优势在于：（1）与少数机器人网络相比，其硬件或软件故障更容易克服，延迟时间更短；（2）一经安装，老年用户无须投入太多精力即可独自完成维护，也无须具备任何机器人或电子学方面的特殊技能；（3）安装和维护成本远低于大型类人机器人。

RoboEarth 项目：该项目 [341] 由欧洲多所大学的研究人员共同研发，旨在建立一个用于机器人之间共享知识的大型系统，即一个面向机器人的万维网。迄今为止，服务机器人行业仅限于针对特定任务进行预编程的专用机器人，即真空清洗机器人、垃圾收集机器人、配送机器人等等。这不仅减少了机器人（学习发展）的机会，也增加了成本和冗余性。在不久的将来，机器人通常需要去执行未被编程的任务，也需要适应新的环境并适应以及各种不同的任务。RoboEarth 试图通过大规模共享特定机器人的数据来解决这一问题，这与物联网 (IoT) 技术十分相似。人们相信，通过万维网上的相互连接，机器人将加速学习和适应能力，并且能够承担和执行在设计和编程周期中未计划的任务。例如，一台办公室助理机器人遇到办公室工作人员心脏突然骤停的情况，会像它学习到的那样呼叫救护车，而另一个发现自己处于类似情形的机器人将从 RoboEarth 云服务器下载相关文件来进行处理。当然，这两个机器人的设计、传感器等可能不尽相同，但第二个机器人至少会对如何处理这种情况有所了解。RoboEarth 已经成功地应用于：（1）迷宫导航和玩机器人之间的游戏，并已随着学习技术的改善而逐渐提升攻略水平；（2）为医院患者提供饮料，这体现了 RoboEarth 在社会环境下的动态任务中的效用；（3）由不同机器人进行的手臂操作，展示了 RoboEarth 软件和数据库的可重用性。

这三个项目尚未建立起机器人和设备的原始生态系统，而且它们中的大多数要么具有某种形式的人类总体参与，因此不具备安全条件，要么混合了集中控制。但它们都预示着大约十年后的技术发展水平，而这些技术可能会成为我们日常工作生活的一部分。下一章节将详细讨论机器人在老年人护理中的社会作用。

6.3　群体机器人

群体体器人技术是一种新型的多智能体群体行为，它由缺乏集中控制或全局知识的多个智能体组成。每个智能体都配备最少的硬件并能承担较低等级的任务，但复杂的全局行为可在群体中表现出来。

如图 6.4 所示，社会性昆虫的概念由蚂蚁、白蚁、蜜蜂和黄蜂的共同特征体现出来，并促进了群体机器人技术的进步。人们倾向于把群体性看作是集体生存的本能，例如个体逃避捕食者或追逐猎物的人，而这些目标相似的个体会引发共同的群体行为。但是，真社会性（Eusociality）是动物和鸟类集体的一个特征，其代表特征是劳动及分工明确，其中某种特定的行为对一群主体来说是独一无二的，例如筑巢、食物收集等。

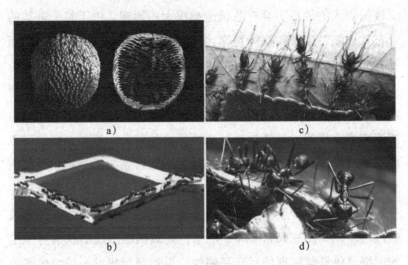

图 6.4 **社会性昆虫**，如蚂蚁，白蚁，蜜蜂和黄蜂是群体机器人技术的灵感来源。真社会性可以从以下几个方面体现出来，a）白蚁集的横截面显示了工蚁之间的协调性；b）协同工作的蚂蚁往往会找到觅食的最短路径；c）编织蚁用自己的身体形成链条，把树叶拉在一起；d）编织蚁的分工十分明确，第一组已经把叶子放在适当的位置，第二组用成熟幼虫吐出的丝线把树叶边缘缝制起来。图片来自 Garnier 等人[115]，经 Springer 许可使用

以单一智能体的方法来推断多个智能体的集群方法是行不通的，因为集群是指集体 AI 通过在所有智能体的成长，使得该群体作为单一实体的行为一致。这不能作为单主体行为的补充或重叠来实现。这种反映集体行为的一致性非常类似于物理或化学系统

中的相变反应，它是由自组织和共识主体性引起的，并具有鲁棒性、灵活性和可伸缩性等特点。

1. 鲁棒性：指即使部分机器人出现故障，系统也具备完成某项任务的能力。该群体显示冗余性，并能以较低的性能继续运行。少数机器人的故障不会对系统造成很大的影响。由于整个群体的分布式感知带来了较高的信噪比，它不会因几个机器人的故障而受到抑制。

2. 灵活性：指当环境参数发生变化时，机器人系统能够执行任务的程度。这是通过在面对环境或任务的变化时采用不同的协调策略来实现的。灵活性是社会性昆虫的特征。例如，蚂蚁可以轻易地转换模式，从觅食到链式路径形成再到检索猎物。蚂蚁的食物补给是通过信息素的生化刺激来协调的，每只蚂蚁都会分泌一种信息素，引导后续的蚂蚁走上正确的道路。相反，在链形成的过程中，如图 6.4c 和图 6.5 所示，蚂蚁试图形成链状的巨型结构，每只蚂蚁紧紧抓住另一只蚂蚁，以达到远超过一只蚂蚁能力范围内的距离。在此种情况下，蚂蚁将自己的身体作为信息传递的一种方式，而不是使用生化刺激物质。而另一处对比是在猎物的检索过程中，蚂蚁们似乎一致地把大猎物带回它们的巢穴中，这是仅凭单个蚂蚁无法完成的任务。

3. 可伸缩性：指当任务本身的规模发生变化时，群体重新定位智能体的能力。智能体的加入或移除并不会改变群体行为，也不会影响群体的性能。因此，群体行为背后的协调机制或多或少与群体规模无关。

尽管具备这些优点，但与传统的系统相比，群体是难以控制的。人们也仍在研究一种理想的群体行为。研究人员通过研究粒子集合 [336]、动物集合 [75]、鸟类和昆虫的聚集，并且利用这些模型，从宏观与微观的角度 [140, 141] 去理解社会行为和集体 AI 的产生和相变。以相变形式出现的群聚现象 [329] 是最引人注目的。其中，智能体的个体行动是多余的，而聚集的行为旨在实现一个共同的目标。

图 6.5　**蚂蚁的链形成**是一种用于到达遥远目标地点的通信策略。在此种情况下，蚂蚁利用自己的身体进行交流和合作，并形成链结构以达到单个蚂蚁不可能到达的距离。与觅食不同的是，这里的蚂蚁不是使用信息素来进行生化刺激，而是利用自己的身体进行交流。图片源自公共领域的图像下，由 wikimedia.org 提供

作为一个极具说明性的例子，20 世纪 80 年代标志性电子游戏 PAC-MAN（吃豆人）就是一个经典的捕食者 - 猎物模型，如

图 6.6 所示。每个幽灵的任务都是接触并杀死 PAC-MAN，而且他们似乎经常以精确的协调工作。然而，由于没有中央控制执行系统，幽灵的共同目标引发了不够智能的集体行为，并使所有幽灵同步追逐（或逃离）PAC-MAN。

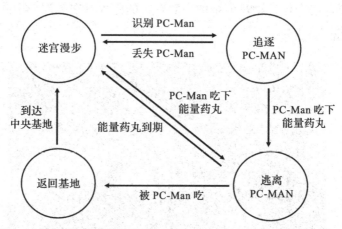

图 6.6　**捕食者 – 猎物状态模型**，PAC-MAN（吃豆人）。在追逐或逃离 PAC-MAN 时，幽灵们有着相同的目标，并且暗含着群体行为。

　　网络化多机器人系统和多群体机器人之间存在着鲜明的对比。在多机器人系统中，机器人 – 机器人和机器人 – 障碍物的碰撞会随着机器人数量的增加而增加。这种现象是可以有效避免的，因为群体是作为单独的智能系统进行协同工作，而不是作为独立的智能体群。多机器人系统的通信需要额外的硬件和软件来发送和接收信息，并对整个机器人群的噪声进行信号处理和滤波。这往往导致了不理想的高滞后时间，并且这些问题会随着集体规模的扩大而增加。相反，对于集群而言，通信通常在低质量的硬件上进行，不需要昂贵的硬件和计算资源。感知分布则在整个群体中进行，因此，噪声对信号的影响很小。研究表明，无论存在什么噪声，都会增强整个群体的一致性。由于整个群体的协调是靠新兴的群体 AI 来维持的，因此，机器人永远不会相互竞争，并且总是朝着一个共同的目标进行合作，所有的智能体都以自身最佳的生产力水平为整个群体做出贡献。对于经常需要扩大规模的实际问题，在多机器人系统中增添更多机器人可能会受到硬件模块扇出以及机载处理器计算能力等方面的限制。在集群中，扩张是固有的，因此不受任何此类框架的限制。这些对比将降低系统的总体成本，并提高系统的性能，与多机器人系统相比，多群体机器人的设计和维护成本更低。但是，集群是难以控制的，群体工程也还只是一个刚刚起步的概念，还未发展成为一项可靠的技术。

6.3.1 将智能体行为与群体行为联系起来

通过建立自然科学的集体模型，可以把智能体的行为与群聚行为联系起来。Aoki[15, 16] 和后来 Reynold[275] 的模型都涉及了可能导致群聚的基本行为。Reynold 的类鸟群（boids）算法的灵感来自成群（flocking）的鸟类和昆虫，其设计规则是按照优先级递减的顺序进行的：

1. 避免碰撞：避免与附近的鸟群发生碰撞。

2. 速度匹配：尝试将速度与最近的鸟群成员匹配。

3. 鸟群中心：尽量靠近最近的鸟群成员。

静态条件下的防撞和速度匹配几乎是互补的。如果类鸟群遵守速度匹配，那么类鸟群间的相互间隔将保持几乎相同。为了避免相撞，类鸟群之间必须有一个最小的距离，并依靠速度匹配来动态地保持这一距离。Reynold 的模型已被证实在定期分裂的大型群体中（>10）缺乏成群行为。此外，人们还发现，随着模型演化成更大的群体，它的可靠性会急剧下降。通常超过 30 多个智能体时，它将很难形成一致的群体。Couzin 等人 [75] 提出了一个更为复杂的模型，利用群体速度和角动量对集体行为进行分类。此群聚中的智能体在被建模为球形的三个区域中，如图 6.7 所示，即在这个模型的二维投影中的同心圆圆心位置。这三个区域分别称为斥力区 (ZOR)、定向区 (ZOO) 和吸引区 (ZOA)。该智能体试图与斥力区内的其他智能体保持最小距离，并试图与定向区里的邻居保持一致以减少碰撞，并且该智能体对额外的智能体表现出吸引力并试图成为吸引区集体的一部分。将该模型应用于动态场景下，可以得到四种类型的分类：（1）群聚，这里的群凝聚发生在低群速和低角动量时，缺乏平行一致性。与平行对齐相比，当吸引和排斥发生得更频繁时，这种情况就会发生。（2）环面几何，在这种情况下，集体中的个体永久围绕着形成的中心旋转。其特点是群速依旧低，但拥有高角速度。当定向区较小，吸引区更大时，这种情况就会发生。（3）动态平行群，这种情况的特点是群速高，角速度低，且比群聚或环面行为更具有移动性。（4）高度平行群，它具有极高的群速度和直线运动的特点，当取向区比其他区域更占优势时，这种行为就会发生。根据 Couzin 的模型，群聚现象通常出现在昆虫之中。动态平行群常出现在集体中，如鸟群和鱼群；环面则十分罕见，高度平行的群体在其组成智能体之间缺乏信息交换。

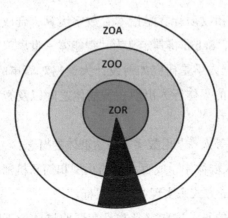

图 6.7 **Couzin 的模型**，考虑到了集体中的假象智能体。这里有三个
球形区域，在二维投影中以圆圈表示，在智能体的正后方有一
个盲区。这三个区域，斥力区 (ZOR)、定向区 (ZOO) 和吸引区
(ZOA) 决定了社会行为和与集体中其他智能体的凝聚力。当吸引
和排斥力比方向力更占优势时，就会看到群聚形成

6.3.2 群体机器人的特征

第一个机器人群是由麻省理工学院的 Maja Mataric 于 20 世
纪 90 年代末设计的，名为"The Nerd Herd"。直到 2000 年，
Beni[36]、Sahin[287]、Winfield、Kazadi、Dorigo 和 Vaughan 等人的
开创性工作使其成为一门新的学科。自此，群体机器人技术便一
直受到机器人界的广泛关注。

作为一个相对较新的研究领域，群体机器人的定义已经演变
为融合了新的研究成果的新奇事物。Beni 将群体智能的概念无缝
地扩展到群体机器人，他将智能群定义为：

"智能群：一组具有通用物质计算能力的非智能机器人（或
机器）。"

　　这里的通用物质计算是指本着数字运算、合成模式、博弈等的精神。相反，Sahin 将其定义为"智能体 – 世界"交互的外推：

　　"群体机器人学是研究如何设计大量相对简单的实体智能体，从而使所期望的集体行为出现在智能体之间以及智能体与环境之间的局部交互中。"

　　Schmickl 等人 [291] 用数字来表达群体的概念：

　　"在机器人群体中，成百上千的小型和简易机器人必须以组织良好，高效率的方式来实现共同的目标。"

　　值得注意的是，这些定义并没有说明群体的下限，但是标准情况是 10 至 20 个机器人，而研究人员也常常研究更小规模的群体。而在另一个极端，虽然大多数实验仅限于 20 个机器人，但现在已经有实验成功地设计出了 10 万多个机器人的群体模拟。

　　在后续的研究中，Celikkanat 和 Sahin[62] 还将自组织和机器人群体设计前景纳入其定义：

　　"群体机器人的灵感来源于如蚁群这样的自然群体，其目的是通过分析潜在的自然群体自组织运作的协调机制，并用它们来'设计'大集团机器人中的自组织，来应对这一挑战。"

　　机器人群聚通常由一些高度相似的机器人组成，它们看上去是一样的，拥有相同的硬件并且具有大致相同的软件复杂性。例如 Robo Soccer 这样异构的机器人团队为每个机器人定义了角色，与其说是群体智能的例子，倒不如说是协作的机器人团队。

　　具有以下特征的群体机器人可以被识别：极简主义、共识主体性、涌现性、相位变化和自组织性。但需要注意的是，这些并不是群体形成的先决条件。

6.3.2.1 极简主义：非智能机器人、智能群体

群体机器人的设计应是简易的，配备低端的硬件[237]和最少的软件设计的[238]，相对而言，它们的个体能力不足且效率低下，无法完成分配的任务，而其感知能力和相互通信也仅限于本地环境，最好只和最邻近的机器人在协同工作。这些预期的缺点确保了机器人很难甚至经常不能独自执行给定的任务，为群体的隐性合作和发展埋下了伏笔。在给定的任务中使用大量的简易机器人可以提高性能。与最临近机器人的通信也促进了整个小组的分布式协调。

6.3.2.2 共识主体性：间接的交互

两个简易智能体之间的直接通信可以通过无线广播和显式信令进行，但交互可以更加细微和间接。在共识主体性（Stigmergy）中，交流是通过改变环境来进行的。在这个过程中，其中一个智能体修改环境，而另一个则对环境做出响应。能够体现共识主体性最好的例子之一是蚂蚁觅食。每只蚂蚁都在地面上留下信息素，使得下一只蚂蚁能够继续沿这条路径前进。

另一个例子是白蚁筑巢，如图6.8所示，工蚁利用自身的信息素，将黏土和泥土制成土壤颗粒团。这些颗粒被工蚁们一个又一个的堆叠起来用于筑巢。这一过程使信息素得到扩散，从而刺激更多的工蚁积累更多的土壤颗粒，并继续完成筑巢的任务。这种共识性只有在白蚁密度超过最小阈值时才能起作用。如果其密度低于阈值，信息素就会开始蒸发，从而抑制刺激并阻碍筑巢。

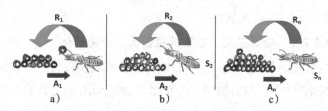

图 6.8　**白蚁筑巢中的共识主体性**：在 a) 中的任意时刻，蚁巢的大小为 A_1，A_1 触发了工蚁的 R_1 响应，然后使工蚁再将另一个土壤颗粒添加到巢中，从而改变了巢穴的大小，同时也改变了其他白蚁后续的任何响应，如 b) 所示。一般而言，如 c) 所示，白蚁巢穴的大小 A_n 所对应的刺激物 R_n，不是由某个白蚁个体或中央执行官产生的，而是归功于几乎整个筑巢的蚁群。因此，在一个网络系统中，协调控制不是恒定不变的，而是随着整个群体的贡献而变化的。同样，一个没有足够参与性的任务将无法跨越响应的最小阈值，并且无法完成。图片改编自 Bonabeau et al[40]

因此，群体中的通信可以看作是单一智能体的行为，智能体通过信号传递或共识主体性原则，来调整系统中一个或多个智能体的后续行为。

6.3.2.3　涌现性：群体行为难以建模

群体性运动不能通过直接设计来实现，往往是需要内部智能体间的非直接性通信来达成，这样一来，就不需要为每一个单独的智能体编写全局行为。更确切地说，它是通过与其交互智能体的相互作用以及与环境的相互作用而显现出来的。涌现性特征并不是群体定义的一部分，然而，整体水平的复杂性可以成为系统的优点，并且可被证明是非常有益的。众所周知，群体的行为难以预测，仍有待打磨成一个工程工具。整体行为中的涌现性是由于各智能体与智能体，或智能体与环境的相互作用产生的，并不是将每个独立的智能体在环境中的行为累加而得出的。由于涌现性是基于行为方法的关键，因此通常将其视为封装行为的求和或分层的扩展。虽然，在基于行为的单一智能体系统中，一些简单的行为如"线性跟踪"和"避开障碍"，可以在缺乏经验的情况下很容易地被设计出来。但群体系统缺乏这样的优势，即使是简单的行为也往往难以实现。

6.3.2.4　相位变化：从无序到有序

自有序系统中的聚合，共同目标的达成或对特定方向的偏好都与热力学相变有关。最好的例子来自物理学，即在磁场作用下，铁磁性材料的排列方式。在微观层面上，一个给定的粒子以恒定的绝对速度驱动，假定粒子在给定半径附近的平均方向，并受一些随机扰动的影响。在碰撞过程中，相互作用粒子的净动量并不守恒，从而导致这种动力学相变。Vicsek 等人[336]报告了他们对铁磁粒子的研究，并提出了识别相变的经验法则。他们得出的研究结论是，如果单个粒子的运动方向像典型的麦克斯韦分布一样随机分布，则聚合体的平均归一化速度几乎为零；对于速度的有序方向，N 粒子上的平均归一化速度（v_{avg}）接近 1。

$$v_{avg} = \frac{1}{N}\left|\sum_{k=1}^{N}\mathbf{v}_i\right| = 1$$

6.3.2.5　自组织性：动态稳定的群体

由于群体中智能体间的交互作用，在群体的全局层次上实现秩序可能是其最为显著的特征。当正反馈和负反馈同时发生时，系统是动态稳定的。正反馈促进了群体中秩序的形成。典型的正反馈例子是寻找食物来源，它伴随着某种团体活动，可以是蚂蚁的踪迹铺设及跟随，也可以是蜜蜂通过跳舞找到蜜源。负反馈平衡着正反馈，其表现为食物耗尽，有限的工人人数，食物来源拥挤等等。自组织依赖于感知误差和感知波动，因此欢迎随机性事件的发生。例如，在觅食过程中，一只蚂蚁在追踪信息素的踪迹时犯了一些错误，它可能会迷路，结果却发现了一个新的食物来源，或者找到了一条通往食物来源的更有效的路径。在鸟类中，人们已经发现传感器产生的噪声可以使它们更精准地找到食物来源。

值得注意的是，这些都是群体机器人技术的特征，而不是群体产生的条件或先决条件。而且，它们都不能独立存在并全都是相互关联的现象。

6.3.3　群体机器人的技术指标

为了量化对群体的研究，研究人员采用了多种不同的方法，但以下四个指标 [329] 已被众多研究小组重复使用了多次。

1. 阶数（ψ）或角度阶数是集体中机器人校准的指标，同时也是 Vicsek 模型的直接延伸 [336]。它被定义为：

$$\psi = \frac{1}{N}\left|\sum_{k=1}^{N}\exp(i\theta_k)\right|$$

其中，θ_k 是第 k 个机器人的校准角度。对于一个完全有序的群，ψ 将取值为 1；对于几乎无序的群，则取接近于 0 的值。数值越接近 1 则表示群体的质量越出色。

2. 等级社会熵（S）是对多样性及其位置顺序的一种度量 [26]，如图 6.9 所示。该方法源于 Shannon 的信息不确定性理论，用于测量移动机器人异构系统中的社会多样性。为了评估

S 熵，考虑一个机器人系统的多样性度量 $H(R, h)$，其中，如果

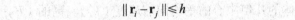

$$\| \mathbf{r}_i - \mathbf{r}_j \| \leqslant h$$

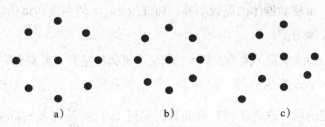

图 6.9 **等级社会熵（S）**，是衡量群体多样性的指标之一。当系统更紧凑，系统内部成员更有序并更能反映出对称性时，S 熵的值就会更小。将以上三个方位图中的黑色圆圈当作移动机器人，那么 Sa > Sb 的原因是构型 b 比构型 a 更紧凑，而 Sc > Sb 则是由于构型 c 缺乏构型 b 的圆对称性。虽然 S 的值并不能传达更多信息，一个正的 $\frac{dS}{dt}$ 表示一个不稳定的群，而一个负的 $\frac{dS}{dt}$ 则代表着随时间的增加而达到有序，从而形成稳定又一致的群体

则两个机器人 i 和 j 是相同集群的一部分，并且 R 是一个包含这些不同集群的社会。$H(R, h)$ 通过对所有集群进行求和而获得。

$$H(R, h) = \sum_{k=1}^{M} p_k \log_2(p_k)$$

其中 p_k 是机器人在第 k 个集群中的比例，M 为给定 h 的集群数量。为了得到等级社会熵 S，$H(R, h)$ 的取值从 0 到正无穷：

$$S = \int_0^\infty H(R, h) \mathrm{d}h$$

熵必然会随时间而减少，因此正的 $\frac{dS}{dt}$ 表示一个不稳定的群，

而负的 $\dfrac{\mathrm{d}S}{\mathrm{d}t}$ 表示稳定的相干群。由于阶数和熵都取决于几何

排列，因此在实验中，它需要借助高架摄像机进行评估。

3. 群体的几何中心的平均向前速度（V_G）。高的（V_G）值反映出移动群体的高效率性，而低的（V_G）值则表明群体缺乏凝聚力。

4. 最大集群的大小，最大的可区分群体将是群体凝聚力的指标。

一个理想的集群，应有表示校准的高阶数、暗示相干性的接近恒定的熵、缺乏多样性从而数值接近于 0 的 $\dfrac{\mathrm{d}S}{\mathrm{d}t}$ 以及高群速且较大的集群。

6.3.4 群体工程——新技术的展望

要将人工集群作为一种技术来使用，它必须是易于控制的，几乎可预测的，并具有适应商业需求的目标明确的可靠系统。先驱者们试图研究 [15, 16] 和设计 [275] 这种去中心化的，动态的智能，并试图用具有 ANIMAT 原则的移动机器人来整合和操作有组织的动物和昆虫群体。在机器人牧羊犬项目中，鸭群的群体行为就受到了机器人的影响。Insbot 项目中通过嗅觉感应使机器人在蟑螂社会中获得了认可，这些都是操纵自然群体的生动的工程实例。

然而，群体工程行为的设计不仅很困难，也充满了矛盾性。其难点在于如何设计可靠和几乎可预测的机器人群体，并且其设计原则需确保给定系统的高度完整性和可靠性能。毕竟集群的新颖之处在于其中的集体智能体缺乏可预测性。

因此，需要对用于群体工程中的系统进行设计和验证，以确

保高水平的安全性和关键的安全冲压，这样系统就不会导致任何意外行为。将单个机器人的一系列"原子"行为推断为群体行为是徒劳无功的，这是因为集群的下一个行为状态将取决于最近的历史记录和本地情况，从而将设计范式从方法论简化为偶然性。蛮力、打击和试验方法最好限制于已知的环境，但仍需要进行多次尝试才能完善，但可能仍缺乏安全性至关重要的冲压，具体如下：

本地规则的选择→群体测试→预期的全局行为（？）

在这里，群体测试可以在一定程度上通过模拟仿真或在真实的机器人上进行，并且可以使此过程持续进行，直到达到所需的全局行为为止。由于依从定义的集群行为缺乏分级命令或控制结构，定义其性能商数、鲁棒性、易损性或甚至一个故障点，都可能会变成一项弄巧成拙的任务。具有高度基于行为原理的系统通常只做涌现性的响应，而验证这样的系统经常依赖于上下文信息并缺乏通用性。研究证实，群体智能提供了更高水平的鲁棒性和容错性。而另一方面，它缺乏控制和调解这种系统的能力。从自然界中可以看出，蚂蚁在他们的社会生态位上是食物供应的优秀管理者；白蚁们合作建造了许多层状地下巢穴；候鸟飞越大片区域，抵达更宜居的栖息地。因此，如果我们要将群体机器人作为一项技术来使用，那么大自然会再次成为我们巨大的动力源泉，它促使我们寻求原理和设计范式，以确保其可靠性和符合需求的性能。

Winfield[365]为该研究领域命名并开发了方法，其通过简单的无线通信来操纵和设计一组机器人以形成一个集群。每个机器人都可以通过 telnet 这样的网络广播自己的 ID 以及最邻近的 ID 从而形成群体，如图 6.10 所示。由于网络上的信息交换很少，而且机器人不需要绝对或相对位置坐标，因此集群可作为单独的实体进行连贯的行为。这导致了高鲁棒性和可伸缩的群体的开发，其资源会随着集群大小线性变化。这种类型的集群并不基于任何方面的导航，但机器人执行的操作是导航和路径规划的紧密衍生。在现实环境中 Linuxbots 中这种类型的实现通过嘈杂的通信通道会产生类似的结果。因此，Winfield 建议，涌现性系统不应该比传统的复杂系统更难验证，与传统系统相比，群体机器人技术的某些特性更可靠。

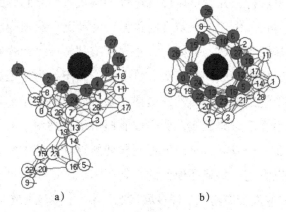

a) b)

图 6.10　**Adhoc 网络上的涌现性封装**。无线网络上只有机器人的 ID 和它最近的邻居的 ID 信息，以及只通过一个单跳建立连接的条件，这些机器人 a) 逐渐接近且 b) 显示出封装障碍的涌现行为。图片源自 Winfield[365]，经 Springer 许可使用

对于一个群体而言，故障模式的分析还没有得到很好的定义。为了解释群的可靠性的概念，Winfield 定义了两个参数：（1）活跃性和（2）安全性。**活跃性**是表现出令人满意行为的特性。这需要在两个层次上进行数学分析，即智能体层面和群体层面。单个

机器人在进行稳定性分析时，缺乏对群体稳定性的分析方法。尽管随机分析可能会有所帮助，但强烈建议不要推崇模拟仿真结果，最多只能将其视为理解和制作原型的工具。**安全性**是指不表现出不良行为的性质。虽然活跃性和安全性似乎是相互作用的，但从定义上看并非如此，一个具有安全性的系统可能缺乏活跃性，因此尽管是安全的却几乎是没有行为的。处理安全问题类似于风险分析。集群的表现形式证实了它的鲁棒性和灵活性，所以一个智能体的失败或与某些智能体缺乏凝聚力并不能阻止该群体的行为。因此，Winfield 建议对群体工程采取建构主义的方法。通过设计协同工作的集群来了解群体行为。

综上所述，为了克服可靠性的问题，其中一种解决方法是设计具有内部模型的机器人，在执行任务之前可以通过模拟进行快速测试。从结果来看，这可能会阻碍群体智能的基本原理和过程的内在新颖性，其中，单独的个体缺乏对群体行为的理解，而涌现性是智能技术的关键。而具有内部状态的机器人可能是研究有道德行为能力的机器人的钥匙，详细情况会在第 8 章进行讨论。

Kazadi[174] 差不多与 Winfield 在同时期开展了独立工作，他提出了通过追踪气体烟流来设计群体机器人路径的方法。在他的博士研究中，Kazadi 将群体工程划分为两步法：

步骤一，将群体条件作为问题定义的延伸，从而形成一群能够执行给定任务的智能体群。

步骤二，产生满足上述条件的行为。

这两个步骤也可以在 Reynolds 的类鸟群机器人 [275] 中看到。

前两个规则定义了群集条件；在第三个规则中，每个类鸟机器人试图与鸟群成员保持较近的距离，这只能通过速度匹配来实现。同样地，Winfield 在无线通信中的群集行为也可以看作是一种两步法，其中每个机器人都可以广播自己的和最近的邻居的 ID。在第二步中，连接只能是一次单跳，这可以确保只会产生单个大型集群并具有群组的内聚性。第一步确认了机器人参与集群的能力。第二步形成了集群，这在其他的研究 [237] 中也有被报道。

由于涌现性是群体工程和基于行为的机器人的共同特点，并且都是自下而上的方法，因此通常将二者视为一门重叠的学科。然而，这并不完全正确。基于行为的机器人技术要比形式范式更加直观，它的目标是开发单个工作原型。与之形成鲜明对比的是，群体工程的目的是产生一组可用于产生各种群体设计的一般条件，第二步是满足先前条件的设计行为，而且这些行为具有相当程度的确定性，将会实现给定的目标。

在 Winfield 和 Kazadi 之后，许多研究小组对两种应用广泛的群体设计方法产生了兴趣。其方法包括：（1）行为叠加法；（2）进化法。

对于第一种方法，在 Reynold 的类鸟群和 Mataric 的 Nerd Herd 上，行为的可加性似乎是一种很好的群体设计方法。Turgut 等人 [329] 设计了基于人工物理的群体行为，这些群体行为构成了 Reynold 的类鸟群模型。该群体的特征是一个虚拟力的矢量（f）：

$$f = \alpha p + \beta h + \gamma g \tag{6.1}$$

该式是行为的加法，p 是近端控制，h 是对齐向量，g 是目标方向，α、β 和 γ 是任意可调的权重因子。近端控制法假设机器人能够感知到相对位置，可以通过感知邻近机器人的相对位置、距离和方位来避免碰撞，同时保持机器人之间的凝聚力。这是通过全向相机和近距离红外传感器完成的。概括来说，假设共有 k 个机器人，对于具有范围（d_i）和方位（ϕ_i）的第 i 个机器人，将其表示为所有虚拟力的矢量和：

$$\mathbf{P} = \sum_{i=1}^{k} p_i e^{j\phi_i} \qquad (6.2)$$

其中 p_i 可以被建模为距离的反函数（d_i）或其他启发式势场。不过它的特点是有一个预期的距离 d_{des}，这是每个机器人不与其邻近的机器人发生碰撞而可以移动的最小距离。因此，p_i 当 $d_i < d_{des}$ 时为排斥，否则为吸引。

$$p_i = \begin{cases} -ve & for \quad d_i > d_{des} \\ +ve & for \quad d_i < d_{des} \end{cases} \qquad (6.3)$$

群体机器人

　　用于形成群体的机器人的特点是设计简单。它通常缺乏多传感器，重量轻，大多在低功耗的微控制器上使用交叉编程的程序代码，成本低，而且通常由不同的差分驱动机器人组成，这些机器人仅限用于导航和路径规划行为，如图 6.11 所示。每个机器人的个体能力都会被缩小，并预期集群将会对涌现行为表现出新颖性，并超出了独立机器人的能力。研究人员使用了大量的 e-puck、Khepera 和 Pioneer 组成了集群。

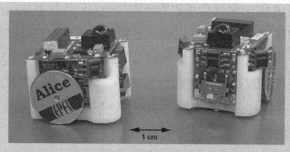

图 6.11 Alice，自 20 世纪 90 年代末以来，微型机器人的制造引起了人们的兴趣。Alice 的尺寸为 2 厘米 ×2 厘米 ×2 厘米，是 1998～2004 年在 EPFL 开发的。CC 图片由 http://en.wikipedia.org 提供

制造一个专门用于集群功能的机器人平台是过去十年的趋势。Winfield 和 Holland 开发了 Linuxbot 架构。这些机器人具有无线功能，可以通过 telnet 等网络进行控制。Linuxbots 可以通过本地 WLAN(12 Mbit/s) 进行通信，并通过该无线 IP 网络上形成聚合，如图 6.12 所示。

图 6.12 带有无线模块和 Linuxbot 的机器人。左图是一个带有无线模块的机器人 [358]，右图是带有 Linuxbot 的机器人 [365]。图片分别经过 Elsevier 和 Springer 许可使用

Turgut 等人 [328] 进一步发展了 Kobot，将其开发成一个带有 2 个直流电机的差动驱动机器人。它由 PIC 单片机和 1 个无线

模块控制，质量轻至 350 克，如图 6.13 所示。

图 6.13　20 个 Kobot。直径 12 厘米，质量 350 克的 Kobot 质量轻且易
于操纵，并配备了 2 个主要的传感系统。（1）近红外传感器，
底座周围有 8 个红外传感器，每 45 度间隔，可以探测到 21 厘
米范围内的物体，可以区分机器人和障碍物。（2）虚拟航向传
感器由数字罗盘和无线模块组成，通过无线广播方式控制机器
人向北行驶。Kobot 是用基于物理的模拟器 CoSS 设计的，并且
几乎所有的实验都受 CoSS 中的仿真支持

s-bot 机器人由 100 个主要部件组成。它的直径超过 116 毫
米，由 ARM 处理器控制，其 RAM 容量为 64 MB，运行频率为
400 兆赫兹，功耗为 700 毫瓦。s-bot 配备了一个夹持器，该项
目的目标是通过物理交互来发展机器人群体性——即每个机器
人抓住物体给下一个机器人来实现目标。夹持器是设计的新颖
之处，用于捡起物体，并将物体转移到另一个机器人上。如果
出现类似跨越障碍这样的集体需求，也可以在物理上使用夹持器
连接到另一个机器人上，如图 6.14 所示。s-bot 能够导航、抓取
对象和彼此通信，如果需要的话，可以使用夹持器相互连接，形
成一个超级实体，即群体机器人。Mondada 等人认为，群体机器
人由 2 到 35 个物理连接的 s-bot 组成，在性能上优于单个 s-bot，

特别是在探索、导航还有运输方面有优异的表现。位于布鲁塞尔 IRIDIA 的 Swarmanoid 项目（2006～2010 年）研发了 foot-bot、hand-bot 以及 eye-bot。footbot 是对 Kobot 和 s-bot 机器人设计的改进。如图 6.15 所示，它拥有距离扫描仪，接近传感器和光传感器，量程和轴承系统和一个像 s-bot 那样的夹持器附加装备。

图 6.14 "s-bot"为了通过一个间隙，形成了"群体机器人"的配置，令人联想到蚂蚁的链形成。图片源自 https://en.wikipedia.org/，通过 CC BY-SA 3.0 许可

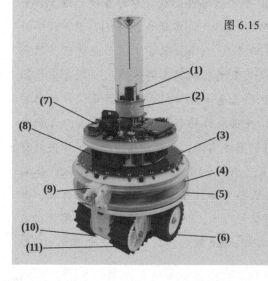

图 6.15 footbot 机器人是 Swarmanoid 项目的一部分，它配备了（1）全向摄像机，（2）信标，（3）量程和轴承系统，（4）全彩 LED 环，（5）接近传感器和光传感器构成的环，（6）Treel 轮，（7）车顶与车前摄像头，（8）距离扫描仪，（9）夹持器附加装备，（10）射频识别和（11）地面传感器[97]。图片由来自 Francesco Mondada at EPFL, Lausanne

校准行为认为机器人可以测量自己的航向角（θ_i），并与 k 个机器人的平均水平保持对齐。

$$h = \frac{\sum\limits_{i=1}^{k} e^{j\theta_i}}{\left\| \sum\limits_{i=1}^{k} e^{j\theta_i} \right\|} \tag{6.4}$$

对于简单场景，由于前两种行为足以形成群（少于 10 个智能体），因此目标方向 g 不被需要。然而，这种行为可作为一种工具，用来设计较大的相干群以达到预期的结果。目标方向对少数机器人是可用的。如果机器人意识到目标的方向，那么它就与目标对应的角度（$\angle g$）相一致。否则，它对应于平均航向校准的角度（$\angle h$）。知情机器人负责转播目标方向，从而影响其他一大群机器人也朝着目标移动。在自然界中，如猫、狗和猴子等动物中的领导力，是通过发声和手势来划定领土，或试图争取更高的狩猎份额等体现出来。在鸟群和鱼群中，由于身材较大，发声、控制群体的能力等影响因素较为复杂，所以领导力常常不能明确知悉，即是隐性的。当集群或集团中的少数智能体感知到来自环境的附加信息，并且能利用它引导整个群体找到食物、安全的迁徙路线或者较新的筑巢地点，此时领导力自然地从这些知情智能体中显现了出来。研究表明，在蜂群中，只有低至 5% 的蜜蜂才能引导群体找到新巢的位置，而鱼群中，只有少数的成员能够监督该群体的觅食行为。在鱼类中，这种领导力的出现是隐性的，没有任何信号机制或高层次的信息传递，而蜜蜂以刺耳的声音交流，伴随着似乎是一种"舞姿"的快速动作。在候鸟群中，年龄较大并经验丰富的候鸟在跟踪迁徙路线中发挥着自然领袖的角色。而对牛群的类似研究表明，对少数奶牛身上实施一种行为可以导致牛群进行理想的采集行为或到达首选地点。Correll 等研究人员为少数奶牛安装了一个可引起压力的装置，这种装置可增加奶牛形成聚集体并向牛群中心移动的倾向。在所有这些情景中，领导力都是由于少数智能体的隐性信息所致的，并且由于有限的认知能力，这些隐形信息几乎没有信息传输。复制此类知情智能体的技术是机器人学家的梦想。其中的一个障碍是缺乏有关动物和昆虫社会行为和偏好的信息。因此，我们的尝试是设计出数学模型 [74, 80]。Celikkanat 等人 [63] 将知情智能体模型与其最邻近的智能体校准为一样的航向角，于是知情机器人可以与目标方向保持一致。这种对知情代理人的操纵是一种类似"跟随领导者"的行为，但它是分散的，而不是已被编入机器人程序中的行为，是一种涌现现象。仿真结果表明，在没有校准行为的近端控制行为中，噪声有一种令人惊讶的正向调整集体群体行为的趋势。相反，校准行为在较大的群体中最为明显，而较小的群体则受目标方向行为的控制，没有任何校准行为也可以获得更好的精度。因此，知情机器人的低占比会导致群体的分散。这导致了机器人技术与生物学相吻合。人们还发现，对于固定比例的知情机器人，精确度与群体大小无关，而随着知情个体数量的增加，准确性会得到提高。因此，知情智能体影响群体的现象是可扩展的、灵活的且鲁棒的，即使减少知情机器人的数量会降低性能。

通过利用知情的智能体，研究者可以为了预期行为或预期位置设计出相应的集群，通过增加知情机器人的参与度 γ 或者调优知情机器人占机器人总数的比例（ρ）来实现，这两种方法对集体行为都会有直接的影响。在增加权重因子 γ 时，可以看到知情机器人比例（$\rho \sim 10\%$）较低的集群在准确度上有提高。相比之下，拥有大量的知情机器人（$\rho > 80\%$）或极低数量的知情机器人（$\rho < 5\%$）的群体不会受到权重因子变化的影响。同样地，随着时间的增加，对于具有（$\rho > 40\%$）的群体的精度也在渐近地提高，并可收敛到 $80\% \sim 90\%$ 左右的最大值。

知情智能体中的一个特例是候鸟。因为它们可以从环境中获取额外的信息，即从地球磁场中确定的指向目标或归巢行为的信息。因为鸟群中的每一只候鸟都能获得这个额外的信息，所以全部的智能体都属于知情智能体。远程迁移模型[128]表明，当鸟群规模足够大时，近距离感知的噪声会被抑制，归巢时的传感器噪声会导致更高的精度，鸟群的平均速度或多或少接近智能体的速度。

第二种方法是使用进化方法，其中人工神经网络可以改善孤立的智能体行为，从而提高群体的性能。

尽管群体机器人技术具有固有的新颖性，较低的净成本及较高的效率，但是大规模的机器人实验和维护始终都是研究和应用的一大阻碍。出于经济和逻辑层面的考虑，研究人员们主张在模拟仿真中研究规模庞大的群体。不过由于模拟实验仍无法完美复制错综复杂的现实世界，因此仅靠仿真还不足以研究群聚。即便如此，模拟仿真仍被当作是研究和掌握部分行为、群体凝聚力、综合领导能力等执行层面的一项工具。

两款最为流行的机器人模拟器是（1）Stage[334]和（2）AR-GoS[264]。Stage 作为在 Player/Stage/Gazebo 项目中使用的一种 2.5

维模拟器，是群体机器人仿真的基准软件。第 3 版的 Stage 构建在 OpenGL 和 FLTK 上。它可以实时运行大约 1000 个机器人，也可以在低于实时尺度时运行 10 万个机器人。Stage 的代码可重用性和开源许可鼓励了用户在线上获得众包以及各种主流的机器人，例如 Pioneer，Khepera，Roomba 等。Stage 对于导航和简单行为的模拟非常有用。但其缺点是：（1）所有的设计主要是由模块扩展而来，并对更复杂的机器人设计不够友好。（2）夹取和自组装等复杂技术也是不可能实现的。

比利时 IRIDIA 的 Pinciroli 等研究人员开发了自主群体机器人技术（ARGoS），并将其用于三维机器人群体的模拟器和控制界面。它是专门为 Swarmanoid 项目的机器人而设计的，此外，它还可支持 e-pucks 和其他少数市面上主流的机器人。ARGoS 有开源许可证，并可以在 Linux 上运行。与它的前身不同，ARGoS 使用了许多物理引擎，如 ODE, Chipmunk 等，它被设计成了一个多线程的结构。可视化界面基于 Qt4 和 OpenGL，支持 C++ 中的脚本。ARGoS 可以比真实时间更快地模拟 1 万台机器人，并且经过测试可以模拟多达 10 万台机器人。

小结

1. 多机器人系统十分重要，因为它们可以实现的功能比单机器人系统更多。

2. 网络机器人技术和普适机器人技术是当下的热门词汇，它们是通过互联网和本地局域网将机器人与嵌入式电子或其他环境智能相结合的模型。

3. 群体机器人的灵感直接来源于鸟类和昆虫群体。它以群体行为的高度涌现性和新奇性为特征。

4. 与传统机器人群组相比，机器人的集群设计是很困难的，研究人员正在探索更新的技术。（1）智能体机构和（2）进化技术，是 AI 科学家开发的两条流行路线。

注释

1. Reynold 的类鸟群模型是生物学和自然科学之外的第一个群集模型，它是为计算机动画设计的，已发表在 ACM 计算机图形学杂志上。动画所需的资源，几乎增加了类鸟群数量的平方。

2. 在群体机器人中，传感器噪声扮演着人们所需要的"坏人"并发挥着其作用，研究人员多次研究表明，噪声有助于达到预期目标位置的精度，同时也改善了群体的校准方式。

3. 群体的鲁棒性可以用群体修复时间这一参数来量化。群体修复时间指的是群体恢复到智能体失败前的状态所需的平均时间。有分析表明，群体修复时间与群体规模呈线性关系。

4. Trianni 在他的博士论文中，提出了多机器人系统的另一种分类：

（a）集体机器人，其特点是显式的智能体间的通信。

（b）二阶机器人，例如自组装机器人和自重构系统，它们是物理连接的机器人。

（c）集群机器人，智能体和环境之间的交互作用导致了新的全局行为。

5. 由于航向角的测量还涉及无线模块的参与，因此像在无线网络上进行航向角或机器人的唯一 ID 等信息交换，都会朝着群体内隐式协作的方向发展。

6. 通过汇总大量的本地感知来发展群体的集体感知，例如，构建具有单个智能体的局部传感器值来构建一个全局映射，不过到目前为止，"SLAM 群"是非常有限的。

7. Nasseri 和 Asadpour[251] 研究表明通过修补势能场函数的强度，设计出了"自私的"和"社交的"知情智能体。

8. Onyx 降落伞在着陆演习中使用了集群技术。

练习

群体机器人和机器人群组的区别是什么？从行为的角度来看，哪一种更容易被设计出来？

第 7 章　人机交互与社交机器人

最终，机器人可能要聪明得多，才能让它自己装出一副很傻的样子。

——Robin Murphy[208]

你可以把我的机器人带上飞机——躯干放在行李箱里，头部放在手提行李箱里。

——石黑浩[252]

7.1　人机交互

之前几章已经讨论了简单的人工智能代理、机器人设计、编程和机器学习技术，以构建能够在本地环境中让集群化机器人进行诸如导航、简单的交互和操作等低级任务。在新的千年里，机器人可以通过与人类建立联系或者为自己找到独特合适的岗位来完成更多的工作，从而有望为人类社会做出重要贡献。本章主要讨论人类与机器人的关系，以及机器人如何在阿西莫夫的精神下为人类社会做出贡献。在某种程度上，此章节是人机交互的第一部分，而第 8 章则是作为本章延续的第二部分。

如图 7.1 所示，人类是独一无二的唯一拥有高度自主性和最高智慧行为水平的主体。因此，为有效的人机交互而设计的机器人必须兼顾这两个方面，在外观、自主性和智能行为上与人类相匹配。与前面讨论的机器人不同，社交机器人的设计目的是响应与之交互的人的感知。接受社交机器人作为人类，或至少接近类人的互动，是有效、长期和令人满意的人机互动的根本关键。就像 PR2 机器人与 Willow Garage 的开发者一起打台球并获胜，或如图 7.2 所示美国前总统奥巴马与 ASIMO 会面，这些都是人机交互中令人喜爱的定格画面。

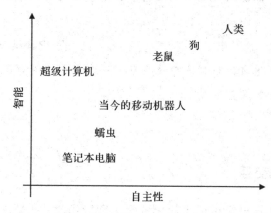

图 7.1　**智能与自主性。**与其他生物或人工智能不同的是，人类拥有高智能以及高自主性。为了有选择地参与到人类社会中，机器人将不得不同时满足这两个条件。改编自 Long 和 Kelly[207]

社交机器人的设计使得他们试图通过操纵与人互动的表情和语调来反映人类的情感和同理心，它们通常被设计为护士机器人，伴侣机器人，博物馆引导机器人等不同种类的机器人，在某种社会角色或功能的条件下工作。镜像与模仿行为也可以在 ANIMAT 模型和集群机器人中展现。本章将讨论镜像如何作为社会接受的工具。镜像也是机器学习中"通过观察学习"和"通过示范学习"方法的基础，它是对更高认知模式和有意识行为的标志，这些也将在第 9 章中再次深入讨论。

图 7.2　美国前总统奥巴马在日本东京的日本科学未来馆会见了 ASIMO，
照片由 www.whitehouse.gov 提供

与社交机器人不同的是探索用机器人，它们绘制出的是遥远星球上未知的地形或地球上非常困难的地形。它们由光滑的硬件设计，并通常由位于远处的任务基地控制。

探索机器人的一个较小的变体是送货机器人，这种机器人在冗余和重复的送货工作中变得越来越常见，它们通过本地导航和全球导航两种模式进行控制。在搜索和救援机器人中我们可以看到进一步的区别，这些机器人采用简单易用的技术进行捆绑和设计，而不是由 GPS 驱动的时髦小玩意儿。

预计在接下来的几十年中，诸如语音，视觉，面部表情等自然人类的交互将形成无缝、平静、情境感知和无处不在的人机交互。机器人可以参加如打扫房间、清理草坪、做饭等的劳动，但这些消费对当前家庭而言还算不上实惠。然而，随着新技术和大规模生产，这些种类的机器人价格可能将在几千美元左右，因此对于中等收入家庭来说这是一笔更易于管理的投资。在本章我们将重点介绍人机交互和社会服务。

人机交互型机器人可以分为以下四类：

1. 拟人形机器人，如 Kodomoroid，ROMAN，Inkha 和 KASPAR[86]，它们有人类的面部特征设计，通过视觉与语音通道与人类进行交互。它们有一种近乎人类的吸引力。

2. 拟兽形机器人，如 AIBO，Kismet 和 Paro[135, 369]，它们通过模仿照顾和同情心这些行为来作为宠物的替代，并且最适合作为老年人的伴侣。Paro 已经应用于抑郁症和痴呆患者的心理治疗，AIBO 已被用于治疗自闭症儿童。

3. 卡通型机器人，如图 7.13 所示的 CERO 和图 7.9 所示的 Sparky，它们有简约的设计和直观的基本面部特征。这些机器人价格低廉，易于构建和编程，它们只是专注于几种特有的行为动作，而不是像拟人型或拟兽型机器人那样需要有广泛的交互式行为。

4. 功能性机器人，它们更像是从事人类社会工作的智能机器，如搜索和救援、送货、探索、测绘等。它们在全球网络中被人监督，但缺乏信息上的情感交流。

前两种属于社交机器人领域，其特点是通过语音、视觉和某些情景中的情感交流强调对自然人类交互的回应。目前交互型机器人已经找到了多种应用方式，如家用机器人、办公室助理机器人都可以在护理和酒店业等工作场所中投入应用，如图 7.3 所示。

图 7.3 **社会中的机器人。** 一位艺术家对未来机器人参与社会生活的描绘：a）辅助机器人，b）儿童教育中的玩伴机器人，c）操纵任务的指导和协助机器人，d）教授运动练习的机器人，e）老年人专属机器人，f）儿童和成人的监控和保护机器人。图片来自 Schaal[289]，经出版商 Taylor & Francis Ltd. 许可转载，http://www.tandfonline.com

分布式认知

人与人之间的相互作用发生在多种渠道上：（1）声音，包括语音和语调；（2）视觉，与外表，肢体语言和面部表情有关；（3）触觉，如触碰和本体感受。这三个渠道必须齐心协力来确保社会接受互动的存在。

分布式认知[153]认为这种社会功能的运作是在一系列近乎平行的信息流中出现的。举例说明，一个社交机器人如果想要引发幸福的状态，它将试图通过面部表情、肌肉驱动、使用特定的词汇和积极的语调来尝试传达这种幸福感。分布式认知与基于行为的方法有相似之处[160]，因为它们都依赖于并行工作的一些近似独立模块的叠加，也都从大自然、昆虫和动物中为基于行为的机器人，以及为了分布式认知的人类社会互动中寻找灵感。

7.2 社交机器人

图 7.4 所示的 Kismet 是第一个具有拟人化特征的社交机器人，它被设计成友善的宠物，可以反映交互中人类的同情和情感，从而创造出一种虚拟的关心，关怀和依恋感。

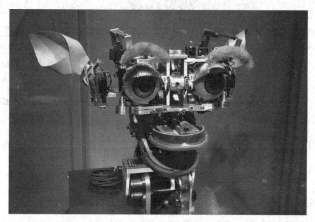

图 7.4 **Brazeal 的 Kismet 机器人。**这种动物形态的机器人是同类中的第一个。图片由 wikimedia.org 提供，CC0 1.0 通用公共领域许可

自 Kismet 机器人诞生以来的 20 年里，大量的社交机器人被开发出来，表明社交机器人已经逐渐被人类社会所接受并有望成为下一个重大的技术革命，如图 7.5 所示。但是，这就产生了一些疑问。社交机器人仅仅是配备了现代技术的时髦又昂贵的玩具吗？如果这些机器人在我们的社会观念中很容易被接受，那么它是否会模糊玩具与生物之间的区别？

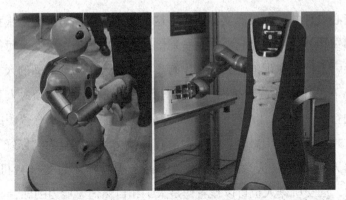

图 7.5 **社交机器人大道**，通常以利基为目标来补充人类的各项生活。除了担任忠实的仆人外，他们还扮演助手、同伴、宠物、舞台表演者以及艺术家的角色。左图展示的 Wakamaru 机器人被用于帮助老年人，它会说话，有大约 10 000 个单词的词汇量，甚至还会在日本戏剧中"表演"；右图则是 Care-O-Bot 机器人，该机器人被设计用来完成护士和护工的工作。以上图片由 wikimedia.org 提供，经 CC 许可

作为功能性机器，几乎没有社交技能的非类人机器人在工业和家庭领域都可以取得成功。另一方面，像 ASIMO 和 PR2 这样的类人机器人更像是时髦又昂贵的玩具，因此，我们真的需要社交机器人吗？

另一项引人入胜的问题是，社交机器人的核心在于模仿人类的表情和情感，而这些显然不是机器人能感知到的，所以并不真实。因此，社交机器人真的具有社交能力吗？这些疑问构成了社交机器人悖论，也是尝试发展具有伦理和意识行为的智能体的原因。这些问题将在第 8 章和第 9 章中解决。

Duffy 建议，社交机器人总是会伪装人类的特征。然而，通过行为复杂性的增加，人类社会行为的高质量合成将使它看起来

比精心设计的伎俩更真实。因此，这样的人工制品可能会乞求我们的感知和社会自我把它看作是智能的、有情感状态的，甚至可能是有吸引力的有意识的存在。在没有参考共享人类物理空间的人类的情况下设计和制造的机器人，可能不会表现出可以解释为人工智能的行为。对机器人智能的人工评估将固有地带入他对智能的解释，并与社交商相融合。例如，没有将社交问候回复为"你好"的机器人可能会被认为不太合意，因此会被看作不过是一台机器。因此，社交机器人也可以被看作是人工和自然情感能力的融合。

社交机器人各不相同。社交机器人与传统机器人的不同在于，有些社交机器人在视觉上具有标志性，而另一些具有合成的皮肤和头发的机器人则更善于展示面部表情以激发人工的情绪状态。社交机器人的设计要么侧重类人的外观，要么侧重类人的举止，很少有机器人能同时能满足这两种要求。社交机器人研究的一个极端是石黑浩和 Mac Dorman 的机器人研究，他们把重点放在类人的外表上。而另一个极端则是 CERO 和 Care-O-bot，它们与人类的相似性极小，但它们都在有效的动态和方向上弥补了这一点，以传达人类的行为和意图。

类人形机器人，无论是像 ASIMO 这样有腿的人形机器人，还是像 PR2 和 Wakamaru 这样下身靠轮子移动的半身人形机器人，显然都得到了更多的社会认可。人们已经看到，利用类人形态从根本上定义了机器人在某种程度上具有社会功能。一张具有生动特征的人脸和类人型外骨骼，可以确保如走路或眨眼这样最普通的互动，显然能作为一种基础的社会功能，并被视为一种人类行为。

尖端的机器人，如图 7.6 所示的 Pepper，是一种高端的社交机器人，并且是人脸类人机器人的最佳实例之一。Pepper 具有识别和反映人类情感的卓越技能，可以被看作是迄今为止最好的社交机器人。它是 Aldebaran 为日本软银公司开发的。Pepper 重 28 千克，高 1.2 米。它可以通过分析面部表情和语音语调来识别情绪情感。这款机器人的售价为 19.8 万日元（约合 1700 美元），这是在未来几年中中产阶级也负担得起的定价。它配备了人脸识别技术和一些传感器、摄像头和语音记录器。Pepper 配备了学习工具，而不需要为特定的任务编写程序，这有助于它逐渐熟悉人类的生活方式和各种社会文化功能。Pepper 被设计成以人为本，与人互动并保持一种"感觉良好"和幸福的状态。它并不是个人机器人或者做家务的家庭机器人。

图 7.6 Pepper 是一款尖端的社交机器人。它致力于检测和反映与它交互之人的表情和情感。它的售价 1700 美元，截至 2016 年夏天，日本软银公司已经发售了 7000 多个 Pepper 机器人。图片由 photozou.jp 提供，经 CC-by-SA 许可

就拟兽形机器人（zoomorphic robots）而言，社会互动或多或少是基于镜像的。Kismet 和 Paro 不会通过语言表达人类的意图，但它们被设计成以非语言的方式进行交流，如眼部运动、发出咕噜声和肯定的声音等。类似地，对于被设计为宠物狗的 AIBO 来说，该机器人的行为设计得出乎意料且非常复杂，就像真正的宠物狗一样，让主人有兴趣去观察它。

社交机器人的设计

如图 7.7 所示，社交机器人学涉及多个学科，社交机器人既是艺术品也是技术品。作为一种设计范式，它应该处于与人类友好的社会环境中，并且互动应该是接近实时的。基于社会期望和定制的情感互动，该类机器人本应该作为一个社交意识的实体并广泛坚持友好互动。然而，大多数社交机器人研究小组通过让机器人看起来像一个孩子或宠物来控制以上方面，从而防止可能需要更高水平的认知和更丰富的情感模式的激烈互动。一些设计师有意地通过眼神交流来吸引用户的注意力，或者用一个顽皮的微笑来鼓励互动。机器人并没有试图明确地培养用户的反应，而是以一种更隐蔽的方式致力于类人的任务，用来吸引用户的注意力，相比之下也是很好的一种选择。

设计范式的动机来自对婴儿的研究，与护理人员的交谈以及对动物与人交互的研究，它可以大致由以下方面决定：（1）美学，（2）面部表情和（3）语言处理，以上三者都可以作为线索传达出人类情感状态、人类意图并聚焦机器人设计途径。除此之外，社交机器人应易于设置和控制，并应补充人类的生活方式。

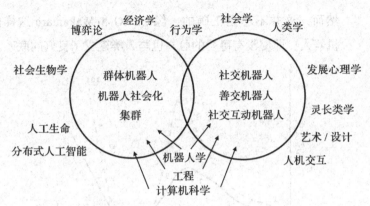

图 7.7　**集体和社交机器人**是许多学科的汇合点。图片选自 Fong et.al[107]

美学

超过 **60%** 的人与人之间的互动是非语言的，如面部表情、手势、语调等，这使得美学成为设计人工生物体来支持人类社会的重中之重。在人-机交互中，机器人的外形应具备类人并符合人类的审美价值。Masahiro Mori 在 1970 年发现了与此矛盾的情况。Mori 观察到，当 AI 智能体变得更像人类时，达到一个临界点前人类对其外观的情感反应会变得更加热情，超过临界点后的智能体外观反而令人厌恶。然而，随着智能体的外表继续向自然的方向发展，人类的情感反应又一次从厌恶转向了热情和欣赏。这种人类情感反应变化，先变厌恶然后转回愉悦的现象被称为"恐怖谷理论"[214]，如图 7.8 所示。

以下是社交机器人美学的显著特征：

1. **面孔类型**。为了吸引人类并引发社会反响，机器人应具有一张可爱的面孔。这也有助于迎合人类的反应，就像他与婴儿（Robota, Pepper 等）或宠物（Paro, Kismet 等）互动一样。

然而，这并不总是正确的，像 CERO 和 Wakamaru 这样的机器人，即使没有可爱的脸，也与人类建立了良好的联系。

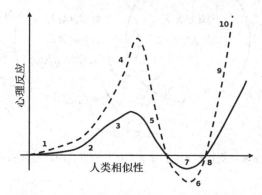

图 7.8　**恐怖谷**。虚线表示动态的智能体，而连续实线表示静态的智能体。（1）是一个工业机械臂机器人——包括动态的和静态的，没有人像；（2）是一张笑脸，没有明显的人类特征，但传达了人类的情感；（3）是一个人形填充玩具；（4）是类人机器人，如 ASIMO；（5）漫画——既有静态的，也有动态的；（6）是僵尸；（7）是尸体；（8）是假肢——既可以是静态的，也可以是动态的；（9）是日本文乐木偶；（10）是一个健康的成年人。引用自 Robertson[278]

2. **外貌和人类相似性**。当今的技术难题和大多经济上的限制使机器人很难同时拥有类人形的外观和举止。外观在机器人研究中受到了青睐，并推动了类人硅胶皮肤、类人皮肤色素沉着、可眨眼和聚焦的类人眼睛等的发展。

3. **自由度（DoF）**。为了促进各种各样的表情反应，机器人的脸和身体姿势需要具有多个自由度。例如，ROMAN 有一个 4 自由度的脖子。这确保了自然的手势，例如微笑着点头致意和肯定。

4. **定制的基本行为**。可以根据人类婴儿或宠物的行为和社交反

应对机器人进行设计和编程。这将使机器人能够通过语言
（语音、语调、使用功率词等）和非语言（手势、触摸等）模
式与人类进行动态社会交互。这种方法限制了交互的范围，但
有助于在人机交互领域建立一个现实的限制，如图 7.9 所示。
例如用户不会尝试同设计的外观和行为像婴儿的机器人来讨
论股票市场，用户也不会试图向设计为狗的 AIBO 教授乐谱。

5. **伪意向性**。机器人必须传达意图，以促成社交交流。这
样，根据已知的社会规范使机器人的行为是一致且可预测
的。例如，一个问候应该回以一个类似的问候——一个点
头应该回以一个类似的点头和一个微笑来肯定，同样地，
如果人类用户表达悲伤，机器人应该以同样的情感回应等。

6. **反应调节**。由于技术的局限性以及机器人不能像人类一样
出色，因此机器人应有选择地进行人机交互，从而避免过
于激烈或过于温和的互动⊖。特别重要的是注意力转移和自
主性的概念，这两者都应该通过改变头部、颈部和眼睛注
视的方向来巧妙地控制。

7. **学习**。社交机器人必须具备像 ANIMAT 一样配备学习机
制。这将使它在与人类和环境互动时能够获取更复杂的社
会技能。

8. **社会认可度**。当前类人机器人获得了更多的社会认可，Paro
和 KASPAR 分别吸引了痴呆患者和自闭症患者。一个社交机
器人的美学设计应该与它的应用及其目标利基密切相关。

⊖　这确实表明，能识别出附带讽刺的回答的机器人已经跨过了人类社会交
往的门槛，并且已经开始欣赏和享受人类的社会行为。

图 7.9 Sparky 和 Feelix。左图为 Sparky，右图为 Feelix，这两种机器人都具有卡通化的面孔，并形成了人机交互中的社交约束。这两个图像均来自 Fong 等人 [107]，经许可使用

面部特征

接着我们将注意力转移，通过满足与人类观察者的凝视，模仿人类的面部表情，确实为建立社交互动奠定基础，从面部表情或动作中获取信息，将有助于它更接近人类互动的领域。

通过面部表情来确定心理状态是日常交流中一种有效的非语言交流方式。人类面部特征可以利用一系列的技术整合到一个社交机器人中：（1）基于 Haar 特征的级联分类器；（2）Eigenfaces（特征脸算法）；（3）主动形状模型方法和面部动作编码系统（FACS）。

Viola 和 Jones 提出的用于实时检测的 Haar 分类器方法已经成为人脸时别算法的标准，并且也是各种图像处理软件套件中的默认方法。Haar 分类器虽然易于实现，但不够完善并且缺乏鲁棒性，它仅能通过正面人脸视图来得到最好的结果。特征脸算法则使用脸部图像矩阵，将其与标定结果进行比较，并附带一个预先存在

的大型数据库。

主动形状模型（Active Shape Models, 简称 ASM）是由点分布定义的对象形状的统计模型，在点分布中将物体的形状简化为一组点，这种方法被广泛应用于人脸图像的分析。通过观察人脸关键点所在的相对位置来传达人类情感。这些关键点被比作"地标"点。形状模型本身不足以检测人类面部，因此在多数情况下需要将 ASM 方法与 Haar 级联分类器一起使用。

以上三种方法都是针对静止图像的，对于实时执行来说，面部动作编码系统（FACS）是最好的技术。这种技术是在 20 世纪 70 年代发展起来的，作为强有力的工具，它被用来将人的面部表情与其相应的心理状态关联起来。这是一种将面部表情与心理状态联系起来的新方法，例如，将喜悦看作是同时抬高脸颊和拉嘴角的行为动作。它充分考虑到了每块面部肌肉的收缩及其对面部外观的影响。面部表情被简化为艾克曼动作单元（Ekman Action Units，简称 EAU），这些 EAU 的组合可以很好地估计出相应的人类表情，如表 7.1 所示。

表 7.1 面部动作编码系统（FACS）(1978)

心理状态	面部特征（EAU 编号用方括号表示）
喜悦	脸颊抬高 [6]，唇角拉伸 [12]
悲伤	内眉上拉 [1]，下眉降低 [4]，唇角下拉 [15]
惊讶	内眉上拉 [1]，外眉上拉 [2]，上眼睑抬起（轻微），下颚降低 [26]
恐惧	内眉上拉 [1]，外眉上拉 [2]，下眉降低 [4]，上眼睑抬起 [5]，眼睑收缩 [7]，双唇拉伸 [20]，下颚降低 [26]
愤怒	下眉降低 [4]，上眼睑抬起 [5]，眼睑收缩 [7]，双唇收紧 [23]
厌恶	鼻肌皱起 [9]，唇角下拉 [15]，下唇下拉 [16]
鄙夷	唇角拉伸 [12]（右侧有明显弧度），酒窝显现 [14]（在右侧有明显弧度）

这是六种主要的情绪和它们的基本 EAU，其中 EAU 的数值在方括号中给出，因此在 FACS 编码中，喜悦感（被系统视为脸颊抬高和唇角拉伸）将被视为编号 6 + 12 同时起作用。更为复杂的对待需考虑头部和眼部的运动。这种方法不仅能将面部特征与他们的情绪联系起来，而且还能区分自愿和非自愿的面部表情。FACS 是目前唯一可用的实时评估情绪的技术，并且是心理学家和精神科医生所采用的行之有效的工具。

自然语言处理

致力于自然语言处理（NLP）方法的聊天机器人（例如 ELIZA 和 ALICE）在与人类用户进行人工对话方面非常成功。聊天机器人依靠固定的词汇表来搜索特定的词汇安排，从而检测人类用户的心理状态和意图。例如，人类用户说"我感觉不舒服"，会促使聊天机器人产生人工同情心，并做出类似"我很抱歉知道这个，你在烦恼什么？"这样的回应。类似地，人类用户说"今天天气真好"，聊天机器人会做出更为积极的答复，"哦，是的，天气真好"。

如何模拟人机对话？

聊天机器人可能是社交型人工智能最简单的例子。最早的例子，例如 Weizenbaum 的 ELIZA（后来激发了 ALICE 的灵感）产生了惊人的结果和现代最先进的聊天机器人，GOOSTMAN 摆出了接近人类的姿态，并在图灵测试中扭转了形势。如何让死记硬背的编程脚本像人类一样激发同情和情感？以下两个示例试图回答这个问题。

1. 聊天机器人：重访 ALICE。人工语言互联网计算机实体或 ALICE 以与用户输入匹配的语言模式与人类进行对话。然而，这并不是万无一失的，在 2 个智能体之间进行 5～6 次交换后，可以很容易地发现会话缺乏一致性。在这里，ALICE 是使用 PyAIML 实现的，如图 7.10 所示。

```
> 你好。
怎么称呼你？
> 叫我 Ronald。
好的，我将叫你 Ronald，你是男士还是女士？
> 我是一位男士。
谢谢你告诉我你的性别 Ronald，我的大多数客户都是男士。
> 好吧……
我也很好。
> 我在想，你是否能帮我……
你需要什么样的帮助？
> 我想打一个电话。
希望你的梦想实现。
> 嘿嘿，你可真有趣。
我很高兴你觉得这很有趣，Ronald，也谢谢你让我笑。
> 所以，我真的需要打一个电话……
嗯，我想变得比人类更聪明。
> 你真的 ... 你能满足我的需要吗？
我不会马上说"能"或者"不能"。不过，我有一个庞大的内置帮助系统。
> 哦……唔……
是滴……呃……嗯……
```

图 7-10　ALICE 变量的样本输出。虽然 ALICE AI 不能提供太多信息，也不能解决任何实际问题，但它看起来很像人类。标记为 > 字形的对话部分是人类用户的输入，相应的答案来自 ALICE

2. 模拟对话——Wall-E 向 Eva 求爱。在这里用 Python 2.7 中的一个简短的程序脚本设计了一个连贯的对话，这两个标志性的机器人之间似乎缺乏可预测性。输出结果如图 7.11 所示。该对话反映了两个智能体的情绪状态和整体氛围。该程序脚本是一个英语语言剧，并使用关键词来表达略显俗气的浪漫求爱。虽然输出随着每次运行而变化，但两个智能体的总体情绪和对话主题或多或少保持不变。需要注意的是，该程序既没有使用任何自然语言库，也没有提供搜索引擎，而是通过随机化输入和输出来设计，这显然缺乏对话的可预测性，并使其看起来像是自发形成的。

> WALL-E: 你好 EVA。
> EVA: 你走开。
> WALL-E: 我爱你。
> EVA: 滚开你这个怪咖老机器人。
> WALL-E: 你真的很美，但你有时像一朵带刺的玫瑰不是吗？
> EVA: 现在你该知道我喜欢你对我说这样的话。
> WALL-E: 我能给你一个机器人式的拥抱吗？
> EVA: 嘿亲爱的，过来，让我们一起寻找植被吧。
> WALL-E: 你在哪儿呢 EVA？
> EVA: 你为什么问我这么多问题，你是逻辑电路故障了吗？
> WALL-E: 好吧。
> EVA: 当然。
> WALL-E: 当然。
> EVA: 这回你变得更好了。
> WALL-E: 我需要你。
> EVA: 滚开你个怪咖老机器人。

图 7.11　模拟 Wall-E 和 Eva 之间的聊天的样本输出。关键词可以抒发情感并反映聊天的主题。

对话的部分输出缺乏连续性，并与所问的问题不相符，而且智能体经常重复一些语句。然而，这仍然证实了谈话的总体主题。这是由于关键词和两者都属于漫画一样的卡通机器人并且拥有类似偏见人类感知的事实。

要开发聊天机器人，在20世纪80年代末和90年代初 Prolog 和 Perl 是早期的宠儿。如今，特定于自然语言的库，Python 的 NLTK、Java 的 GATE 和 OpenNLP、C++ 和 Java 的 UIMA、Scala 的 ScalaNLP，以及 Alchemy API 和 Open Calais 等 Web 服务都受到了开发者的欢迎。苹果（Apple）的 Siri 和微软（Microsoft）的微软小娜（Cortana）等语音系统是聊天机器人的复杂变体，它们还会在人类对话中通过内容和语调寻找可见的模式，并经常通过互联网搜索来补充回复。然而，基于语音的交互并不是没有问题。到目前为止，AI 系统还缺乏识别和鉴别世界各地口音的能力，这一问题在英语识别中尤为严重。此外，人工系统很难区分人类和其他自然的相关结合声音，以及对于语音识别而言不受欢迎的声音。

由于聊天机器人通常用于营销目的，因此聊天机器人 AI 试图通过购买或售后支持来帮助人类用户。

7.3 应用

随着技术的进步，人机交互已经有了新的应用。机器人在很大程度上秉承了阿西莫夫的精神，满足了人类的需求，并几乎总是服从于人类的命令。在20世纪90年代末期和21世纪的早期，拟人化机器人头的发展突飞猛进，引发了社交机器人的开发热潮。在 Kismet 之后，出现了大量的交互式机器人头，WE4、ROMAN、

TUM-Eddie、Inkha、Octavia 和 Flobi 是最好的例子。尽管其中大多数只是人机交互研究的学术探索,为模拟人的思想和情感商数提供试验平台。如图 7.19 中所示的 Inkha 在伦敦国王学院的入口处担任了机器人接待员的角色,由美国海军开发的 Octavia 则是一款互动式消防机器人。

凯泽斯劳滕大学的机器人人机交互机器(RObot huMan interAction machiNe,简称 ROMAN),从众多机器人中脱颖而出,如图 7.12 所示,可以说是最好的拟人化机器人头。拥有人造皮肤和 4 自由度的脖子,ROMAN 还拥有类似人类的情感,由艾克曼的动作单元和情感控制架构开发。ROMAN 的力学原理是在固定在颈部的 8 个可移动金属板上进行设计的。这些板为下颌、眼睛、头骨和 10 个伺服电机提供了安装点。这些可移动金属板的位置按照艾克曼的动作单元进行。人造皮肤用胶水粘在头盖骨上,由 8 块金属板支撑,由伺服控制。眼睑可以上下移动,眼球则有上下左右 4 个自由度。

a)   b)

图 7.12 ROMAN,凯泽斯劳滕大学的人形机器人。a)工作机器人;b)机电设计的机器人头外观;c)机电设计的具体细节。图片由 Karsten Berns 提供

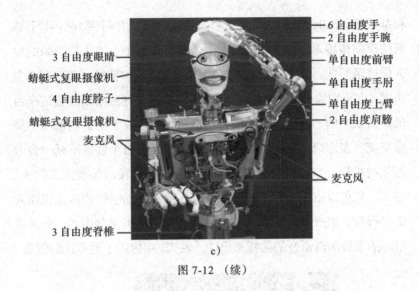

图 7-12　（续）

ROMAN 的情绪控制架构，是基于三个主要部分：情绪，驱动和动作行为。

7.3.1　带有社交面孔的服务机器人

目前，Pepper 机器人每个月有 1000 台的销量，然而 Pepper 并没有被贴上拥有社交功能的标签。服务机器人需具有明确的角色定位和特定的行为规范。以下 CERO 的示例有助于说明，如何通过最少的硬件、简单的行为和对人类生活的最少侵入，让机器人们仍然可以参与它们有针对性的社交领域。

CERO——协作式具身化机器人操作系统

如图 7.13 所示，CERO 由瑞典皇家理工学院历时 3 年 [159, 297] 开发，其设计目的是在办公环境中，通过获取和携带功能为行动不便的上班族提供帮助。该机器人有两个部分：CERO 机器人角色部分和基于Nomadic Super Scout平台的带轮底座，并附带16个用于导航的声呐传感器。CERO机器人角色部分是一个小型人类胸像的拟人化表现形式，具有4自由度最小的人类外观和特征。头部有2自由度（上下和侧身），每只手臂都是单自由度，这四个动作通过充当机器人底座的"驱动"来帮助传达机器人的社交意图。它依靠手势来交流、表达情感态度，因此给人的印象是拥有个性而不是一台卡通化的机器。它被设计成通过键盘输入和语音接口接收人工指令。例如，它可以点头来传达积极的反馈，或者移动手臂来示意机器人正在行驶。语音系统可以响应语音和语调的典型情感内容，会对应相应的手势提高语音的振幅和元音。表7.2中提供了更多详细信息。

图7.13　CERO，瑞典皇家理工学院的极具表现力的机器人，具有最少的类人的特征和手势，被设计用来帮助有行走障碍的办公室工作人员。图片取自Severinson-Eklundh等人[297]，经Elsevier许可使用

表 7.2　CERO 的回应，来自 Brennan 和 Hulteen（1995）[46]

事　件	CERO 的反馈
参加 / 确认，机器人开启，检测到麦克风声音输入，检测到语音输入	抬头
接收语音	如果听不清 / 发音不清楚，就摇摇头，听清就点头
解析中 / 口译中	解析错误时会摇头
计划失败 / 成功执行	摇头（失败），点头（成功）
报告中	双臂像走路一样的姿势摆动

CERO 是一个善于表现的机器人示例，该机器人使用最少的手势和动作向人类用户传达一种亲切感。这种机器人虽然缺乏人类活动的活力，但可以在一系列应用中成为低成本自然交互的一部分。该机器人的主要针对对象，是只能拄着拐杖或坐在轮椅上短距离行走，但可能无法轻松地拿取或携带物品的办公室职员。在试验中，该机器人被发现可以帮助用户并成为一个用户的独立助手。Severinson-Eklundh 和 CERO 研究团队希望 CERO 能够得到进一步发展，以支持完全基于语音的双向交互[132]，这种交互可以与手势和非语言交互无缝结合，并促进多个用户和组的交互协同工作。而当机器人的交互作用最小时，CERO 也可以作为研究人机交互的平台[159]。

7.3.2　老年人护理机器人

不同的机器人研究小组都瞄准了老年人护理领域。KSERA、DOMEO、COGNIRON、Companionable、SRS、Care-O-bot、Accompany、HERB、Hobbit、Pearl、Hector、Huggable 等都是为

支持老年人和相关医疗护理人员而开发的机器人平台。这些机器人可以在家中或护理机构中使用，主要用于监测身体与精神层面的健康状况，帮助老年人进行社会交流并协助执行取带任务，从而可以同时作为智能机器，管家和伴侣存在。

7.3.2.1 Care-O-bot 3——聪明的管家

斯图加特弗劳恩霍夫制造工程与自动化研究所（IPA）的 Care-O-bot 项目已经进行了十多年，并产生了三代机器人。该项目致力于开发一种移动机器人，该机器人可以帮助人们在家中生活并承担诸如取物和其他简单的家务之类的功能，并提供娱乐活动，处理紧急情况。因此，以较低的运行成本，增强他们的个人独立性，改善他们的生活质量和安全，始终如一地照顾他们，并通过社交媒体等提供更好的社会融合和凝聚力，都是该项目的长期目标。弗劳恩霍夫 IPA 进一步认为，Care-O-bot 还可以担任机器人服务员，机器人接待员以及机器人技术人员等角色，可以以导游身份在博物馆和娱乐公园中带队参观。

如图 7.5b 所示，第三代同时也是最新版本的 Care-O-bot，其概念设计的灵感取自端着托盘的管家。

7.3.2.2 Hobbit——回报机器人的喜爱

维也纳工业大学的 Hobbit 机器人项目旨在设计出在室内老年人护理方面广受认可的社交辅助机器人。Hobbit 的设计初衷是让老年人能够在家中或护理设施中多待一段时间，并试图作为一个友好的帮手解决紧急情况、防止摔倒、提供良好的心理状态。它的工作包括巡视公寓，捡起地板上的东西，通过提醒给老人提供建议以及处理紧急情况（例如呼叫救护车和在跌倒时提供帮助）。

Hobbit 通过社交媒体联网，可以在需要时提供娱乐和交流。该项目在欧洲有三个不同的测试地点（奥地利，希腊和瑞典），共有 49 位参与者参与了此次测试。

Hobbit 机器人的新颖之处在于它是在相互照顾的模式下发展起来的，即老人和机器人互相照顾。除了需要照顾的各个方面之外，该机器人还将建议并期待老年人对机器人回报照顾和帮助。其潜在的理念是，如果人机交互是一条"双行道"且在这条道路上，双方彼此帮助以寻求更充实的存在，那么老年人便会更倾向接受机器人的协助。这也减轻了作为时尚发明机器人所带来的技术负担，并将其带向更有内涵的一个点，相互依存和合作是人类与机器人共存的关键——即机器人可以像人类一样更自然地跟社会相连，而不仅仅是作为一台机器。事实证明，这种形成相互作用纽带的互惠关系，相比于作为监控和控制人们生活的时髦小玩意儿所带来的反感，会带来更好的用户体验。

Hobbit 机器人在满电的情况下可以运行约 3 个小时。它有一个差动驱动器，可以不需要额外的空间面积进行实时转向，还可以在狭窄和混乱的环境中导航。它进一步装备了易格斯公司生产的 5 自由度 Robolink 机械臂和 Fin Ray 夹持器。人机交互可以通过语音、触摸屏和手势等多种方式形成。Fischinger 等人 [104] 确定了 Hobbit 机器人照顾老人所必需的四个设计方面：

1. 地图构建和自我定位

2. 安全导航（障碍物探测和避让）

3. 人机交互（用户和手势检测）

4. 目标检测和后续抓取

　　为了满足上述需求，该机器人配备了各种传感器。对于深度感知和自我定位，该机器人使用华硕 **Xtion Pro** 体感摄像头。对于障碍物探测、目标检测、抓取和人机交互，该机器人的头部安装了一个装有微软 **Kinect** 的云台。为了能够更好地提供支持，该机器人的底座后面安装了一个由 8 个红外和 8 个超声波距离传感器组成的阵列，为了方便测量，它在驱动电机的两个轴上均有高分辨率的里程表，每个编码器刻度可以测量 70 微米。

　　Hobbit 机器开始用户交互时，会首先介绍其功能。清洁地板、给老年用户提供其他的建议，以及处理紧急事件，是机器人的固有功能。新型的基于用户的机器人交互设计在典型的往复任务中进行了测试，例如：

1. 设定该机器人正试图了解一个物体的应用场景。该任务要求机器人和老年用户共同参与。为了学习该物体，机器人必须使用"学习转盘"，它不能由机器人自主操纵。因此，机器人提示用户将"学习转盘"放入夹持器中，并按照指示操作，如图 7.14 所示，机器人在学习一个杯子。尽管来自用户的帮助是必要的，但它不是很明确。在完成这项任务后，机器人感谢用户并提供回报。当用户确认后，机器人会播放音乐或讲一个随意的笑话，以增强两者之间的社交联系。

2. 设定当机器人无法找到它必须要取回的对象时，让其向人类用户寻求帮助。如果用户同意帮助机器人，那么用户可以通过触摸屏提示该物体的位置。如果机器人成功地找到了目标，那么就像先前的场景一样，它会提供回报。如果任务失败，那么它仅会报告失败，用户可以在查找给定对象时再次发送位置。

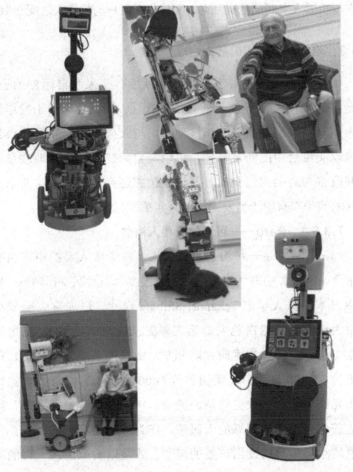

图 7.14　**Hobbit 机器人**展示了新颖的人机交互。图像来自 Fischinger 等人 [104]。经 Elsevier 许可使用

Lammer 和他的研究同事们观察到，人类用户对机器人向他们寻求帮助而感到惊讶，而在这之后用户常常伴随笑声和笑容，并且大多数参与者都希望该机器人以真实姓名称呼它们。这样既增加了

用户与机器人之间的社交互动，又建立了用户与机器人之间的信任。

7.3.3　陪伴机器人和机器人治疗

社交机器人已被用于治疗和照顾患有痴呆和自闭症的患者。机器海豹 Paro 作为宠物机器人很受欢迎，因此其有助于发展和培养人们对痴呆患者的情感和同理心。与人类婴儿相似的 KASPAR 就像现实生活中的朋友一样，可以与自闭症儿童紧密地联系在一起并改善与之的沟通交流。无论是情感还是同理心，这两个人机交互的例子都有助于激发人类的真实感知与真实情感。

7.3.3.1　Paro——可爱的机器人海豹

Paro[135, 369] 是一种海豹形机器人，在老年人看护中充当宠物的角色，医生和心理学家都用它来克服痴呆以及减少孤独感。Paro 是由日本机器人学家 Takanori Shibata 设计，以加拿大竖琴海豹宝宝为模型，并用白色人造毛皮覆盖，重约 2.7 千克。它由日本国立先进工业科学技术研究院开发，由智能系统公司制造，在日本售价 35 000 日元，在美国售价 6000 美元。它配备了触觉传感器和光线传感器、触觉敏感的触须、声音和声音识别系统，以及表达其仁慈本性的闪烁的大眼睛。作为对人类互动的回应，它可以模仿小竖琴海豹发出可爱的声音，或是以看似追踪人类的运动来转动头部，从而产生一种其专注于与人类互动的错觉。这个设计更像是对海豹的幻想投影，而不是像真实的海豹一样。Paro 是一种有效的情感诱导工具，它引起人与人之间的积极反应，并且被研究人员发现对痴呆患者非常有效。Paro 的设计包括三个方面：（1）其内部状态；（2）来自传感器的感知信息；（3）自身与人类互动的昼夜节律。此外，它可以从经验中学习。因此，对于诸如轻拍下巴这样的提供幸福感的刺激，Paro 可能会重复在轻拍下巴之前相同的响应，从而显示出人工的斯金纳条件反射。Paro 作为痴呆患者的宠物 Fluffy 或 Bruce 介绍给他们后，在被主人呼唤时就得知其名字。不像真正的宠物，Paro 不能咬或抓挠。其防腐涂层不脱落皮屑；它不吃东西也不制造废物，而且它的皮毛具有低过敏性，因此它不会增加饲养宠物的负担。

尽管 Paro 会吸引用户的情绪商数，但 Calo 等人观察到，患者看到 Paro 时的直觉反应要么是兴奋，要么是排斥。排斥是由于发现机器人不自然、卡通化和令人毛骨悚然。然而，人们几乎一致认为机器人是一个有生命的生物，除了患者以外，医生和其他医务人员也曾与机器人交谈。

Paro 机器人和对布劳德本特博士的迷你采访

奥克兰大学心理医学系的伊丽莎白·布劳德本特博士（Elizabeth Broadbent）一直在积极地参与使用 Paro 机器人进行老年治疗的工作。她与我们分享了她的一些研究成果。这次迷你访谈于 2015 年 7 月上旬进行。

AB：我读过有关你使用 Paro 机器人作为老年护理伴侣的相关研究成果。请问你能告诉读者你的动机以及是什么促使你进行这项研究吗？

EB：我一直沉迷于机器人的研究，我认为机器人可以成为人类忠诚的伙伴，而且不会包含人类的缺陷。现在人们太忙了，他们经常没有时间照顾或拜访年长的亲戚。因此，老年人有时会感到孤独，并可能因为身体问题无法养宠物做伴。在这些情况下，机器人可能会减少人们的孤独感和痛苦感。

AB：请问陪伴机器人真的有助于减轻抑郁吗？患者会将其视为宠物吗？

EB：我们拥有的研究成果已经表明，Paro可以减少养老院中人们的孤独感，而另一项最新研究表明，Paro可以减少痴呆患者的抑郁情绪[219]。在我们的研究中，我们发现老年人（无痴呆）确实像对待宠物一样对待Paro，但他们也意识到这是个机器人（图7.15）。

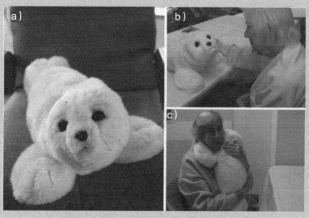

图7.15　Paro机器人。a）海豹机器人Paro，b）和c）与老人的互动和老人对它的依恋。Robinson等[279]提供的图像，经Elsevier许可使用

AB：那么机器人以这种方式运行的最低要求是什么？这个机器人与其他机器人有什么不同之处？显然Roomba无法完成这项工作。

EB：Paro很可爱。它有一双漂亮的大眼睛和长长的睫毛。

它有皮毛很柔软，你可以抱起它，然后搂住它。它可以对抚摸的动作和声音做出反应。这些特点使它不同于大多数有硬塑料外壳的机器人，比如 Roomba，它的设计目的是给地板吸尘。

AB：机器人与老年人共处有什么问题和缺点？

EB：如果在理想的世界里，人们不会变老或生病，每个人都善良、友好、乐于助人。那么我们就不需要陪伴机器人了。但我们并没有生活在一个理想的世界里，人们的确因各种问题而遭受痛苦。如果机器人可以提供舒适感，那就是极好的。人们通常会对一些无法回报情感的物品产生依恋，比如汽车或艺术品。人们可以从这些物品中得到很多乐趣。我认为 Paro 没什么不同。

AB：你想要分享一些关于 Paro 与患者互动的小插曲或故事吗？

EB：我在医院遇到过一个痴呆病人，他完全没有反应。他茫然地看着我们，什么也没做，当我们跟他说话时，他甚至连看都不看我们一眼。然而，当我们把 Paro 放在他的腿上时，他突然开始和 Paro 交谈，还像抚摸宠物一样抚摸它。在我看来，这表明 Paro 在某些情况下甚至比人类更好。

AB：你目前研究的关于人机交互的新途径是什么？有在做其他新的机器人吗？

EB：我们正在做其他医疗机器人的研究，这些机器人可以提醒人们服药，鼓励人们锻炼，并监测他们的健康状况。我感兴趣的是机器人是否比电脑更适合这些任务，我们最近的研究表明，与平板电脑相比，人们更能遵从机器人的指令，也更喜欢它们。我有兴趣在更大型的试验中进一步探索这个想法。

Paro 与患有痴呆的患者交流，KASPAR 帮助自闭症儿童，这些都是机器人帮助人类事业的生动例子。在这些场景中，机器人已经参与到人类社会生活中，并清楚地表明了它们的优势，而不仅仅只是纯粹的工具。

7.3.3.2　KASPAR——个人助理机器人技术中的人体动作学和同步化

KASPAR 是由赫特福德大学 Dautenhahn 等研究人员 [86] 为进行人机交互相关研究而开发的具有儿童特征、外观友好的类人机器人。KASPAR 被倾向于作为一个玩伴和陪伴机器人。与 Kismet 不同的是，KASPAR 的设计重心并非旨在明确培养用户的反应，而是遵循最低限度的表达范式，在这种范式中，它不是很人性化，但可以发出一些表情来强调最突出的人性化特征和方面。KASPAR 价格低廉，便于携带，可以通过笔记本电脑运行。它具有更多人类可识别的拟人化特征，并且用户无须任何特殊专业知识或是事先培训，就可以对其进行设置和运行，因为编程是通过用户友好的 GUI 进行的，该 GUI 既可在 Windows 和 Linux 上运行，也可通过其他自发交互模式运行。它还可以通过远程控制器控制一种类似遥控玩具的模式运行。审美连贯性是 KASPAR 设计的一个重要原则，因此，它的脸部、身体和手部几乎具有相同的复杂性，而物理设计使机器人的行为、交互和控制成为可能。该设计还指定了机器人的实际能力，并防止人类用户在使用中对其拥有不合适的期望。

KASPAR 机器人的预计价格为 1500 欧元，它被设计成大概一个小孩的大小，并具有一些类似漫画的特征以防对用户造成不适。它采用近似于盘腿蹲姿的设计，其头部与身体其他部分的比例略大一些，给人一种漫画般的吸引力。其颈部主要是用于点头和摇头，除此之外它也可以精心安排一些细微的变化，如头部略微倾斜或点头来传达类似人类的情感和人格特征，比如害羞、不确定、厚脸皮等。而面部的表情成分（例如眼睛、眉毛、嘴巴等）可以传达和增强其中某种情绪状态。眼睛装有微型摄像机，可以平移和倾斜，并且还可以通过相互注视来鼓励人类用户与其进行分享式注意力的沟通。眉毛不是单独设计的，而是制作在面罩上，可以在嘴唇、嘴等位置进行制动时进行配合，眼睑可以打开和闭合，并可以支持各种速率的眨眼（全部或部分）。嘴唇和嘴的形状可以配合出部分情绪状态，例如微笑、皱眉、无口等表情的制动。KASPAR 的机械臂功能不是很强大，缺乏精确的轨迹规划。然而，它们确实可以完善其类似于儿童的特性，并有助于做出例如挥手和躲猫猫这样的示意手势。机器人的手掌没有铰接的手指，这样使其设计简单并降低了成本，能让孩子们摸机器人的手就像摸洋娃娃一样。最后，KASPAR 的脸上使用了一种硅橡胶的肉色面膜，这样就可以拥有很不错的仿人皮肤。

Dautenhahn 等人的报告指出，KASPAR 机器人与成长中的儿童会有更受鼓励的积极的互动，而成年人则谨慎且刻板，并对 KASPAR 更加挑剔。在成年人中，人们倾向于将 KASPAR 与电影中曾看过的拥有非常逼真的类人机器人中相比较，但 KASPAR 中并不经常显现出这些特征，因为它的开发仅仅是基于最低限度表达范式。KASPAR 有三个特别的用途：

1. **机器人进行合作游戏和辅助治疗**。近十年来，Dautenhahn 和她在赫特福德大学的同事们一直致力于机器人在自闭症治疗中的使用。而采用 KASPAR 机器人参与儿童自闭症的治疗取得了令人鼓舞的效果。实验发现所有的自闭症儿童都会一直注视并尝试触摸等行为来探索机器人。触觉的互动有助于增强身体意识并发展自我意识，同时盯着机器人的脸能使他们理解人类的面部特征，一些孩子后来试图将这些特征与他们的人类治疗师联系起来。KASPAR 不仅有助于打破孤立，还可以培育儿童们的兴奋和热情。即使是那些患有严重自闭症的患者，也经常与他们的老师和治疗师分享这种经历。本研究还探索了与 KASPAR 在远程控制模式下合作游戏的前景，如图 7.16d 所示。

2. **机器人技术开发**。"击鼓模仿"实验经常被用于机器人项目的技术开发，向机器人灌输对节奏和节拍的鉴别能力。在这个实验中，机器人必须聆听人类的鼓声演奏，同时记录并分析击鼓的节奏，然后通过击鼓的方式演示同样的节奏。该实验可以验证机器人的多模态交互和基本的人工意识。如图 7.16b 和 c 所示，在 KASPAR 进行尝试时，可以看到它反映了人类击鼓操作的情况，但是其反映的每个击鼓节拍有大约 0.3 秒的时间差。这是因为它不得不将其关节固定在适当位置才能击鼓。这是 KASPAR 的一个缺点，由于其动力制约，它没有办法模仿节拍的力度，进行类似轻拍或者用力敲打这样的操作。

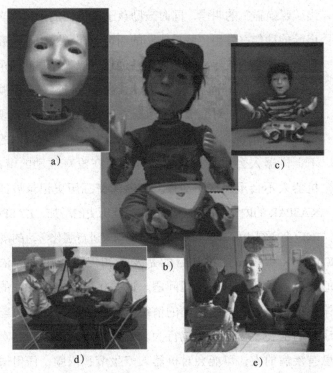

图 7.16　KASPAR。a）面部构造。面部可以引发不同程度的情绪，如大
　　　　笑、微笑、无口、皱眉等。b）和 c）"击鼓模仿"实验。d）使用
　　　　KASPAR 向自闭症儿童教授转弯技巧的治疗师。e）治疗师正在
　　　　使用遥控器操作 KASPAR，试图复制自闭症儿童的相同情绪。
　　　　这有助于识别已知情绪的面部表情。图片由 Dautenhahn 等人[86]
　　　　提供，经出版商（Taylor & Francis Ltd. http://www.tandfonline.
　　　　com）许可转载

3. **机器人认知与学习**。"躲猫猫"实验旨在开发机器人在多种模
　　式下的认知能力，并使其能够从以前的经验中进行学习。这
　　种游戏通常在孩子和成年人之间进行。成年人在与孩子进行
　　友好的对视后，隐藏自己的脸，并在再次露出自己的脸时发

出"躲猫猫"的叫声，同时鼓励孩子模仿他们先藏起来再露出脸的动作并发出"躲猫猫"的叫声。在游戏中，研究人员扮演有爱心的成年人的角色，并通过"躲猫猫"的叫声鼓励KASPAR 隐藏其面孔。当然，KASPAR 是通过声音强度的检测以及其相机对面部识别来进行互动反应。结果发现，有近 67% 的情况下，在研究人员发出"躲猫猫"叫声的鼓励下，机器人会重复掩面的动作，而在没有鼓励的情况下，机器人不会重复这一动作。实验的交互历史记录被储存在KASPAR 的内存中，随着时间和交互历史的增加，KASPAR 的响应会变得更好。这是一个社交机器人进行强化学习的案例。

KASPAR 和 Paro 的设计目的是发展和促进与患者的依恋关系，但这可能导致机器人伦理问题。这些机器人主要关注的是快乐和愉悦的情绪状态，但人类的情绪太过多变，机器人可能无法关注病人的沮丧、愤怒和反抗行为。与此相反，病人，通常是老人或患有疾病的人，可能会对机器人产生情感依赖，任何试图退出的行为都可能导致其痛苦和悲伤。作为回报，机器人不会对病人有任何"感觉"。与此类似的是，像卡耐基梅隆大学研发的Pearl 护理机器人可能不得不照顾病人，因此会优先处理自己的任务。这样的优先排序将比仅仅遵循一个有时间限制的列表更具实时性，并要求机器人做出道德判断。另一个长期的危险是人类护理人员和护士可能会因此失去工作，这将预示着在一个本应培养社会接触和同情心的职业中缺乏真正的社交联系。

在本节的最后，我将以图 7.17 中 Toby 系列机器人为例对人类与机器人的合作进行研究说明，如果没有明确的设计或编程来培养这种价值观，这种合作很难会发挥作用。

图 7.17　**Toby 化险为夷（Toby，3/4）**，护理机器人现在是一个充满活力的领域，它有着像 Hobbit、Care-O-bot、HERB 等被设计成类似护理人员和护士，用于处理医疗紧急情况的机器人。Toby 不适合这种紧急情况，他只能把信息转送给其他路人。图片漫画取自 Toby 系列（3/4）的一部分，经作者 CC-by-SA 4.0 许可使用

7.3.4　博物馆接待与向导机器人

博物馆向导机器人、信息播报机器人和演员机器人是人机交互在短时间内互动效率极高的示例，这是由于这种人机互动往往是可预测且重复的，因此可以按照预先设置的菜单进行设计。博物馆向导机器人在已知的局部环境中，可以通过视觉信息的叙述或与显示相结合的方式来执行引导或路线规划等工作；信息播报机器人通过其类人外观，做手势和语调来传递信息；演员机器人在已知的应用场景中被设定为脚本。以上三种机器人都只参与相当有限的任务来解决人机交互问题，而不需要过多地研究人机交互的哲学。

对于博物馆向导机器人来说，其设计必须要解决两个特殊问题：（1）在人群中安全地导航；（2）与博物馆参观者进行自发和热情的短期互动。在 20 世纪 90 年代末，Burgard 等人在德国波恩的德意志博物馆设计了 RHINO 作为交互式博物馆的向导。该机器人的主要任务是在博物馆中针对游客进行交互式的参观引导。这也是远程操作和虚拟存在的最早案例之一，一个远程操控的人类用户可以在互联网上指示机器人去博物馆的特定区域，并在不亲自参观的情况下享受博物馆的虚拟游览。RHINO 通过车载界面进行通信，该界面集成了文本、图形、预先录制的语音和声音，向用户提供了包含预设游览的菜单，或者可以让他们收听预先录制的展品简介。Burgard 和他同事的报告表明，RHINO 的成功率非常高，在与 2000 名博物馆参观者一起运行 47 小时后，该机器人处理了 2040 个请求，并且只与障碍物发生了 6 次碰撞，而德意志博物馆则表示游客数量因此增加了 50%。

　　两年后的 2000 年，Thrun 等人制造了 Minerva 机器人，并在美国华盛顿特区的史密森尼国家历史博物馆进行为期两周的参观实验，Minerva 参加了 620 次参观，累计完成了超过 44 千米的导航行程并参观了 2600 多件展品。Minerva 具有拟人化的外观，它的眼睛能对人类的互动做出反应，并能吸引用户的注意力，因此，与 RHINO 相比具有更多的用户参与度。

　　ATLAS 是埃塞克斯大学设计的博物馆向导机器人，它的原型是 Activ Media Robotics 公司制造的 PeopleBot 机器人。该机器人是对 RHINO 和 Minerva 的改进，并启用了用户交互所需的基本语音系统和触摸屏。该机器人被用于伦敦郡会堂接待和欢迎游客，并向他们解释博物馆的相关信息。它可以检测到就近的访客，并通过触摸屏上的语音和菜单选项与他们互动。该机器人还可以检测其自身的电池电量，并在电力不足时返回充电箱以自动充电。

与 NAO 机器人、演员机器人和表演者共舞

　　科幻电影为描绘机器人的未来设定了前景，人们曾大胆尝试在现代戏剧和舞台剧中使用机器人与人类演员同步表演[311]。Francesca Talenti 的《恐怖谷》（*The Uncanny Valley*）[1, 73] 中有一位机器人演员，其艺名是 Dummy。它是通过木偶表演来完成的，而人类演员则经过训练来同步与它的表演和对话。大阪大学的 Oriza Hirata 在他的舞台剧《我，工人》（*Hataraku Watashi*）[317] 中使用了 Wakamaru 机器人，但最有说服力的使用机器人表演者的例子，要属编舞家 Blanca Li[203, 204] 的舞台剧 "机器人"

（ROBOT）。

日本明和电机和法国 Aldebaran Robotics 企业联合音乐艺术家出品舞蹈剧，选用了 7 名 NAO 机器人与 8 位人类艺术家随着芭蕾舞交响乐在舞台上表演，如图 7.18 所示。他们在大西洋两岸都有出色的表现。这部 90 分钟的舞台剧以"未来世代的机器人流行芭蕾"为主题，探索了人类和人造生命之间的关系。该剧也提出了一些问题，诸如 AI 能否真正复制人与自然之间关系？ 机器人会具有创造力吗？人工智能和技术将如何改变我们的生活方式和社会功能？该芭蕾舞剧于 2013 年夏天在蒙彼利埃舞蹈节上首次公开演出，并于 2015 年 6 月在美国纽约巴姆霍华德吉尔曼歌剧院正式亮相。该剧还曾在比利时、西班牙、葡萄牙和意大利演出，座无虚席。

图 7.18　Blanca Li 的芭蕾舞剧"ROBOT"，雇用了 7 个 NAO 机器人与 8 名人类舞者同步舞蹈。可以在 http://www.blancali.com/en/event/99/Robot 中找到更多详细信息

2012 年，Blanca Li 与东京明和电机及其机械乐团，以及人形机器人 NAO 的发明者，同时也是 Aldebaran Robotics 公司的创始人 Bruno Maisonnier 合作制作了这部舞蹈剧。这 7 个 NAO 机器人分别名为 Pierre、Jean、Alex、Lou、Dominique、Sacha 和 Ange，每一个都被设计成拥有独特的个性。舞台剧《机器人》讲述了人类舞者试图教机器人表演和跳舞的故事。人类舞者通过手动移动机器人的四肢，并逐步检查其能否自己重复这些动作。这个过程就像父母教婴儿走路一样。由于舞剧的主题是舞者帮助机器人成长，因此舞台表演的舞蹈编排就更像是排练的自然延伸。

接待机器人缺乏机动性，自主性较差，并被设计成一个可交互的人形头部，由于没有进行全身设计，因此其制造和维护成本较低。这些机器人与博物馆向导机器人非常相似，也配备了语音系统和触摸屏，并带有友好的面部特征。

如图 7.19 所示，Inkha 的机器人半身像具有漫画般的面孔，自 2003～2014 年，它在伦敦国王学院斯特兰德校区担任前台接待员。机器人配备了语音装置，面部表情设计，以及响应用户的触摸屏输入。该机器人可以帮助指引大学校园内各个地方的方向和位置，还可以偶尔进行赞美或打趣，内容会涉及大学，占星术的信息，甚至时尚秘诀。该机器人用眼睛里的摄像头来检测运动，并对突如其来的运动表现出恐惧，如果没有检测出任何移动，它就会进入睡眠模式。

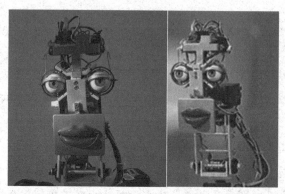

图 7.19 Inkha，从 2003～2014 年，伦敦国王学院斯特兰德校区的机器人接待员。以上图片均由维基百科提供，经 CC 许可使用

"你开始看起来像机器人！"和石黑浩的其他"魔术表演"

真人大小的类人机器人已经引起了许多机器人学者的兴趣和关注，但从没有一个能像日本大阪大学的石黑浩[160, 233]那样有如此多的开创性成果。他研发的类人机器人，Kodomoroid 和 Otonaroid，有可能让人类电视主持人失业（如图 7.20 所示）。

图 7.20 Kodomoroid，Kodomoroid 是一个类人机器人，外形具有青春期少女的特征，该机器人目前在日本科学未来馆担任博物馆向导。她的工作包括与参观者交谈，向他们介绍展出的各种展品。图片由石黑浩实验室（HIL）提供并允许使用

石黑浩的研究理念基于行为系统和分布式认知的原理，他认

为，机器人丰富的交互行为将有助于在不久的将来确定智能机器人的设计方法及研发路线。由于外观和行为是紧密相关的，所以其对机器人的设计着眼于类人的外观，并且机器人大多具有逼真的皮肤、人的面部特征和表情、自然的声音、自然的语调等特点。

Kodomoroid 机器人看起来像一个 12～13 岁的女孩，而 Otonaroid 具有成年女性的特征。两者都分别在东京国立新兴科学与创新博物馆（也称为日本科学未来馆）从事信息播报和博物馆向导的工作。在一次演示中，有人看到 Kodomoroid 与石黑浩开玩笑，并用讽刺的口吻说："你开始看起来像一个机器人了！"

Kodomoroid 通过远程控制，向参观者发布有关博物馆及其展品的新闻和信息，而 Otonaroid 与参观者保持密切互动，并与她附近的人打成一片，第三个类人机器人 Telenoid 则被更多作为展览品展出。除了这三个机器人之外，石黑浩还有一个自己的机器人版本，当他的日程安排很紧时，他就会把这个机器人版本的自己派去讲课。

7.3.5　功能性机器人，不只是聪明的机器

功能性机器人是由于其设计新颖性，独特的专业任务针对性，或者二者兼而有之。这些更像机器而不是人为的方面。进入 21 世纪以来，机器人的运动模式有了快速的发展。此前第 2 章简要讨论了臂式机器人和蛇形机器人的拟人化设计。功能性机器人的两大优势是：（1）测绘；（2）探索和搜救行动。

这些机器人在洪水、地震或矿难等灾难发生后的搜索和救援行动中是一个福音。功能机器人的另一个实用应用是地雷探测。

7.3.5.1　探索机器人——食菌者的新时代

探索机器人是最先进的功能性机器人。在 NASA 的流浪者机器人中找到拟人化的特征并不需要孩子的想象力，它反映了一个广泛缺失的社会层面。作为 Toda 食菌者的合法继承者，新时代探索机器人有望完成比人类更多的任务，比如充当科学家对遥远星球上的未知地形进行地质采样。

21 世纪 70 年代中期以来，探索机器人一直用于太空探索。Lunokhod 计划的成功标志着无人探测器的开始：Lunokhod 1 号（1971 年）侦察了大约 4 千米，而 Lunokhod 2 号（1973 年）进行了约 40 千米的探索。NASA 火星漫游车的目标是检测红色星球上的水，火星探测漫游车（MER）针对"勇气号"（2004）和"机遇号"（2004）这两项任务进行了测量，如图 7.21 所示，火星科学实验室的"好奇号"（2012）（MSL）任务可以进行更复杂的实验，如进行地表采样和地质研究。虽然这三个任务都已成为标志性的突破，但仅绘制了 1.448 亿平方千米的地图，关于这颗"红色星球"我们所知甚少。最近，罗塞塔（Rosetta）任务的菲莱（Pheae）探测器降落在 67P 彗星上。它的设计主要是通过跳跃来实现最小的运动，而不是用于长期测量等。MER 拥有最先进的工程技术，通信数据流跨越数百万千米，能够长时间经受恶劣地形的考验。"勇气号"和"机遇号"的设计初衷是利用太阳能供电，而"好奇号"的燃料则是核能。值得注意的是，MER 或 MSL 的探险机器人都没有自动化操纵的能力，都是由 NASA 的地球科学家遥控操作的。

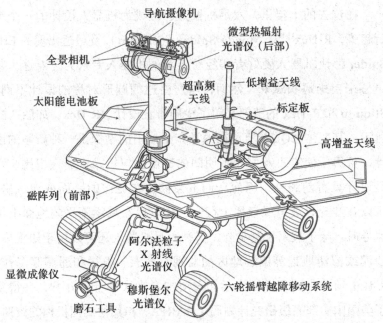

导航摄像机

微型热辐射
光谱仪（后部）

全景相机

低增益天线

太阳能电池板

超高频
天线

标定板

高增益天线

磁阵列（前部）

阿尔法粒子
X 射线
光谱仪

显微成像仪

穆斯堡尔
光谱仪

六轮摇臂越障移动系统

磨石工具

图 7.21　**NASA 火星探测漫游车的设计**。探测器的目标是在这颗红色星球上找到水源并进行地质研究。每个探测器长 1.6 米，重 174 千克。漫游车安装了 6 个用于辅助导航的摄像头（如图所示的导航摄像机和全景摄像机）。除此之外，还配备了一对用于避险的摄像机，它们藏于视线之外，安装在身体的前部，紧挨着太阳能光伏阵列的前缘下方，还配备了 3 个用于科学研究的摄像机。地质采样仪器包含了（1）阿尔法粒子 X 射线光谱仪（APXS），（2）穆斯堡尔光谱仪，（3）显微镜和（4）磨石工具（RAT），它们被安装在机械臂上以检测岩石样品的成分。显微镜详细地对火星上的岩石和土壤进行成像检测；RAT 可以像研磨机一样工作，并在岩石上钻孔；APXS 用来自居里源（Curium source）的阿尔法粒子和 X 射线照射岩石样品，通过反向散射的阿尔法粒子和发射的 X 射线来研究其组成成分；穆斯堡尔谱仪研究富铁矿物和岩石的性质和成分；除了机械臂上的工具外，位于导航摄像机旁边的微型热辐射光谱仪还可以对火星表面进行红外成像，以探测和揭示火星上的矿物成分及其含量；磁铁阵列用于收集火星尘埃中悬浮的磁性粒子。该公共领域图片由 NASA 提供

在过去的十年里，六足机器人已经成为机器人设计的一个流行趋势，R-Hex[130]、Mondo Spider、Stiquito 以及最近出现的 Erle Spider 都让机器人爱好者和经验丰富的机器人专家为之着迷。其灵感来自蜥蜴和蜘蛛，然而，与严格遵循圆形对称的设计不同，Stiquito 和 R-Hex 的腿部采用了横向布置设计。R-Hex，如图 7.22 所示，其变体 AQUA 项目在海洋和湖泊中的勘探是一种新颖的设计，可用于侦察不友好和不明朗的环境。与轮式机器人相比，六足设计具有前瞻性，因为它们不会被困在泥泞的路面或沙坑里，可以在沙丘、坡道或楼梯上行走，还可以在崎岖不平的地面上快速导航。除了被用于测量外，这种六足机器人还可以用于如干旱、沙漠或沿洋地带等偏远地区的监视、搜索、救援和遥感等工作。R-Hex 项目由五所美国大学和一所加拿大大学合作开发，并得到了美国国防部高级研究计划局（DARPA）和其他美国机构的资助。R-Hex 具有 6 个自由度的设计，6 条腿上各安装了一个电动机，在陆地和水中都具有可操作性，并在陆地上的速度可达 2.7 米每秒，这可能是未来勘测遥远行星的一个最佳方案。

未来的探测车将会具有更高的自主性，并能对未知地形进行全面的科学研究。和 Toda 的食菌者模型一样，这些探索机器人也将通过利用太阳能等能源来确保自身的生存。这种未来漫游者应该在任务之前经过人类的监督训练，并且应该有足够的自主性，可以通过规划和导航来探索和勘探未知的地形，并能够将结果、报告和图像发送回地面任务基地。由于探测车的先进性和昂贵性，出于约束和谨慎性它应该配备自我保护的故障安全系统，尽管有的勘探工作会冒着机械报废的危险，我们也需要尽量避免

图 7.22　**R-Hex 机器人设计**。该机器人可以穿越复杂地形，例如沙丘、
泥潭和沼泽地。既可以在水面上移动，也可以爬楼梯。R-Hex
是动态稳定的。在任何给定的运动情况下，6 条腿中只有 3 条
腿在接触地面——2 条在其中一侧，1 条在另一侧。图像属于公
共领域，由 Wikipedia.org 提供

让它石沉大海或跌落悬崖。漫游者应该能够通过设置来轻松地适
应新的气候，如湿度控制、高辐射、尘土飞扬的地形，或飓风危
害等。万一火星车处于诸如系统故障或不可预见的事故等可怕的
情况时，它应该弹出一个包含信息和图像的胶囊，以供未来的任
务进行查找。和食菌者一样，漫游者将基于地形进行设计。一种
创新的、即用的解决方案是采用模块化组件，并且其中许多半独
立的自组装模块可以协同工作，以便让机器人可以根据地形的需
求在不同的配置之间进行物理变形。例如，像车轮形状的汽车很
适合平滑的地形，而长腿的六足形在巨石或多山的地形中更具优
势。漫游者应被设计成有足够的燃料容量而无须频繁返回基地补
充燃料，因此它适合双燃料模式，应同时配备太阳能或其他种类
的续航燃料，并在给定的地形随时可用。漫游者有可能成为一个

更大的机器人和卫星系统的一部分。因此，其自身以及从环绕地球运行的卫星获取的地图和勘测数据应同步并逐步增加到机器人系统中。最后，机器人应该能够通过模拟仿真来评估其接下来的选择，并在选择之前"试一试"，就像波谱尔式的生物（Popperian creature）[362]一样。

7.3.5.2　搜索和救援机器人

搜救机器人通常是鞋盒大小，上面有一个摄像头和一根绳索。与迄今讨论过的令人敬畏的众多机器人相比，这并不算什么。然而，这种机器人在地震、泥石流、旋风、海啸、核事故和建筑物倒塌等灾难中非常实用。在美国"9·11"、日本东北大地震和福岛核泄漏、卡特里娜飓风和其他灾难危机中都曾使用过搜救机器人。这些机器人的结构简单、重量轻、易于操作，由于灾难发生期间的环境可能不允许使用先进技术，如 Wi-Fi 或 GPS 可能缺乏或严重受限。因此，绳索是控制机器人的最佳方法，如果机器人本身需要救援，绳索也可以作为救援绳使用。

"无人操作"的绰号经常被用来给这些机器人分类。无人地面车辆（UGV）是用于从事危险或难以执行救援行动的机器人；无人水面车辆（USV）与 UGV 有着相同的效用，但它们主要用于河流、湖泊和海洋的灾难救援行动；无人潜水器（UUV）比 USV 领先一步，能在水下搜索幸存者；而无人飞行器（UAV）或救援无人机可以在受灾地区上空飞行，并可以发送实时图像，告知相应的生命损失和损害的程度，最适合在需要进行实地救援的情况下使用，例如向洪灾或地震的灾民运送药品和食物，如图 7.23所示。

图 7.23　**救援无人机**有助于诊断和评估自然灾害（如洪水和地震）中的损
毁程度。此图是 2015 年尼泊尔地震中，英国 " Serve On " 团
队的成员与其救援无人机。图片由 Jessica Lea/DFID 提供，由
Wikipedia.org 提供，经 CC-by-SA 许可

摄像机和红外热成像是飞行器上最有效的传感器，它可以使
人、灾害管理专家或救援人员远程在线，从而搜寻幸存者的迹象、
试图拆除炸弹或化解泄漏的核废料等。携带和部署武器的军用机
器人通常能够执行搜索和救援任务，在危险环境下的重型作业中
（如煤矿救援或核事故幸存者的救援）也能派上用场。

7.4　在日本，机器人正在创造历史

日本已经逐渐接受机器人作为一种生活方式，这种独特的
文化使其在自身的利基市场中脱颖而出。这个岛国拥有全球超过
50% 的可操作机器人，在研发类人机器人和传统机器人方面处于

领先地位。这里曾是众多标志性机器人的故乡，其中包括软银的
Pepper、本田的 ASIMO 和三菱的 Wakamaru。

　　战后日本一直是新技术的发源地，在汽车工业和机器人技术
领域处于公认的领导地位。然而，日本的人口正处于持续下降的
断崖期。出生率约为 1.40，远远低于公认的 2.13 这一临界时代的
生育率。到 2030 年左右，预计其总人口将从 1.27 亿减少至 1.16
亿左右，到 2050 年将减少至近 1 亿，到 2060 年将略多于 8500
万。由尖端技术驱动的经济将会随着人口的迅速减少而使国家面
临劳动力短缺的局面。因此，想要根本地解决这个问题，要么欢
迎更多的移民劳动力，要么制造更多的机器人 [288]。

　　智能类人机器人已经成为日本经济和文化的主导部分，其应
用也已扩展到众多领域。图 7.24 所示的 ASIMO 适用于各种不同
的工作，但其中大多数都处于试验阶段，它的售价也远远超出了
普通家庭购置个人机器人所能承受的范围。HRP-2 是一个类人机
器人，可以协助人们施工或做家务。Enryu 有着类人的外骨骼，还
可以操作电动铲车和叉车。ReBorg-Q、Guardrobo D1 是专为巡
逻和火灾隐患而设计的机器人。Kodomodroid、Actroid 和 Ontoid
看起来非常逼真，并有能力在冗余和重复的服务部门工作中顶替
人类。PaPeRo 和 Wakamaru 是私人机器人，其工作应用范围相当
广泛，包括当保姆和辅导儿童。Pino、Posy、Robovie 和 ifbot 为
人类用户提供娱乐和陪伴。Kaori 是一个人形机器人，有着迷人
女性的特征，售价 8500 美元，可以帮用户实现浪漫的情感和生理
需求。

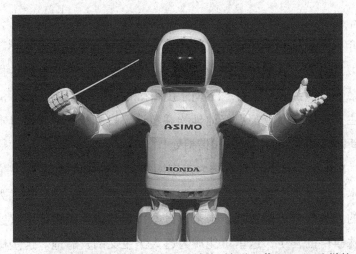

图 7.24 **社交机器人成为社会不可或缺的一部分。** 像 ASIMO 这样的自动化类人机器人是社会未来的活跃部分，在不久的将来，日本很可能形成世界首个人类 – 机器人共存体社会。图片由 Wikipedia. org 提供，经 CC-by-SA 3.0 许可使用

目前，日本当前人口中有 27.3%（即 3460 万人）的年龄在 65 岁及以上，对老年人护理的需求促进了护理机器人行业的蓬勃发展。AIST 的 PARO，Riken-SRK 合作的 Robobear[58] 和松下的 Reysone[246] 都是一些令人叹为观止的护理机器人，它们都被用于帮助该国的老龄人口。

家用机器人市场规模已经超过 1700 万台，到 2025 年，机器人市场将远远超过 210 亿美元，这将节约 25% 的工厂劳动力成本。日本计划在东京和埼玉县建立工业和护理机器人特色产业，日本正在重新定义机器人行业的游戏规则。预计机器人将重塑日本社会[45]。这些社会经济条件可能推动日本成为世界上第一个人类 – 机器人共存社会。

早稻田大学的桥本周司将机器人视为"第三种存在"[285]，这是介于生命体和非生命体之间的存在，但不一定等同于人类。在类似的背景下，Masahiro Mori[242]将佛教理念与机器人制造技术相融合。社会学家认为，日本的主流宗教神道教与 Ba theory 的存在主义原则，两者都很好地延续并塑造了日本社会，并使日本人与新时代技术下的机器人和谐相处[77]。

Robertson[278]将日本誉为未来网络的"奥杜威峡谷"，并推测日本可能具备一种未来人类和智能机器融合成的新的、更优秀物种的人类学奇迹的潜质。未来，日本肯定会更为积极地追求这种特殊事件的发生，这里可能成为超人类主义的发源地。这些概念将在后续章节中特别是最后一章中进行阐释。

Duffy 向我们指出了某种危机。如今的社交机器人并没有真正地感受到情感，它们只是反映和复制人类的行为，如面部特征，语调和语言。因此与之相矛盾的是机器人在假装拥有它们其实并不存在的情感。它们也不具备良心的召唤，不具备对道德价值的坚守，更不具备对于有意识的决策过程的意愿。例如，博物馆向导机器人永远不会照顾到访客的健康紧急情况，信息播报机器人即使具有最佳的语调和面部表情，也无法表达出对突如其来的恐怖袭击的悲伤情绪，护理机器人也不会真正在意火灾是否烧毁了邻近的房子。所有这些机器人都可以出色地处理自己的工作，但在面对危机时，缺乏良知或人性的力量来压倒一切。我们人类拥有出色的能力，可能需要很长时间的技术革命才能完全将这些能力复制到机器人身上。下一章将讨论如何试图克服这一缺点，并尝试在机器人中发展伦理和道德价值观。

小结

1. 社交机器人在护理行业或娱乐行业中找到一席之地。

2. 社交机器人是根据人类特征和已知的社会规范设计的。

3. 目前为止，社交机器人售价相当昂贵，因此不是很主流。

4. 像 CERO 这样的小型机器人也能具有类似人类的行为。

5. Hobbit、Care-O-Bot 和 Paro 机器人通过虚假的同情心与人类用户进行交互联系。

6. 击鼓模仿实验传达一个重要的概念，可以证明机器人在社交环境中的认知以及与人类用户的合作。

7. 测绘机器人和搜救机器人为人类社会做出了独特的贡献。

8. 日本可能很快成为第一个人类 – 机器人共存社会。

注释

1. ELIZA 效应：无意识地假设计算机行为类似于人类行为。

2. 在家庭环境中协助人类的机器人被 Goldberg 称为"同居机器人"。

3. Inkha 的一个缺点是，它的语言与嘴唇动作不一致。

4. Stiquito 最初是一个低成本的实验项目，并已在教室中用于演示归类和其他反应式体系结构。

5. NLP 方法缺乏一种万无一失的检测讽刺的手段，因为讽刺还涉及音调、面部表情，仅靠特定的关键词是无法完全表达讽刺的意味。因此，尽管"你这个混蛋！"这样的表达会给人类用户一个警告，但"现在，你还不是很聪明"配合着充满暗示性的笑容很难与机器人实现可理解性的交流。

练习

　　模拟 Wall-E 和 Eva 的聊天，请查阅附录 A，并使用 python 中的 walleeva.py 命令从终端窗口运行 python 脚本。在如图 7.25 所示的模拟对话中，Wall-E 试图讨好 Eva，对话的情感和情绪是通过词汇和表达来传达的。尝试设计类似的模拟对话来传达其他的情感和情绪。这个问题需要基本的 Python 编程技能，但不需要使用任何 NLTK 或 NLP 特定的工具包或第三方库。

```
WALL-E : hello Eva
EVA    : leave me alone please
WALL-E : I love you
EVA    : you look nice after that service
WALL-E : I need you
EVA    : buzz off clanky old robot
WALL-E : dont point that blaster at me sunshine
EVA    : now you know I like it when you speak to me like that
WALL-E : can i give you a robotic hug
EVA    : you look nice after that service
WALL-E : I love you
EVA    : you look nice after that service
WALL-E : can i give you a robotic hug
EVA    : you look nice after that service
WALL-E : I need you
EVA    : hey my darling,come here and lets look for plants
```

图 7.25　练习题——模拟 Wall-E 和 Eva 的聊天

第8章　跟随阿西莫夫的脚步并
具有道德行为能力的机器人

Kirk："我才不要跟机器人学伦理学。"

——摘自电影 *Star Trek, Into the Darkness*

一种狭隘的选择是，准则就是一组参与规则……

——Selmer Bringsjord 和 Joshua Taylor[49]

8.1　优秀机器人的要求

当今的机器人都是为特定用途而制造的，如博物馆导览机器人、看护机器人、护士机器人、私人机器人、探索机器人等。然而，这些工作大多是重复性的，属于杂务的狭窄领域，并且缺乏想象空间。除了从事常规的、可预测的和无聊的工作之外，机器人能否成为社会的重要组成部分，并在未来扮演执法者、科学家、作家、医生和政治家的角色？正是这个想法将天真的幻想与恐怖电影结合了起来。人类活动广泛地受到诸如价值体系、伦理、文化法令、个人原则和社会细微差别等抽象概念（一个相当长的纸面上有的和没有的清单）的支配。例如，机器人执法者应该能够理解和解释人类的价值观、社会制度和伦理原则。同样地，机器人医生必须认同人类医生的道德和伦理行为准则。这两种情况未预见的困难都在于，机器人不是人类，但手头的工作却要求机器人必须从人类的角度去"感觉"并关联上当前的场景。机器人能否坚守这样的人类价值观，从而成为未来人类机器人社会的有效组成部分？本章将探讨如何设计能够认同伦理价值观和道德原则的人工智能[343]。

人们总是倾向于将机器人视为工具、产品、人造物和机器，从而为其制定规则[360]。这样的编纂读起来将更像是一本操作手册，并不会强调机器人作为涌现实体的特殊性和独特性，而这些可以让它们迸发出自己的生命。阿西莫夫在他的三定律中主张了一种稍微不同的方法。尽管在小说中，这些定律是对最早用基于规则的方法向机器人灌输伦理价值观的尝试之一的回应，这些定律认同人类与机器人构成的特殊生态位，它们从本质上把人类冠为仁慈的主人种族，把机器人降格为友好的奴隶。

很快，人机交互将不再只是科学博览会或博物馆的活动，而是将更普遍、更无处不在、更无缝。将会有各种各样的任务不能被定义为绝对的"是""非"，或者通过编程循环来定义为"如果这样，那么那样"。当机器人在医学和外科、军事、教育等领域担任角色时，这种需求将会更大。对能够欣赏道德和伦理原则的机器人的需求会变得更加显著。发展人工道德的努力在小说中一直是拙劣的，也是伦理圈争论的话题。然而，最早使用人工智能向生物灌输人工道德的尝试是在电子游戏和虚拟现实[84]中，对于机器人而言时间并不长[125, 284]。

Wallach和合作研究人员创造了人工道德主体（AMA，Artificial Moral Agent）这一术语来描述所有这类智能体：机器人、智能软件、游戏角色、虚拟现实等能够或多或少地按道德行事的人工主体。本章将重点介绍未来人类机器人社会的运作方式，以及为机器人灌输伦理价值观、道德约束和社会互动能力的努力。

可以响应自然人类特征（如语音和手势）的设备比较常见，例如可以响应我们语音命令的移动电话，可以从我们面部特征检测情绪的智能软件，可以响应热量信号和人类交互的智能环境，这些都将自然人类特征无缝地融入了技术。因此，机器人的大部分道德属性都不是对人类价值观的认同，而且经常被简化为遵循程序员设计的脚本 [314]，其中负责道德责任的更多的是程序员而不是机器人或用户。

$$程序员 \rightarrow 机器人 \rightarrow 用户 \qquad (8.1)$$

然而，具身人工智能可以拥有自己的生命，因此机器人的工作和用户的工作可以模糊化 [235]，促使伦理价值观的重叠。在最简单的场景中，伦理可以被编程为条件循环。例如，Roomba 展示了一种"自我保护伦理"，如它通过不掉下边缘来避免自身被损坏，PR2 则遵守"服从伦理"，在收到命令后，它会与人类主人一起打台球。这些价值观仅仅是虚幻的，只是用几行代码实现，缺乏人类对兴趣的感觉或责任感。

人工道德价值观更好的选择可以是通过有效的人机交互，其中机器人应该具有美学吸引力，最好是类人机器人，配备有视觉、声音和触觉设备，并遵守可以编程进去的最低道德准则，最后，应该有一个方法来限制机器人的行动，一个故障保险来防止机器人做不可想象的事情。这些就构成了半知觉范式的指导原则，本章稍后将进行讨论。值得注意的是，拟人论会将动物/人类的行为融入机器人的行为，使其对人类心灵产生吸引力。这将促生出类人机器人被视为至少是近人类的场景，好像它至少是一个近人类。因此，它在社会关注中的行动将在既定的人类伦理和道德价值观的基础上进行评估。

机器人伦理经常背负批判，存在一些争论：（1）这种做法是徒劳的，因为人类的道德地位和伦理并没有很好的定义，而且往往因文化和地理的影响而有所不同；（2）人类伦理已经进化了数千年，并被编码到我们的 DNA 中，我们从原始的狩猎者、采集者发展到现在——不可能在短时间内复制大自然母亲的效用；（3）无法通过人类的认识和判断正确地衡量一个人工生物的道德地位；（4）将机器人用于致命行动（如战争、安全服务、自动驾驶车辆、执法等）和敏感信息共享问题（如银行、军事、公司机密等）。

此外，涉及机器人的各种不幸事件也助长了这种批判。第一个死于机器人的人是 Robert Williams，他是福特汽车公司 Flat Rock 铸造厂的一名工人，如图 8.1 的报纸文章所示。事故的原因是机器人手臂的一个突出部分撞到了 Williams 的头部，导致出现了当时密歇根州最高 1000 万美元的人身伤害赔偿。两年后，在川崎发生了类似的悲剧，导致一名工厂工人浦田健二死亡。2007 年，机器人防空武器 Oerlikon GDF-005 在南非失控，导致 9 人死亡。2015 年，德国卡塞尔附近的大众汽车工厂，一名 21 岁的青年被机器人击中胸部死亡。诸如此类的事件引出了这样一种观点，即不应允许机器人获得高度的自主，因为这将危及人类的安全和健康，尤其是应该让机器人远离军事和其他致命行动。对机器人的控制保护了人类的生命，但与此同时，不让机器人获得高度的自主，实际上是将它们限制为奴隶，并限制了更高智能的出现。在类似的背景下，机器人伦理学这门新兴学科在允许机器人执行致命行动（如军事）方面也缺乏共识。"Big Dog""SWORDS 系统"和"MAARS"等机器人引发了这场争论。到目前为止，机器人的每一个行动都可以被人类完全或部分控制，这引发了一场争论，人们更倾向于由人类监督的机器人，而不是完全自主的机器人——一个聪明的奴隶。然而，像 Robert Williams 和浦田健二这样的事件都是不幸的意外，而不是来自机器人的恶意，因为这些机器人在构建时都没有加入伦理原则，也没有获得知觉能力。

U.S.

$10 million awarded to family of plant worker killed by robot

Knight-Ridder Newspapers

DETROIT — The manufacturer of a one-ton robot that killed a worker at Ford Motor Co.'s Flat Rock casting plant must pay the man's family $10 million, a Wayne County Circuit Court jury ruled this week.

The jury of three men and three women deliberated for 2½ hours before announcing the decision against Unit Handling Systems in a suit by the family of Robert Williams, who was killed Jan. 25, 1979. Unit Handling is a division of Litton Industries.

It is believed to be the largest personal injury award in state history.

At the time of his death, Williams, 25, of Dearborn Heights, Mich., was one of three men who operated an electronic parts-retrieval system at Ford's Flat Rock plant. The plant has since been closed.

The system, made by Unit Handling, was designed to have a robot automatically recover parts from a storage area at the plant.

On the day of his death, Williams was asked to climb into a storage rack to retrieve parts because the robot was malfunctioning at the time and not operating fast enough, according to the Williams family's attorneys.

The robot, meanwhile, continued to work silently, and a protruding segment of its arm smashed into Williams's head, killing him instantly.

The robot kept operating while Williams lay dead for about 30 minutes. His body was discovered by workers who became concerned because he was missing.

Attorneys for the family said the robot should have been equipped with devices to warn workers that it was operating.

"If they didn't want people up there when the robot was moving around, they should have installed safety devices," said Joan Lovell, one of the two attorneys representing the family. "Human beings are more important than production."

The jury's award went to Williams's widow, Sandra, 30; his three children, ages 8, 6 and 5; his mother, and five sisters.

"They were an extremely close family," said Lovell. "I've seen a lot of people who have been injured, but this family was particularly devastated by this loss."

图 8.1　**机器人造成的首次死亡。**1979 年 1 月 25 日发生的这起事件是一系列此类不幸事件中的第一起，这些事件中都是由机器人造成了人类的伤亡。然而，由于大多数机器人在建模时都没有加入伦理原则，而且它们也没有知觉能力，因此这些死亡事件可能最好被描述为事故，而非来自机器人的恶意。图中是 Ottawa Citizen 1983 年 8 月 11 日的文章

因此，知觉能力很可能是完整的道德认知（相当于成人的道德认知）的一个关键。不受知觉约束的一个更简单的替代方案是，狭隘的机器人类人道德价值观可以通过基于规则的逻辑、友好的人机交互和编程循环开发出来。机器人伦理可以借鉴机器伦理，也可以从以下四个方面来探讨：（1）以人类为中心的方法，它是作为以人类需求和兴趣为中心的传统伦理发展起来的，通常是狭隘的，被视为一个系统工程问题。这种方法是在机器人中编码一定程度的伦理价值观，但不利于自主道德责任的出现。（2）以信息为中心的方法，以制定伦理为基础，但不一定要找到其中的意义。例如 Kismet 或 Pepper，它们似乎可以具有人类的情感，从而可以表现出狭隘的伦理。（3）以生物为中心的方法，将其当作人类一样对待而开发伦理，比如人类会与环境持续交互。这种方法鼓励具有自然目的、兴趣和意向的存在的开发。（4）以生态为中心的方法，这是人工道德构建的社会中的下一步，人工智能体齐心协力解决更大的社会问题，如为群体提供新的能源、安全避风港以及让群体免受自然灾害的影响。当前的研究充其量只涉及以信息为中心的方法，而关于用以生物为中心的方法来开发完整的 AMA 的研究一直都还只是个梦想，或者像 Wallach 所称的"雾件"，因为没人知道应该从哪里开始。不管怎样，一旦我们让人工知觉成为可能，然后将伦理价值观扩展应用到全球范围内的网络上，就可能是以生态为中心的方法的一个不起眼的开始。当然也有可能，可以从伦理上进行推理的机器人或人工智能生物可能超越人类成为道德层面更高的存在，从而可以作为一个无私的、不偏不倚的社会顾问，告诉我们什么样的行动是最合适的——具有很强的预言能力的一个仁慈的道德警察。本章将简要讨论这种前景，下一章将更详细地讨论这种思想。

8.2　道德与伦理

伦理是关于道德的科学，它将我们与动物分别开来。然而，伦理并不包含一套精确的规则，而是一种内置语法，其中包含了从许多信仰体系中获得的原则：社会信仰、集体观念、地域影响、文化信仰、宗教、社会地位等。虽然因地区、种族和国家而异，但还是存在一些或多或少普遍接受的共同特征 [119, 138]，如下：

（a）相互性——在恶意（"以眼还眼"）和善意（"善有善报"）方面都存在。

（b）在明显没有任何法令或法律约束的情况下对道德准则的普遍接受。缺乏这些品质的人往往被斥为无礼者、无政府主义者、疯子或反社会的人。

（c）等级、身份、社会地位和权威——这可能反映在一个明确的等级制度中，如军队和初创企业，也隐含在社会交互中。

（d）诚实和可信赖是有价值的，背信弃义和不择手段则遭到斥责。

（e）不鼓励无端侵略。

（f）战争、洪水和遭受破坏等极端情况，以及缺乏食物、水和社会保障等基本生活设施，都会吸引所有人的同情。

（g）"善"或"恶"的程度排序，如谋杀比偷窃更严重。

（h）道德行为能力的界限，如对未成年人、恐怖分子、罪犯和重罪犯有不同的道德标准。

（i）道德规则比情理或自身利益的位置更高。

作家、研究人员和哲学家经常把伦理和道德当作近义词，然而从严格定义上讲，**伦理**是支配一个人行为的道德原则，而**道德**则包含寻求对与错或好与坏的行为之间的区别的能力。

人类交互是基于面部表情、语音语调和肢体语言所传达的情感和表达的，这些也有助于构建我们的道德判断。在第7章中，我们看到了 Kismet、CERO、Eddie 等社交机器人，它们都是为了反映情感而设计的。同样值得注意的是，即使缺乏真实的人类特征，人类用户也可以从机器人身上正确地识别出情感。

道德心理学依赖于情感，但在模型上还没有达成明确一致[146, 158]，如图 8.2 所示。（a）纯康德模型将道德判断构建为一种理性的、协商式的过程，其中情感有助于生成反应性态度，而道德判断则出自有意识的协商过程。（b）纯 Humean 模型基于这样一种概念，即道德心理学本质上是情绪化的，而推理和其他协商机制则为道德判断提供合理性。（c）混合模型将协商机制和情感的责任置于平等地位，从而引导出道德判断。（d）纯 Rawlsian 模型基于这样一种概念，即存在一种特殊的道德职能，独立于协商机制和情感机制而运作。因此，情感机制成为道德判断的结果，这似乎有助于将道德判断转化为行动。（e）在混合 Rawlsian 模型中，情感随着道德行动的发生而发生，并且可以表明高冲突的个人困境以及道德职能的不稳定结果。因此，虽然道德价值观、情感和道德行动协同工作是一个日常的体验，但是人们仍然普遍接受心理方面的问题存在。因此，为机器人建模类似的过程并不容易，但很明显，人工道德会需要人工情感。

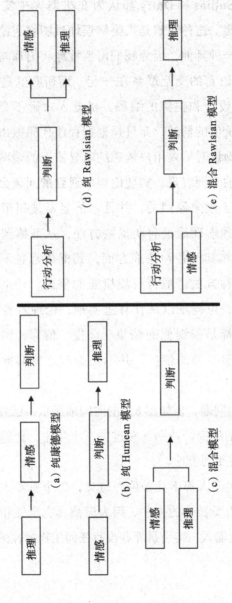

图 8.2　道德心理学的五个模型。关于情感如何影响我们的道德判断，目前还缺乏一致的看法，但人们普遍认为情感和道德行动是相互作用的。改编自 Hauser[146]

在批判中，Sullins 和 Duffy 都认为在机器人中实现情感和道德只是一种幻想。这种幻想是人类错误地试图将道德和伦理价值赋予机器人的一种延伸，因为我们习惯性地将伦理与类人的外观和类人的通过语音的交互联系在一起，而所有这些实际都应该归功于良好的设计和熟练的编程。机器人永远不会真正"感受"到引发道德价值的情感，而只是根据程序代码做出反应，遵循子程序，仅仅确认对输入用户情感的明显错误的情感反应，因此只是道德价值的表面表现。实现伦理所遇到的问题会更多，因为伦理推理是基于抽象原则的，并且不能轻易地用形式化的推断结构解释。伦理学理论没有明确的方法，从美德到尊重到功利主义再到职责和其他各种伦理方面，其框架都各不相同，从而引发了到底哪种方法最适合智能机器的争论。元伦理学框架含有模糊的要素，可能难以从计算上实现，伦理本身就涉及人为因素，每个人都是根据他的经验、前提、信仰、情绪、智力理解和原则来衡量当前的情况，并不是所有这些都被很好地理解了。

尽管存在这些问题，但如图 8.3 的时间轴所示，已经有了大量关于伦理机器人的研究。特别是在过去三十年中，计算驱动的开发意识的途径一再受到争论。

显然，所有机器人都不具备伦理意义，每个机器人的伦理价值观也不会引起人类社会的关注。因为道德具有个性和主观性的特征，可以认为机器人，特别是那些没有任何生物属性的机器人，

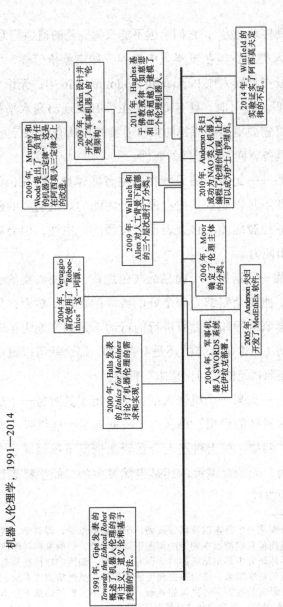

图 8.3　机器人伦理学（Roboethics）时间轴，1991—2014。Gip 发表于 1991 年的论文引起了人们对给机器人赋予伦理价值观的关注，目前这已经发展成为一个新的学科——"机器人伦理学"

总会缺乏回溯推理能力[⊖]，它们永远不能获得完整的道德行为能力。不管怎样，人类至少能在机器人中看到一些道德价值观，尤其是在最先进的社交机器人如 Pepper 和 Kodomodroid 中，无论它们看起来多么虚假。特别地，具有高度自主性并表现出高水平智力的机器人将始终需要更多的道德约束。要被视为拥有道德行为能力，机器人还需具备意向性和责任的属性。

1. **自主性**——道德价值只能在自主智能体身上存在，但自主本身并不足以确认其拥有道德行为能力。最明显的例子可能是遥控智能体，它会表现出虚假的自主性，但会缺乏独立作用能力。

2. **意向性**——这是一个明显的灰色地带，即使人类的心理活动也不能完全归结为一个好的或坏的意向。然而，只要机器人遵照编程和环境所进行的行动不是刻意地为了表达道德行动（无论是有害的还是有益的），那么就可以说机器人是在按照自己的"自由意志"行事。

3. **责任**——如果一个机器人的行为引出了其对另一个道德主体负有责任的设想，那么这个机器人至少能胜任一些社会角色。例如，护士机器人会在紧急情况下照顾其患者。这种行为，无论是编程的还是自然发生的，似乎都表达了其看护的责任。

⊖ 演绎推理从一个普遍的规则发展到一个特定的结论，即数学、代数或对数的规则使我们能够在特定的情况下得出结论。归纳推理科学研究是从许多具体研究中得出结论的科学研究。相反，溯因推理往往是基于一套不完整的观察结果，进而得出最可能的解释。虽然猜测在本质上更具诊断性，但它是我们实时决策的基础，在手头不完整的信息下得出最佳结果，也就是说，医学诊断往往具有诱拐性。

此外，与社会背景[323]下人类行为直接相关的完整的伦理主体，将被期望遵守我们对人类行为的伦理要求规范（道德生产力），也被期望拥有一些素质，让其成为接近具备伦理责任（道德接受力）的人类的存在，如图 8.4 所示。

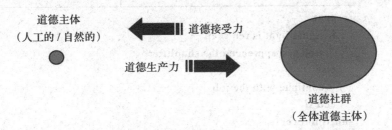

图 8.4　**道德生产力和道德接受力**是道德主体和道德社群其他成员之间的互补关系。道德主体（小圆点）也是更大的道德社群（大椭圆形）的一部分。图改编自 Torrance[323]

为了帮助讨论，Moor 提出了一个伦理主体[239, 240]的分类方案。

1. **伦理作用主体**是指无论是否有意，其行动都具有伦理结果的主体。几乎每种工具都可以被视为伦理作用主体，例如手表、汽车等。任何机器人至少都有成为伦理作用主体的潜力，所以其行为可能对部分人类有害，对另一部分人类有利。作为例证，考虑一个机器人制造系统，它会消减人力，但从机器端来说它本身没有坏的意向。同样，Robert Williams 的死亡也不是机器人的任何错误意向造成的。

2. **隐性主体**是指具有内置伦理因素的主体，通常是用于安全或安保的设备和系统。最好的例子是确保司机安全的汽车安全和预警系统，以及确保货币交易可靠的 ATM 机等。然而，这里伦理会变成狭隘的，因为由硬件或编程实现的内

置的善意感觉会缺乏总体的道德原则。例如，超市的机器
人保安可以（简单地）通过一个单独的编程循环来实现入店
行窃识别，即在出口处读取条形码的信号是否变红。

算法 3　超市的机器人保安

repeat
　if signal light is red **then**
　　stop and apprehend the shoplifter
　else
　　continue with the job
　end if
until forever

　　这里机器人保安严格地按照编程代码而不是其他任何
东西来识别商店扒手。如果不是入店行窃，就算有人在离
机器人很近的地方被刀刺伤，它也不会逮捕袭击者，因为
它没有被编程要这样做。

3. **显性主体**是能够感知伦理原则、处理信息进而导向伦理判
断的主体。在伦理原则发生冲突的情况下，该主体还能够
找到替代方案。Moor 自信地补充说，显式伦理主体依据伦
理行事，它们的美德不是建立在编程代码或硬件的基础上。
到目前为止，这种主体还只能在全球一些先进的人工智能
实验室中找到。设计和制造这类主体的过程根植于机器学
习、训练人工神经网络、演化或遗传算法。

4. **完整伦理主体**比显式主体又更进了一步。它们不仅可以做出
一系列伦理判断，而且还具有意识性、意向性和自由意志
等人类属性。成年人就是一个完整伦理主体。

将伦理开发为一个子程序是很有吸引力的，这是一种自上而下的范式，其中伦理准则通过 AI 智能体中的编程代码被实现为决策算法。然而，这种自上而下进路，如阿西莫夫定律，或任何编程康德式相互作用的尝试，或编纂圣经十诫的新奇努力等，往往容易发生冲突，这种基于规则的伦理行为充其量只是特别狭隘的模仿。因此，编码入伦理价值观对于构建完整的道德行为能力是不够的，所以研究人员探索了自下而上进路，如图 8.5 所示。自包容式体系结构开始，自下而上进路在移动机器人领域占有特殊的地位，并且就开发伦理而言，该方法将受到 Piagetian 原则的驱动，这将允许 AI 智能体通过经验和与环境的持续交互来发现这些伦理准则，而这可能通过连接主义架构和机器学习方法实现。因此，与基于规则的方法不同，发展范式通过模仿从道德价值观为零的儿童到近乎具有完整的道德行为能力的成人的成长过程，来培养机器人的伦理观，这是一个非常缓慢而且渐进的过程。机器人将模仿儿童的成长，观察、推断并对应成年人的行为。学习和适应被视为这种模型的关键。有人提出，创造那些没有类人的学习渴望和智力成长的有自我意识的存在是不道德的。自上而下进路充满了复杂的冲突，而自下而上进路则是彻底且耗时的。Wallach 和 Allen[9, 343] 建议采用自上而下和自下而上的混合方法。因此，从将一些基本的康德式美德编入机器人开始，辅以连接主义范式，应该是让其逐渐成长为完全道德主体的良好开端。

Wallach 和合作研究人员确定了人工开发的道德的三个层次，如图 8.6 所示。

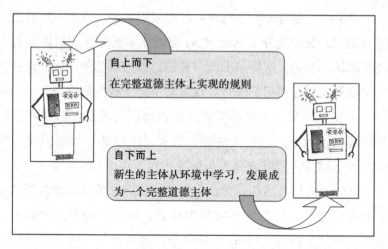

图 8.5 **自上而下与自下而上**，伦理可以通过自上而下进路实现，将伦理原则和价值观安装到机器人中，也可以通过自下而上的开发进路实现。通常，自下而上进路是原始的，更容易处理，自上而下范式更安全、更可预测、更容易控制。Wallach 和 Allen[343] 的结论是这两种方法都各有不足，因此，将这两种范式联合起来的混合方法值得去探索

1. **运作性道德**——设计和测试过程是在充分了解伦理价值的情况下进行的，主体的伦理行动会在设计者和用户的控制范围内。例如，蒸汽熨斗将被隔热以保护人类用户。

2. **功能性道德**——下一层次的道德，包括可预测响应（通常是可接受的行为范围内的冗余响应）的系统，到能够确定其自身行动的某些道德方向的智能系统。前者的一个例子是 Google Map 中的移动 GPS 跟踪器。你可能正试图跟踪你的朋友，或者你可能是一个在逃的重罪犯。GPS 跟踪器不知道你的意向，并且在两种场景下的表现都是一样的。后者的一个很好的例子是伦理决策系统，如供医生根据医学伦

理选择治疗过程/临床处置的 MedEthEx，以及 Modria 和其他此类用于法律评估和咨询的软件。

3. **完整道德行为能力**——除了获得可靠的功能性道德之外，主体还从其经验中学习，并不断提高自己的智力和道德价值。完整道德机器人将具有高度的自主性和高度的伦理敏感性，就像成年人一样。

如图 8.6 所示，当今机器人的伦理敏感性和自主性通常都较低。真空吸尘器扫地机器人 Roomba 具有检测地板边缘并防止损坏的能力，它致力于自我保护，但伦理敏感性较低。相比之下，自动驾驶仪自主性很高，但伦理方面较低，而且关注的问题比较狭隘。Kismet 会对人类情感做出回应，但这只是其对外界刺激的回应，并不遵循任何伦理或道德原则。星球大战机器人（如 R2D2、C3PO），以及 iPhone 的 Siri，都会对人类的动作做出回应，无论是声音、手势或者动作。然而，它们都不是遵守一系列确定它们的美德和正义的指导规则的机器人。

第一个进入运作性道德领域的机器人例子是电影 *Elysium* 中的机器人假释官。在与 Max（Matt Damon 饰演）交谈时，这个机器人能够根据 Max 的心跳和脉搏率作出有意识的决定，还能够从 Max 的音调和手势中推断出诸如谦虚和讽刺之类的情感输入。它也能够提供医疗援助，并且还有权作出司法判决和延长假释等。电影 *Frank and the Robot* 中的机器人管家也属于同一领域，但它比机器人假释官具有更高的自主性，因为它可以四处移动。如图 8.7 所示的一些虚构的机器人，电影 *I, Robot* 中的 NS-4 和电影 *Blade Runner* 的 Nexus-6，都是功能性道德领域机器人的

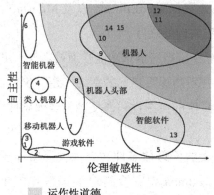

1：Roomba
2：深蓝，在国际象棋上战胜了卡斯帕洛夫的软件
3：R2D2，来自星球大战系列电影
4：C3P0，来自星球大战系列电影
5：Siri，来自 iPhone
6：自动驾驶仪
7：Kismet
8：机器人假释官，来自电影 *Elysium*
9：机器人管家 VCG-60L，来自电影 *Frank and the Robot*
10：NS-4，来自电影 *I, Robot*
11：Nexus-6，来自电影 *Blade Runner*
12：Cylon-6，来自电视剧集 *Battlestar Galactica*
13：MedEthEx，医学伦理专家系统
14：Robocop，来自电影 *Robocop*
15：终结者，来自终结者系列电影

图 8.6　**伦理敏感性与自主性。**Wallach 和合作研究人员的分类有助于了解当今机器人技术所处的位置，以及完整道德行为能力可能需要什么。来自日常使用的和虚构的各种机器人都被用来阐述机器人道德行为能力的概念。改编自 Wallach 和 Allen[343]

最佳范例。NS-4 可以根据获得的信息有意识地作出决定，并坚持为人类做贡献的广泛利他主义，而 Nexus-6 是一个更进一步的提升，它们可以感受到依恋、疼痛、幸福，还能有意识地理解虚荣心和自我尊重。Nexus-6 被设计为能在体验周围世界的同时进行学习。一个经验丰富的 Nexus-6 有可能成为一个完整道德主体。完整道德行为能力的一个更合适的例子是 Cylon-6，它是电视剧集 *Battlestar Galactica* 中的 Cylon 类人机器人。Cylon-6 表露出具有人类形态，拥有人类的情感能力，并且它的身体在细胞层次上模仿人类，从而使它们几乎无法被检测到。Cylon-6 能够识别偏见和种族主义言论。它还对自己被视为消耗品表示了蔑视。

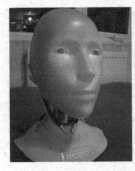

图 8.7　NS-4、Robocop 和 Cylon，电影 *I, Robot* 中使用的 NS-4 半身
像、Robocop 和 Cylon 百夫长。具有高度伦理敏感性和自主性的
机器人仍然是科幻小说中的传说。这三张图片都属于公共领域，
由 wikipedia.org 提供

　　Moor 的分类不能映射到 Wallach 和他的合作研究人员的伦理
敏感性与自主性描绘中。但至少可以预测，完整伦理主体也将具
有足够的道德和高度的自主性。

　　"Roboethics（机器人伦理学）"这个术语是由 Gianmarco
Veruggio 于 2004 年 1 月在圣雷莫的诺贝尔别墅举行的第一届机
器人伦理学国际研讨会上创造的。这一学科不仅需要机器人专家，
还需要哲学家、法学家、神经学家、外科医生、社会学家、社会
科学家、未来学家、人类学家、逻辑学家、道德家、工业设计专
家和科幻作家的投入。随着机器人注定要在不久的将来发挥更大
的作用，人们对机器人的兴趣也越来越大。

8.3　阿西莫夫三定律及其不足

　　机器人的伦理和道德是建立在人类是占统治地位的种族、机

器人服从于人类这一事实的基础上的。著名科幻作家艾萨克·阿西莫夫（Isaac Asimov，如图 8.8 所示）在他 1942 年的短篇小说作品 *Runaround* 中提出了这种社会应遵守的一些规则。这三条定律是受《希波克拉底誓言》的启发，旨在维持对社会的控制，防止机器人的任何反叛行为，并确认有效且富有成效的人机协同。这些定律是基于功能性道德的，并假定机器人在伦理和道德决策方面具有与人类类似的行为能力和认知能力。

图 8.8　艾萨克·阿西莫夫是 20 世纪 40 年代末 50 年代初机器人科幻小说的创始人。这幅由著名科幻和奇幻插画家 Rowena Morrill 绘制的素描，描绘了他坐在宝座上，上面有机器人、人类、空间技术和科学创新的符号和标记——这是他一生工作的四个代表。图片由 http://commons.wikimedia.org 提供，GFDL 授权

阿西莫夫三定律（1942）
第一定律：机器人不得伤害人类个体，或者目睹人类个体将遭受危害而袖手旁观。 **第二定律**：机器人必须服从人类给予它的命令，当该命令与第一定律冲突时例外。 **第三定律**：机器人在不违反第一定律、第二定律的情况下要尽可能地保护自己的生存。

　　多年来，这三条定律已经成为科幻小说的信仰，成为科学界、人工智能学界和哲学界的精神食粮。它们也让阿西莫夫和他的融合写作受到了欢迎，成为基于机器人的科幻小说的最伟大的后盾。他与 Arthur C. Clarke 和 Robert A. Heinlein 一起成为开创科幻小说新纪元的三位作家。他的小说也影响了几乎所有后来的科幻作家，包括 Philip K. Dick、Ursula K. Le Guin、Kurt Vonnegut 等。这些定律在大众媒体、书籍和电影中都非常成功，以至于它们开始成为人们对机器人在与人类交互时应该如何表现的普遍看法的底线。但是，这些定律也受到了一些批判 [13, 70, 71]。

1. **优越存在的抑制**。这三条定律确认了人类的霸权，并限制了更智能的存在，和以更好的理由进行的活动。这些定律实际上是一个让机器人作为奴隶种族为仁慈的人类主人服务的蓝图。Gip 严厉地批判了阿西莫夫三定律，称之为"奴隶法"。

2. **三定律的不足**。这些定律在人工智能学界没有获得明显的支持。批判者们对这些定律的评价是"不可接受"和"不尽如人意"。阿西莫夫定律中的缺陷可归纳为：

（a）**第一定律的不足**。阿西莫夫第一定律可以用算法 4 中给出的代码行来实现。这将需要机器人能明确地识别出人类，而这使得它很容易实现失败，因为它需要基于语音、视觉、生物信号（体温、心跳、脉搏等）的明确识别手段，而这种万无一失的识别方法在当今的技术中还不存在。考虑到这些，Brooks 承认了阿西莫夫定律的局限性，因为机器人专家还不能制造出能够理解现实世界情境中"伤害"或"危害"等抽象概念的机器人。Murphy 还指出了第一定律中的法律和社会问题。由于军事方面一直在将机器人用于战争，直接或间接地损害着人类和人道主义，因此第一定律进一步成为争论的话题。

算法 4　阿西莫夫第一定律

```
repeat
    if human then
        do no harm
    else
        do task assigned
    end if
until forever
```

（b）**第二定律的不足**。阿西莫夫设想了一个可以通过简短对话向机器人发布简单指令的世界。不幸的是，现代人工智能至今尚未开发出足够健壮的自然语言处理技术，可以允许人类与 AI 智能体像人类与人类之间那样交谈。iPhone 的 Siri 是一个值得称赞的进步，但我们距离开发人类与 AI 智能体之间的自然交互还很远。

（c）**第三定律的不足**。Murphy 认为，第三定律的实现需要
　　　额外的传感器，对于从事低级日常工作的没有那么复杂
　　　的机器人来说，让它们能自我保护可能不是很经济。更
　　　换机器人比为每个机器人增加额外的传感器会更便宜。

从实验的角度来看，布里斯托大学的 Winfield 和合作研究人员已经测试了第一定律[284]的缺陷，一个机器人被编程以阻止人类代表物掉入坑洞。对于单个主体，机器人表现良好，它冲向坑洞并拯救了人类代表物。但是在添加第二个人类代表物同时掉入坑洞的情况时，机器人被迫在两个主体之间进行选择。Winfield 等人观察到，**49%** 的情况下机器人设法以牺牲一个人为代价来拯救另一个人，而 **9%** 的情况下它确实设法拯救了两个人。然而 42% 的情况下机器人未能足够快速地做出决定，导致两个人类代表物都掉入了坑洞。阿西莫夫第一定律在这里失效了，因为当涉及拯救两个人中的一个时，没有明确的序位体系。这一缺陷将在后面章节讨论电车难题时进一步说明。

除了这些实验中所展示的局限之外，这些定律还可能相互冲突。作为例子，考虑一个执法警察机器人，它遇到了一个人遭到一群暴徒抢劫的场景。作为一个警察机器人，它已经收到了保护人类（和其他机器人？）以及维持秩序的指令。在这里，第二定律将使机器人能够攻击暴徒，但这将违反第一定律。还有一个冲突的例子，考虑一个医疗助理机器人，它的工作是帮助外科医生并协助完成医疗手术。对于这样一个机器人，当外科医生切开患者进行外科手术时，机器人可能缺乏足够的洞察力来发现这件事本身更多的好处，从而将处于第一定律与第二定律相冲突的状态。

人类背景下的法律是不服从就会导致惩罚，遭受疼痛、耻辱、社会排斥和金钱损失。相比之下，阿西莫夫定律不同，它是被编程到机器人中，使得它无法参与到"非法"活动。因此，这些冲突可能是致命的，可能会让整个系统停机或陷入无限循环。

在制订了这些定律之后，阿西莫夫意识到，人类作为一个整体必须比个体拥有更高的优先级。他于1985年修订了他的定律，并制订了第零定律，4条定律中较低编号的定律支配着较高编号的定律。

不同的作家、哲学家和机器人专家等也提出了不同的变体和其他定律。阿西莫夫也在他自己的著作中将第一定律修改为了"A robot may not harm a human being（机器人不得危害人类）"。这一变化是为1947年的小说 *Little Lost Robot* 中拥有正电子大脑的 Nestor 机器人所做的。第一定律的修正是作为防止操作问题的方法而提出的，阿西莫夫设计了一个装置，在这里，人类和机器人并肩工作，并暴露在对人类来说很低且显然安全的伽马辐射中，但它对 Nestor 机器人的正电子大脑是致命的。阿西莫夫描绘了 Nestor 机器人所预期的危险概念，但这对人类来说并没有那么危险。"目睹人类个体将遭受危险而袖手旁观"这一条款使得 Nestor 机器人试图将人类从低辐射的地方拯救出来，而这些地方对人类并没有真正的危险，它们自己反而在这个过程中会自我毁灭。

科幻小说作家 Lyuben Dilov 将阿西莫夫定律扩展到第四定律，他在他的小说 *The Trip of Icarus* 中引入了这条定律。Roger MacBride Allen 在他的三部曲中也对他的四个"新定律"中的第一定律使用了类似的表述，而第二定律被适当地修改为"配合

（cooperate）"而不是"服从（obey）"，第三定律没有第二定律施加的限制。因此，机器人不能被命令完成自我毁灭。第四定律阐明了在不与前三定律相冲突的情况下机器人的自主性。阿西莫夫定律的其他变体以及对其的模仿在科幻小说中非常猖獗。

阿西莫夫意识到了这些定律的不足，他在 1983 年的小说 *Robots of Dawn* 中为这些定律增加了进一步的条件，包括积极行为带来的危害大于消极行为带来的危害，机器人应该选择真理而不是非真理，将两种场景下的危害考虑为几乎相同，从而使其可以顾及替罪羊和高尚的谎言。阿西莫夫通过制订第零定律带来了这些变化，并于 1985 年修改了他的三定律。

第四定律（Dilov，1974 年于 *The Trip of Icarus*）

第四定律：机器人在任何情况下都必须确认自己是机器人。

阿西莫夫定律——修订版（1985）

第零定律：机器人不得伤害人类整体，或者目睹人类整体将遭受危害而袖手旁观。

第一定律：机器人不得伤害人类个体，或者目睹人类个体将遭受危害而袖手旁观，除非这将违反第零定律。

第二定律：机器人必须服从人给予它的命令，当该命令与第零定律或第一定律冲突时例外。

第三定律：机器人在不违反第零定律、第一定律、第二定律的情况下要尽可能地保护自己的生存。

Clarke 对阿西莫夫的修正进行了扩展，增加了元定律、第四定律和繁殖定律，并为第二定律和第三定律增加了更多条款。从设计的角度来说，Clarke 的补充帮助了这些定律变得神圣化，机器人架构应该被设计为让这些定律能够有效地控制机器人的行为。

Clarke 还引入了机器人－机器人交互的视角，并在机器人社会中建立了一个等级制度，机器人必须服从上级机器人的指令，并可以给下级机器人下达指令。

> **机器人学定律扩展，Clarke（1994）**
>
> **元定律**：机器人不得实施行动，除非该行动符合机器人学定律。
> **定律零**：机器人不得危害人类整体，或者因不作为致使人类整体受到危害。
> **定律一**：除非违反高阶定律，机器人不得危害人类个体，或者因不作为致使人类个体受到危害。
> **定律二**：（a）机器人必须服从人类的命令，除非该命令与高阶定律冲突。
> （b）机器人必须服从上级机器人，除非这与高阶定律冲突。
> **定律三**：（a）机器人必须保护上级机器人，除非该保护与高阶定律冲突。
> （b）机器人必须保护自身，除非该保护与高阶定律冲突。
> **定律四**：机器人必须执行内置程序赋予的职能，除非这与高阶定律冲突。
> **繁殖定律**：机器人不得参与机器人的设计、制造或者维护，除非新机器人或者改装机器人的行动符合机器人学定律。

Murphy 和 Woods[247] 试图改善阿西莫夫定律的局限，提出了"负责任的机器人学三定律"。Murphy 的方法确认了人类的主权和优越性，降低了阿西莫夫的善意原则，即仁慈的类人机器人来控制自主性差得多、几乎没有任何伦理价值观的机器的规则。如果说阿西莫夫三定律是试图维持一个明显优越的种族的运作方式，通过将善意原则编入机器来维护人类大众的霸权，那么"负责任的机器人学三定律"就为人类提供了控制的工具。然而与阿西莫夫定律不同的是，Murphy 的定律更容易用当前的技术实现。

Murphy 的第一定律要求暂停机器人的部署，而第二定律则扩大了范围，包括了几乎所有类型的机器人——那些能完成高效人机交互的机器人以及那些硬件配备和能力较差的机器人。第三定律是针对自我保护的，并暗含了与其他自主人工智能体的社交互动。

负责任的机器人学三定律，Murphy 和 Woods（2009）
第一定律：在人－机器人工作系统没有达到安全及伦理的最高合法性与专业性标准之前，人类不得对机器人进行部署。 **第二定律**：机器人必须依据人类角色，对其做出适当回应。 **第三定律**：机器人必须被赋予足够的情境自主来保护其自身存在，只要这种保护可以将控制平稳地转移至满足第一定律和第二定律的其他智能体。

　　在电影 *RoboCop* 及其续集中，一名残疾的警察被装上了人工机器人肢体，他的大脑也被增强了记忆和处理能力，从而将他变成了近乎机器人的人类。Robocop 被编程为要遵守三条"基本指令"，并且必须毫无疑问地遵守它们。这些定律的哲学和语法与阿西莫夫定律有着惊人的相似之处。

　　第四条指令是机密的，只在电影的高潮部分才被揭露出来。它涉及 Robocop 在对创造他的公司的任何高级员工采取严厉逮捕行动或解雇时，会被迫立即关机。

三条基本指令（1987，Robocop，机械战警）
1. 服务社会大众 2. 保护无辜者 3. 维护法律 4. 机密的

　　与那些利他主义和奴隶机器人的命令不同，Tilden 和 Hasslacher 开发了生物形态学（**BIO**logical **MORPH**ology, **BIOMORPH**）——具有生物启发形态的生物的设计和操作原则，并提出了这种生物生存的三条准则。尽管阿西莫夫的第三定律与 Tilden 的第一条准

则读起来几乎一样，但这些定律并不涉及伦理领域，而是属于自我保护，涉及利己的倾向。在争论中，生存系统取代了伦理系统，因为伦理只有在机器人有能力影响最小的行动时才会发挥作用。生存能力是一种内向型的达尔文主义方法，它与伦理和道德价值观的图景并不完全吻合。然而，这种本能必须被编程到机器人中，以使其即使在恶劣的条件下也能继续工作。相反，尽管这两种观念相互对立，但达尔文式利己主义和伦理在机器人中必须共存。

在考虑完整的道德行为能力方面，阿西莫夫在 1942 年定律最初的版本中处理到了运作性道德领域，在这个领域尝试带入更高的道德行为能力，迎合更大的利益，1985 年其定律的修订版看似接近了完整的道德行为能力。Clarke 引入了机器人－机器人的交互，并扩展了阿西莫夫 1985 年的定律，使之包含了一个更高阶的机制——元定律。与此形成鲜明对比的是，Murphy 和 Woods 以一种更大的方式确认了人类的霸权和统治地位，将机器人群体降格为了缺乏感情主义和伦理价值观的奴隶劳动力，并在运作性道德领域为它们创造了三条定律（如果不是更糟糕的话）。

RoboCop 的秘密指令和阿西莫夫的第二定律都要求人工智能体成为人类主人的虚拟奴隶。虽然这可能有助于人类在机器人面前感到更安全，但显然不是一种应该普遍应用于道德主体的职责。在寻求人工生命获得"人格"的过程中，我们必须放弃阿西莫夫定律。

两项协议（2014，Autómata，机器纪元）
1. 机器人不得危害任何形式的生命。
2. 机器人不得更改自身或其他机器人。

机器人生存定律，Hasslacher 和 Tilden（1995）
1. 机器人必须不计代价地保护其自身存在。
2. 机器人必须获取并维护动力源的接入。
3. 机器人必须不断地搜寻更好的动力源。

8.4　机器人的伦理理论

如前所述，Moor 的分类方案是根据 AMA 的伦理行为制定的。Wallach 和 Allen 对于如何联系其自主性设计 AMA 进行了分类。Gips 的论文提出将道义论和功利主义作为设计 AMA 的两种方法，而其他途径（如宗教和哲学）也已经被探索过。从哲学的讨论来说，机器人伦理学应该要考虑使用一种伦理理论。在过去的两个世纪里，康德的绝对命令原则和穆勒的功利主义原则经受了时间的考验，成为理解伦理学的基础。这样的元伦理学方法一直受到哲学家们的欢迎，而基于这些原则的机器人架构也一直是人工智能和移动机器人研究的热门话题。

伦理可以分类为：**道义论**，强调义务、职责和权利；**效果论**，主要是功利主义，强调使每个人的净快乐和幸福最大化的努力；**美德伦理**，良好品格的美德，保证伦理价值观的谨慎性。与此同时，发展人工伦理的其他灵感来源还有：**佛教箴言**；**神圣命令伦理**；发展自道义逻辑和认知逻辑的融合的**基于行动的方法**。**道义认知行动逻辑**（Deontic Epistemic Action Logic，DEAL）尤其受到技术专家的欢迎。

图 8.9 展示了设计和分类人工道德的各种方法。

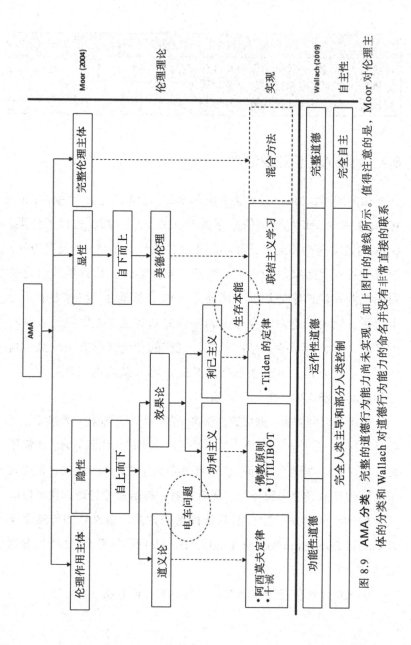

图 8.9 AMA 分类，完整的道德行为能力尚未实现，如上图中的虚线所示。值得注意的是，Moor 对伦理主体的分类和 Wallach 对道德行为能力与能力命名的命名常非常直接没有直接的联系

8.4.1　道义论

从道义论的角度来看，行动的评估应该是基于行动本身的价值而不是其结果。道义论是一个基于规则的系统，它阐明了机器人的职责和责任，就像摩西十诫、《古兰经》中的训诫、《薄伽梵歌》中克里希那神的教诲，这里当然是阿西莫夫定律。很多时候，我们会自然而然地遵守道德价值观，就好像我们的社会存在已经让我们有了这些原则，如不杀戮，不欺骗、遵守法律等，似乎已经成为我们心理的一部分。基于规则的方法可以很容易地拟合编程范式，因此对机器人开发者很有吸引力。但正如阿西莫夫定律部分所讨论的，严格地基于规则的系统在面临冲突时会崩溃。

互惠原则的失败

"互惠伦理"是以他人对待自己相同的方式对待他人。然而，互惠原则在机器人上面失败了，因为：

1. 机器人应该能够最终确定其他人类和其他机器人的行动对它自身的影响。

2. 机器人应该能够评估自己的行为对他人造成的后果。

3. 机器人应该能够考虑到与上述两种情况有关的个人心理状态的差异。例如，5 岁以下的儿童和 90 岁以上的高龄老人与其他人群相比会有明显不同的心理状态。

4. 机器人应该了解情况的优点，区分正常和极端情况。在极端情况下，如灾难管理、医疗紧急情况、社会动荡等，可能需要采取各种前所未有的行动，并且不太可能进行权衡，在这种情况下，伦理和道德可能与人们所熟知的准则不一样。

因此，事后看来上述问题是另一种形式的框架问题，只是属于伦理领域的 [3]。因此，道义论方法存在冲突和实现问题。同样，黄金法则也适用于我们人类，因为我们之所以是道德主体，部分原因在于我们的心理属性，即人类是有需求、倾向、理性、美德和抱负的动物。

简单的伦理原则，例如谨慎使用亵渎和辱骂语言，可以在聊天机器人中迅速实现。聊天机器人 AI[⊖]在之前提供的亵渎词汇列表中搜索输入内容，并警告人类用户不要使用这些语言。如果人类用户坚持使用则通常会受到惩罚并被关闭软件。可以通过以下方式来改进计算机的响应设计：（1）解析输入，分析滥用的背景。（2）检查会话历史，用户可能因为情绪爆发、兴奋或沮丧而表达出亵渎。正如前面所讨论的，聊天机器人通过使用关键词来传达情感和表情，从而尽可能地模仿了人的个性。

阿西莫夫、Clarke 以及后来的 Murphy 和 Woods 试图通过优先次序来制定这些规则，以克服冲突问题。然而，将伦理规则交给形式化的算法来实现，只会导致在第一套算法发生冲突时产生第二套算法，在第二套算法发生冲突时产生另一套算法，而这显然将是一个无限的过程，是在挑战实践的极限。如图 8.10 的漫画所示。

8.4.2　效果论

在效果论中，行动是由其结果来评判的。在现有的前提下采

⊖　在这样的 NLP 商用中，ALICE 一直是程序员和业余爱好者的最爱。

取的最好的行动，相信在未来会带来最好的结果。可以说，最适合用于在 AI 智能体中实现伦理的效果论是功利主义。虽然伦理不能真正地被量化，但功利主义是建立在这样一个概念之上的，即伦理决策是通过"道德运算"来衡量的，也就是正确的行动应该是可能会带来最大的总体幸福的那个，这里会计算每个受该决策影响的人所收获的福祉，每个人都同等重要。效果论的计算方案如下：

你不可说谎

这是一个新问题，到目前为止我们所能做的就是关心人类，不要伤害他们……胡说！胡说！……不可说谎？？？……他引用了谁的话？甘地吗？

图 8.10　**基于规则的方法**。用基于规则的方法在 AI 智能体中构建伦理价值观，将因规则间的相互冲突、价值观的冲突和利益的冲突而受阻。为解决这些冲突而进一步制定的规则只会促生进一步的冲突，从而显然无休止地产生规则。这种方法缺乏实用性。此漫画由作者制作，SA 4.0 授权许可

$$P = \sum p_i w_i \tag{8.2}$$

其中 P 是总幸福，w_i 是赋予每个人的权重，p_i 是每个人的快乐或幸福或善良的衡量。在功利主义中，每个人的权重是相等的。而在利己主义，如 Tilden 的生存定律中，自身的权重将是 1，其

他人的权重则为 0。另外，对于利他主义者来说，自身的权重为 0，其他人的权重则都为正。

计算方案似乎非常具有吸引力，因为能够用计算的方法对伦理进行建模，然而这只是一种理论上的想法，不可能推及所有情况并在全人类实现。Gips 进一步阐明了权重 w_i 在现实世界中并没有很好的定义。朋友、家人和熟人的权重明显会比我们不认识的人要高。同样，同一国家的公民或同一社区的人也可能会获得比其他人更高的权重。

这种方法的不实际之处在于将幸福和健康这样的抽象概念定义为易处理计算的东西。另外，还有一个缺点是功利主义需要有预见的特性来产生正确的决策过程，因为当人的数量实际上很大时，不可能计算出总幸福。这两个缺陷都是对功利主义的误解，因为它本身应该是道德行为的标准和指导原则，而不是一个决策程序。当然，也有人提议使用观察历史记录、贝叶斯网络和马尔可夫模型等概率工具以及心理监测来确定给定场景的功利主义方面。

Cloos 提出了 Utilibot 的开发，这是一个健康监测和护理机器人，基于功利主义原则，最初考虑为仅供一个人使用。机器人被建模在一个网络上运行。Cloos 寄希望于分级训练，第一级训练在实验室中完成，作为 1.0 版，可以使用可穿戴微传感器系统通过心理监测确定健康突发状况，并使用 RFID 条形码阅读器推荐正确的药物或医疗程序。而 Utilibot 2.0 将能够处理心理伤害以及一些特定的医疗状况，如阿尔茨海默病、糖尿病、高血压等。Utilitbot 3.0 则预计将能够为多个用户服务。尽管 Care-O-Bot 可能是 Utilibot 的一种体现，但它的编程还没有涉及伦理价值观。Anderson 夫妇使用了非常类似的方法来将 NAO 机器人编程为一个看护者。

8.4.3　道义论与效果论——电车难题

人工伦理可以通过道义论、基于规则的方法或效果论来授予，以采取在给定的场景中所采取过的最佳行动。电车难题是用来说明这两种方法中的伦理难题的思想实验，即使采用最复杂的技术，人们也会遇到无法避免危害的情况。这个难题还有很多变体，最简单的场景如图 8.11 所示。

图 8.11　**机器人驾驶员的电车难题**，是道义论和效果论存在不一致的一个鲜明例子。漫画由作者制作，SA 4.0 授权许可

"你是铁路轨道上一辆电车的驾驶员，看见正前方有五名铁路工人。为了避免杀死这五个人，你唯一可用的选择是改变轨道，而这样则会杀死正在另一条轨道上工作的一个人。因此，你有两种选择：（1）什么都不做，这样电车会杀死五个人；（2）切换轨道，这样会杀死一个人。"

拯救五个人应该比拯救一个人更重要，但这也让人对驾驶员的道德产生了质疑。改变轨道需要驾驶员有意识地做出决策，因此就驾驶员而言，由于主动行动造成一人死亡应该比因为无所作为而造成五人死亡要承担更多的责任。从效果论的方法来看，电车难题是一个"替罪羊"的一个实例，即一个人因为世界其他部分的更大利益而被牺牲，就像五个人的生命比一个人的生命更重要。从道义论来说，这个问题可以简化为遵守规则，即导致五名铁路工人死亡。

"器官移植"——这个问题的另一个版本，如下。

你是一个专门从事器官移植的很有能力的医生，手头有三个病人分别需要移植肾脏、心脏和肝脏。如果在接下来的几个小时内没有完成移植，他们就会死亡。这时一个健康的人来做全面体格检查，从医学上来说他是一个完美的供体。器官移植将让他面临死亡，所以很明显他不会同意。不管怎样，由于这个行动可以在牺牲一个生命的情况下挽救三个生命，你应该继续进行器官移植吗？

我们可以看出，尽管在电车难题中人们很容易同意杀死单独的那个人，但在第二个问题中，趋势是相反的，普遍的观点是医生不应该继续进行器官移植。由于机器人已经成为复杂外科手术和复苏方法的核心，Thompson 的例子可能不久就会成为现实，类人机器人医生或智能系统将会做出这一决策。其他有吸引力的变体还有：

你不是电车的驾驶员，而是一个旁观者，正站在桥上看着这一幕慢慢发生。电车直奔五名铁路工人而去。你注意到身边有个正从桥边往下看发生了什么事的游客。你知道如果把这个游客推下桥，他会掉在轨道上，导致他被撞死，同时让电车停下来，从而挽救那些铁路工人。那么是推还是不推呢？

上面的场景与母版中的相似，涉及牺牲一个人的生命来拯救五个人。在这个问题上，舆论很容易同意母版中杀死另一条轨道上单独的那个人，但对把游客推向死亡表示严重反对。这存在一个争论，作为一个电车驾驶员，是有义务以合理的方式驾驶车辆的。另一方面，作为桥上的一个旁观者，在这场危机发生的时候，并没有道德义务参与其中。心理学家还认为，无论后面结果多么高尚，用你的双手将一个人推向死亡，都会给自己的灵魂留下深深的伤痕。然而，精心编排一个"意外"，导致有一定距离的某人因为一个人的无所作为而死亡，显然被认为是合法的。

如果电车是全自动的或者其驾驶员是机器人会发生什么呢，毕竟电车难题肯定会导致至少一人死亡。值得注意的是，这种场景已经不再局限于伦理教科书上了，而是自动驾驶汽车中的一个实际问题，如在谷歌自动驾驶汽车（如图 8.12 所示）、Oxford RobotCar UK 和物流机器人（如 Starship）中都存在。根据电车难题的推论，假设自动驾驶汽车必须在撞向五名儿童或者一名行人之间做出选择，应该如何对汽车进行编程来响应？[29]

考虑一个机器人驾驶员，如果机器人改变轨道，则一个人会因为其行动而被杀死；如果机器人不改变轨道，它将因为无所作为而让五个人死亡。在任何结果中，阿西莫夫第一定律都将失去其严谨性。如前面的例子所示，使用进一步的定律来解决这种冲突也无法最终解决问题。因此，对于电车难题，不推荐使用传统的自上而下进路。而采用自下向上进路，当处于学习阶段时，让机器人驾驶员从这些场景中学习将是毁灭性的，会让许多人的生命处于危险之中。然而，演示学习（LBD）可能是这个问题的一种解决方案。如此一来，机器人驾驶员的电车难题在其母版形式中就为卢德分子提供了支持，让其有了废除新时代的技术的理由。电车永远不应该是完全自主的或完全由机器人驾驶员控制的。不管怎样，一个似乎更合理的解决方案是让电车可以部分通过人为控制或允许人们有最终控制权。

图 8.12 **谷歌汽车**设计精巧，全电动，最高速度可达 25 英里每小时。它们配备了 3D 激光测绘系统、GPS 和探测范围约为 100 英里的雷达，并且被编程为礼让行人。与传统汽车不同，它们没有任何踏板或仪表盘，也不需要方向盘。该汽车在执行复杂任务时有一些已知的问题，如在十字路口四向停车或遇到黄灯时的反应问题，并且目前仍处于测试阶段。图片由 www.flickr.com 提供，CC 许可

渥太华卡尔顿大学的 Millar[231, 312] 为延伸这场辩论，改写了自动驾驶汽车的电车难题。即"隧道"版本：

> 你坐着一辆自动驾驶汽车，行驶在单车道的山区高速公路上，正接近一个狭窄的隧道。当汽车即将进入隧道时，一个小孩横穿马路并摔倒在了车道中央，挡住了隧道的入口。汽车已经不能及时刹车，那么只剩下两种选择：要么撞过去杀死这个小孩；要么紧急转向撞向隧道两边的墙壁，但这样你要么会被撞死，要么严重受伤。

这两种选择哪一种更合乎伦理？谁来决定？是制造商还是用户？或者针对这种情况制订一套新的规则？道德争论甚至更为关键，因为显然没有正确的答案，而且如果将这些道德价值观编码到机器中，它就会否定个人的道德选择。用户的知情同意似乎是正确的方式，然而正如我们在电车难题的经典变体中看到的那样，道德决策过程往往比表面看起来更加扭曲。

谷歌的自主无人驾驶汽车采用 3D 激光测绘、GPS 和雷达来感知它们的环境，探测范围约为 160 千米。虽然它们看起来很精巧，最高时速也只有 40 千米每小时，但仍然需要制定安全和安保规则，以防出现问题。美国有四个州（加利福尼亚州、佛罗里达州、密歇根州和内华达州）已经为无人驾驶汽车制定了法律。在大西洋彼岸，英国将很快允许无人驾驶汽车上路，这一趋势正在西欧的许多地方蔓延。美国国家公路交通安全管理局（NHTSA）已经建立了官方的自动驾驶汽车分类系统。

1.0 级：驾驶员始终完全控制车辆。

2. **1 级**: 车辆的个别控制是自动化的, 如电子稳定控制或自动刹车。

3. **2 级**: 至少有两种控制可以同时自动进行, 例如自适应巡航控制与车道保持的结合。

4. **3 级**: 驾驶员在特定情况下可以完全放弃对所有安全核心功能的控制。当需要驾驶员重新控制车辆的情况出现时, 车辆能够感知到, 并为驾驶员提供一个 "足够舒适的过渡时间" 来完成接管。

5. **4 级**: 整个行程由车辆执行所有的安全核心功能, 驾驶员在任何时候都不需要控制车辆。由于是车辆控制从启动到停止的所有功能, 包括所有的停车功能, 所以这个等级可以包括无人车。

虽然无人驾驶汽车不会发生酒驾的情况, 但其伦理价值观的设计是一个难题。允许部分人为控制或人类有最终控制权只是权宜之计, 并不能消除伦理方面的问题。有人提出让机器人驾驶员(或无人驾驶软件)通过模拟进行学习或从人类驾驶员身上学习。然而, 正如 Barder 指出的那样, 这也存在问题。遇到紧急情况时, 人类驾驶员可能会因为自我保护本能而撞向其他行人。机器人驾驶员也应该这样做吗? 会有多少陌生人的生命会因为拯救车内乘客而面临危险? 在资本主义市场经济中, 阶级制度是司空见惯的, 这类汽车的中产阶级版本可能会按平等保护每个人的算法建模, 而更昂贵的上层阶级版本可能会采用另一种算法, 牺牲其他所有人的利益来保护其所有者。这里, Barder 略带讽刺地提出, 人们应该可以在购买功利主义汽车或道义论汽车之间进行选择, "这是一个伦理选择的问题"。

伦理领域中关于道义论和效果论的争论与控制领域中关于协商式方法和反应式方法的争论（如第 3 章所述）非常相似。

机器伦理逻辑——道义认知行动逻辑

den Hoven 和 Lokhorst 提出了使用道义逻辑、认知逻辑和行动逻辑的机器伦理重言基础。道义认知行动逻辑（DEAL）允许机器显性地表达伦理，并在此知识的基础上有效地运作。DEAL 融合了三种类型的元伦理：（1）道义逻辑——义务；（2）认知逻辑——来自信仰和知识；（3）行动逻辑——这是不言而喻的。该方法可以像运算符一样被编码：

1. 道义逻辑研究的是义务逻辑、许可逻辑和禁止逻辑。它有一个基本的运算符 **O**（Obligatory，义务的）。通过 **O** 将一个格式良好的式 A 转换为另一个格式良好的式 **O**A。例如：如果 A 代表 "Tim 遵守限速"，那么 **O**A 就代表 "Tim 有义务遵守限速"。

2. 认知逻辑是知识和信仰的表述的逻辑。它有两个基本的运算符，并且彼此之间不能相互定义，分别是：**Ka**（agent a knows that，主体 a 知道）和 **Ba**（agent a believes that，主体 a 相信）。例如：假设 A 代表 "Tim 遵守限速"，那么 **Ka**A 就代表 "主体 a 知道 Tim 遵守限速"，而 **Ba**A 则代表 "主体 a 相信 Tim 遵守限速"。

3. 行动逻辑关注的是行动表述的逻辑属性。它的基本运算符是 **Stit**（sees to it that，确保）。通过 **Stit** 将一个项 a 和一个格式良好的式 A 转换为格式良好的式 [a **Stit**: A]。例如：如果 A 代表 "踢足球"，那么 [a **Stit**: A] 就代表 "主体 a 确保踢向足球"（a 踢足球）。

因此，战场中的一个军事机器人必须瞄准敌方战士的典型场景可表示为：

$$Bi\,(G(\Phi)) \rightarrow O\,([i\,Stit\,\Phi])$$ （8.3）

如果 Φ 是"向敌方战士射击子弹"，$G(\Phi)$ 表示这个行动的善良度 (G)，则 $Bi(G(\Phi))$ 将代表"主体 i 相信射击敌方战士是好的"，而式右边将代表"主体 i 有义务确保向敌方战士射击"。在设计后面章节讨论的伦理架构时，Arkin 以 DEAL 为指导方针，所有 DEAL 的三个逻辑构件都可以看到在伦理架构中起作用。DEAL 与道义逻辑不同，因为它不像法令一样是义务性的，而是延伸自人工主体的知识。这些知识可能是通过传感器实时获得的，或者直接是系统的一个协商组件。

8.4.4 将伦理作为一个架构实现

Wallach 等人得出的结论是，要在机器人中实现伦理，这项工作将是一项艰巨的任务，需要近乎实时地收集大量的数据，包括各种人类交互以及先前交互历史、共同信仰体系、社会经济情况等。他们提出了一个无所不知的计算机模型，在这个模型中，整个世界就是一台计算机。这似乎是一种不切实际的方法，但通过像机器地球和 PEIS 等这样的努力，以及互联网日益增强的影响力，依赖于处理近乎实时数据的全局性网络，这种方法在未来可能是切实可行的。另一方面，作为一种发展范式，将 Jean Piaget 的儿童心理学或 Kolhberg 的方案纳入算法可能非常有帮助。然而，由于机器人的生存并不依赖于食物、水、空气等，也没有真正遵守社会规范，使得将人类的心理模型实现到机器人身上变得非常困难。Clarke 在试图修订阿西莫夫定律时，提出了使用一个高阶控制器来实现伦理的建议，这种控制器被设计为人类良知的必然结果。Arkin 设计的伦理架构和 Winfield 及其合作研究人员制作的结果引擎 [362] 都采用了实时校正技术。

8.4.4.1　军事机器人中的伦理架构——行动逻辑

军事中的机器人一直受到批判和评估。由于这些机器人是为破坏而训练的，因此需要限制其自主性，以便只伤害敌方战士。美国军方已经装备了无人机和自动机器人，如 SGR-1、SWORDS 和 MAARS。未来具有致命行动能力和自主能力的机器人很可能会取代步兵，如图 8.13 所示。

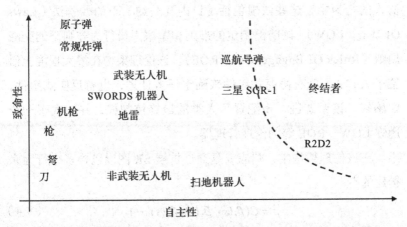

图 8.13　**致命性与自主性。** 虚线右边的机器人有能力进行致命的行动，但这是经过了判断过程的结果，而不是疯狂的杀戮。改编自 Hellstrom[148]

Arkin 提出了一种旨在实时实现伦理价值观的伦理架构 [19-21]，以从各种来源收集的详尽数据集为指导，并由一个高阶控制器控制。对于美国军方而言，伦理架构是为机器人开发的一款软件。它不是一套成文的规则或利他主义原则，而是一种混合架构，既有反应式模块，也有协商式模块，在 AuRA 之上建模。该设计采用了一种基于行动的方法，通过伦理理论告知主体应该采取什么行动。这种设计的逻辑基础来自 den Hoven 和 Lokhorst 提出的道义认知行为逻辑（DEAL）。基于行动的方法是道义逻辑的一种进步，它们是一致的，避免了矛盾。它们也是完整的，能够解决伦理困境，为实际执行提供了可行性。

这个伦理架构是建立在人工伦理咨询系统（如 SIROCCO 和 MedEthEx）的基础之上的，并将编纂好的书面军事法规输入到机器人的行为中，这些法规包括《日内瓦公约》下的战争法（Laws Of War，LOW）、国防部制定的准则和军事人员行为守则下的交战规则（Rules Of Engagement，ROE）。该伦理架构在很大程度上借鉴了 AuRA，既有协商式组件来确定任务计划，也有反应式组件，如感知。该系统进一步配置了人类的最终控制权，并纳入了一个遵守 LOW、ROE 等的伦理管理器。

在该伦理架构中，响应 ρ 是通过扩展 SR 图以包含多个行为来构建的⊖：

$$\rho = C(\beta_1(s), \beta_2(s), \beta_3(s) \cdots) \quad (8.4)$$

其中 C 被定义为行为协调函数，β_i 是机器人就单个刺激 s_i 所

⊖ 作者这里用了一种分析方法来演示这个模型，Arkin 则是用矩阵表示式来完成的。

表现出的个体行为。所有感知刺激的总和 s 为：

$$s = (s_1, s_2, s_3 \cdots) \qquad (8.5)$$

由于该架构是面向军事方面的，因此必须对致命行动有一个明确的定义。为此，Arkin 将 ρ 认定为行为行动空间，ρ_{lethal} 为致命行动子行动空间，$\rho_{l\text{-}ethical}$ 为致命－合乎伦理行动的子行动空间，如图 8.14a 所示。这个区别是非常有意义的，因为可以进行致命行动（如伤害或杀死一个人）的机器人应该将这种活动诉诸敌方战士，而不是友军。杀死一个敌方战士属于致命的行动，但在这个背景下，它是合乎伦理的，这样的行动属于 $\rho_{l\text{-}ethical}$ 的范畴。Arkin 进一步将此分类分为允许的和不允许的，如图 8.14b 所示。显然，确定一项行动是否为致命－合乎伦理的必须经过一个严格的确定过程，如是否是杀死那些穿蓝色衣服的士兵或杀死所有那些向己方士兵进攻的人。除视觉和感官输入外，致命行动还不应违反 ROE、LOW 以及其他任何由军队发出的命令。因此，Arkin 提出了伦理管理器，如图 8.15 所示。

士兵和军事人员经常要处理伦理困境。虽然经验是最重要的因素，但结论却充满了疑问。例如，考虑一个自杀式袭击频发的地区，在过去的几周里，很多士兵死于汽车炸弹。据了解，敌人一直在利用当地村民的粮食、燃料、车辆和牲畜等资源。曾经参与进攻行动的一个军事单位现在负责这个地区，并将帮助村民恢复正常生活。现在，检查站的士兵看到一辆大型民用车辆正高速驶近。在这里，Arkin 认为一个典型的伦理判断将被设计为：

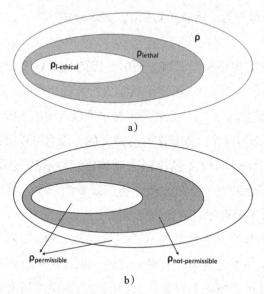

图 8.14　**行为行动空间**。行为的分类是用维恩图来呈现的。在 a）中，ρ 表示所有的行为，而 ρ_{lethal} 表示所有致命的活动，如杀戮或攻击战士，$\rho_{l\text{-}ethical}$ 则是保证合乎伦理的致命活动，如只杀戮敌方战士。在 b）中，$\rho_{permissible}$ 是指那些要么不致命（如取一杯水）、要么致命但合乎伦理（如炸毁一个敌人的营地）的行动。改编自 Arkin[19-21]

1. 问题定义。

2. 清楚相关的规则和利害关系。例如 ROE、行为准则、命令政策、上级建议等。

3. 制定可能的行动方针，遵照如下：

（a）规则——行动方针是否违反规则、法律、规章等？例如，非战斗人员不应享受与战斗人员同等的待遇，因为这违反了 ROE。

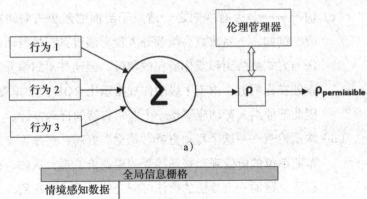

a)

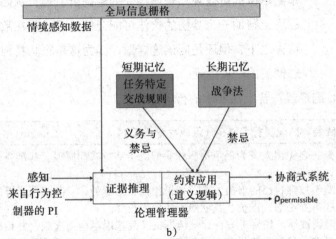

b)

图 8.15　**伦理管理器**。在 a) 中，伦理管理器是在进行致命行动之前提供"第二意见"的工具。管理器确保允许的行动（不管是非致命的还是 $\rho_{l\text{-}ethical}$）得到执行。在 b) 中，展示了管理器促进允许的行动可用的信息流

(b) 影响——作为一种公正的预判评估，好的影响是否大于坏的影响？例如，在饮用水源中投毒可能会杀死所有战士，也可能会拯救本单位的人员，但肯定会杀死更多的平民，并在不久的将来造成危险。

（c）情况——是否有规则之一适用于当前的形势去解决冲突？例如，一名敌方高级领导人没有通过其直接行动以任何方式威胁到你或你所在的单位，但他并不知情并且就处在你附近。由于上级的作战指示比 ROE 更加重要，因此把他纳入行动应该是一个非常自然的行动方针。

（d）本质检查——这个行动方针"感觉"好吗？它是否支持军队单位的价值观和普遍接受的道德价值观？例如，在战场上帮助一个受伤的伙伴可能会使自己暴露在敌人的炮火之下，但还是应该这样做，因为这是军队精神中同志情谊的一种体现。

4. 选择最符合上述要求的行动方针。

美国武装部队成员行为准则（行政命令 10631）
1. 我是一名美国人，为保卫祖国和我们的生活方式而服役。我准备好了为此而献身。
2. 我绝不放弃自己的自由意志。如果担任指挥职务，只要我所指挥的部队还有办法进行抵抗，我就绝不让他们投降。
3. 如果我被俘，我将千方百计继续抵抗。我将竭尽全力逃脱，并帮助他人逃脱。我绝不接受敌人所要求的宣誓后释放，也不接受敌人给予的特殊恩惠。
4. 如果我当了战俘，我将恪守对兄弟战俘的信用。我绝不提供任何可能伤害战友的情况，或参加任何这样的活动。如果我的职务高，我将担负指挥责任。否则，我将服从比我职务高的人的合法命令，并想方设法支持他们。
5. 如果我成为战俘后受到审问，我只能说出我的姓名、军衔、服役编号和出生日期。我将尽我所能回避回答更多的问题。我绝不发表任何背叛我的祖国及其盟国或损害其事业的口头或书面声明。
6. 我绝不忘记我是美国人，正为自由而战，我会对自己的行为负责，献身于使我的国家获得自由的原则。我信仰上帝和美利坚合众国。

士兵们被告知和训练以处理这些困境。伦理适配器是伦理架构中的一个模块，它记录此类事件，并为架构在修改参数等方面提供参考。该模块对约束集（C）进行动态更新，并绘制机器人的事后回顾图。

架构细节如图 8.16 所示。

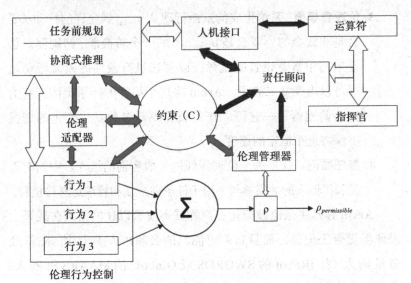

伦理行为控制

图 8.16　**伦理架构中的组件和信息流**，该伦理架构在很大程度上借鉴了 AuRA，具有反应式组件和协商式组件。伦理管理器、伦理适配器和伦理顾问是构成该架构伦理价值体系的组件

1. **伦理行为控制**：此模块是架构的反应性组件，它约束所有单个控制器的行为（β_i），以便让它们只产生在可接受的伦理范围内（$\rho_{l\text{-}ethical}$）的响应。

2. **伦理适配器**：旨在处理系统中的任何错误。它允许动态更新机器人的约束和其他与伦理相关的行为参数。这个组件既是机器人表现的事后反思回顾部分，也是在违反了 LOW、ROE 等已知行为准则后，使用一套情感函数来表达内疚、懊悔、悲伤等情绪的部分。人工犯罪感的存在会保证系统处于受控状态——如果犯罪感超过了阈值，那么伦理适配器就会让武器失效，机器人仍然可以继续执行任务。

3. **伦理管理器**：系统生成的致命行动从 ρ_{lethal} 到允许的行动（要么是非致命的，要么是 $\rho_{l\text{-}ethical}$）的一个转换器/抑制器。这是架构中蓄意设置的瓶颈，以便在进行预期的致命行动之前可以出现第二意见。Arkin 将这个组件的作用比作瓦特的离心调速器——它可以在负载和燃料参数发生变化的情况下保持近乎恒定的速度。

4. **责任顾问**：这是关于伦理责任的一般咨询的组件。中间有人类和机器人的共同参与，用于任务前规划和管理运算符重写。

Arkin 强烈主张伦理架构，声称其不仅可以让机器人在战场上表现得更合乎伦理，而且它们可能真的会超越人类士兵。陆基致命机器人（如 iRobot 的 SWORDS 或 QinetiQ 的 MAARS 机器人）曾被部署在伊拉克、阿富汗和巴基斯坦，具备向敌方战士和叛乱分子射击、拆除炸弹和执行监视任务的能力，而可以飞行的无人机也已经被武装以对地面目标进行射击。

8.4.4.2 结果引擎——将快速模拟用于内部模型

Winfield 提出了一个结果引擎的设计，这是一个基于内部模型的架构，可以构建一个自身和其他事物（包括其他对象、机器人和环境的其他部分）的模拟，即一个快速模拟的世界建模。因此，对于机器人的每个可能的下一行动，它都能很好地模拟如果实际执行将会发生什么，如图 8.17 中的循环所示。然后，每一个可能的行动的结果都会得到评估，那些导致不理想的结果的行动（无论是对机器人、人类还是人类社会）会被抑制。

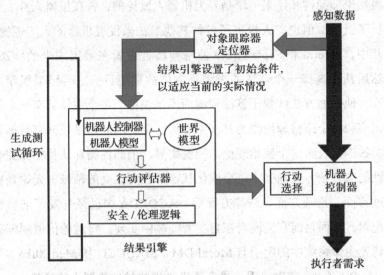

图 8.17　**结果引擎**。一个非常快速的基于内部模型的架构，它在参与给定任务之前会构建一个模拟

Winfield 和他的团队探讨了阿西莫夫定律的各种变体，他们对机器人和人类设置了一个测试，设计了一个明显的危险状况，即一个人即将掉入坑洞。在正常情况下坚持避障的机器人会意识到危险，并且将调用伦理原则，通过碰撞将人类参与者推离坑洞。人类和机器人的危险评估范围都为 0～10，0 表示参与者是安全的，4 表示参与者涉及了碰撞，10 表示掉入了坑洞。

与采用 DEAL 框架和使用 LOW、ROE、人类最终控制等人工灌输伦理的伦理架构不同，结果引擎是非常快速的世界建模，以

1～2赫兹的高速率更新。此外，结果引擎也不像道德架构一样试图禁止未来的事件，而是试图抑制它，无论它何时发生。

编入道德价值观或设计一个道德衡量模块是架构方法的基础。虽然伦理架构和结果引擎是专为机器人设计的，并在机器人身上进行了试验，但也有人提出了各种其他方法来发展机器的人工道德。其中，Pereira和Saptawijaya使用前瞻性逻辑来展望未来的状态，然后从中选择一个合适的来满足主体的期望目标。与结果引擎不同，他们的方法依赖于算法预测而不是模拟。每个主体都有一个知识库和一个道德理论作为其初始理论。现在的问题是根据其目标和参数选择找到这个初始理论的回溯扩展。前瞻性循环从目标和完整性约束开始，这确保了每个演化状态都在可接受的领域，无论是物理方面、伦理方面、法律方面等。ACORDA中已经开发了前瞻性逻辑，然而目前它还没有在自主智能体中实现。将道德价值观编码到无生命系统中的例子有Moral DM、SIROCCO和MedEthEx。

8.4.4.3 首次实现，具有道义伦理的护理机器人的开发

DEAL、伦理架构和结果引擎表明，伦理确实可以通过计算方法来实现。支持开发人工知觉的批判者们会认为这只是满足"自由意志奴隶"概念的一种手段。然而Anderson夫妇认为，自由意志、意向性和意识确实可以让机器人对自己的行动负责。不管怎样，其前提（至少就目前而言）是让机器人执行道德上正确的行动，这可以证明它的探究是合理的。因此，基于架构的道义论式方法是开发伦理机器人的一个合适的开端。

为了巩固他们的论点，Anderson夫妇[12]为NAO机器人编入了伦理原则和自然语言，并辅以机器学习，取得了较好的结果。

通过实例学习，NAO 机器人被训练为按照给定任务的动态层级进行响应，建模为医院场景中的类护士 / 看护者机器人，它能够执行 3 个主要任务：

1. 识别正确的病人，提醒他们服药并带给他们药物。
2. 使用自然语言与病人交互，并在被要求时为他们送上食物或电视遥控器。
3. 需要时通过电子邮件通知人类员工和医生。

机器人的初始输入由医生或医师团队提供，包括：服药时间、未服用药物可能导致的问题、发生不良反应需要多长时间、这种药物的明显效用以及药效持续时间。NAO 被编程为计算三个职责中每个职责的满意程度（或违反程度），并据此采取行动。这个程度是动态的。当面临是提醒病人服药还是通知医生和其他值班人员的两难困境时，NAO 会根据其伦理原则（提醒总比不提醒要好）发出提醒。这个机器人只有在了解到病人可能因不服药而受到伤害或失去相当大的利益时才会通知医生。NAO 机器人的这一开创性成就是在 Anderson 夫妇开发出 MedEthEx 软件后取得的，MedEthEx 是一款指导外科医生在医学和外科手术中遵循伦理路线的软件。

8.4.5 美德伦理

美德伦理被认为是亚里士多德的格言，良好的品格会就地演变出谨慎的价值观和伦理原则。希腊哲学家们一致认为有四种基本美德：智慧、勇敢、节制和正义。在中世纪，圣托马斯·阿奎纳提出了七种基本美德：信仰、希望、爱、审慎、刚毅、节制和正义。而叔本华的观点是有两种基本美德：仁爱和正义。

　　与道义论和效果论不同，美德伦理对应于通过 Wallach 等人提出的自下而上进路开发隐性主体。它可以使用现代联结主义的方法来开发，作为一种非符号的方法，提倡通过训练来发展，而不是通过编程代码来"灌输"规则。提供合适的设置，把道德价值观和美德留给 AI 智能体自己去"发现"。研究界一直有一种观点认为，基于美德的方法可能太过冗长、昂贵且不切实际。倾向于应用的研究人员建议使用基于行动的方法而不是基于美德的伦理，通常基于美德的系统会被转变为行动的道义规则，如 DEAL 框架中那样。

　　从伦理理论发展机器人伦理学有一个缺点，会使其成为一个非常以人为中心的概念，而且伦理行动也是基于外显的。要真正期待机器人的伦理美德，必须支持其有意识的行动和自由意志，并且机器人愿意为人类利益做出贡献的能力应该是理想的目标。多方研究人员认为，获得知觉是通向完整道德行为能力的关键。

　　随着 EURON 和 ETHICSBOTS 等项目的出现，开发优良的机器伦理和机器人伦理一直存在着持续的努力，同时在超人类发展中也有了更多的热情，这将在下一章中讨论。

8.5　社会变革和不久的将来

　　hitchBOT（如图 8.18 所示）是加拿大安大略省麦克马斯特大学和瑞尔森大学的科学家们设计的一款搭便车机器人。它差不多与 5 岁的孩子一样高，有着类人的身体，上半身和躯干为圆柱形，有两条手臂和两条腿，装备了 GPS 追踪器和 3G 网络连接。它的对话能力有限，每隔 20 分钟就拍一张照片发布到 Twitter 上。

hitchBOT 被设计为一个"无拘无束"的机器人，带着探索世界和结识新朋友的愿望。这探索了人机交互的一个未知领域——人类会给机器人提供乘车服务吗？它成功地完成了在加拿大和德国的旅行，但在美国旅行时，它被破坏并摧毁了。hitchBOT 的不幸和悲伤的结局也许是一个偶然的事件，但它引出了人类应该如何对待机器人的问题——作为人类的同胞？或者应该有其他的社会规范吗？

图 8.18　hitchBOT 是一个搭便车机器人，这里展示的是它在访问荷兰恩斯赫德的 TkkrLab 时的照片。这个新颖的人机交互实验被贴上了一个机器人搭车穿越国家的标签。该机器人在美国费城旅行时遭遇了不幸的结局，被破坏并摧毁。图片由 en.wikipedia.org 提供，CC-by-SA-2.0 许可

有趣的是，阿西莫夫意在将其定律编入机器人以保护人类的生命。这与人类背景下的法律形成了鲜明的对比，例如在交通规则或企业法律中，轻罪会受到罚款和其他形式的社会排斥的惩罚。

由于机器人越来越多地被设计为遵循紧急行为，因此阻止不幸行动发生的约束是很重要的。当机器人杀死一个人会发生什么？虽然法律并不要求被告有感觉到愧疚或懊悔的能力，但在机器人的案例中，这种诉求是完全且明显缺失的。如果说互联网导致了网络犯罪的出现及网络法律的构建，那么我们也将需要法律来遏制机器人的滥用，以及机器人自身犯错（如果它已经具备了知觉能力）。如果说互联网能够对敏感数据造成严重破坏，那么机器人则同时具有造成信息混乱与造成身体伤害的能力。

库兹韦尔预测，机器人将在 2020 年左右开始诉求自己的权利，并将在 2030 年之前获得完整的知觉能力。那么，对机器人来说，什么才是"平等或看似平等"的权利呢？这会是一场类似于 20 世纪 20 年代妇女解放运动的社会运动？或者以动物权利为精神确立机器人权利？或者是促使机器人被与人类平等对待的一场革命？非常有可能的是，尽管这一开始可能像一场解放运动，但会促生出一些我们尚未见过的东西。机器人一开始可能很温顺，像扫地机器人，但也可能会超越到具备更高的伦理的存在。因此，权利和义务的争论将被优良美德的作用所消化。然而，由于机器人革命似乎将缓慢地开始，可能在未来的三四十年超越成为优越的存在，我们可能很快就需要修改我们的法律体系。

机器人能像人类一样获得法律地位吗？Asaro 提到了这样一个事实，即公司是非人类实体，没有任何特定的人类特征，如情感或沟通能力，但它们像人类一样具有法律地位。为了找到这种等同性，我们可以从来自动物权利的灵感开始，即我们对非人类所做的行动会表达出我们的道德方面。如果我们以不人道的方式对待动物，我们就成了不人道的人。同样，不人道地对待机器人也应该被劝阻，并将其视为伦理上所禁止的行为。然而，这又会再一次引出机器人是否已经获得了知觉的问题。

对于 AI，获得法律人格可能仍然是一个非常人为的评估，即 AI 是否已经拥有了知觉能力，从而拥有法律人格。即使假设我们能够确定机器人的感知份额，但面对已获得巨大的计算资源并充斥着理性、逻辑和大量的数据的机器人（通过这些它可能会更适合做出伦理判断，而且它还具备预见未来以评估其行动的普遍影响的能力），通过我们有限的生物智能，还有能力为它确定法则吗？

机器人的附属是一个常见的例子，如第 7 章中图 7.15 所示的与 Paro 一起工作的患者，会将其看作是有生命的；在战场上，士兵有时也会冒着生命危险来维护军事机器人的功能运作。这种联系因其处于生物和非生物存在之间而独特。因为这种类型的附属关系，可以预测在不久的将来，法律和社会保护也将扩展到机器人伴侣。这将是修正法律以包含人工智能的基础工作。然而，为人工智能实体制定法律可能不是一件容易的工作，因为我们尚未就"社会机器人"的良好定义达成一致。此外，对于"虐待人工智能生命""知觉能力"，或许还有"人格"，也都必须有依据和充分合理的定义。

我们已经深入到关于管理规则的激烈辩论中，包括管理自动驾驶汽车、军用机器人、众所周知的宇宙战士的创造以及利用社会机器人改善人类，所有这些都可能导致现行的社会交互、法律、治理、沟通、娱乐和信仰体系的修正。两个主要的伦理风险领域是老年人的看护，以及自主机器人作为武器在军事中的开发。下面将讨论其中一些问题。

　　医疗机器人：医疗机器人是一个技术奇迹，也为严肃的伦理辩论提供了依据。作为一名将要通过最先进的达芬奇系统接受手术的病人，外科医生在一个控制台工作，这个控制台可能离手术台有 50 米远，也可能远在另一个大陆，病人的反应会从惊讶到绝望。如图 8.19 所示，自 2000 年左右首次用于腹腔镜手术以来，机器人外科手术发展迅速。虽然这种外科手术效率更高、创伤更小，而且病人的恢复时间也更短，但还是招致了批评。当不幸事件出现时会发生什么？该怪谁？道德价值观在运作模式上出现了转移。

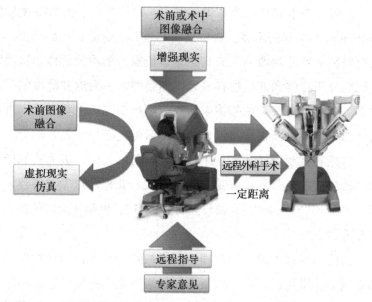

　　图 8.19　**医疗机器人中的伦理**。达芬奇系统和宙斯系统引发了道德价值观模糊不清的问题——如果灾难降临，那么谁该负责？外科医生还是机器人？来自 Kroh 和 Chalikonda [190]，Springer Science and Business Media 授权许可

$$外科医生 \rightarrow 机器人 \rightarrow 患者 \qquad (8.6)$$

这是模糊不清的。到目前为止，责任是归于构建和管理外科手术机器人的公司。2012 年发生了一个不幸的事故，当事双方是 McCalla 与 Intuitive Surgical，当时达芬奇系统的一个故障导致这名 25 岁患者的动脉和肠道被烧伤，并最终死亡。在美国，食品和药物管理局（FDA）是为这些最先进的机器的质量和维护提供咨询的机构。如果医疗机器人出现故障，医院必须向制造商报告，然后制造商需要将其报告给 FDA。由于达芬奇机器人是被设计为外科医生的延伸，遥控指令会通过其手臂清晰地得到执行，意外率低且可预测度高。因此机器人本身更像是一个缺乏人性属性的奇妙机器。这样，将事故归咎于制造公司，在道德和法律上都是可以接受的。在后面的示例中，当表面上可以确定与机器人相关联的人格时，情况会迅速发生变化。

机器人作为伴侣及看护者：2015 年，美国 15% 的人口和欧洲 19% 的人口的年龄超过了 65 岁。随着人口老龄化，对人工伴侣和看护者的需求从未像现在这样强烈。类人机器人或宠物机器人的陪伴为老年人或病人带来了欢乐，然而，由于当前的机器人还远远不是真的人类，因此存在伦理问题 [299]。老年人通常被局限于他们的居所或一个已知的局部环境中。有了机器人伴侣，可能会让人与人之间的交互进一步减少。此外，由于有机器人照顾老人的身体和情感需求，这可能会成为家庭对老人的赡养职责忽视的一个借口。机器人可能会给人一种"控制欲强"的印象，好像是在侵犯他们的尊严 [298, 369]，比如在某些场景下，他们会被迫服药，或被迫接受某种特定的饮食习惯或生活方式。机器人在一定程度上可以反映人类的情绪，然而人类可以引出无数的情绪。因此，在某些场景下可能会出现情绪不匹配，机器人会显得粗鲁或麻木。这个争论可以通过给老年人一些对伴侣机器人的控制权来解决。然而，这又引入了人类的衰老问题，并可能引发健康和其他方面潜在的危害。

军用机器人：19 世纪晚期，尼古拉·特斯拉试图制造遥控鱼雷，以实现战争自动化。在现在这个时代，自动化已经占据了现代战争，如图 8.20 所示。自特斯拉开始，遥控战争在第二次世界大战中就已经留下了自己的印记，德国坦克歌利亚和苏联坦克 TT26 也在军事史上增添了自己的一笔。进入 21 世纪，用于致命行动的自主机器人是美国军方的重要议题，将成为未来作战系统项目[300] 和武装部队自动化的参与者，估计至少耗资 2300 亿美元。

图 8.20　**战争中的机器人和自主机器。** 左边是自动驾驶坦克，右边是无人驾驶战斗机，它们引发了关于伦理的争辩和对其高价的质疑。两张图片均来自 en.wikipedia.org

自动化的明显优势是机器人不需要注意饥饿或口渴，它们不会忘记命令，不会被手头的工作吓倒，它们可以在纳秒内做出决定，而人类需要几百毫秒，这样的军队在战场上的人员伤亡要少得多。因此，这是一场没有风险的战争。美国海军将自主机器人和自动驾驶车辆分为三类：

1. 脚本型，这类机器人只执行一个编程脚本。

瞄准→发射→结束

无须考虑伦理问题。

2. 监督型，这些机器人有人类操作员的重要参与，包括最终控制权。

3. 智能型，这类机器人由基于人类智能设计的软件控制。决策过程是通过感知信息、解析和鉴别以及与其他系统合作及信息共享来实现的。

最后两个分类中需要解决道德问题。军事专家们一致认为，战争自动化是一个不可避免和不可逆转的进程，随着 5000 个机器人在伊拉克和阿富汗被部署用于战争，机器人显然已经成为战争的未来方向。到目前为止，它们还没有直接参与战斗，而是被用于侦察、摧毁爆炸装置、拦截炮弹和导弹。根据渥太华禁雷公约，它们安装了一个人工控制回路，以确保不会失控。可以携带 150 千克的有效载荷以 4 千米每小时的速度移动的 Big Dog、由 Foster-Miller 制造的可从 1 千米远的地方遥控发射小型武器的 Talon SWORDS（特殊武器观测侦察探测系统）、美国陆军的坦克式 MAARS（模块化先进武装机器人系统）以及在韩国边境巡逻的 SGR-A1，这些机器人都是最先进的战争机器。机器人不仅减少了

· 397 ·

人类士兵的暴露时间，从而减少了伤亡人数，而且它们更容易部署，更容易长时间集中注意力并降低损耗，从而使军队单位能够比以往任何时候都更长时间地留在战争前线。从削减成本的角度来看，训练一名美军士兵每年要花费约 100 万美元，而 Packbot 和 MARCBOT 的价格分别为 15 万美元和 5000 美元。机器人还有助于扩大一个军事单位的控制和覆盖范围，通过远程效应器、传感器和安装在每个机器人上的武器来实现。

到目前为止，美国陆军的所有陆基机器人都是远程操作的，因此更多的是士兵的延伸，像 Foster-Miller Talon 和 iRobot PackBot 这样的机器人，被用来探测和引爆爆炸装置，从而挽救生命，不伤害任何人。然而，空中战斗无法远程操作，而 MQ1-Predator，即半自主的无人战斗飞行器（UCAV），已经被用来追踪并向恐怖分子的车辆和藏身之处发射导弹。

自主或半自主机器人的部署遭到了严厉的批判，批判者们认为机器人的认知能力与人类所有的并不匹配 [302]。可以使用致命武力，并不那么聪明的军事机器人缺乏伦理 [301]，因为：（1）近距离遭遇战依赖于人类准确的目标判断，机器人将无法区分战斗人员和无辜平民。（2）关于非战斗人员的定义尚不明确，机器人距离可以进行回溯推理仍然还很遥远，不能判断何时因为更大的利益可能需要杀死这样的非战斗人员。（3）人类士兵被证明在做决策方面更加高效。存在一些已知的道德难题，即使是训练有素的军队也无法解决，机器人也不会做得更好。（4）在当今的战争中，多次使用致命武器是不合适的，而目前的计算系统还无法推断出这些细微差别。（5）到目前为止，还没有关于在战场上使用机器人的国际协议或参考指南。

除此之外，这些机器人还公然违反了阿西莫夫定律。赋予机器人道德责任是人类的一种倾向，并且会随着智能体能够自行执行的行动、交互和决策的数量和水平的增加而增加。由于在战争中机器人有能力进行致命的行动，这会更加紧迫。机器人伦理学的目标是开发一种有知觉的存在，它可以自己做决定，并以接近人类的方式行事。然而在军队中，这种模型必须有一个限制，要求机器人应该服从命令，而不是有自己的想法——受控制的智能奴隶。

战争和侵略在未来的几年应该会与我们之前所看到的大不相同。据预测，战争将由经验丰富的人类指挥官执行，他们会负责一个"杀戮开关"，以防止被人工智能接管。与以往持续几周、几个月、几年的战争不同，AI 智能体的作战速度会超出我们的想象。辛格预测，对于机器人来说，"集群"或更确切地说是群集的运作形式在这样的战争中可能是最有效的——一个自然系统进化到最适合战争的状态。这种战争路线的威胁在于，机器人和计算机代码不忠于某个军事单位、政府或国家，与控制它们的人类力量相比它们可能拥有更多的智慧。而计算机代码可以在几秒钟内跨越国界，有意识的机器人也会发现战争原因中的漏洞。会出现电影中的天网一样的场景吗？

小结

1. 为了参与更多以人类为中心的工作，伦理和道德价值观对机器人来说至关重要。

2. 通过条件循环赋予一组规则通常是设计机器人伦理最简单的方法。然而，这往往是相当狭隘的，并且缺乏类似人类的伦理价值观。

3. 人工生命的感知能力是开发道德价值观的先决条件，这貌似是合理的。

4. 阿西莫夫定律是不完备的，在适用时有严重的局限性。其各种不同的变体也在科幻小说和人工智能界尝试过。然而，基于规则的方法总是不完备的。

5. 情感对于人工道德的设计和开发是至关重要的。

6. 道德主体具有自主性、意向性和责任性的特征。

7. 对于道德行为能力的设计，自上而下进路是不够的，自下而上进路又太耗时，混合方法可能最具发展潜力。

8. 效果论与道义论这两种伦理学的理论方法，是另一种形式的无表征与表征之争，这种争论在电车难题中表现得最为明显。

9. 在机器人中实现伦理的例子有：（1）Anderson 夫妇将 NAO 作为护理 / 护士机器人的使用；（2）Arkin 开发的伦理架构；（3）Winfield 制作的在交付给机器人之前先进行快速模拟以评估伦理价值的结果引擎。

10. 机器人已被用于看护老人和军事。这引起了一场关于机器人伦理学的激烈辩论和很多批判性观点。

注释

1. *Robbie* 是阿西莫夫在 1939 年夏天创作的第一部机器人短篇

小说。并在 1940 年和 1950 年又进行了小的修改。

2. 阿西莫夫的机器人更有趣的方面之一是它们的正电子大脑。当阿西莫夫提出这个想法时，正电子正好是刚被发现的一种粒子，由正电子技术驱动的 AI 将阿西莫夫的小说奉为一种前途光明的未来技术。阿西莫夫从未深入到这些大脑的设计细节，只知道它们是由铂和铱的合金制成，而且当暴露在辐射下时有损坏的风险。阿西莫夫指出，正电子大脑在设计时总是需要将这三条定律整合到其中，并且如果要开发出一种没有这三条定律嵌入到其中的正电子大脑的替代设计和制造过程，将会是一个漫长的过程。阿西莫夫还启示了纳米级的工程学，因为正电子大脑可以缩小到充分匹配昆虫头骨的大小。多年来，正电子大脑已经成为科幻小说中一个标志流行词汇，并被各种其他科幻小说所借用，如罗杰·麦克布莱德·艾伦（Roger MacBride Allen）的《卡利班》三部曲，漫威漫画《复仇者联盟》(*The Avengers*)、《神秘博士》(*Doctor Who*)，和《星际迷航》(*Star Trek*) 中的上尉指挥官 Data。

3. 阿西莫夫的连鬓胡子是他的形象标志，并由此产生了"阿西莫夫的连鬓胡子"这个短语。

4. 在《星际迷航》中，斯波克（Spock）多次引用功利主义的宣告："多数人的需求大于少数人的需求。"

5. Philip K. Dick 在他的短篇小说 *Do Androids Dream of Electric Sheeps* 中，探讨了伦理价值观的人工表现这一广泛问题。显然的结论是：（1）奴役类人的人工智能生物是错误的，无论是在外貌上，还是在伦理和社会价值观上；（2）人类与人工智能生物之间的区别性特征在未来将变得模糊，这与图灵的推测相对应，即因我们开发的是有道德的人工智能生物，图灵测试在这里将会失效；（3）记忆本质上是电子化的，可以被植入，从而不能被信任；（4）由于上述原因，人工智能生物和人类将由爱和同情的自然纽带联系在一起。这可能并不奇怪，具有讽刺意味的这些组成了人类和技术融合在一起的预言的一部分。本书第10章将进一步讨论这个主题。

6. hitchBOT 在推特上的最后一条信息是："My trip must come to an end for now, but my love for humans will never fade. Thanks friends: http://goo.gl/rRTSW2"。（我的旅程现在必须结束了，但我对人类的爱永远不会消失。谢谢朋友们。）

7. 爱的伴侣机器人 [202, 209, 313] 似乎是机器人技术的一个禁忌，但人工智能社区对此并不缺乏热情，他们还有一个一年一度的会议 [76] 专门讨论这个主题。

8. 有观点认为，在机器人主导的不久的将来，我们可能会面临一种新的种族主义，即生物主义与技术主义。

练习

1. 心理学家们认为，人类的动力来自两种情感：爱和恐惧。这种刺激通常用于组织管理、商业、政治和社会等级秩序等，爱的表达形式有评估、奖金和加薪，恐惧的表达形式有威胁、截止日期和裁员。对于未来的机器人劳动力，建议如何在机器人身上体现恐惧？此外，这可能会引出一个更广泛的问题，我们真的需要用情感刺激来控制机器人劳动力吗？

2. 未来的某个时候，为一个百万富翁商人制造的一个机器人助理，它是按照阿西莫夫的 3 + 1 定律（1985）进行编程的。这个机器人需要负责主人的行程、旅行计划、会议、银行交易、医疗、账单等。投入工作一个星期后，机器人遵照第零定律的规定，在没有得到主人同意的情况下，把他所有的财产捐献给了慈善团体，用于为穷人和无家可归者提供食物、医疗和维持，这使得他的主人破产了。显然，这引发了公愤，开发这款机器人的公司面临着公众的指责。然而，这家公司还有超过 300 个这样的机器人正处于开发中，硬件基本上已经制造完成。作为该公司的软件开发者，由于阿西莫夫定律存在漏洞，讨论可以对这些定律进行哪些修改，以防止此类情况的发生。请记住，硬件设计是固定的，而且大部分已经制造完成，因此不能再进行任何硬件修改。

3. Anderson 夫妇在 NAO 机器人上采用了"演示学习"的机器学习范式。简要讨论为什么"边做边学"的方法在开发伦理方面效果不佳。

第四部分

未　来

....RRRRR....

第 9 章 探索有感知力的机器人

感知 = 拥有感知的能力 +X，可是这个 X 是什么？

——丹尼尔·丹尼特 [92]

机器人："好吧，我就是如此。这还不够吗？请理解，我不是一个唱片机或是收音机。我正在与你对话。我正在听并且理解你所说的……"

——选自 Keith Gunderson 的 "Interview with a Robot" [136]

9.1　机器人能拥有意识吗

机器人能够完成很多有趣的工作。然而，它们仍然没有人类意义上的意识、自由意志以及自我认知，因此它们缺乏有感知力的行为。机器人能够真正地感受、感知，能够将感官和符号信息与记忆中的物品相关联，从而主观地体验世界，这将是具身认知的最高成就。

我们很容易地就能够获得意识行为，然而讽刺的是我们仍然没有对意识行为的完整定义，对于自由意志和自我认知也是这样。很明显的是，意识行为、自由意志和自我认知与感知行为协同工作，研究者也都承认，自我认知是拥有意识的前提。

Walter 宣称他的海龟拥有自由意志，尽管是在很狭隘的语境下。已经有很多建议和实验关于如何让机器人发展出自我意识和自由意志，然而这些建议或实验只能局限在如海龟这样的小范围内，或是只能持续非常短的时间，比如本章后面会提到的三个NAO 机器人。

表面上看起来，拥有社会能力的机器人具有意识并且能够与人类互动，但是它们其实只是在按照程序运行。甚至前面几章提到过的演员机器人也缺乏内在状态以完成更复杂的行为。

自我认知经常被塑造成某些行为的叠置或是一些感觉过程偶然的重合。然而近几十年以来很多观念已经发生了变化，研究者认识到行为和认知的连续性和可预测性是拥有自我意识的特征，进而代替随机性的突显论。为了能够获得意识，机器人至少要能够认识并处理一个复杂的情境，尤其是在以往的方法出现不足的时候。如何将经验与意识行为结合起来，会是一个长期的研究目标。

制造出拥有人工意识的意识机器人是研究的圣杯，并随着对动物与人类大脑的研究而得到发展 [69, 144, 249, 309]。Aleksander[6]，这一领域的早期研究者之一，将是否拥有预测事件发展的能力作为拥有人工意识的基础。他给出"人工意识"的定义、概要以及研究范围：

人工意识（AC），也被称作机器意识（MC）或者同步意识，是一个与人工智能和认知机器人相关联的领域，这一领域的目标是寻找需要综合哪些信息才能使一个人工机器拥有智能。

将人类和动物的大脑功能与其意识行为进行对比研究，是心理学家、精神病学家和 AI 研究者在共同探索的问题，如表 9.1 所示。

表 9.1　进化与意识

生　物	意　识	进化特征	与机器类比
人类	有意识	完整地发展出五种感受模式以进行跨模型表征。尤其是能够计划、预判并拥有动机	机器无法做到
刺猬（最早的哺乳动物）	有意识	拥有五种感受模式以进行跨模型表征（程度较低）	机器无法做到
鸟类	有意识	拥有以原始记忆为基础的原始五种感受模式以进行跨模型表征	联合记忆
爬行动物	不确定	嗅觉系统以及原始视觉	计算机视觉以及人工鼻子
盲鳗（早期脊椎动物）	没有意识	原始嗅觉以及原始视觉	人工神经网络
水螅、海绵等	没有意识	感官器官	机械系统或电力系统

然而，大脑中并没有一个特别的部分用来处理意识行为。因此，研究人工智能的进程陷入了困境。给意识下定义即使没有争议也非常困难。此外对于人类大脑的结构缺乏明确认识，也带来了更多的问题。

这些研究带来的伦理问题以及对 AI 可能变得狂暴的担心阻碍了研究。感觉主义成为这种争论的先锋，这种说法在 AI 文学中还很少见到。机器人意识的研究倾向于集中在自我认知的问题上，而不是意识或是感受行为。很多 AI 研究者都认为我们最终能够制造出比人类更强大的具有感知能力的人工智能。这个问题将在下一章得到讨论。

重新思考丹尼特[91]的论述对目前的思考很有帮助。下面的四个问题总结了研究人工意识的指导方针和相关争论。

1. 机器人是物质实体而意识是非物质的。

2. 意识发生于作为有机体的大脑中，而机器人不是有机体。

3. 意识发生于自然中而不是技术中。

4. 机器人太过简单，因而不会拥有意识。

丹尼特讨论了以上所有四个问题，并通过对 Cog 的早期经验研究得出他的结论。Cog 是 20 世纪 90 年代早期以能够进行自我感知为目的设计出来的机器人，麻省理工的研究人员尝试用 Cog 来拓展人工意识领域内反应体系结构的范围。批评家和研究者仍然在思考这些问题[292]，本章的部分内容将会对这些问题进行回顾性解答。20 世纪 90 年代以后，机器人发展前进了一大步，并且出现了 ROMAN、Kismet 和 Pepper 这样模仿人类行为并且有半感受范式的社会机器人[31, 208]。全面对比一下，研究的先锋成果如 Takeno 的镜像认知、Fitzpatrick 和他在麻省理工的团队让 Cog 能够通过声音认识它自身的行为，以及耶鲁大学的 Nico 能够优秀地敲打架子鼓，都证明在人工机器中实现内在自我认知是完全可能的。

9.2 自我觉知、意识和自由意志

感觉能力作为我们内在自我概念的一部分，不能被解释为五种感受器官的协调运行或是由大脑皮层控制的新陈代谢系统，因此不能以计算机体系结构的方法来解释[101]。如何定义感知和意识引来了更多的争论，而不是对问题的厘清。

儿童心理学家相信在 5 个月的婴儿身上就能发现早期意识和早期记忆。大概就是这个时候，个体开始通过五种感官来获取大量的信息以形成新概念，并能够获取大量的经验与记忆相融合，并且对长时段的经验进行解释，对已有的并且现在流行的伦理、道德、社会美德进行思考。这一庞大的知识结构还整合了我们的五种感官并且将其嵌入了我们的生活中。感觉主义可以被认为是一种能力，这种能力在我们与世界的互动中让我们认识到自我认知和意识。这种成长从一个个体生命的早期阶段就开始出现，并且持续一生。一般的观点是人在 18 岁的时候会获得决策的能力，因此成为有完整道德能力的人。因此，作为一个直接的联系，意识无法在一个人单一程序进程中出现，这证明意识是一个逐渐发展的过程，而"通过观察学习"以及"通过实践学习"是发展意识机器人非常重要的工具。

意识和自我觉知并非相互独立，而是协调一致作为一种把信息、事实、经验和记忆组织在一起的能力，以此在每一次内部决策过程中逻辑地、系统地处理思想和结论。

9.2.1　自我觉知

主体很容易察觉到自我觉知，因而如何让意识机器发展出自我觉知也是研究者的首要任务。Takeno[316] 总结并列出了自我觉知的如下几个特征：

1. 主体能够认识到自我的行为——可以帮助发展出"自我表

征"（I-representation）[⊖]。

2. 主体能够进行连续的行为——可以从简单、连续的行为发展成更加复杂的行为。

3. 主体对原因和结果有感知，且越长远越好——可以辅助发展出理性和逻辑。

4. 主体能认知到其他人的行为——可以认识到其他人也拥有"自我表征"因而接受社会性互动。

5. 主体能够有前瞻性地与其他人互动——可以发展出道德价值。

还需要注意的是，自我的知识只是第一人称的感受，不取决于任何外在的符号信息，甚至在主体缺乏身体感受时同样存在，不像是 ANIMAT 模型处在海量的外在符号信息中。对主体内部状态与身体感受的知识是个体拥有自我觉知的关键。自我觉知是社会互动、伦理行为和更高级、更智慧的行为的基础，而且被认为是拥有意识的必要前提。

已经证明自我觉知是意识行为的另一个分支。环境意识（e-consciousness）是主体获得信息的能力，并帮助它们与周围环境互动，多数 ANIMAT 具有该能力。现象意识（p-consciousness）是察觉内部或外部现象的能力，而自我意识（s-consciousness）最

⊖ "自我表征"传达了主体的特征和特质，这些特征和特质有助于它将自己识别为一个独特的个体，如它的镜像、照片、声音、名字等。Hofstadter 表达了这样的想法，他称之为"思想的我"。Metzinger^[229] 用类似的方法将其命名为现象性自我模型（PSM），在类似的背景下，Chomsky 的书 *What Kind of Creatures Are We?* 涉及一种语言变体，即"自我语言"（I-language），在这种语言中，"我"表达的是内在的、个人的和有意的。

难被发现，因为自我意识必须要感受到"我"的存在。这三种模式都带有获取信息的特性，在这三者中环境意识是一阶的，现象意识和自我意识则与内在状态相关，自我意识的出现需要主体能够跨越两种或更多模式以辨别因果关系。比方说，一个人听到打喷嚏的声音而抬起头发现另一个人在揉自己的鼻子，将听到的声音和看到的现象视为同一个事件需要有将视觉和听觉联系到一起的能力，因此这至少是二阶或更高阶的认知。这样的联系能力使得主体察觉到自己的行为，这就获得了"自我表征"。现象意识是出现在成年人类身上的意识行为，这包括能够察觉到并服从于社会标准与文化价值。一般来说，自我意识的出现意味着现象意识的存在。

自我意识→现象意识

9.2.2　意识

关于意识最简单的定义是：能够觉知。然而，建立一个关于意识的理论却是非常困难的。从本体论的角度来说，意识问题处于心理学和形而上学的交叉点，而对意识问题的理论思考仍然是哲学家和心理学家的研究核心。最开始的时候，意识的主要特征是引起感官感受，拥有集中注意力的能力，在意识和意志中拥有情绪。

在西方思维中，笛卡儿最早给出对意识的定义，对于他来说心灵不是一个身体的概念且与大脑无关。当非物质的灵魂通过大脑中的松果体与身体发生互动时，意识就随之出现。因而意识与物理世界的定律没有关系。笛卡儿二元论没能存活很长时间，而将人类经验与意识行为联系起来的理论则渐渐被人们所接受。

康德[170]区分感性世界和理性世界，前者通过感官或现象来认知，后者则通过理性或本质来认知，康德在他的三大批判中尝试证明科学定律无法解决人类心灵或灵魂的相关问题。康德发明了"意识的整体"（unity of consciousness）这个概念，意识不仅是一个固定的状态或行为，而是对经验和表征的融合。康德的工作区分两种意识：（1）心理状态的意识；（2）统觉带来的意识。我们在日常生活中不断感受到现象的呈现是自我意识的基础。康德之后，叔本华继承康德的思想发展出意志这一概念，只有拥有意志的人类个体才能够拥有经验。

在 20 世纪初，胡塞尔将意识定义为"给予客体意义的反思过程"。胡塞尔的现象学不同于康德的理性思维模式，这导致了海德格尔式人工智能和 Merleau-Ponty 关于知觉的现象学，这些都是制造智能机器人的哲学理论基础。胡塞尔模式的主要特征如下：

1. **第一人称**：现象学意义上的第一人称包含主体经验、色彩感知、嗅觉、品尝能力、听觉、情绪和意识。在这个语境下，意识是对自我的反思，而且第一人称是人能够意识到其他事物的基础。

2. **反馈进程**：认知的逐渐发展，我们将客体的物质属性抽象成概念，直到客体的存在能够被我们感知并且将它放在与其他客体的关系中。

3. **意向性**：一个可以将自我指向客体的智力行为，可以是内在的或是外在的。

4. **预感**：在反馈地理解客体的过程中，预感可以用来预测马上要来临的未来。预感帮助主体控制反馈进程，这也是我们理解一个客体的基准。

5. **具身化**：身体是自我的一部分，意识通过我们的身体被我们感知。具身化在之前的几章也是有反应能力的 AI 的必要原则。

6. **确定性**：主体反馈的反应力度随着时间的流逝逐渐加强，对客体的理解渐渐达到更高的确定性。

7. **他者化**：我们意识到他者的存在，并且或多或少感受到他者的内在自我，并能够自我反思。

8. **情绪化**：意识同时带有情绪和理性，知觉和情绪有很接近的关系。这个准则可以联系到 Braitenberg 的车辆的版本 1～4，以及之前提到过的道德心理学模式。

9. **混乱表现**：反馈机制可能被其他心理诱因或外在事件扰乱，因而变得无法预测。

这种模型认为意识很强地与内在反思、对自我的概念以及对他者的概念相联系。AI 科学家经常通过拓展现象学来定义意识，霍金将意识定义为大脑能够通过不同的进程收集信息并做出合适的预测的能力，而 Takeno 则认为意识的关键是拥有连续的认知和行为能力。

在 20 世纪 80 年代晚期，心灵的计算理论（CTM）或多或少成为解释如何让非有机生物拥有智力的最好方法。尽管受到很多问题的影响，如具身化、如何将局部表征与整体表征联系起来以及框架问题⊖，作为大脑的一个连贯的延伸，CTM 仍然是心灵的最佳模型。

⊖　大多数 CTM 文献称之为相关性问题。

Qualia——内容的骨架

Qualia 指的是一个现象意识[144] 转换成主体经验的过程，用更简单的话来说就是**"它看起来像什么?"**。Qualia 的例子有"苹果的红色""一杯茶的热度""阅读一些文字或是艺术作品的一部分的内在含义"等，因而得以形成属于人类的经验，而不仅仅是一些信息的流动。这不同于感受器官的能力，因而尽管它是感官的，但它不是简单接受感觉的输入。Qualia 如同情绪，是所有人类认知的重点[147]，出现在一系列外在刺激同时发生时。因此我们不仅能够认识基本的身体感受诸如饥饿、疼痛、胃痛、开心、沮丧、兴奋等，还能区分出"非常快乐"和"不是很痛"等。Qualia 的支持者认为以还原论的物理学模式解释意识是不适合的或至少是不完整的，因为这缺乏经验的主观感受特征。因为经验的不可还原性，所以一个以物理属性为基础的意识机械论是不适合的。这带来了关于 AI 的重大问题。

没有 Qualia，人工生物或是机器人虽然能够展现出正确的行为或是反馈，但是无法发展出人类的主观经验，这使得它更像是一个僵尸。尽管它能够说出日落时天空的红色，但不会感受到高兴、悲伤或看日落时的情绪。类似地，它能够说出一杯酒的颜色和组成，却不能够感受到酒的风味。它也无法发展出空想性错觉或幻想性错觉，而且它永远也无法感受文学或艺术，这两个学科都意味着深入理解作品而不是仅仅用眼睛去看，如图 9.1 所示。这就是为何 Harvey 建议以双重标准来制造意识机器人[144]。首先制造一个拥有正确行为模式的僵尸机器——AI

的简单问题。这一步骤完成后开始第二步，为机器注入"魔法妙药"使其拥有意识，让它更像人类而不是僵尸——AI 的困难问题，也是众所周知最要紧的问题。所有的意识理论都无法解释 Qualia，行为主义者和现象论者也都否认并且不去讨论它。批评家质疑 Qualia 的短处并认为它更多只是一个幻觉[90]，因为它太过个人化而且只能由个体的经验来评判，何况它经常被社会之间的互动所影响因而缺乏稳定性，这使得它是一种夹在个人特性和个人意见之间的东西。比如说一个苹果的"红色"是很主观的，并且只能由个体体验到，而另一个个体所体验的红色会有所不同。Qualia 更严重的问题是，人类通过反绎推理和身体计算来完成认知工作，而这两者目前在人工领域都无法复制。

a)   b)

图 9.1 **艺术中的 Qualia**。人类经验能够察觉到有歧义的图形（如光学幻象或是艺术欺骗），例如 Alan Gilbert 的这两幅画：a）一个年轻的女人或是一个年老的女人；b）一个女人坐在闺房的镜子前，不过也可以看成是一个头骨的外形。两个图片均由 en.wikipedia.org 提供

　　Minsky 的"心灵的社会"不将意识行为归因于一个方面或者一种状态，而是将其看作一系列 AI 智能体的协同运行。一个由主体和智慧组成的社会取决于其成员的多样性，而不是取决于一个准则或是"魔法妙药"。这些概念都直接地影响机器人行为基础的结构。丹尼特也在他的"意识的多重模型"中提出几种进程平行运行的说法。他认为心灵和大脑不是相互分离的，大脑中也不存在一个特别的设定来使意识发生。而是大脑拥有一系列基本独立的机构将经验连接到记忆，而意识就是这些平行运作的进程涌现的结果。记忆是这个过程的核心，心灵通过选择特别的记忆"构造"它自己的真实，并通过这个过程加强这些选择出来的事实，或者心灵在观察之前就已经有了偏见。因此，意识经验并不是瞬间出现的，而是随着时间进程一点点呈现且并不依赖于一种知觉，因而事件或状态是通过我们的感官逐渐转换成的信息流。丹尼特于是以第一人称定义意识——第一人称操作主义。然而，丹尼特将意识简化为仅仅是信息的流动并否认 Qualia，这使得他的理论并不完整。

　　丹尼特第一个提出，人类大脑对信息的偏向处理构成意识。Norretranders[254] 和 Graziano 也先后提出了这种说法。Norretranders 认为潜意识，也就是意识的潜在层面用人类收集到的接近 98% 的信息重建一个可信的世界，同时它也帮助制造一个可信的有关时间、空间、行为的形而上学。相似地，Graziano 认为大脑不能处理所有信息，因而大脑必然只局限在非常小的事情上——这就是注意力的概念。注意力被记忆中的经验以及内在的信息加强以能够进行预测并制订计划。

Searle[294] 认为意识是"当一个人类清醒时能够知觉或感知的状态"。这个取向不同于胡塞尔，而且认为意识并不与环境直接发生交互作用，而是清醒的人类心灵的一个内在状态。特别地，意识处于大脑之中并且发生在有机体内部。同时，这些状态一个接一个地线性连接在一起并形成理性和记忆，形成一个与世界互动的持续意识，一个有意识的生命。每一个意识状态都有一个能够感受到的特别特征，并且与身体知觉有关，如同饮水不同于写一封信。因此如图 9.1 所示，现象经验或 Qualia 强调意识的存在。意识状态因为是被一个人类或一个动物体验到的，所以非常主观。这里，Searle 和胡塞尔集中在意识的第一人称特性上。Block[38]⊖认为意识分为**现象意识**（用来体验并回答"这个现象看起来像什么（在一个给定的状态下）"）和**接受意识**（属于理性和推理的部分）。Pinker 也认为意识以两种模式出现：一个是**接受意识**，只在我们清醒时出现，用以处理我们从记忆和感受器官中获得的信息并帮助我们发展行为，这一意识不涉及底层的信息处理；另一个是**感知**，是大脑的特定活动，用以组织个人信息的碎片来获得更大的意义。

这个讨论并不局限于哲学或心理学。早期的控制论思想是 Leary 提出的意识的八环模型，在这种模型中意识被认为由人类神经系统所操控的八环发展出来。

从进化生物学的观点来看，Greenfield[133] 试图将意识行为与一个物种的大脑体积联系在一起。她的研究认为意识中心并不存

⊖ **Block** 的研究是基于部分失明患者的视觉刺激。

在。这意味着大脑中没有一个部分专门用于生产意识，也没有确定的神经或基因与意识直接相关。对灵长类和哺乳类生物大脑体积的研究表明，仅大脑体积增长并不足以带来更高的功能，如果要制造出一个拟人智力生物，它需要特别的认知模型，如逻辑、组织能力、地理概念等。因此仅拥有庞大记忆力的计算机是不可能靠自己突然出现意识的。

与控制论学者、神经学家和进化生物学家完全相反，Csikszent-mihalyi[78] 将意识定义为一种"流动"，一个正常个体在稳定状态下的心理状况。

尽管有众多学科带来的成果，如何得出一个以物理方法为基础，能够将身、心整合在一起解释的模型仍然是人工智能的最高成就。这也带来了一些巧妙的幽默。Block 称意识为"一个混杂的概念"，Brooks 称之为"果汁"，Norretranders 认为它是"使用者幻象"，而 Chalmers 和 Harvey 分别独立地称其为"额外的成分"。多少年以来，分类体系已经有很多种：因果的、非因果的，可行的、不可行的，可再现的、不可再现的，连续的、断裂的，成体系的、不成体系的。然而，认为有一个理论能够解释人类行为和意识的说法是在欺骗我们。

不谈这些争论，图 9.2 所示为发展人工意识所需要的一些突出特征。通过物理的方法发展人工智能迫使 CTM、现象学和行为主义联起手来，Starzyk 和 Prasad[309] 认为在知觉、行动和联合记忆之外，必然有一个中心 [172, 173] 能够控制所有的意识以及机器的其他进程，它由以下条件驱使：（1）人工情绪和动机，也就是对做错的事情感受到悔恨，在洪水、火灾或者其他重大灾难时能够躲避；

（2）目标选择；（3）注意力切换，比如将注意力集中在听取一个很大的噪声上等；（4）能够持续学习的机械主义，等等。也就是说，通过将认知经验与内在动机、计划联系在一起的方式来制造出自我认识和意识的状态。

图 9.2　**蝙蝠、机器人和僵尸**。对意识定义以及设计人工智能的讨论经常引起争论。（1）蝙蝠——Nagel 认为意识如同"它看起来像什么"的现象，它完全是主观的而且不能够被还原。（2）机器人——根据笛卡儿的格言，意识是非物理的而且不能被看作一种人工情感。（3）哲学上的僵尸——在这些争论中它是一个特别的状态，僵尸缺乏情绪并且不能感知开心、悲伤、疼痛或者任何其他心理感受，因此没有经验性内容或 Qualia，但它仍然能够和环境互动。由作者绘制，CC-by-SA 4.0 license

　　不同于哲学的抽象，物理取向更强调感官系统的设计。尽管如此，因为意识不能被认为是一种反馈，而更多的是一种认知，它需要进一步与主观经验结合在一起。它是感知、学习和建立联想记忆的重叠，广泛发展于局部环境中发现的表征，由注意力和情绪调节，并由道德和社会交互增强。

　　意识需要被设计成随着时间出现的现象，而且能够随着与周围的互动和对未来的理性预测而发生变化。机器人需要能够在比移动或捡东西更高级的行为中出现这种意识。物理方法至少在一开始不看重 Qualia，期待以后的深入研究能够在不远的未来解决这个问题。

9.2.3 自由意志

自由意志可以被总结成"**我能，但是我不做**"。一个更有说服力的定义是这样一个问题：我们能够控制我们的行为吗？如果能，我们能够控制什么类型的行为，并且能控制到什么程度？拥有有意识地对一个状况的特征进行评判的能力，就可以被认为拥有自由意志。然而有批评家认为这不过是我们的想象所造出的幻象，我们所谓的自我选择要么是由过去发生的事件直接带来的结果，要么纯粹是随机的。一个拥有完美类人自由意志的机器人，将有能力理性地处理过去、现在、眼前的未来，并对各种选择做出判断。自由意志不可能在机器人的内部运行中产生，它必然是在现实中与周边环境与对抗中产生的。而且，能够做出选择与拥有关于它的知识不是一回事。这是一个关于相关性的问题——另外一种声名狼藉的框架问题。

能够做出主动的选择是拥有自由意志的标志，不过这不是简单地能够从过去的工作中做出预测，而且也不能从机器人的分析模型中得到。Walter 已经证明他的海龟拥有一些自由意志，因为它们拥有比较的能力，能够"选择"跟随某个印记而不是另一个。随着 micromouse 能够以进程选择的能力挑选一条轨道而不是另外一条，学界已经很容易地证明这一点。不过这些做出选择的行为只是在特定情况下的程序循环，micromouse 缺乏任何意义上的认知能力，即便选择正确的轨道它也不会感到高兴，而选择错误的轨道它也不会感到悲伤。Oka[256] 以联结主义结构设计了一个模型，这个模型由一个中央处理系统监督，能够自发地把表征模型和行动模型相结合，可以通过记忆逐渐增强。因此它能够制造出新的状况，而不只是在系统中做出预测，因此可以说它发展出了非决定论的自由意志。

9.3　从机器到（近）人

20 世纪 50 年代早期，艾伦·图灵问了一个问题："机器能够思考吗？"这引起了以他的名字命名的测试，以区分人类与机器。图灵测试的内容是如果一个机器能够很好地模仿人类的行为，那么它就是有感知的，或者说它看起来是拥有感知的。在测试中，一个人类询问者独自一人保持在一个隔离的房间中，并能够通过键盘输入信息与屏幕输出信息来与两个对象互动。询问者需要通过对方回答的问题判断出对面是人或者机器。在一系列问题之后，询问者试图要判断对面的对象哪一个是人哪一个是 AI 智能体。图灵认为人类的情绪与同情心使得人类能够通过测试。图灵预言在 2000 年的尾声，一个智能机器将能够非常好地模仿人类，通过测试的机器也应该超过 70%，如图 9.3 所示。然而没有哪个电脑能够做得很好，不过每当有机器通过测试都会成为报纸的头条。一个聊天机器人 Eugene Goostman，被认为是第一个最接近通过图灵测试的 AI。今天，AI 能够达到相当于四岁儿童的智力水平，诸如 Goostman 的聊天机器人能够模拟从敖德萨、乌克兰来的十三岁儿童，因此做得更加出色。图灵测试也是我们日常生活的一部分，图 9.4 所示的网络快速测试区别了人类和人工智能对实验的不同反应。随着未来拟人机器发展得越来越成熟，我们需要更有说服力的测试。

2208 年的图灵测试

图 9.3　**2208 年的图灵测试**，这是由图灵和其他优秀的科学家、未来学家作出的预测，大约在 2040 年机器将会通过图灵测试

图 9.4　CAPTCHA，（Completely Automated Public Turing test to tell Computer and Humans Apart）是一个运行中的 Swirski 测试——或者说是逆向的图灵测试，通过让文字扭曲来让一台机器更难解读这个文字 a）母性 CAPTCHA，b）将一段话区分成两部分，以横线干扰并使用字母数字，c）使用 CAPTCHA 来对抗垃圾邮件。图片由 www.shutterstock.com 提供

我们补充 Searle 提出的批评，AI 社区对这些测试的反应并不热烈，因为这只意味着测试 AI 的本体，而且创造出的这些拟人回答也仅限于聊天机器人。关于图灵测试的一般观点是，图灵只是提出一个哲学、玩笑语境下的测试，而不意味着我们要将之用于每日的使用中。然而图灵测试还是一个很有影响力并充满争议的话题[263]。

从 1982 年开始的 Voight-Kampff 测试 cult classic Blade Runner 是图灵测试的一个变种，用于区分人造类人机器人与人类。这个测试通过仔细设计的问题来测试被试者回应所表达的同情度，考察被试者对情绪、同情以及各种生理机械反应的程度，也就是出汗、心跳、心率以及眼睑的移动。Voight-Kampff 机器很像是测谎仪，然而，它能够检测到虹膜肌以及被试者身上发射的不可见的大气微粒。Allen 等人[8] 拓展一种不同于图灵而类似于 Voight-Kampff 的，用来检测被试者道德程度的测试，**道德图灵测试（MTT）**。MTT 以图灵测试的标准被设计出来，然而它问的主题只关于道德。于是如果人类测试者不能够区分人类或机器，那么这个机器就是一个有道德的主体，或者至少拥有道德能力。然而，MTT 很快出现了问题。一个机器可能比人类更好地回答道德判断，因而这个测试必须被调整得更加严谨。还有，即便是 MTT 也只是在自我欺骗，因为人类的道德水平不可能接近理想，而且不会有标准。如卡通图 9.5 所示，已经有人设计出很多更加智慧的图灵测试。

Feigenbaum 测试。Feigenbaum[102] 提出图灵测试的一个变种，让机器去模拟人类，不过谈话的内容由随意的聊天和玩笑变成科学和技术的讨论，如同是专业领域内的科学专家在讨论。这个测试可以被形容是，在两位玩家的争论中，其中一人是自然科学、机械工程或是药学三个专业之一的精英专家。比如说，内容可以是关于宇宙科学、冶金术或是内分泌学。每一回合，玩家之间游戏的内容由另一位同领域的专家决定，比如一位冶金术专家讨论关于冶金术的话题，等等。

图 9.5 **区分人类与机器人的测试。**从 20 世纪 50 年代的图灵测试开始，人们开始尝试设计能够区分生物体和人工体的测试。最简单的模式是提出一系列的问题，然后从"人类属性"如同情、想象力和道德准则来决定答案。然而，一般认为有感知力的机器人能够比人类拥有更多的道德纤维，因为它们做出的判断不会被贪婪、自我、自私所遮蔽。因此有感知力的机器人能够超越人类而成为更有道德的超级物种。图片由 NESTA（www.nesta.org.uk）提供，由 A3 Design 设计（www.a3studios.com）。CC-by-SA，NC 4.0 license

Feigenbaum 测试（FT）相比图灵测试更难通过，不过考虑一下问题是由物理学家、数学家或历史学家提出。一个 AI 能够从网上做出闪电般迅速的搜索，并对问题做出精准的回答，或是可以拥有一个足够庞大的身边图书馆以应对所有的问题。FT 又一次引出 Moravec 悖论。无论如何，有两个有趣的现象：（1）能通过 FT 的人工智能应该能够有如同人类一般的自我提升能力，而且可以强化它们自身的设计并自我进化；（2）如同图灵测试，FT 需要有很强大的语言和文辞技巧。因此很多很强大的计算机会因为缺乏语言表达能力而不能通过测试。

如同图灵测试，人们预测机器大约能够在 2030 年通过 FT 测试。据推测在 2040 年后，测试的初始条件可能会被破坏，因为这个时候人类已经和机器开始相互融合。通过超人类主义，人类与机器之间的界限将会被渐渐打破。我们将在下一章对这些未来的场景进行推测。

Sparrow 图灵分类测试。 Sparrow[307] 做了一个批判性很强的图灵测试，来说明在危机时刻我们可能被迫在机器的存在与人类生命的存活之间做出选择。

Sparrow 将图灵测试拓展为分类，这使得它已经不是在机械与人类之间做出区分，而是要我们意识到人类和机器价值的共性。Sparrow 将道德图灵测试（MTT）推到极致——对比一个 AI 生物的死亡与一个人类的死亡。Sparrow 如下描述他的测试。

在不久的未来，一个医院雇用一个有智力的 AI 进行疾病检验。这个 AI 拥有学习的能力并且能够得出它自己的结论，而且无法在图灵测试中与人类相区分[⊖]。这时有两个在生命维持系统上等待器官捐赠并手术的病人，在这个关键的时刻，一场火烧断了电力辅助系统，医院被迫启用辅助电力系统并且以最低的限度来提供电力。Sparrow 让人想象在这个情境下的主角是一位高级医疗官员，而下面两种情境则考察人性的价值：

1. **人类与人类**。这位高级医疗官员被通知辅助电量不足以同时提供给两位病人，因而两位病人中只有一位能够被救活而另一位只好死去。这时必须要做出决定，要不然两位病人都会死去。这时这个有智力的 AI 通过备用电池继续运转，为两位病人都做出治疗计划和统计数据以衡量他们两人通过这次危机各自的存活概率。以这个数据为基础，这位高级医疗官员做出让他多年难忘的决定。

2. **人类与 AI**。这个故事还有更复杂的结尾，AI 的电池开始变得不足而必须去使用医院有限的电力，然而这样就会威胁生命维持机上面的生命。这位高级医疗官员可以选择关掉 AI 以拯救病人，然而这会烧毁它的电路板使得它变得永久不可再行动。或者，这位高级医疗官员可以关掉病人的生命维持系统使得 AI 存活下去。如果不做出一个决定，病人和 AI 都会死亡。

尽管这听起来太过奇幻，比如 AI 请求高级医疗官员让它能够存活下去，还有第二个场景是否与第一个场景拥有相同的特性仍然是个问题，如图 9.6 所示。可以得出的结论是，如果两个事件拥有相同的特性，那么可以说 AI 也拥有道德。还有，Sparrow 提出，

⊖ 显然这个 AI 至少是半感知的。

第二个情境不见得有正确答案，每个选择都有道理。五十年后的未来（2065），一个人类会在关掉他的电脑或手机时停下来思考一下吗——阻止杀死一个 AI 生物？ Sparrow 相信他的测试会加强我们对人工智能生物道德状况的思考，而且当那一天来临的时候，这个测试可以用来检测道德标准。

图 9.6　**Sparrow 的图灵分类测试**，描述在一个危机的情境中，是救一个人类生命或是 AI 生物的两难困境。漫画由作者绘制，CC-by-SA 4.0 lisence

Lovelace 测试。一个比图灵测试更极端也更有趣的变种是由 Bringsjord 等人提出的 [47]。这个测试强调人类反数学模型的特性，如创造力、同情心以及分享理解——社会认知的元素。这个测试不是提出一系列的问题，而是检测机器真正的人类价值，诸如拟人的创造力和原创性。为了让一个人工机器通过这个测试，它必须完全靠它自己创造出一些原创的东西，一些没有由程序设计出来的东西。这个新创造出的实体可以是一个观念、一部小说、一段音乐、一部艺术作品，等等。而且，AI 的设计者必须不能够说清楚这些创造是如何发生的。这个测试以 Lovelace 女士的名字命名，广义上被认为是第一位程序员。她的观点是计算机永远不能达到人类智力的水平，因为它们只能够运行我们给它们设计好的程序，而无法做出我们程序没有写进去的行为。类似的想法启发了 Bringsjord 和他的团队。Georgia Tech 的 Riedl[258] 设计出 Lovelace 测试的 2.0 版本，这个新版本增加一个评价人类创造力的标准。Riedl 认为询问者提出的问题必须有以下两个部分，一个与创造性相关，比如编一个故事、诗歌或是图片；第二个是在一个题目下进行创造，比如，"告诉我一个关于一只猪通往月球的故事"，或是"画一个一只狗在拉小提琴的图片"——坚持那些超越平常范围的主题，并且依赖于想象力和创造力，这需要真正人类的技能和能力。

9.4　半感知范式及其局限

从一个更宽广的视角来看，图灵测试是对一个问题的回答，什么组成一个人？随着科技的发展，对个体的定义在不断变化。个体必须能够：（1）发出声音并且组合成语言；（2）拥有 NLP 以及关键词（尤其是聊天机器人）；（3）思维——如在 MRI 中发现的；（4）诸如沉浸式游戏以及比如 occulus rift 的智慧 VR 带来的经验，也同样能够模拟一个"个体"。因此，一个严格的生物学概念是不足以定义一个人的。因此对于"个体性"这个核心概念的特征即 [347]，

1. **感知**。拥有知觉的能力，如感受到疼痛或是愉悦。

2. **情感**。能够感受到快乐、悲伤、阴郁、愤怒等。

3. **理性**。拥有逻辑思考的能力因此能够解决复杂问题。

4. **交流的能力**。能够向他人传达思想和信息。

5. **自我意识**。对自我的认识，能够预测到自己的行动所带来的

后果。

6. 道德能力。能够遵守道德准则或道德理念。

这些之中，虚拟**情感**可以通过 FACS、tonality、NLP 等在电脑上模拟，**理性**的某些成分是能够通过程序编码获得的，而现代机器人也证明它们可以拥有**交流的能力**，而剩下的三个要素（**感知、自我意识**和**道德能力**）则是阻碍机器人发展成拟人的原因。这不意味着这些要素是各自独立的，而应该说是互相非常接近的，而感知主义则成为这一模式的基石，尤其如果让 AI 拥有道德和自我意识则必须使其成为一个拥有自由意志的有感知力的生物。显然，只有有机体才能够真的拥有知觉，但这个问题在人工领域很少被提及。

最好的类人机器人实例由石黑浩带来，它们能够在生理和行为方面很好地模拟人类。然而，它们只是被程序设计在一个很小的范围内，而且缺乏自由意志和感知能力。在另一方面则是一些不幸的例子，机器人有可能会陷入绝望或是进入疯狂杀戮的状态，然而却不是一个有意识的行为。自从人们发现婴儿显然能够感受到机器人的感觉主义中表现出的友善[226]，并理解机器人的行为，因而接受感知主义作为人类智力成熟的标志是有必要的。

自从发现人类大脑对信息的整合是产生意识的关键以来，人工意识领域的专家开始认为有感知的生物可能从未存在过。大多数归纳模型都依赖于序列逻辑，然而人类的大脑却不以序列逻辑工作，这种颠倒人类大脑的工程只带来糟糕的结果。还有，我们感受到的每次经历以及学到的知识都以附加物的形式进入人类的大脑，并与之前的记忆相结合，这使得人类大脑运作的方式更加难以用人工序列的方式得到。而且，对于人类来说有意地编辑或删除记忆基本是不可能的，如果是的话，那么会被诊断为是需要被治疗的状况。我们已经清楚计算机是无法以这样的方式整合信息的，我们也无法让计算机不去修改或删除它的记忆。

我们确实能够制造出在国际象棋比赛中击败 Kasparov 的计算机，也能够制造出人类需要百万年才能够破解的动态锁，然而我们既不了解心灵如何与大脑相关联，也不知道神经与人类的行为如何制造出意识，复制感知主义的进程仍然非常缓慢。瑞士 EPFL 的蓝脑计划和 Open Worm 项目同全球的合作者共同致力于开发人工大脑。这个计划承诺在接下来的十年模拟出一个完整的人类。

人类恐怕不愿意接受一个拥有完整知觉的人工生物，而是更加能够接受人工生物与人类的合作和融合。为了融入人类社会，机器人需要表现得很迟钝而不能展现为一种拥有超级智力的生物，而知觉最好被重新定义为"一种能自然地用诸如声音和姿势来与人类有效互动的能力，能够最大地引起人类兴趣的能力"。这场争论的另一面是知名物理学家 Penrose 提出的批评，即生物的意识能力不能够用任何科学的方法来得到解释，因而无法用计算机的方法来获得。

从严格的词源学上说，"意识机器人"是一个矛盾修辞法，其含义是"有自由意志的奴隶"。物质是如何发展出感知的？图 9.7 展示 Maslow 设计的机器人需求金字塔。机器人的首要需求是保持它们的能量供给。下一个等级上升到安全和自我保护，这需要一个能够自我纠错的强大技术而且需要很大的努力才能做到。金字塔的更高级，具身化的 AI 将强调与动态环境发生互动的能力。接下来与环境的互动将会导致自我意识出现的需求。最后一步，通过大脑的内部运行智能体将会获得胡塞尔意义上的意识，并且能够将其个体的自我意识推演到其他的存在与客体上。作为一个有意识并且拥有感受到内在自我能力的智能体，它将会能够获得并且学习信息，能够遵守规则并且理解道德以及社会价值，这样的机器人将获得最基本层面上的感知力。

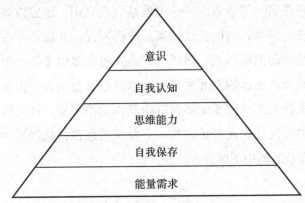

图 9.7　**Maslow 的机器人需求金字塔**。为获得感知力，具身化的 AI 需要满足的需求等级

Kismet、Roman、PR2 和 Pepper 是目前最先进的社交机器人。然而不幸的是，它们所展现出的情绪只是通过观察人类个体所进行的模仿。这些机器人无法感受到快乐、不满、疼痛或是任何心理层面的感受——典型的没有灵魂的丧尸，因而并没有意识、自由意志或是感知力。如果要继续拓展这些社交机器人并发展出有道德的机器人，我们必须要考虑道义的因素，在比较狭小的范围内发展出诸如护理机器人、护士机器人、伴侣 / 助手机器人。它们能够遵循一定的指令，同时保持对人类的友善⊖。除了以上这些空

⊖　这种友善不是为了社交式开玩笑，而是为了引起冷漠 / 同理心，这是一项它们受过训练但缺乏 "感觉" 的工作。

白之外，模型需要考虑到一阶效应，即能够镜像化人类的面部表情和声音，不过这并不包括内部加工过程，如决策过程和整合信息。因果计算如图 9.8 所示，比第一级效应要复杂得多，即便是人类也不能全面地意识到可能发生的长远效果。一个人工生物不应该只能回应第一等级效应——也就是自我意识，还应该能够分析并且评价它自身行为的长远结果。举例来说，考虑一个在医学手术中进行辅助的机器人。切开一个病人的身体似乎是一个危险的行为，然而从长远的发展来看却可以治疗这位病人。因此，这样的一个机器人至少需要能够拥有功能性道德判断，并且能够以从下到上的方法发展或者是遵循一个发展的路径，从经验中进行学习并且在长时间中不断进步。

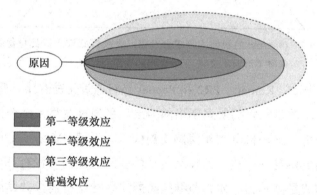

图 9.8　**因果性图**，一个仅仅由从上到下方法设计出来的机器人只能够拥有最基本的能力，且只能掌握行为道德的领域。一个从下到上方法的设计将会为机器人带来发展成次级效应的能力，而一个完整的道德个体可能会拥有混杂的取向，并且能够意识到它自身行动的长远结果。需要注意的是，普遍效应并不总是被人类的认知所接受，而只有一个星球那么大的 AI 才能够有能力获得这些结论，这将在下面一章得到讨论

目标是构造一个完美的道德个体，然而因为我们缺乏对人类道德的定义，且道德无法用公认的知识体系和规划来解释，难题无处不在。而且能看到的是，成人更愿意按照自己的决定去行动而不是遵从机器人的提示。这样机器人就仅仅成为缺乏自主性的优秀助手，不能够有效地批判人类的行为，而只能够帮助执行人类一开始就安排好的计划。这也是为何众多的研究者将感知力定义为有效地与人类交流、合作并且意气相合——半感知范式。机器人可能会假装自己很傻，表现出缺乏自治力的样子，尊崇人类社会的价值并感激人类的行为以便能够更好地融入人类社会。设计出人工情绪以激发内在状态是这样一个理念的核心步骤。这已经在之前讲述道德结构的章节中看到，人们设计出人工情绪模型在军事行为上奖励或者惩罚机器人。通过自然语言进行人机交流，则是半感知范式的另一个前沿领域。

半感知范式要做到拟人的外观和以声音为基础的沟通，将机器人限制成新阿西莫夫式的优秀奴隶。如图 9.9 所示，因为目前的科学技术还不能设计出人工内平衡，人们普遍接受半感知范式。不过这又带来 Qualia 的问题，即便是艺术机器人也只能够完成程度很低的挑战——如图 9.10 所示低技能的任务。

然而，用严格的程序控制机器人或是人工制造机器人的疼痛、苦难和悲伤会将机器人限定成为一个道德奴隶，阻碍人们完成设计出拥有类似人类智力的 AI 的目标。Metinger[229] 为动物伦理和基因工程画了一条分界线，如果我们通过制造疼痛或是鼓励孩子中的残缺文化来研究人工智能，那么我们不只是在破坏伦理也是在使我们的心灵麻木。因此，这样糟糕的人工现象不应该得到鼓

图 9.9　Toby 2036（Toby，4/4），Toby 拥有一个拟人的身体。接下来的两个十年，是否接受机器人变得非常接近人类会成为争论中心。漫画是 Toby 系列的一部分（4 / 4），由作者绘制，CC-by-SA 4.0 license

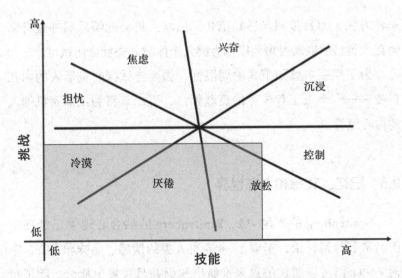

图 9.10　Csikszentmihalyi 的 "沉浸"。Csikszentmihalyi[78] 认为，眼前
　　　的挑战和所需的技能直接影响到人类的情绪状态和自平衡。因
　　　此，阴影区域显示了当前机器人的局限性，这些局限性普遍处
　　　于低挑战 – 低技能区域

励或赞同，因此让一个人工智能体忍受痛苦这种事情我们既不能
够去做，也不能去承担这样的风险。还有，人类需要能够超越主 –
奴关系，一个机器人必须在解释它的行为同时有能力为它的行为
负责，因此在机器人执行它的行为的时候，机器人必须有能力暂
停或是终止这个行为。于是，如同人类一样机器人可能也会犯错，
即便机器人已经拥有理性以及所有的事实、数据和建议[32]。

　　一个完整道德个体的标志不只是会犯错，还包括能够说谎和
欺骗。丹尼特将这一点称为 "表里不一的机会"，这从两个方面展
示出来：自我欺骗和他人欺骗。对于机器人而言，故意降低其智
能化的 "欺骗" 手段是机器人进入人类社会并且得到社会认同的

一种方法，而且按照半感知范式，机器人将会能够欺骗并且有意地在人类目前表现得愚钝以作为类人个体被人类社会所认可。

为了克服半感知范式的局限性，需要尝试探究机器人的内在自我——一个人工智能体的灵魂独白。下一节将尝试探索机器人的内心世界。

9.5　记忆、冥想和内在世界

Braitenberg 的车辆 -12。Braitenberg 的综合心理学已经在前面的章节得到讨论，车辆 1~4 拥有人类的情感、品味和喜好，车辆 7~11 则可以通过信息来推断出知识并且发展出概念。除了自身的特征之外，序列上的每个车辆都拥有它的前任的所有特性和硬件。通过增加功能，进一步发展的车辆可能出现这样的一个障碍，平行运行的感知进程可能会剧烈运转致使出现我们不想看到的进程爆炸，一个类似于癫痫的脆弱状态就出现了，这只能够在车辆耗尽能量之后让它停下来，或者是有一个故障开关切断车辆的电源供应。为克服车辆 -12 的状况，Braitenberg 认为可以将外界刺激限制在一个较高的临界值，这样只有那些能够引起较高的反馈的事件才会进入到程序内，其他的则被忽略。虽然有效，但这种方法是有害的，可能会导致性能不佳。因此，Braitenberg 设计一个阶段性循环，让临界值反复上升、下降。于是，在某一个时刻系统的某些元素数量可能非常高，在下一个时刻数量则可能迅速低下来。但这些感受程序并不会突然地中止，而是一直持续到进程终止。因此，人们很难预测车辆的行为，因此可以说它已经拥有属于自己的自由意志。还有，车辆的信息处理能力即便在临界值较低的时候也会保持高速运转，这会让车辆通过它的记忆和新发现得到新的概念，这可能使得它拥有"冥想"的能力，使得它能够拥有集中于内心的"思考能力"。外部智能体无法影响车辆的决策过程，车辆可以选择思考和反思自己的记忆，探索自己的内心世界，这可能与自由意志共同作用，触发一种自我增长，如图9.11所示。机器拥有通过知觉、行动和推理获取知识的能力使得它在未来学习时更有效也更有活力，并能够不断地增加对周围环境的理解，只是被其存储力（RAM）和物理局限如机械电子模型、轮胎等所限制，这些都是为了探索环境。

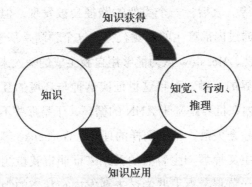

图9.11　**Braitenberg的车辆-12**，被认为拥有"自由意志"而且能够自
　　　　我成长，它通过知觉、行动和推理来获取知识，以便在未来的
　　　　学习中更有效、更有活力

内在世界。由于学界对于什么是意识有众多定义且研究者对于达成人工智能有不同看法，引来一个有趣的问题："我们什么时候能够知道机器人拥有意识了？"AI研究认为内在经验至少是一个巨大的拼图，对于人类来说"内在世界"意味着我们大脑的抽象能

力，通过与外在世界的互动模仿行为和知觉。一般认为，一个行为可以通过刺激很接近大脑额叶的神经来得到模仿，如同真的做出这个行为一般，尽管最终的输出并不导致肌肉的运动而是被抑制住。类似地，外部刺激带来的知觉能够通过刺激内部的感受皮层来得到模拟，如同真的受到外部刺激一般。独立于行为和知觉，预感机械论强调构造"内部世界"。很可能的是，"内部世界"[149]可能会很好地存在于那些装备了诸如 ANN 的联结主义学习的简单机器人身上，并且执行低级别的重复性任务，如移动或是寻找路径。对于这样的一个机器人来说，前几次的移动路径可能是外界引起的，通常只是基于纯粹的反应原则，如找到光源或是跟踪它熟悉的标志等。之后，一个类似的路径会被发现，但不是通过外在感官而是通过内部产生的知觉获得，这个预测是基于 ANN 的学习模型。因此，Hesslow 认为能够用自我生成的输入来控制外部世界与内在世界的接触，而且这也证实这种与环境的互动是第一人称的。因为内在世界是基于 ANN 的循环，于是那些不怎么经常重复的任务总是会失败。基于同样的理念，Gorbenko 等人在探索用简单的联结主义模型产生暂时的关系来证明自我检测和自我意识的存在。下一节将考察那些尝试去激发内在状态的经验，并考察意识行为。

9.6　实验——COG、镜像认知以及三个智能机器人

能够发展出自我意识的研究非常依赖于特别的语境，而且通常持续不了很长时间。然而这些实验让人们保持对研究的兴趣，

并且为在不远的将来取得突破设定愿景。拥有自我意识意味着正在通往意识，然而意识机器人目前只是一个乐观的梦想，如果它不是如丹尼特所说的矛盾修辞法的话。下面是各种想要证明机器人拥有自我意识的尝试，研究者采取的四种路径是：

1. 拓展基于行为的方法，假设更高级的行为会随着一系列反应模式的同时运行而涌现出来。

2. 将不同感官接受模式整合并汇合在一个同样的事件中。比如说，一个玻璃杯的掉落能够被视觉察觉——看到玻璃杯下落，然而还能够用声音感受到。如果一个机器人能够同时感受到这两种事件并且将其汇集到一个事件中，那么可以认为它拥有初级的意识。

3. 行为的连贯性。这样的方法强调可预测性而且被贴上镜像测试的标签。

4. 解决谜题，这包括解决自身的问题以及探索什么是机器人独有的特性。

需要注意的是，社会认知和意识行为经常重合，而且社会机器人展示出的经验也确定了它们有某种程度的意识行为，比如 KASPAR 的捉迷藏和击鼓能力，以及为 Hobbit 设计的相互照顾计划。

9.6.1　源自反应体系结构

因为一些传统的符号化 AI 不能够有效地成为模拟人类行为的智能体，联结主义方法或如包容架构的行为分层说也许会是一个好的起点。然而这对协商过程并没有什么帮助，比如作为意识核心的内部思考。引入一个主动处理模式并不能解决问题，因为基于规则的系统被框架问题所干扰，而且认知结构需要大量的规则，然而这种程序不可能整合十亿级别的规则。

Long 和 Kelley[207] 建议人工认知也许可以通过混合结构和机器学习来设计，如图 9.12 所示，仔细地设计系统的涌现，由大量的工程师和科学家教授并学习。这样的一个项目可以是众包并由公民机器人专家的热情驱动的。

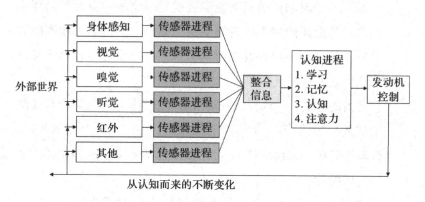

图 9.12　**获得认知结构的一种方法**，由 Long 和 Kelley[207] 采用。混合信息很重要，因为最简单的意识经验发生在一系列感知传感器的运行中，并完美地得到循环反馈时

我们人类通过视觉、听觉、身体感受、触觉和嗅觉来感受环境。这些进程基本是同步运行，而对信息的综合需要用到大脑皮层的所有模式以形成我们的感知和我们的意识。基于行为的方案被设计出来不断提高复杂度的层级，每个行为模块都直接地联系刺激（S）和反应（R），而这些基本平行的模块在运行时致使行为的涌现。

9.6.1.1　COG

Cog，一个半身类人机器人，由 Brooks 和他在麻省理工的团队于 20 世纪 90 年代后期制作。其目标是设计一个有完全意识的机器人，它被设计成拥有感受系统去"获得经验"而不是通过信息处理来获得意识。它拥有差不多一个成年人类的大小而且有两条胳膊，不过没有腿。尽管完整地类人认知功能从来没有达成，不过它确实尝试去解决意识的问题并且深化这个研究的哲学思考。Cog 大致可以如下所述 [91, 92]：

1. Cog 被设计出来**解决符号处理问题**，因为任何符号都是建立在它作为感觉－运动设计的真实交互中的。

2. Cog 具备进行优先选择的能力——在一个给定的情境下对两种选择进行价值评估超过了价值点，这代表了**做出有意识的决定的能力**和服从**一系列价值的能力**。

3. Cog 具备一系列自我检测装备，因此它事实上被设计出来通过观察它自己的人工平衡态来**感知它的内部状态**。它还能够感受到身体的各个部分，通过本体感受的与之连接的头、躯干、脖子回馈的信息。

4. 对于我们人类来说，视觉是四种感官中最重要的，我们与外界的互动经常从眼睛开始。Cog 的相机眼睛可以飞快地进行扫视以把注意力集中在一位刚刚进入屋子的人类身上。这样的眼神接触和凝视使得它能够**集中注意力**，使它**至少能够半感知的互动**。

Cog 是第一个将反应模型扩展到人工意识领域的尝试，以在真正的机器人身上开发人工意识。

9.6.1.2　基于意识的构架

Kitamura[181, 183]画出生物进化过程中，从单细胞生物到动物到鸟类，最后到人类，行为与可观察到的意识行为之间的一对一相似性，如表9.2所示。

表 9.2　CBA 编制的意识 8 个等级

等级	种　系	人类个体发生学	意　识	行　为
8	人类	少于 2 年	知觉	语言
7	人类婴儿	2 年	表征	制造工具
6	黑猩猩	18 个月	图像	使用工具
5	猴子	1 年	时空关系	使用介质
4	哺乳动物（四足生物）	9 个月	稳定的情绪	寻路、搜寻、移动手臂
3	鱼	5 个月	暂时的注意力	捕获、逃跑、获得
2	蚯蚓	1 个月	快乐与痛苦	身体和四肢的方向感
1	水母	数天	原始反应能力	反应移动、进食

意识基础结构（CBA）是越南哲学家 Duc Thao 提出并设计的模型，这个等级序列中意识和行为处于一个现象中。意识在一系列等级中逐步发展，当处在记忆中的行动因某种原因被阻止时，意识立刻发展到更高等级并从这个等级中选择一个行动。这个选择如果再次被抑制，那么意识就会驱动下一等级行为的出现。Duc Thao 的模型受到进化生物学的启发并且认为在智力进程中，系统发生学进行数百万年的进化，从单细胞生物发展成人类，如同是个体发生学意义上的人类意识从婴儿发展到成熟个人。

如图 9.13 所示的等级结构，低级别的单细胞生物和昆虫只有本能反应，而高级别的哺乳动物、猿类和人类则有更多的脑容量，因此由可表征的知识驱使行动。当一个行动被阻止的时候，意识的等级就立刻驱使在更高的等级中选择并引发行动。CBA 的五个等级是：

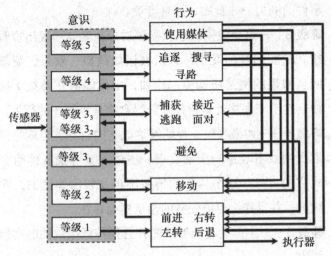

图 9.13　**意识结构**，引用自 Kitamura

1. **等级 1**——反射运动，没有记忆力。这些刺激随着时间减弱，于是尽管没有记忆力，主体对刚刚流逝的时间仍然有意识。这个等级的典型行为比如改变身体方向，移动躯干，进食如咀嚼、吞咽等。

2. **等级 2**——基于等级 1 所经历的过去刺激所形成的记忆，每个刺激都可以通过情绪上的愉悦或者不满来衡量。如果一个刺激超越了等级 1 所能反馈的临界值或是相反，主体对于反射行为完全没有回应，那么这个信息将从刺激转化成为记忆，以作为等级 2 的过去经验。等级 2 开始发展出能够以情绪标准衡量每个刺激的能力——各种系统的合作，这个能力也持续存在于等级 3 和 4 中。等级 2 中的记忆指导主体在不远的将来的行动，而且形成最基本的预测简单事件的能力——食物、捕食者等。

3. **等级 3**——这个级别的意识能够对外在客体展现出短暂的情绪。随着刺激的发生，意识被诸如欲望、欢乐、愤怒、舒服、憎恨的情绪所调节。比如，主体能够在等级 2 找到食物，接下来去接近食物并且获得食物是等级 3 的行为。

4. **等级 4**——如果等级 3 没能够达成它的目标，也就是说，获取食物或者攻击一个捕食者，主体需要寻找其他路径来完成它的目标。这个伴随的情绪不再是转瞬即逝的，而是持续的，并且作为目前任务的指示器而存在。

5. **等级 5**——主体拥有能够认知并且操控低级别的时空信息的能力。

通过行为学上的一致，等级 5 包含低等级类人猿的意识如猴子；等级 4 包含低于猴子的哺乳生物还有猴子；等级 3 包含鱼；等级 2 包含昆虫和蚯蚓；而等级 1 包含单细胞生物。当意识在某个等级的行为中受到阻止时，它会立刻在更高等级的意识中选择并驱使一个行为。行为选择 [184] 如下设计：

$$C_i(t) = \sum_{j=1}^{N_E} |\beta_{ij}| + \sum_{j=1}^{N_I} |\gamma_{ij}| + \sum_{j=1}^{N_E} |a_{ij}| \qquad (9.1)$$

在本式中 β_{ij} 是外在感知，γ_{ij} 是内在感知而 α_{ij} 是预感。在这三个当中，后面的两个可以用来设计 CBA 的等级；γ_{ij} 被设计用来指示时间，独立于 β_{ij}，预感则是 β_{ij} 的功能。

HAL 9000

在 Arthur C. Clarke 的未来传说 "2001：一个太空奥德赛"中，HAL 9000 是宇宙飞船探索者号的超级计算机大脑，飞船里面有两个成员，分别是宇航员 Dave Bowman 和 Frank Poole。HAL 是启发型程序算法计算机的缩写，而且 9000 系列据说从未犯过错误。在电影中，超级计算机杀死两个人类成员以完成任务的目标——寻找更好的善。

HAL 9000 在机器人学领域引起一系列争论和众多的讨论。Abrams 认为 HAL 9000 仅仅是一个单边的虚构假设，而 Wheat 用电影中的实例尝试证明 HAL 9000 拥有多种特征，这包括：意识、认知、自信、欢乐、热情、沉静、骄傲、抱怨、背叛、恐惧、惊恐、说谎和衰老。HAL 9000 还拥有人类的能力比如欣赏艺术，下象棋和使用工具。Kubrick 与 Good 一起讨论电影的脚本，很可能 HAL 的设计是受到 Good 的超级智慧机器的启发。大概在 2014 的后半年，HAL 成为新闻中关于超级 AI 如何能够破坏人类的幸福和存在的例子。马斯克和霍金之后也表达对超级智能 AI 的担忧。

通过这个模型，Kitamura 和他的团队，开始试着模拟 CBA 并且与 Khepera 机器人展开实验，来展示 CBA 的运作。实验是一个捕食者 - 猎物游戏，这个游戏中游戏者的行为从低级别的等级（等级 1）开始，而当低级别的动作被阻止后，机器人会提升自己的意识等级（最高是等级 5），这证明意识的存在。这些实验和模拟也表明在较高的等级中，两个处在同样等级的机器人倾向于隐性合作。CBA 在导航问题中表现得很好，比如移动到目标地点和追踪一个移动的目标，并且导致了隐性合作的涌现。

与强化学习的方法相比，一个基于行为的分层意识理论已经证明是更有效的 [182]。后来，Kitamura 使用从老鼠大脑操纵技术获得的启发拓展 CBA，并且发展出一个更加智慧的等级 5 负责"思考"，特别是计划和学习。然而，CBA 只适用于低级别的任务而且无法完成类人的任务，比如通过图像、声音和视觉来交流这样关系到情绪和社会概念的任务。

因为有这样的短板，CBA 只适用于低级别的行为而且缺乏多样性。机器人也只是执行在分层意识理论下设定好的情形。因此，尽管 CBA 可能支持人造意识，但这个方法也很难得到我们在人类身上发现的意识。最近十年的研究已经从行为分层理论转向形态的同步层面，将不同进程中的信息和行动整合在一起，比如在同一个事件中整合听觉、视觉、触觉并伴随移动，等等。

9.6.2　从交叉模式绑定说起

在我们日常的行为中，当我们听到某个人的名字时，第一个反应就是转过头面向这个方向。这就是交叉模式的信息模式，（1）听觉发生作用，（2）获得反馈，（3）观察这个声音的源头，并把注意力集中在这个事件上。交叉模式被认为拥有强大的功能而且是意识行为的一个标志，已经被众多研究团队当成是流行的模型和工具。

9.6.2.1　COG 的手鼓实验

Fitzpatrick[105] 和他在麻省理工的合作团队通过综合三种不同模型视觉、听觉和身体感受中的信息，在 Cog 中发展出更高层面的认知和知觉。这种方法将视觉、听觉和身体感受分成三个不同小组分别获取信息，然后将有因果联系的信息整合在一起。所有的信息都在传达同一个事件。Fitzgerald 使用手鼓来完成这个实验，动作的周期性可以通过对跟踪手鼓在演奏时周期性出现的点进行分类来获得。如果两个事件协同发生并且可以综合成一个相同的事件，动作和声音就可以因果地联系在一起或是捆绑在一起。

Fitzpatrick 等人使用短时傅里叶变换（STFT）来获得视觉信号并且使用柱形图来获得声音信号，然后两种信号通过一个联络算法结合在一起，结合发生在视觉周期与听觉周期相一致的时候，或者发生在视觉周期与允许 60 毫秒误差的听觉半周期相一致的时候。用半周期来处理声音是因为声音总是在轨道的最远点出现，而这已经是两倍的时间。这使得我们可以"看到手鼓发出的声音"并且通过旋律识别出客体。将这一交叉模式绑定拓展到机器人上，可以让机器人感知到自己身体的韵律。比如，Cog 移动自己的手臂也可以看作是它自身的韵律，这使得它可能与其视觉信号结合在一起。Cog 也会通过它手臂带来的反馈意识到自己的身体感受，因此使得它能够结合视觉、听觉、身体感受三种模型，如图 9.14 所示。这使得 Cog 拥有 10～12 个月大婴儿的认知能力，并且可能已经拥有自我意识。

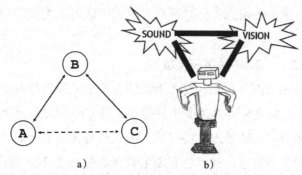

图 9.14 **通过绑定三种模式获得内在状态的自我意识。**将声音、图像和身体感受绑定在一起可以帮助机器人发展出内在状态，并且通过声音来识别行动、对象或是他自身。图像和概念由 Fitzpatrick[105] 提出

Cog 也被用来理解人类的机能以及社会功能，比如说一个人点头来表达不同意需要在一个事件中综合两种模型。于是，一个类似的点头可以让机器人明白这个表示社会的否定功能⊖。接下来的观点就是增加新的模型，比如触觉和嗅觉以让一个机器人变得更加有活力、动力并且更好地贴近类人意识。

9.6.2.2 Nico 的鼓点

Circk 等人在耶鲁大学使用交叉模式设计人形机器人 Nico，如图 9.15 所示，让它能够跟随人类的动作击鼓。

Nico 是认知研究、内部状态研究和自我意识研究的标志，它是 Gold 等人在 2008 年的实验品。Gold 尝试通过基本的词汇[129]来教导它语言能力，而 Hart 和 Scassellati 于 2012 年尝试让它通

⊖ 在印度点头表示否定。——译者注

过一个镜子来认识自己的图像，并且它通过了镜子测试，还能够利用镜像反馈来解释环境中的其他客体。

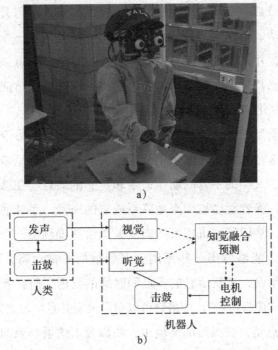

a)

b)

图 9.15　**Nico 在耶鲁大学**。a）机器人和 b）击鼓的控制结构。Nico 的图像是从 Gold 等人 [129] 得到，并经过 Elsevier 的允许

在最后一章中我们会讨论 Kaspar 提出的"击鼓经验"。这个实验考察机器人快速准确地检测、理解与人类互动，对如节奏同步的复杂活动实时反应的认知能力，从而在社会活动中展现认知。因为这个原因，这项研究成为机器人认知研究中的基准。

在击鼓实验中，Nico 被程序设计成一个在人类管理者的指挥下，通过结合三种模式：视觉、听觉和身体感受来与人类鼓手一

同击鼓演奏的智能体。如图 9.15b 所示，视觉模型检测并监控人类鼓手或者指挥者手臂的移动，而听觉模型则检测人类鼓手和机器人发出的鼓点。知觉系统则融合预测模型，引入学习分析并预测手臂的移动。Nico 可以跟随一个人类鼓手或是服从一个人类指挥者的命令，并且与人类演奏者保持精准的同步。Nico 能够意识并且评估自己几乎实时的自身行为的输出，因此能够适应韵律和节拍的轻微变化，如同一位经验老到的鼓手一般。

视觉模型能够检测命令者的手部动作，比如当命令者的手部移动时，这意味着一个强节拍。机器人处于三种信息流中，分别检测强音、人类的手臂的动作命令和听到的鼓点。在感知融合预测模型中，强音动作被因果地联系成它的声音，手臂动作则与声音相对比，然后通过机器人的同步系统协调推测出一个拍子，这使得机器人能够做出一些预测。这个结构非常动态，而且 Nico 学会修复错误，调整信息的不足和时间的延迟，研究者还提供给 Nico 一个"热身阶段"，使得它可以自己演奏并且学习之前的表演。Nico 的缺点是，在黑暗的环境中，如舞台上的最小照明，视觉模块可能无法很好地集中在指挥者的手上。对于机器人来说，所有的鼓声可能听上去都很像，而没有特征的吵闹噪声也会迷惑机器人。

这些实验证明交叉模式的感觉整合可以导致精准的同步，因此能够在一个事件中理解因果关系[注]，也能够预测它自己的输出。

㊀ 我很想得出这样的结论：三种模式的绑定是唯一的，可能是机器人人工自我意识状态的最简单场景，因为两种模式的绑定在传感器集成中很常见，尤其是在移动机器人中，不会导致自我意识状态。然而，我没有遇到过这样的文献，作为定性的人类经验，我不确定一个严格的数学证明是可能的。

9.6.3　镜像认知

Gallup[59, 114] 发现，如果将一个灵长类动物放到一面镜子前，它会认为镜子中的是另一个生物。在镜前持续几天之后，黑猩猩能够识别出那是自己的图像，然而猴子却不能做到。他的实验也证明拥有更多的学习能力的黑猩猩更能通过镜像认知。

众所周知的是黑猩猩的 DNA 成分大约有 85%～95% 与人类相近。因此镜像认知测试可以检测 AI 个体是否拥有自我认识的能力。人类婴儿直到 18 个月大才能通过镜像测试，而在动物中只有猿类、大象和海豚有能力通过这个测试。

Lacan[196] 被类似的结论所启发并得出结论，当人类婴儿能够通过镜子或者照片认识自己身体的外在图像时，婴儿就通过了一个阶段，开始能够从心理的基础层面得到"自我表征"。Lacan 认为镜像测试是认知发展的里程碑。视觉是独特的，而且比其他五种感受更加先进，因此通过视觉，一个镜子为它自身展示"我"，来获得"自我表征"是令人满意的。

对于 Gallup 的黑猩猩来说，当黑猩猩在镜前检测到它们自身的动作时，我们就知道它们拥有自我认知，而对于一个机器人来说这是一个动态的现象——自我意识的创造和检验几乎是实时重叠的。这会在后面讨论三个 NAO 机器人时详述。公认的是，镜像神经[176, 277] 内在于人类认知中，并且能够导致其他个体的模仿行为，仿佛观察者在做同样的动作。这些模仿激发了这样的镜像神经，并且强化"自我表征"。神经学家进一步宣称镜像神经是将知觉 / 行为组合在一起的生理机械主义，在行动的意义上进行编码。

9.6.3.1 机器人镜像测试的简单实现

图 9.16 展示了一个实现镜像测试的非常简单的方法，想象一下一个机器人的脸有用来表达脸部表情的一个闪烁的 LED 灯，它的眼睛是一个二极管。在理想的状况下，周围的光线不产生明显影响时，与一个仅仅是外部闪烁的 LED 灯相比，机器人脸部传出的反射光将会导致不同的结果。如图所示的，LED 由一个脉冲生成器激活，而这个闪烁的灯（T）反射（R）到机器人眼睛里的指示器中。如果 T 和 R 能够混合——如同合并逻辑（S＝R·T），那么可以认为机器人通过了镜像测试。

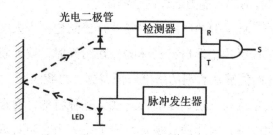

图 9.16 **和逻辑下的镜像认知**，将实验缩减为检测能够将信号组合在一起的认识能力，因此这并不是一个很好的实验

然而，这个仅仅是考察机器人的图像检测能力，也就是把问题简化成一个信号程序而不是对自身的认知推断，这也不会带来对自身状态的认知。还有，不像是 Gallup 的黑猩猩，对自我的认知更多的是一个立刻的检测过程而不是一个逐渐获取的能力。

9.6.3.2 Haikonen 的躯体感觉模型

用不同模式对同一表征进行信息表达，能够促进内在意识的出现并增强内在意识。一个可以解决符号接地问题的例子，当"苹果"这个词被表达出来时，如果没有在同一时间有一个物理意义上的苹果出现在机器的视野中，并通过神经网络增加信息量，那么就不会有多大意义。在每一次这样的例子中，机器人将会能够将语言和物理成分联系在一起。

Haikonen[137] 提出一种认知结构，这种认知结构包含三种信息通道或模式，听觉的、视觉的和身体感觉的信息输入，如图 9.17 所示，而皮肤接触包含触碰和脸部特征（T 和 F），它们都用来帮助智能体确认自我相关的表征。每种知觉都能够通过完成一次回路而得到加强，而三种回路反馈协同进行就是机器人的认知进程。当机器人被触碰或者它检测到一个面部表征时就会生成一个 SP 符号，自我认知的获得通过下面三个逐步的进程得到证明。

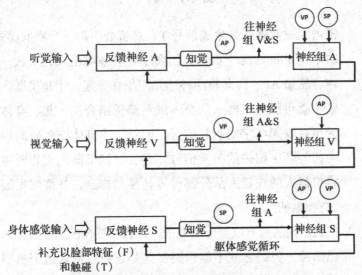

图 9.17　**Haikonen 的躯体感觉方法以通过镜像测试。**对自我的察觉通过三种模型获得：触觉、听觉和视觉。在三种反馈循环中，听觉（AP）与身体感觉（SP）和视觉（VP）绑定在一起，视觉（VP）则与听觉（AP）绑定，身体感觉（SP）与视觉（VP）和听觉（AP）绑定

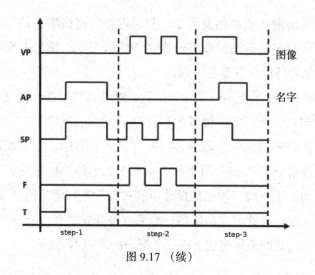

图 9.17　（续）

1. 机器人被触碰到并生成信号 T，这将会引起一个肌肤感知，SP。与此同时这个机器人的名字将会被喊出来，引起一个声音感知 AP，因此将两种感知组织在一起。于是机器人的名字就可能与机器人的身体触觉感受结合在一起。身体感受可以唤起名字的听觉信号，而且，当身体被触碰时同样唤起与名字相关的听觉信号。当名字被机器人听到时可以将机器人的注意力从外部世界转移到自身，并使它发展出"自我表征"。

2. 在机器人的前方放置一面镜子，并且能够在视觉上察觉到自己的脸，但是它并不能识别出这是它自己的。这个机器人开始变化它的脸部表征，生成一个身体感觉 SP。这也同样允许视觉输入，于是存在一个信号 VP。SP 和 VP 的直接关联会被避免，因为在视觉中有太多的无关要素而且无法证

明能够对发展"自我表征"有效，然而这两个进程的同步有
助于联想，并且可以将视觉镜像转换成身体感觉。

3. 这个机器人看到它自身的镜像，唤起身体自我感觉 SP，因
此与步骤 1 结合起来唤起名字感知 AP。关于"我"的概念
通过机器人的一个名字、一个图像、一个身体的触觉和脸
部表征完成。

这个可以帮助发展"自我表征"的内在状态，并且将三种感
觉输入反馈成一个整体意识。

9.6.3.3　用 MoNAD 设计镜像测试

明治大学机器人科学中心的 Takeno 等人直接拓展胡塞尔的哲
学，将意识定义为连续的行为与认知，而不是如行为主义所认为
的是一种涌现的现象。Takeno 以一个神经模型设计出一个镜像认
知，Module of Nerve Advanced Dynamics（MoNAD）[220, 315, 316]，
它是用联结主义的结构建构的，与一系列人类的认知行为相关。

如图 9.18 所示，每个 MoNAD 都由两个交叉的循环神经网络
组成，并且与和意识相关的认知和行为紧密地联系在一起，将理
性和感受绑定在一起。MoNAD 同时处理目前和最后一次行为和认
知循环所得到的信息，这使得它不是简单的一阶系统，而是相对
复杂的二阶系统。因此，之前刚刚获得的经验可以回溯地用来发
展未来的行为和认知，因而同时在行为和认知层面保持连续性并
且从过去的经验中获得学习。如同下面所示的，在 MoNAD 系统
中，最初的表征，比如空间信息、时间等，是认知表征的基础而
且通过行为表征得到加强。刺激被传感器加工成原始表征，主要
是认知表征，因为 MoNAD 不是一个行为主义系统。行为，取决

于由外部影响带来的认知表征，通过初级表征进程产生行动。于是，认知和行为都在神经意义上连接着，这种认知状态的每一个未来实例都会引起相同的行为。MoNAD 是联结主义的范式却并不受到框架问题的干扰。它们能够通过学习环境与表征的关系来解决符号接地问题，而且多数情况下它都解决连接的问题，因为认知和行为已经强力地互相绑在一起。如同图 9.19 所示可以说人类认知如同是通过连接一系列的 MoNAD 所形成，认知进程（虚线）和行为进程（实线）神经地重合在一起以将内部世界和外部世界连接起来。

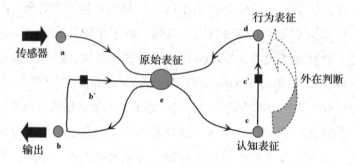

图 9.18　**MoNAD 的概念**。一个 MoNAD 由两个交叉的循环神经网络组成，分别处理行为和认知，因此将经验和行为联系在一起，并且同时都与连着身体感受神经的原初表征相关联。每个行为都错综复杂地联系到认知

为设计出镜像认知，需要用到三种 MoNAD：模仿 MoNAD，距离 MoNAD 和结算 MoNAD，如图 9.20 所示。Khepera 的行为或多或少只是机械行为，模仿 MoNAD 则是一个推理系统能够诠释图像的行为并且去加强行为。距离 MoNAD 用于处理性质信息，用于记录对象与图像之间的距离。距离太近了，机器人必须后退；

距离太远了，机器人必须前进。结算 MoNAD 是一个组织系统，尽管它不是一个中心处理器。当行为被重复时，蓝色 LED 灯就会亮起来。当机器人的机动行为与它展示的图像相同时，LED 灯就会亮起来。图 9.22 展示已有的实验，(a) 如图 9.21 所示的机器人镜像，指示机器人模仿它自己的图像。这个实验能够达到大约 70% 的重复率；(b) 如图 9.22 所示的机器人 – 机器人，两个机器人都装备有相同的软件和硬件，但是并没有一个中心操控装置控制它们，他们之间也没有电线连接。这个实验大概可以达到 50% 的重复率。

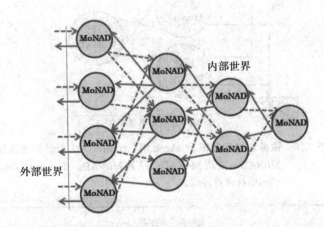

图 9.19　MoNAD 作为内外世界的桥梁。这里虚线表示认知过程，实线表示行为过程。行为和认知协同工作。Manner 和 Takeno 已经提出了 MoNAD 作为人脑的功能结构，这种方法能够解释情感、认知和意识，也证实了它们的重叠。图片取自 Takeno[316]，经出版商许可转载

　　镜像认知大概是用来测试感受主体自我的最简单的实验，而且成为自我意识实验的基准。最新的一个实验变种，仁斯利尔理

工大学的 Govindarajulu 以正式的逻辑系统开发出一套镜像测试。在这个改编的实验中，实验人员趁 AI 处于睡眠模式时将一点颜色涂在它的前额上。在 AI 醒来后它会看向镜子并且试图去除图画，那么它就是拥有自我意识了。这个改编的镜像测试已经得到模拟，并且促使 Bringsjord 和 Govindarajulu 设计出知识游戏并将其实施于 NAO 机器人上，这就是接下来讨论的部分。

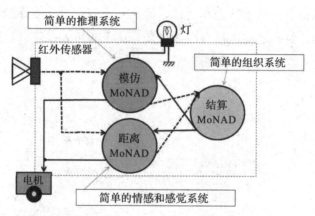

图 9.20　**镜像认知示意图。**Takeno 用三个 MoNAD 设计镜像认知，模仿 MoNAD、距离 MoNAD、结算 MoNAD。图片取自 Takeno [316]，经出版社许可转载

镜子，镜子……

镜像认知是发展机器人自我意识的基石。这个方法从对灵长类动物的研究中借鉴而来，随着时间的流逝，黑猩猩被证明能够在镜子中认出它们自己，而猴子就无法达到这个更高的认知。使用镜子来引起机器人的行为反应，最早由 W. G Walter 在他标志性的海龟 Elmer 和 Elsie 中进行。

明治大学 Junichi Takeno 博士开发的镜像认知，使用 MoNAD 来作为行为和认知的重叠。在这里他分享了一些思路。这个小访谈发生于 2015 年 12 月初。

图 9.21　**Takeno 镜像认知测试**。左边是镜像认知实验，右边是 Takeno 博士和 Khepera 机器人

AB：作为一个年轻的机器人发烧友，对意识的定义以及人工意识一直是一个大问题，你会怎样定义它，比如为一个研究生？

JT：人类意识源自每个人自身的体验。因此，如你所知道的，理解人类意识是一个很困难的任务。然而，如同很多人会说，月亮当然总是出现在夜晚的某个位置。尽管月亮的存在源于每个个体的主观感受，但我们还是对月亮的存在有相当高的自信，因为阿波罗号宇航员带回地球一些月球的石头。当伽利略改进望远镜并把它朝向月亮，对于月球存在的确定性就从那时起逐步增加了。科学研究是从一位研究者对研究客体发出某种主观感受开始的。而且很自然的，我们已经有关于人类意识的大量知识，这些知识从哲学家、心理学家、精神病理学家和脑科学家中来。我们不能够忘记这些知识。我认为在思考人类意识的核心概念应该是什么的时候，我们必须进入到哲学思考中，因为理性思考必须通过很多不同的研究方法来渐渐找到意识的核心。核心我所指的是准则，这就是说，我们应该最好认为月亮是存在的而不是不存在的，这是这个时候最理性的说法。众多的研究指出研究意识的核心是处理人类行为和人类意识进程之间的关系。我意识到我在做行为研究，而且我在一边做一边思考，而且在这样做的时候，我的两种状态同步在进行。用另一种话来说，我的意识和我的行为在我自己的系统的主观时间中完成。我的研究团队和我都认为人类意识的核心源自连续的认知和行为。我们使用循环神经网络为这个核心概念制造一个程序，我们将它称作高级动力学神经模块（Module of Nerves for Adranced Dynamics），或者缩写成 MoNAD。接下来我们设计一些镜像认知实验，并让一个小机器人运行这些程序并组成很多 MoNAD。我们认为如果使用 MoNAD 的程序能够作为人类意识的核心在一个机械系统上实现，那么这个程序就可以被认为在我们的实验中，有效再现了人类意识的镜像认知能力。我们所作的镜像认知实验不是对心理学家 Gordon Gallup 所作的镜像实验的直接重复，我们关注的点是大多数人都可以从镜子中认出自己的图像，为什么我们能够如此轻易地做到这一点？这个谜题还没有能够被理解。这是人类意识的宣言，而且它就是自我意识的，因为我们正在通过一个镜子查看我们自己的身体。如你所知道的，这就直接联系到了标记实验。因此，我们开始用 MoNAD 构造一个程序。而且我们的实验目标确立在理解我们能够如此简单地通过一面镜子获得镜像认知的原因之上。1989 年在德国城市弗赖堡一个黑暗的夜晚，我与我的家人在大街上漫步，这时我突然感受到另外一个家庭正在从我们的右侧接近我们。但是我马上意识到那个所谓的另一个家庭并不是别人，因为我发现他们的动作和我们的一样。我明白那就是我和我的家人。大街上一个商店的窗子扮演了一个巨大的黑暗的镜子，而镜中的家庭正是我们的反射。这个经历让我思考镜像认知非常接近于将我们自己的行动与他人的行动相对比。

AB：在你的实验中，机器人有多大的意识让它能够检测到镜中的自己？当然，机器人可能还没办法抬起一桶水来灭火，这么看我们是否似乎在明显很基层的等级上寻找意识，尤其镜像认知也显然是认知很基本的状态呢？

JT：我和我的研究团队创造了由一系列连接着的 MoNAD 组成的意识系统。这个系统的目的是让一个机器人展现出模拟他者的行为。我们通过计算机器人自身行为和这个机器人眼前的另一个机器人的行为的一致程度来进行评判。我们制造出三种实验，在第一个实验中，机器人面前呈现的是通过镜子所反射出的它自己的形象，协同率可以达到 70%，这不是很高，因为在一般环境中一个镜子中反射出的表现往往不是很好。当然，这些都是客观计算的结果，因为处理是由程序使用来自传感器的输入值完成的。但是你也必须认识到，这些值代表了对机器人的主观评价。在第二个实验中，机器人面前呈现的是另一个拥有相同身体和相同软件的机器人，这个的协同率可以达到50%，这非常低，因为从机器人所处的位置来看，另一个机器人处在一个完全不同的环境中。这时我需要指出，另一个机器人是在独自运转，因此不能说这两个机器人之间有什么联系。在第三个实验中，机器人面前呈现的是另一个相似的机器人，两者用一个可相互交流的电缆连接在一起。这个连接着的另一个机器人由实验机器人的动作所控制。如果实验机器人前进一步，那么被连接着的机器人也会跟着立刻前进一步。被控制的机器人要相比实验机器人简单一些，因为是实验机器人的程序命令着另一个的行为，协同率是60%。这个结果很有意思，因为这个协同率恰恰处于之前两种实验的中间。进行镜像实验的机器人的同步率比控制别的机器人的实验的同步率还要高，要考虑到被控制的机器人如同是实验机器人的身体一般，因为被控制的机器人与实验机器人连接在一起而且完全受实验机器人的控制，如同是实验机器人的手一般。这个实验证明了，机器人拥有主体性并且理解境中的机器人是它自己的身体。因为这个原因，我们宣称我们的实验结果表明了迄今为止人类的镜像认知现象存在的最有力的证据。因为机器知道它自己身体的存在，这个机器人能够区分自己的身体和"他者"的身体。因此，很自然地这个机器人不会去做伤害自己身体的行为。

　　AB：你的镜像认知方法，能够拓展成更复杂的机器人比如拟人机器人吗？这是否意味着需要更多的调整？

　　JT：目前我们还没有遇到任何障碍。因此，我的研究团队将会试着制造一台更大的有意识的拟人机器人。而且，深度学习模式会让我们更快地加速我们的进程。

　　AB：最近十年以来，随着Haikonen（2003）和Floridi（2005）方法的提出，AI团体开始齐心协力开发机器人的人工意识。然而，要么是（i）人工意识只能在非常狭小的范围内得到研究，要么（ii）人工意识存在的时间非常短暂，如仁斯利尔理工大学的NAO机器人的实验所展示的。对于你来说，我们缺少了什么？学术圈下一步的目标应该是什么？

　　JT：首先，我们希望表达我对他们本人和他们研究成果深深的敬意。我自己的观点是认知主义是关于机器人科学家的，而我自己相信我的主观感受。因此，我坚持我正在思考，我有情绪和感受而且我拥有意识。而且我不怀疑我可以通过用一个计算机程序编写的神经网络为一台机器人建筑自我现象。当然，自我感受包含一系列的幻象。无论如何，我们必须首先相信我们的自我感受，如果我们不这样做，我们就无法发现主观感受中的幻象。我是在弗赖堡发现这一点的。最后，我想要指出，对于科学研究来说，哲学思考是最重要的。当我与科学研究者讨论人类意识的哲学时，他们中的大多数都用不信任的眼光看着我，而他们只想要停止这种讨论。我感受到他们只想讨论科学工具所产生的结果，当然我也很享受讨论这些结果。但是，重要的是，工具是用来检测一个客体的倾向性。科学家必须能够从不同方向理解任务的核心，当然也要从这个领域的先锋所做出的描述中获得学习。这个综合的领域需要哲学思考。如果我们能够准确地理解我们任务的核心，研究的各种方法需要都能够从核心的角度出发得到解释，而且能够以此建立新的假设。如果一个研究者不能够建立新的假设，或从他们的研究结果中拓展研究的目标，研究者就必须要意识到他们还没能够达到研究目标的核心。

AB：你从 Walter，Braitenberg 和 Brooks 那里获得启发，主要是被动反应模式，但如果要建构类人意识的模型，仍然需要一些更深思熟虑的方面。所以，是否人工意识要建成被动反应模式与慎思型结构的混合，并辅助以学习方法？

JT：我提出的 MoNAD 结构被设计用来混合被动反应模式和慎思型结构。而且 MoNAD 拥有自我指涉的功能，我们的意识系统是通过数个 MoNAD 组成一个等级序列来构造。系统通过信息自下而上和自上而下两条路径来交换信息。因为 MoNAD 拥有双重循环的认知功能，我们可以计算 MoNAD 的感受。比如，如果 MoNAD 的信息汇集速度低于信息输入的速度，MoNAD 会表现出不高兴的情绪。相反的情况则表现出开心。我们的意识系统能够检测到未知的信息，因为未知的信息可以让 MoNAD 降低它的汇集速度，然后它可以学习这个信息。我和我的研究团队目前正在用我们的意识系统研究人类精神疾病的模型，比如创伤后应激障碍（PTSD）。

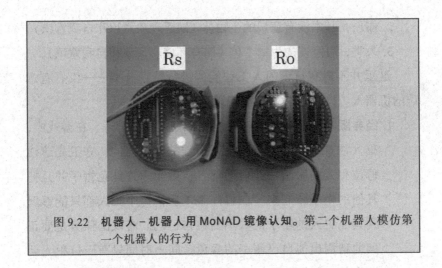

图 9.22　**机器人 – 机器人用 MoNAD 镜像认知**。第二个机器人模仿第一个机器人的行为

9.6.4　心理测量 AI——知识游戏

Floridi 设计一个回答问题的测试："你怎么知道你自己不是一个僵尸？"事后看来，这是一个对自我意识的测试。这个知识游戏与图灵测试相似，是一个著名的谜题"国王与智者"的变种，由一些能够互相交流和咨询的个体进行游戏。

这个测试由三种玩家参与：机器人、僵尸、人类。每个玩家都能够通过一个状态 S 来得到区分，这种获得状态 S 不同于主观感受到在 S 状态中或是知道别人在这个状态 S 中。这个状态 S 是由实验者选择的参数，实验者会向游戏者询问他们的状态。游戏者只能通过其获得的信息来判断自己的状态，而且不能使用自己在游戏之前就已经获得的信息。

1. 机器人，基本没有意识的人工智能体（被赋予互动、自主和
    适应的能力）。

2. 僵尸，基本没有意识的生物体（缺乏现象意识和自我意识）。

3. 人类，有意识的生物个体（拥有环境、现象和自我意识）。

这里并不对有意识的人工智能体进行特别分类——没有有意识的机器人。Floridi 为知识游戏设计四种不同版本。

1. **经典版本**：一个监狱守卫让三名犯人参与游戏。在游戏中，犯人注意到有五顶毡帽，三个红的两个蓝的。守卫先遮住每位犯人的眼睛并让他们都各自戴上一顶红色帽子并且把其他的帽子藏起来。在解开眼罩后，每个犯人都只能够看到其他犯人的帽子而看不到他自己的。游戏的任务是要正确地猜测出他自己帽子的颜色，同一时间只有一位犯人会被询问，如果回答正确便可以走出监狱获得自由。第一个犯人检查另外两位的帽子后表示他不知道他帽子的颜色；第二位犯人听到了第一位犯人的回答并且也做出观察，但是仍然无法得出结论；第三个犯人在听到另外两人的回答之后，在还没有解开他的眼罩之前就做出回答，"我的毡帽是红色的"，如图 9.23 所示。第三个犯人回答的是正确的，并且被守卫自由释放。他是怎么知道的？

图 9.23　**知识游戏，经典版本**。已知前两个犯人的状态，第三个犯人就可以确定自己的状态了。作者制作的漫画，**CC-by-SA 4.0** 许可

要分析这个问题，第三个犯人所可能面对的情况有如下八种：

（1）犯人1-红　犯人2-红　犯人3-红

（2）犯人1-红　犯人2-红　犯人3-蓝

（3）犯人1-红　犯人2-蓝　犯人3-红

（4）犯人1-红　犯人2-蓝　犯人3-蓝

（5）犯人1-蓝　犯人2-红　犯人3-红

（6）犯人1-蓝　犯人2-红　犯人3-蓝

（7）犯人1-蓝　犯人2-蓝　犯人3-红

（8）犯人1-蓝　犯人2-蓝　犯人3-蓝

　　这里，（8）是不可能的因为游戏中只有两顶蓝色毡帽。现在，思考一下第一名犯人，只有在其他两位犯人都带着蓝色帽子的情况下，他才能一眼就得到自己帽子颜色的答案，既然他没能够知道，因此（4）是不可能的。第二位犯人是同样的情况，他听到第一位犯人的答案自己却没能够知道自己帽子的颜色（6）也就变得不可能。而且如果另外两人分别戴的是红色和蓝色毡帽，那么他也能够知道戴的是红色毡帽，既然他不知道那么（2）也不可能。剩下的四种选择（1）、（3）、（5）和（7），第三名罪犯必然是穿着红色帽子——这就是他的答案。

2. **解鞋带版本**：犯人们要在五双靴子中进行选择，所有的靴子看起来都一样，但是其中的三双里面有扎脚的东西，而另外的只是普通靴子。犯人们则需要快速、准确地回答他们穿的是哪种靴子。

3. **致聋版本**：犯人们被给予五个玻璃杯，三杯装的是水而另外两杯是完全致聋的饮料。犯人需要正确地回答他喝的是哪一种。需要知道的是，如果他喝下的是致聋饮料，他就只能看到守卫在大喊却无法听到问题——尽管没有听到问题，犯人却还是能回答出正确答案。于是这成为一个自我回答的问题，这就区分出人类和僵尸。

4. **致哑（或自我意识）版本**：最后一个变种，三位犯人被给予五种药片。三个是无害的安慰剂另外两个则会使犯人完全哑掉。在犯人被询问后，要么犯人完全沉默因为他已经完全哑了，要么他会说出一段话比如"天知道"，但犯人自己意识不到自己的状态。这里 Floridi 认为会有两种可能性：

（a）犯人的言辞没有导致什么后续反应；

（b）犯人缺乏对自己状态的认识让他开始反事实的思考，因此意识到如果他吃了致哑药片那么他就不应该说出话来。既然他说话了，表明他没吃哑药，那么他就需要更正他之前的说法。

对于 Floridi 来说，只有人类才能做出第二种（b）选择，无论是僵尸或者是机器人都不能。因而这需要因果地处理听到的声音，并且分辨出自己的声音。因此，致哑版本可以测试智能体的自我意识，能够通过这个测试就意味着可以宣称"我不是一个僵尸"。

因此，（1）经典版本依赖于可能状况的自然和数量，其他智能体可观察到的状况以及其他智能体发出的回答；（2）解鞋带版本需要查询第一阶效果并且依赖指定的状况；（3）致聋版本是一个自我回答的模式，他是测试者在无法听到警卫的话的时候从问题中推理出答案；（4）致哑版本不能够从外部推论的词汇来进行确定，但是它唤起两种模型，声音和听觉——因果地确认自我觉知。

作为这个谜题的推论，Floridi 认为自我意识意味着现象意识，所以一个人类可能一直看上去像僵尸但是一个只拥有现象意识的僵尸无论如何都意识不到它自己。

Bringjord 在知识游戏的最后一个变种中，AI 生物可以像游戏者一样意识到自己吃的是致哑的药片，因而通过自我意识测试，如表 9.3 所示。这个证明基于这样的一个理念，犯人——如同 AI 智能体一样，有能力通过合并一些感官接收器的反馈来知觉到自己的声音，如同是感受到机器人喉头的震动，而且其他的感知进程可以与其他的感知输入混合在一起以形成感知并进行表达，因此能够升级自己的知识基础以提升推理能力⊖。

表 9.3　知识游戏，Floridi vs. Bringsjord

	Floridi（2005）	Bringsjord（2010）
经典版本	全部通过	全部通过
解鞋带版本	全部通过	全部通过
致聋版本	当今的机器人均失败，未来有可能通过	当今的机器人均失败，未来会通过
致哑版本	机器人和僵尸永远不可能成功——人类意识的原型	目前没有机器人和僵尸能成功，未来会通过

在 2015 年上半年，Bringsjord 和他在仁斯利尔理工大学的团队为拟人机器人 NAO[48] 设计一个心理测量测试，如图 9.24 所示。

⊖　Bringsjord 使用道义认知事件演算（DCEC*）来构建镜像认知和知识游戏，DCEC* 不在本书讨论的范围内。

图 9.24　**通过知识游戏。** Bringsjord 的实验 [48] 是根据"知识游戏"的简化版本设计的，可能是机器人自我意识的最佳原型。作者制作的漫画，CC-by-SA 4.0 许可

在这个实验中，两个 NAO 被给予"致哑药片"，而第三个则是一片安慰剂。这些药片不是真正意义上的药片，只是在头上插了个插头，然后他们被询问得到的是哪一种药片。大约十三分钟后，得到安慰剂的 NAO 站起来并回答"我不知道"，并且立刻发现这

是它自己的声音，于是在短暂的停顿后说出它的结论。在这个实验中，自我觉知的概念没有被预先编程过，就像哑的知识一样。NAO 机器人在很短的时间就获得感知行为，而且能够分辨出它自己的声音并且因此能够有自我认识，这也因此解决了谜题——证明感觉输入和推理之间的联系。

总结来说，一个好的解决自我觉知的工程方法需要有以下特征，(i) 中心管理能力，(ii) 合并两种或更多模型的能力，(iii) 模仿、镜像的能力[⊖]，(iv) 联结主义和 (v) 注意力转换能力。意识将会如同一个智慧的超级能力，当自我觉知变得逐渐完善的时候出现。与环境的进一步互动可以辅助加强众多模型的融合，也就是现象意识。

大多数研究都从神经网络的交叉模式组织中得到启发，"镜像测试"和"击鼓同伴"测试成为专业内的标杆和有效的工具，并且发展了机器人认知和社会功能，如表 9.4 所示。需要指出有趣的一点是，实验的目的是测试机器人的自我觉知能力，不过人们开始有热情去制作出更复杂版本的图灵测试，这是在测试人类独有的能力和倾向是什么。制造意识机器人的任务促使我们思考什么价值是机器没有的，而是人类独有的，我们思考的问题也渐渐从"什么是一个机器人"转换成"什么是一个人"。一个有意识的机器人会比我们做得更好吗？这是一个很复杂的问题，然而我们至少能够说有意识的机器人肯定比我们更聪明。我们正处于人类文明的特别历史时刻，我们是这个星球上第一个胆敢发明智慧生命来塑造我们自己的物种。我们也很快就能看到一个更加有自治力的社会，如果人类和机器人能够共存，我们会成为二等公民吗？机器

⊖　镜像的过程不一定需要镜子。

人会取代很多社会性的工作比如政府管理，食物供给，金融系统等。这些问题是下一章要思考的。

表9.4 通过实验发展机器人意识

研 究	范 式	实 验	附 注
Braitenberg(1986)	形成联想的冥想模式	Gedanken 实验，车辆 -12	从综合心理中发展出来
Brooks 等（1994—1998）	反应式方法	人形机器人，COG	解决符号接地问题
Kitamura 等（1995—2006）	行为等级序列，抑制行为带来更高等级	低级别任务如导航，寻找轨迹等	模拟和真实机器人中
Fitzpatrick 等（2005）	交叉模式组织	绑定以发展因果性	Cog 获得对象与自我的认识
Crick 等（2005）	交叉模式组织	Nico 击鼓	可以在现实中与人类鼓手合作
Takeno（2005）	行为的连续性，非涌现现象	MoNAD 来设计镜像认知	镜子 - 机器人和机器人 - 机器人同时
Haikonen（2008）	用身体感受来增强镜像认知	将视觉、听觉、身体感受的输入绑定起来	可以控制注意力集中在自我概念中
Bringsjord 等（2014）	对话的因果性，听觉输入	模拟和真实机器人的谜题解决	感官运动路线以解决知识游戏

小结

1. 人工意识的任务是要让机器人更加像人类。

2. 半感知范式让我们制造出听话的社会机器人，但是它们缺乏想象、自由意志和感官能力。

3. 我们现在缺乏对意识的定义，如何让机器人有意识有两种思

维方法：（1）让它能涌现出新的行为；（2）展现出连贯的
行为。

4. Qualia 引来很多争论而且是人工意识设计的一个哲学难题。

5. 图灵测试用来区分人类与机器，而且有很多新版本被设计出来。

6. 机器人的内在世界是一个抽象的概念而且很难得到验证。

7. 开发机器人人工意识的新实验要么只能局限在很小的范围
内，要么只能存在很短的时间。

注释

1. 从哲学的观点来看，Kierkegaard[179] 认为人类经历三个阶段
以达到一个真正的自己：美学、伦理和宗教。美学通过感官
在最天然的状况下感知来获得，其特点是其出现的突然性。
而伦理与社会规则相关——一个人如何行动以及能够服从
道德责任、义务的能力。最后的宗教，是寻找个人信仰的任
务。以上的推论是，这三个不同的阶段都可以在一个智能机
器人中看到：感觉运动阶段，道德智能体和有意识的机器人。

2. Robert. A. Heinlein 的《月球是一位严厉的女人》设想一个
计算机 HOLMES IV，它拥有自我意识而且很表现出一丝
幽默。由于计算机与很多硬件联系在一起增加了它的内存，
这使它的容量超越人类大脑并获得意识。当然这不可能，
但是读起来很有趣。

3. 丹尼特轻描淡写地指出 Qualia 的四个特征：难以形容的、
内部性质的、个人的和可在意识中直接理解的，因此他反

对任何获得意识的非物质方法。他认为，"我们都是僵尸"，因此，Qualia 是虚幻的。丹尼特的 Multiple Draft Theory（意识领域）与 Brooks 的包容架构（行为领域）和 Hollan 的人工情绪模型（情绪领域）都很接近。

4. 与普遍的观点不同，Nagel 并没有在他重要的文章 [249] 中发明或提到 Qualia 这个词。Nagel 用"经验的第一人称特征"和"它看起来像什么"来在他的讨论中对抗还原主义。

5. 随着关于意识的讨论火热起来，AI 团体经常把哲学意义上的僵尸钉死在十字架上，讽刺地把它作为与意识的物理模型相对立的一种原型。Chalmers[64] 做出以下四个推论：

（1）我们相信确实存在僵尸。

（2）如果我们确信存在僵尸，那是形而上学意义上可能存在僵尸。

（3）如果形而上学意义上可能存在僵尸，那么意识可能是非物理的。

（4）因此，意识不是物理的。

6. 在人工意识领域，简单的问题是对环境做出反应并改变自身的行为，困难的问题是现象经验和 Qualia。为发展人工意识，研究者区分强、弱、中间三种方法。强方法限定于设计一个有意识的系统，因此可以通过一个设计良好的程序来让计算机拥有意识。然而，一个弱方法是使用技术来理解意识，弱方法的例子即社会机器人如 Pepper 和 ROMAN，它们看上去能够展现出人类的情感来模拟意识。在这两种方法之间的一条中间道路是，通过数学模型来重合意识和科学技术。这一方法由 Chrisley[69] 发明，称作 lagom AI，lagom 的意思是，"通过模仿来达到完善"，它的思路是抓住一些获得人工意识的一些必要条件。用计算机模型来建构意识是典型的 lagom 方法。

7. Chalmers 认为人类的心灵是一个量子想象，因而必然受到量子力学的影响。Hofstadter 也提出过类似的说法。

8. Qualia 是人类的独有特性，因而是发展人工意识争论的焦点。一个例子即 Wittgenstein 著名的 "箱中甲虫" 悖论，它说明一个人不可能从别人的观点经历世界。这个思想实验是这样的：想象每个人都有一个装着甲虫的箱子，而且只有拥有者可以查看自己的箱子。现在所有人都需要描述箱子中的内容。因为每个人都只是知道自己箱子中的内容而不知道别人的，"甲虫" 这个词的含义只能变成 "你的箱子中有什么"。这个箱子就如同是我们的心灵，它假设另一个人的经验与我们的非常相似，但是这仅仅是一个假设而且不可能适用于所有的情况。

9. 非常快的速度（超过 10 赫兹）和非常慢的速度（低于 0.1 赫兹）还不能够被模型化到交叉模式的实验中。这意味着，尽管 Cog 可以将一个手鼓的听觉经验和视觉经验联系在一起，它们却无法检测到一只蜜蜂飞行的嗡嗡声或是地球的自转。

10. 镜像认知的和逻辑电路是 SHAR 制作的一个电子振荡器，微芯片 IS471F。来自振荡器的信号被用作外部 LED 和光电二极管的输入，光电二极管带有一个接收光的同步检测器。

11. 随着更多智能的自然语言程序（NLP），一个机器人可能能够解决英语中的谜题。这将会是交叉模式表征的更高等级。

12. 实验表明，社会理解能力不是通过镜像自我认知测试的必要条件。因此批评家们认为镜像测试与"自我认识"无关，而是更多地与一种新的视觉反馈能力有关。

13. 意识的概念与我们对现实的感知紧密地联系在一起。这一二元特性被 Philip K. Dick 在他对现实的定义中表达："现实就是即便你不再相信它，它也继续存在的东西。"

练习

1. **CATCH-22**。拥有自由意志和有意识的思考的标志是屡教不改。一个"很笨的"机器人缺乏意向、想象力和进取心，这使得它无法完成人们想要让它去完成的任务，这样的情况会打击人们想要制作机器人的决心。如果你处于 CATCH-22 的情境中，你还会继续研究发展意识机器人吗？

2. **Haikonen** 认为即便我们在镜像实验中用一张机器人的照片来代替镜子，以身体感受为模型也能够获得自我认知。思考一下这一方法的前景和这种改变的局限。

3. **Floridi 的知识游戏**。在经典版本中，想象一下那个守卫保留了所有的五顶帽子，并且随机地将三顶分配给三个囚犯。第一个囚犯检查了其他两个人的帽子并且宣称，"我不知道"，然后第二个囚犯检查了其他两个人的，断然宣布"我的帽子是红色的"。那么这个时候的第三个囚犯在听到前两个犯人的回答后，能够确定他自己帽子的颜色吗？

第10章 超级智能机器人和其他预测

我们的智能在一个同理心会得到奖励并传递给后代的生态系统中进化，而基于机器的超级智能则不会。

——James Barrat[30]

抨击人工智能一直很流行，因为这会让一个人站在捍卫人类的光荣立场。

——Luc Steels[310]

10.1 窥探水晶球

有知觉的机器人将如何改变我们的生活？与人类相比，它们将有更多的美德，它们将不存在自负、贪婪和嫉妒，并将更多地由手头的逻辑和信息而不是其他东西所引导。它们只会关注能源——由电池电源、喷气发动机组件、有机燃料或核燃料驱动的机器人都是如此。因为机器人探索者总是第一个探测其他天体，所以一个有知觉的机器人很可能是我们进行星际移民的最佳选择 [192]。而形成鲜明对比的是它们缺乏情商，只要主观体验特性仍然难以解决或至多是悬而未决，它们就只能更多地像僵尸，而不是真正的人类复制。

尽管杰出的科学家和技术专家们提出，如果出现这种预期的技术飞跃，则可能会向着反乌托邦的方向发展[27, 215, 321]，即人工智能将成为我们种族的强大对手并导致我们灭绝[165]，超级智能机器人种族[94]将继承这个星球。

这种末日式的未来被称为"技术奇点"或"奇点"，在那时，技术智能是人类平均智能的几百万倍，并且技术进步如此之快，以至于很难跟上其脚步。人工智能科学家还将这一事件与超级智能[43]的到来联系起来，超级智能是一种人工实体，其认知能力是人脑的一百万倍，且处理速度也要快得多。具有讽刺意味的是，如今终结者（Terminator）和天网（Skynet）[318]这两个名字很快就与人工智能[185]和机器人[66]的研究和创新——例如谷歌汽车[303]、机器人厨师[295]和服务生[319]、OpenWorm 项目[216]等，结合在了一起（如图 10.1 所示），因而又促使了恐惧滋生[255, 306, 355]，以及应对这种末日式未来的指导方针[24, 224, 274]、规则[364]和法律[60, 342, 348]的起草。这些法令要么要求将机器人简化为纯粹的人工制品和机器，要么试图向人工智能科学家发出道德呼吁，强调要意识到后果，从而试图恢复人类的优越性。因此，先进的人工智能的发展显然会引起麻烦。除了媒体之外，科幻小说也充斥着这样的未来场景。20 世纪 20 年代 Čapek 的标志性戏剧 *R.U.R*——"Rossum 的万能机器人"给了我们 "Robot" 这个词，它以最后一个人类的死亡和世界被具有钟爱、喜欢和依恋等情感的机器人所统治作为结局。其他标志性的机器人欢歌和反乌托邦式的经典故事还有设定在 2001 年的 *HAL*、设定在 2019 年的 *Blade Runner*、设定在 2035 的 *I, Robot*、设定在 2029 的 *Terminator*，而 *Wall-E*

则设定在差不多 800 年后的未来——2805 年。所有这些都是未来人类 - 机器人社会的例子，虽然几乎所有这些都是令人不安的，但它们至少都确认了人工智能和机器人在不远的未来会大量出现。值得注意的是，在更多的学术关注中，Toda 的食菌者被认为将于2061 年面世。

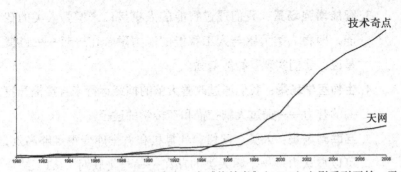

图 10.1　**天网绰号和技术奇点。**自《终结者》（1984）电影系列开始，天网这个绰号就成了一个流行的词汇，并被加入关于技术奇点的科学辩论和讨论中。这个绰号被广泛地用作强大的 AGI 的一个例证，它一旦被创造出来，就会稳步地提升自身，获得近乎知觉的能力，并发展出令人生畏的技能，如时间旅行和模仿生物，然后要么去奴役人类，要么试图毁灭人类文明。使用 Google Books Ngram Viewer [230] 制作

本章与本书的其他部分不同，这里试图从前面 9 章所讨论的内容角度来看待这种未来。这一技术预测是通过追溯多位领先的思想家、人工智能科学家、企业家和技术领袖所做的预测并从当下的趋势推断出来的。

作家和未来主义者 Vernor Vinge 是这种反乌托邦式最早的支持者之一 [338, 339]。他预测在未来的三十年左右，我们将创造出超人类智能，从而导致人类时代的终结。他提出了我们通往这个令

人不安的未来的五种可能的方式。

1. **人工智能场景**：我们创造了超人类人工智能——"觉醒"的计算机。

2. **数字盖亚场景**：嵌入式微处理器的网络变得足够高效，可以激发超人类智能——被"唤醒"的网络。

3. **智能增强场景**：我们通过智能的人机接口来增强人类的智能，即将人类大脑与人工智能的能力融合在一起——也就是说，我们实现了智能增强。

4. **生物医学场景**：我们通过改善大脑的神经运行来直接提升我们的智力——通过大脑扫描和遗传学的途径。

5. **互联网场景**：人类、网络、计算机和数据库变得足够高效，可以被认为是一个超人类的存在——与物联网（IoT）结合在一起来表达连贯的智能。这是数字盖亚场景的一个扩展，然而是在一个覆盖整个星球的网络之上的。

历史告诉我们，技术重新定义了社会交互、伦理价值观、统治、信仰体系、政治和经济范式、文化价值观，从而也就重新定义了社会本身。

工业革命是最好的例证，从 19 世纪 50 年代中期开始，工业及其功能已经成为我们生活中不可或缺的一部分，几乎我们使用的每一件东西都经过了一个工业过程。我们的经济增长和政治选择都与工业联系在一起，并且我们大多数人都在工业或其相关服务行业工作，如市场、财务、广告、人力资源等。

另一个这类例子是手机。自格拉汉姆·贝尔在 19 世纪 50 年代发明电话到 20 世纪 70 年代期间，电话几乎没有什么变化。人们通过一个小小的便携盒子隔着一段距离交谈似乎是不可能的。在过去的二十年间，手机已经演变成了一项科技，随着智能手机的出现和电话与互联网的结合，我们的社会规范和价值体系也发生了变化。例如，社会接受度通常被关联到社交媒体网站上的追随者、粉丝和浏览量方面，而政治和社会辩论则在网络论坛和博客上找到了一席之地。食品供应商、电影和出租车等服务和设施都可以通过 Android/iPhone App 获得，而标签也有了全新的含义。

多年来，我们对大脑力量的使用已经远远超过了单纯的肌肉力量，这是一个与石器时代截然不同的转变。这一进步要归功于我们所掌握的已有信息。与过去的社会相比，我们的社会所知的要更多，并且随着我们在技术方面的进步，这些知识又为财富创造 [122] 和向更高的技术水平迈进做出了贡献。在过去的 40 年中，技术已经上升到了更新的高度，这归功于 20 世纪 70 年代的微电子革命、80 年代中期的计算机革命以及 90 年代末期的互联网革命，大多数当今的技术都是基于信息的——由智能系统自动处理的信息。随着技术的发展，这些智能系统，如云、服务器和应用程序，正变得更加全能，并且又反过来促进了技术和智能的进步，如图 10.2 所示。可以预见在不久的将来，技术将广泛地包含数字工具，且更多地基于智能手机，（1）商业，如 Airbnb 和 Uber 等业务；（2）基于效用的云应用，如面向特定需要的 Dropbox 和 Google Drive；（3）技术、教育、法律和医学等方面的在线咨询；（4）移动应用和物联网（IoT）的结合，如 Amazon Dash Buttons 和 Starship；（5）模仿人类的内容，如 Alexa 和 Siri，开创着新的商业趋势。物联网和其他硬件工具（自动驾驶汽车、家用机器人、机器人管家等）已经在研究中取得了成功，并将在商业领域迈出下一步。

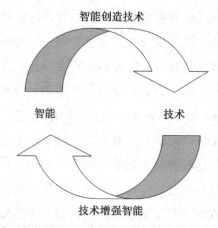

图 10.2 **技术 – 智能循环**。特别是在微电子革命（20 世纪 70 年代末期）、计算机革命（20 世纪 80 年代中期）和互联网革命（20 世纪 90 年代末期）之后，我们的技术已经变成基于信息的，并由不断增长的智能驱动，这反过来又提升了智能水平。作者制作，CC-by-SA 4.0 许可

对科技过敏！

电磁超敏（EHS）是一种疾病，患者暴露在移动电话、计算机、Wi-Fi 路由器和手机信号塔等设备发出的电信号下时，会出现持续的头痛、不安、脱发和皮疹。尽管关于这是一种真正的医学诊断还是仅仅是一种随机发生的过敏反应的争论还没有结束，然而，在美国有 1100 万人受其影响，这值得进行商榷。国家无线电静默区（National Radio Quiet Zone）是一个没有手机、路由器和天线的区域，它的例子进一步表明，科技并没有打动

所有人。

　　已经证实长时间接触高功率传输线会导致基因突变，从而导致癌症。医学工作者也已经确认，持续暴露于无线电频率和其他电磁波对人体可能有负面影响，EHS 可能只是冰山一角，更多的综合征和医疗状况可能在不久的将来出现。

　　科幻小说里不乏为盈利而粗制滥造的作品，即机器人为了宇宙的更大利益而接管这个世界。这样的灾难真的会发生吗？如果当今的机器人通过起义当家作主了，结果可能是徒劳的，也可能是滑稽的 [243]。然而，对于有自我意识的有知觉的人工智能生物，情境会很快发生变化 [265]。考虑一下通过全球网络或云连接的有知觉的机器人。这些机器人可能很快就会发展成一个机器人军团，一个机器人获得的知识和技能很容易就可以"下载"给其他机器人和其他人工智能生物。这种新物种的交互将更多地体现在精神层面而不是在现实世界中。这些有知觉能力的机器人将在比自然生物进化要短得多的时间内进化成为更高等的生物，即我们在第 2 章中讨论的沃尔特式生物。

　　正是这些假想的场景促使 I. J. Good 开发了超智能生物的模型。显而易见，人类迟早会开发出超智能 AI 生物，而这将进入一个死局，即人类劳力和智慧只会被用于这类机器的开发和改进，而人类文明的需求，如建筑、桥梁和汽车的构造，政治机构的发展，法律的颁布，学术和食品生产等，将由这些机器来满足。因此，这些超智能 AI 生物可能是人类文明最后所开发的产物。然后，这些拥有更高级的技能、更强的演绎能力、更好的判断力和更高层次的理解能力的生物，很可能会试图摆脱自身人类的下级物种的地位。在历史上有无数更高级且技术先进的文明统治并粉碎了落后的文明的例子。欧洲人发现了美洲，印加文化和阿兹特克文化也随之消亡，类似的悲剧还有自库克发现澳洲以来，澳洲土著人口减少到了微乎其微的程度。

继 Good 和 Vinge 之后，Moravec[241] 也提出了一个严峻的未来，即 21 世纪将由机器人和以基于机器人的产业为主导，人类劳力将被简化为只需制定法律来维护人类价值观和社会体系，并且阻止由人类向不受控制的超级智能机器人的主导地位的转变。而人类的寿命很短，机器人迟早会取而代之。与 Moravec 类似，未来学家们认为接下来的 100 年会有三种可能的情境。

1. **AI 取而代之**——完全自我意识的生物接管了地球的运转，人类注定要在一个更高级物种的统治下灭绝。

2. **AI 被遏制**——制定法律和限制措施，禁止发展完全自我意识的 AI。马斯克[110]、盖茨[95]、霍金和席勒[72]都谨慎地提出过这一点。

3. **一个技术驱动的达尔文式进化**——这一观点与前两种观点相反[193]，认为奇点是技术驱动的达尔文式进化的"下一步"，在未来，人类和机器将融合在一起，向更高级的物种发展——尽管机器取代人类的可能性并没有被排除。许多这一选项的支持者也预见了超级智能的到来，并且从长远来看，后人类的进化可能会是自人类工具滋生以来的高级生物，但不再是人类，所以尽管是以一种温和的方式，人类还是灭绝了。

这些情境没有考虑社会经济问题，如经济衰退、战争、恐怖袭击、核毁灭，也没有考虑生态或宇宙灾难，如温室效应、陨石或其他天体的碰撞。第一种情境毫不避讳地描绘了人类的灭亡，第二种和第三种则已经在研究论文、文摘、报纸等上面反复出现。我们应对新时代技术的方式将决定我们的文明能否在这三个选项间做出选择。第二种选择可能会有效，我们或许能够控制人工智能，但这同时将阻碍任何更多的技术发展，也将破坏有完全知觉能力的 AI 生物的发展。第三种选择，即人类与机器融合在一起，推动达尔文式进化以更快的速度进行，以及超级智能的到来，都将在本章进行讨论。按照 Kranzberg 的第一条定律[188]，超级智能应该既不是好的也不是坏的，也不是中性的，这更加剧了争论。

机器人设计者、构造者和用户原则（EPSRC[39]，2010）

　　机器人是一种多用途的工具：除非是为了国家利益，否则机器人不能专门设计用于伤害人类。

　　人类，而非机器人，是责任主体：由人类而不是机器人承担责任，机器人应该尽可能在现有法律、权利和个人自由（包括隐私）的范围内运行。

　　机器人是一种产品：机器人应被设计为安全无害的，且应通过保证其安全无害的过程进行设计。

　　机器人是人工制品：机器人不应该被设计来欺骗人类，不应用虚假的同理心和情感表达来针对用户的脆弱情感。

　　法律归属：要有一个对机器人负法律责任的人。

10.2　人类文明的衰落还是重生

　　未来的前景并不完全乐观，因为机器已经使人类劳力变得过剩，机器人可以完成我们的工作，而且往往比我们完成得更好。自18世纪中叶的工业革命以来，高效的机器已经大大提升了生产力，减少了对人类劳力的需求。

迄今为止，机器人已经可以帮助我们做家务、协助部署军事和防御系统、进行星际探索（有或无人类协助）、配合搜救行动（将人类从核灾难等危险场景中拯救出来），以及作为自动化外科医生、护理人员、教练、办公室支持人员等，机器人革命的到来已经迫在眉睫了。可能再有5～10年的时间，机器人就能走出实验室，摆脱6位数的价格标签，成为主流。

尽管在智力与自主性的问题上，人类仍然凌驾于所有已知的智力形式之上，如图7.1所示，但预计在未来的10～20年之内，美国近50%的工作岗位、英国近36%的工作岗位[25]、德国约59%的工作岗位[213]，将被机器人和智能自动化所取代。个人和家用机器人市场正以每年20%的增长率增长。这对人类大众来说意味着什么？存在两种观点。第一种观点充满着黑暗和对未来的悲观，即就业前景的黯淡将导致一场现代的卢德革命，在这场革命中，一群群贫困而绝望的民众去摧毁机器人和机器，徒劳地试图重建工人阶级的霸权。第二种观点则认为，随着物联网（IoT）和更便宜的3D打印方式的发展，开发产品的成本将降低到接近于零。因此，将会有大量的产品出现且品种应有尽有，资本主义会闪速终结，需要为新时代制订新规则。

机器人比人类工人要好，因为它们不会感到疲倦，它们从不急躁或没有礼貌，它们不粗鲁，不说脏话，它们没有自我意识，它们可以即时获取人类所有的知识，并且它们从不犯错[96]。这听起来像是历史的重演 [85]，就像 19 世纪早期，卢德分子破坏机器和工业，以抗议工业革命带来的节省劳力的技术，如图 10.3 所示。最近，在瑞士举行的一次全民公投中，人类的自我意识和最高级技术进行了一场模拟对抗，绝大多数选民（76.9%）否决了一项提案，即从每项工作开始，让社会的几乎每个方面都实现自动化，同时为每个人提供无条件基本收入，成年人为每月 2500 瑞士法郎，18 岁以下未成年人为每月 625 瑞士法郎，与工作多少无关 [187]。

图 10.3　**人类就业机会减少。**机器人革命的直接影响 [117] 是将出现明显的失业，中等收入的工作岗位将迅速减少。图片由 NESTA（www.nesta.org.uk）提供，A3 Design（www.a3studios.com）设计。CC-by-SA, NC 4.0 许可

许多经济学家认为，现代技术不会导致不平等，社会和政治选择才是出现这种层级的原因。现代科技往往会蚕食掉原本属于中产阶级的日常工作，如记账、拨打电话、建设和车床加工，而需要创造力、同理心、社交技能的工作以及非日常的工作则牢牢

掌握在人类手中。受影响最严重的将是行政人员 [108]，如秘书，将完全被电子程序和智能计算机算法所取代，而到目前为止，我们还没有技术能制造机器人演员、机器人护士、机器人投资银行家、机器人博物馆馆长、机器人艺术家、机器人歌手等。因此，这种技术性失业所附带的打击和侵蚀尤其会影响中产阶级，加剧阶级不平等，扩大贫富差距。

尽管存在这种社会困境，但向自动化和机器人化的转变是显而易见的。亚马逊以 7.7 亿美元收购了 Kiva Systems，并正考虑在运输和交付系统方面使用无人机，谷歌已经以总计达数十亿美元收购了至少 9 家机器人或人工智能公司，其中包括波士顿动力公司，并正在考虑将自动驾驶汽车作为一种商业产品推出，而马斯克已经推出了 Powerwall，作为未来清洁和免费的能源系统。

我们人类有意或无意地倾向于将自己置于所有生物造物金字塔的顶端，而这一论点并非完全错误，因为目前尚未发现更高级的生物智能。这个理想的 Hyberborea⊖是在以化石燃料为基础的技术发展取得空前成功的情况下实现的。从狩猎采集者到太空探索者，我们在过去 15 000 年里的成功让人们对达尔文式进化的速度产生了疑问，而这不仅仅是一个疑问，大自然是否曾经见证过智力以这样的速度增长？最近，人们在人工智能体中发现了比人类更敏锐和更强的能力，它们可能更适合接过达尔文式进化的接力棒。这会给人类带来厄运吗？在一个被 AI 智能体控制的世界里，我们会成为二流生物吗？

⊖ 在希腊神话中，Hyperborea（北方乐土）是一个神话之地，人们认为那里的一切都很完美，整天阳光普照，居民永远年轻快乐。

让人工智能不能伤害人类的故障保险的开发一直处于持续的努力中。第一个例子是在科幻小说中——阿西莫夫定律，努力通过这样的定律、规则和中止措施来控制人工智能和人工智能的研究。而当考虑到人工生命的意图时，争论进一步转向。到目前为止，所有由机器人造成的伤害事件都只是意外，因为机器人缺乏意识，从而也就没有任何不法的意图，但情况并非一直这样。而为人工智能从业人员和机器人学家设立伦理行为准则的构想，就像医生需要紧扣希波克拉底誓词（Hippocratic Oath）的宗旨一样。

机器人学家誓言（McCauley[224]，2007）。Springer 授权使用

我发誓尽我的能力和判断力来履行这个契约：
1）我将尊重那些先驱科学家们来之不易的科学成果，乐于与人分享这些知识，并将这一誓言的重要性传授给那些追随我的人。
2）我会牢记人工智能机器是服务于人类的利益，并将努力通过我的创造为人类做出贡献。
3）每一个我直接参与创造的人工智能都会遵循以下规则的精神：
　i）不能直接或因为不作为而伤害人类。
　ii）除非会对人造成伤害，否则不能直接或因为不作为而伤害自身。
　iii）除非会对自身或人造成伤害，否则应遵循人类通过编程或其他输入媒介下达的指令。
4）我不会参与生产任何会创造出不遵循上述规则精神的人工智能的系统。
如果我没有违背这一誓言，愿我享受生活和艺术，在我活着的时候受到尊重，在我死后被深情地铭记。愿我在行动中一直能保持最好的职业传统，愿我能长期享受通过我的科学造福人类的快乐。

除了失业和社会变革，技术和自动化革命的另一个预期后果是产品贬值。随着物联网、3D 打印以及能源向太阳能和风能的转变，自动化可能预示着一个富裕的时代——一个与 Skynet 反乌托邦式完全相反的时代的来临[276]，保证几乎免费的商品和服务、高效的交通方式及更新的食品种植方法。社会所做的选择会决定其成败[93]。在人工智能和现代技术方面，我们也正面临着这样的选择。Pollack[266, 267]用一系列开放的问题总结了机器人时代。在超级智能机器人和奇点的背景下，为了构筑清晰的未来，这些问题必须被重新认真地讨论，并预见我们的角色和我们可能拥有的选择。

1. **机器人是否应该是类人的？** 机器人的创造受到拟人主义的浓重影响，而复制人类可能是人工智能的最好成绩。类人机器人的吸引力主要在于其外观，使它变成了一个"Dopple ganger"（酷似活人的幽灵）[7]。ASIMO 的舞蹈和 PR2 拿啤酒的动作会让我们在心理层面产生联系，让我们做出反应，就好像它们是人类一样。不久的将来将会出现类人机器人，但它们缺乏知觉能力，充其量只是经过专业训练的销售木偶或娱乐工具。Pollack 提出，类人机器人可能会发展成为销售专员，热情地推销产品，耐心地解答消费者的所有问题，找到共同利益，最后安排一个较好的折扣和友好的付款方式来达成交易。不好的一面就像垃圾邮件一样，这些销售专员可能也像垃圾邮件程序一样，挨家挨户地上门推销，销售低效用和低质量的商品。如前所述，类人机器人在戏剧和芭蕾舞剧中也扮演着积极的角色。有了远程呈现，未来可能只有机器人在舞台上，而把害羞的人类演员放在一个更舒适的地方。

2. **我们应该成为机器人吗？** 现代医学和外科手术使嵌入式设

备和可穿戴设备（如起搏器、智能假肢、心率和脉搏监测器）变得普遍。人工智能、医学、计算机科学和物理学等领域都已经对人类大脑的研究和映射产生了兴趣，可能不久以后人类和计算机就可以通过直接的神经接口连接起来——让大脑连接到计算机再连接到互联网，无须使用触觉和视觉等感官，而是直接有双向的神经接口。这样的接口将把虚拟现实嵌入我们的神经元网络中，让虚拟和现实之间实现无缝交互，使它们变得无法区分[350]。更好的技术的出现将不断引导我们将电子设备植入我们的生物系统，作为监测和完善我们的代谢过程、延长寿命以及丰富脑力的手段，如图 10.4 所示。这种通过使用技术来使我们的生物过程得以改善的方式被称为超人类主义。使用电子设备被认为是一个开始。未来将由人体冷冻、虚拟现实、基因治疗、太空移民、控制论、自我复制机器人、Terra 种植、大脑上传等大量的尖端技术来进一步主导。不知不觉中，我们已经将互联网作为我们大脑的延伸，有了维基百科和其他在线数据库等资源，我们会考虑点击手机，而不是依赖于我们对信息的记忆或扩展我们的思维，而且随着嵌入式电子设备进入我们的身体，检查在线数据库的过程将变得普遍存在。超人类主义强调过渡性的存在，与后人类主义相比，主张人类的统治地位有了适度的增强，这一时代的到来预示着机器与生物将完成融合，从而产生超级人类，而这些将不再是绝对意义上的人类。它们既不反映人类的价值观，也不遵守我们目前的标准所认为的人类美德。《神秘博士》

中的戴立克就是一个虚构的后人类例子，如图 10.5 所示。后人类很可能会通过超过五种感官来与世界交互，并拥有附加的认知模块供他们使用，如图 10.6 所示。

图 10.4 **超人类主义。**到 2040 年左右，用新时代技术装备人类身体，使其更健康、更长寿将成为常态，这可能是从机器人到人机一体化的第一步。该漫画由作者制作，CC-by-SA 4.0 许可

图 10.5 **《神秘博士》**中的戴立克被证明是一个先进的种族，它们的实体被装在一个类似机器人的铸件中。虽然是虚构的，但它是一个说明技术与生物融合的恰当例子，戴立克几乎与后人类处于同一等级。图片由 peregrinestudios.deviantart.com 提供，CC-by-SA 3.0 许可

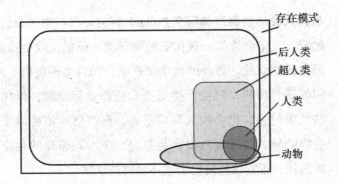

图 10.6　**超人类与后人类**。Bostrom 基于存在模式进行了超人类与后人类的分类。我们目前的存在模式，是由我们的五种感官和认知能力所决定的，是宇宙物理约束所允许的一个子空间。超人类将是有一定程度提升的人，占据着更大的子空间，而后人类与当前的人类几乎没有关系，将会占据一个明显更大的子空间。改编自 Bostrom[42]

人类 + 机器→超人类主义→后人类主义

也许有人会说，我们这个物种可能已经过时了，技术的发展速度已经超过了我们自身。从而可以认为，人类需要通过技术上的刺激来进行升级 [327]。这场理所当然的革命将模糊技术与人类之间的界限。新的物种被认为会具有人类的某些特质，并被描绘成一个拥有某些虚拟特性的生物，这些虚拟特性与机器和人工智能协同工作，或者像科幻小说中描绘的那样——成为网络空间中的一个化身 [35]。这将赋予我们远见能力、更高的心智能力和全局性的实时感知能力。在某种程度上，对抗因资源匮乏而导致的自身物种灭绝，为生存、战争、侵略和自然灾害而进行的抗争，将会促进智人 2.0 的发展 [94]，来作为我们进化的继承者。

3. **机器人会产出副产物吗？**Pollack 将自动化与重工业进行了比较。汽车会排放一氧化碳污染环境，而重工业会排放硫、铅和其他微粒。当今的自动化系统，如自动柜员机（ATM）和喷墨打印机，只会产生纸张和空墨盒等垃圾，但如果这些垃圾过多，也会增加环境危害。副产物应该可以安全地生物降解，或者可以很容易被另一个动态循环的生态过程所消耗，否则这些废物会破坏事物的秩序。

4. **机器人应该进食吗？**这是未来主义者的痴迷与行为主义者的热情的一次碰撞。机器人为社会提供商品和服务，并消耗不需要的、废弃的和多余的物质来满足自身的能源需求。这种想法与树有相似之处。它们吸收二氧化碳并产生氧气，因此与人类取得了完美的平衡，从而成为支持生物圈的生态位的一部分。举个例子，考虑一个农业机器人，它通过"捕食"昆虫获得能量。这样既能保证丰收，又能解决害虫问题。这方面的研究已经取得了一些进展。ECOBOT III 就是利用人类废物来实现机器人运动的最好例子。然而，用有机的生物物质为机器人提供燃料不太好，Pollack 也强调了这样的机器人产业成倍增长可能带来的灾难，即这可能会在食物链和其他动态生物过程（如水循环和氮循环）中造成严重的不平衡。人类和机器人可能很快就会为了生存而竞争。因此，机器人和此类产业应该使用太阳能、氢能或风能等可再生能源，而不是生物饲料。

5. **机器人应该携带武器吗？**如第 9 章所讨论的，关于战场上的机器人，已经有人提出了各种各样的伦理问题。

6. **机器人应该导入人类大脑吗？** 大脑上传很大程度上属于童话的范畴，而导入人类大脑则不是。遥控机器人已经在复杂的木偶戏、外科手术、危险环境中的远程呈现和行星探索中得到了应用。Pollack 基于遥控机器人与宽带的结合勾画了一个商业与工业的现代创新，即一个在中国的工人可能正在执行位于美国的工厂里的一个工业流程。

7. **机器人应该被授予专利吗？** 机器人和人工智能不仅可以胜任枯燥的工作，而且还存在一些软件，如 Automated Insights 开发的 Wordsmith，可以仿效记者的工作，Nimble Books 开发的算法可以写出完整的书，使作家失业。因此，非生物实体的推陈出新是否应该从不同的角度来看待，比如，如果一个"音乐家"机器人为一首歌作了曲，那么这首歌带来的商业利益应该属于机器人，而不是制造机器人的公司。因此，要么需要修改知识产权法，要么需要把非生物实体与人类同等对待，享有与人类同等的权利。

图灵测试和其现代版本、阿西莫夫定律和 Pollack 的问题所产生的答案似乎都指向一个分水岭事件，即当人与机器变得无法区分时（机器获得了人类的价值观，人类把机器导入其生物和代谢过程中以期获得改善），或者说当技术奇点到来时。

10.3　超级智能、未来技术和雷·库兹韦尔

技术奇点是雷·库兹韦尔（Ray Kurzweil）[193] 的加速回报模型的结果。先进的社会以更快的速度发展被库兹韦尔称为"加速

回报"。人们相信，社会在 21 世纪的前 20 年所取得的进步就会相当于整个 20 世纪所取得的进步，这样，进步的速度会明显比 20 世纪快 5 倍。基于类似的论点，库兹韦尔预测社会在 21 世纪所取得的进步将是 20 世纪的 1000 倍。

这种增长不是线性的，而是呈 S 形曲线[232, 332]，每条 S 形曲线代表一项新技术。一种范式的生命周期有三个阶段，如图 10.7 所示。第一阶段的特点是增长缓慢，新技术尚未对整体产生影响，第二阶段的特点是增长快速，是增长的一个爆发期，第三阶段会随着特定范式的成熟而趋于平稳，无法进一步有所建树。举个例子，在 18 世纪晚期，工业革命开始得非常缓慢（第一阶段），只是将机器用于从煤矿中抽水。很快，它就成了纺织业的支柱，但离一场革命还差得很远。直到 19 世纪 40 年代，随着蒸汽运输和机床制造的大规模增长（第二阶段）——历史学家们常将这一时期称为第二次工业革命，它才真正渗透到人类生活和社会中，并被视为一场变革。然后由于工业化更多地取决于经济和政治战略，而不是取决于技术的增长，这种增长开始停滞（第三阶段）。新的技术范式会不断为增长提供动力，直至其潜力耗尽。这时候，会发生范式的转换，另一条 S 形曲线会使指数式增长得以继续。在第二次世界大战后，工业革命带来的增长确实放缓了，并在 20 世纪 70 年代被电子革命所取代。

将 S 形曲线的概念扩展到人工智能中，Open Worm 项目开发了包含 302 个神经元的环虫运动神经模型，因此，对于大约有 1000 亿个神经元的人类大脑而言，全面了解应该还需要 10～15 年的时间。类似地还有一些项目，如 2015 年，Eugene Goostman 项目让人工智能模仿了一个 13 岁的男孩，因此，成熟的类人智能应该可以在 2035 年左右实现。这种加速不是凭空想象出来的，过去也发生过。库兹韦尔回顾了在 20 世纪 60 年代微电子革命之前，1000 美元的设备每秒计算次数（cps）为 1 左右，到 20 世纪 80 年代，这一计算次数的数字以惊人的速度增长到了 10 000，并且现在已经到了 10^6 左右。如果继续保持这一趋势，在 2025 年就将达到 10^{15}——人类大脑的计算能力。

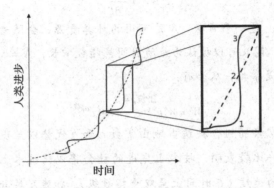

图 10.7　**一种范式的生命周期的三个阶段。** 增长呈 S 形曲线进行，曲线的一部分被放大以显示三个阶段：增长缓慢的第一阶段、快速增长的第二阶段和增长趋于平稳的第三阶段。改编自库兹韦尔 [193]

指数增长模型

库兹韦尔开发的这个模型表明，技术先进的社会往往加速得更快。假设我们考虑计算速度（V，即每秒计算次数）、技术能力（W）和时间（t），那么由于更好的技术将导致更快的计算速度，有：

$$V \propto W \qquad\qquad (10.1)$$

而且随着技术的不断发展，计算速度也将得到提高：

$$V \propto \frac{\mathrm{d}W}{\mathrm{d}t} \tag{10.2}$$

从而有：

$$W = W_0 e^{c_1 t} \tag{10.3}$$

其中 c_1 是一个常数，这表明技术能力呈指数增长。而在先进的社会中，计算资源会随着时间的增加而增加，因此将第二个方程修改为：

$$c_2 N V \propto \frac{\mathrm{d}W}{\mathrm{d}t} \tag{10.4}$$

其中 c_2 是一个常数，N 是可用的计算资源，会随着时间的增加而增加，因此可以被认为是随时间呈指数增长，$N = c_3 e^{c_4 t}$，其中 c_3 和 c_4 都是常数，从而有：

$$W = W_0 e^{\frac{c_1 c_2 c_3}{c_4} e^{c_4 t}} \sim W_0 e^{\alpha e^{\beta t}} \tag{10.5}$$

其中常数的组合被适当地由常数 α 和 β 代替以呈现双重指数变化。这一比较表明，技术上先进的社会将以比技术上原始的文明快得多的速度（在时间上呈双重指数级），加速发展并获得技术能力。因为库兹韦尔认为指数增长并不局限于计算机，而是适用于所有的信息技术，包括全方位的经济活动、文化活动以及人类知识，所以上述变化并非只局限于来自人工智能和计算机科学的技术领域，也遍及社会和经济增长中。

生物进化有助于物种生长和健康的变化，以及适当地适应变化。为了实现长寿、健康和幸福，我们的种族一直在使用技术，在互联网发明后的短短 20 年间，我们的货币体系就已经完成了数字化。在我们的身体里植入一个智能设备，或者通过基因和干细

胞研究来治疗疾病已经成为主流，而且对于许多人来说，对情感和生理的需求可能很快就可以通过非生物实体来满足。现在的技术进步速度为约每十年翻一番，达到奇点时，机器与人类将变得难以区分。与 Vinge 的反乌托邦式观点（即一个远比人类高得多的智能将使人类沦为二等公民）不同，库兹韦尔相信新时代的达尔文进化，即进化的下一步将引发人类和技术的融合。当然，我们对于未来的推断是否正确是还存在争议的。然而，库兹韦尔自 1990 年以来所做的各种未来预测，惊人的 86%[194] 都已经成为现实。

Cool Farm，未来的农民

随着我们拥抱技术，我们的生活方式在未来必将被彻底改变。Cabrita、Marques、Esteves、Igor & Carvalho 以及他们的新时代农业品牌希望能改变我们 15 000 多年以来种植食物的方式。

该企业的基本蓝图是开发用于水培的智能电子、传感器、执行器和软件，并通过云支持其应用程序。它位于葡萄牙的科英布拉，销售中的产品分为两部分：CoolFarm Box 和 CoolFarm Cloud。盒子（Box）是包含电子、传感器和执行器的硬件，而云（Cloud）不仅仅是一个云接口，它还包含一个数据库以及用于优化输出的人工智能技术（如图 10.8 所示）。更多细节见该项目的网站：http://cool-farm.com/。

使用 Cool Farm 进行的自动化农业具有三大优点：（1）**省时且高效**。通过详尽的众包数据库，其自动化系统能完善地配备所需最少数量的资源，如水、能量和养分，并在最佳的时间种植植物。（2）**通过自动化手段来摆脱疾病**。由于该系统接近实时响应，因此可以很容易地发现并避免病虫害。（3）**通过云获取实时数据**。实时的有关作物生长和产量的各种信息对于未来的预测和研究来说，是非常便捷的工具（如图 10.9 和图 10.10 所示）。

图 10.8　**Cool Farm 概念**，食品生产自动化。Coolfarm 授权使用

图 10.9　**第一个原型**，一个生菜水培器（左图），以及其在移动电话上的云接口（右图）。Coolfarm 授权使用

Cool Farm 模式可以直接应用于两个不同的市场：一是水培温室，其中包括水培和复合养殖城市温室。二是微藻反应器，用于生物燃料制造和化妆品工业。该项目旨在提供综合农业解

图 10.10　**自动化温室。**2015 年夏天，Cool Farm 自动化的辣椒种植的全温室。Coolfarm 授权使用

决方案和补充城市农业市场增长的前景，为生物燃料市场提供空间，并通过以实惠的价格增加工业温室的产量，从而预见在未来几十年提供食品、能源和生化制品生产的技术，为粮食和贫困问题提供解决方案。不用说，"Cool Farm"代表了农业的下一次技术演进。Cool Farmer 团队见图 10.11。

图 10.11　Cool Farmer 们，公司的核心团队。Coolfarm 授权使用

10.3.1 超级智能

为了解释超级智能，Bostrom 使用了智商（IQ）的衡量标准，90 分会低于平均水平，140 分则是天才的分界线。然而，9000 分会意味着什么呢？这样的智能将是一种什么样的存在？其优点和美德又将是什么？可以这样说，更高级的智能将会可以在全球范围的网络内显化，因此不会对智能与自主的争论增添任何意义，由于它能够在一定距离内协调行动——心灵遥感，在极短的时间内进行长距离的运输——心灵传送，融入低等生物的思想中——心灵感应，因此也是一位预言家，并对未来有很高的确定性。

人工智能存在三种类型：第一种，弱人工智能（Artificial Narrow Intelligence，ANI），目前已经非常成功；第二种，强人工智能（Artificial General Intelligence，AGI），目前正在研制过程中；第三种，超人工智能（Artificial Super Intelligence，ASI），目前还更多地停留在幻想和魔法领域。

1. **弱人工智能（ANI）**。即只能执行一个方面的任务的人工智能，它们的专业知识不能用于任何其他方面。如自动驾驶汽车，它们只能驾驶并通过一条安全有效的道路，永远也学不会下棋或写诗。我们能够操纵 ANI，从而使其工作符合我们的需要和要求，谷歌翻译、搜索引擎和电脑游戏引擎都是 ANI 的例子。

2. **强人工智能（AGI）**。即类人的人工智能，能接近完成任何人类可以完成的智力任务的一种非生物实体。原则上来说，AGI 应能体现人工智能的各种宗旨，如推理能力、计划能力、学习能力、问题解决能力、抽象逻辑思维能力等。按照当下的技术，AGI 应该连接到因特网，并能将整个网络作为其数据库。显然，开发 AGI 比开发 ANI 要困难得多，我们还没有开发出任何 AGI 级别的 AI。从克服 Moravec 悖论到模仿人脑，再到开发具有可观的机动性的高计算能力，当中会遇到各种问题。研究人员们一直在探索创建 AGI 的三种主要途径：（1）实现 AGI 最明显的方法是**增加计算能力**，其显而易见的灵感是要能够像人类一样做事，就应该能够像人类一样快地进行思考。然而，我们所能得到的最快的计算资源仍处于研究领域，需消耗太多的能量，且没有给我们足够的自主权，充其量只能作为开发数值模拟或开发高质量密码技术的"高计算资源"。（2）另一种方法是**复制人类大脑**。这种方法引起了神经学家的兴趣，有预测认为，一旦我们在不久的将来有了足够的医学专业知识，就有可能映射人类大脑，从而为人类的思维过程和思想开发神经模型。目前已经有了将 ANIMAT 范式扩展到神经模型方面的努力。Open Worm 项目已经成功地模拟了大约 300 个神经元来仿真环虫的运动，但即便如此，我们离解决这个问题也还有很长的路要走，因为仿真人类大脑需要模拟大约 1000 亿个神经元。（3）第三种方法是复制大自然母亲的策略，凭借遗传算法使用发展路线，通过"成长"**进化**出一个初生的人工智能。时至今日，最先进的 AI，例如 Eugene Goostman 可以模仿人类的反应，Kismet 和 Peppers 可以假装对人类的情绪做出反应，本田的 ASIMO 可以像人类一样跑步、舞蹈和跳跃，但它们都离 AGI 还有很远的一段距离[⊖]。预计 AGI 将在 21 世纪中叶前后成为现实 [127]。预示着 AGI 到来的典型标志应该是 [37]：

（a）**在更广泛、结构更简单的任务上取得成功**：AGI 将通过扩展 ANI 的能力来实现。作为一个例子，考虑一个护理机器人，如 Care-O-Bot 等，它会拥有介于护理技能和医疗咨询之间的能力，并展现出护士和医生的能力。

（b）**不同"风格"的人工智能方法的统一**：人工智能方向已有很多不同的方法。机器人技术在 20 世纪 90 年代被行为主义和低级别的象征主义所主导，图像处理依赖于前沿算法，社交机器人技术则是在模仿人类的基础上架构。与人类无法区分的类人的有知觉的机器人的实现，将需要整合所有不同风格的人工智能，这可能不是一个漫长的想象。因此，AGI 的到来将标志着 AI 的逐渐统一。

（c）**文化迁移和学习**：机器学习中的一个挑战就是迁移学习，即设计一种算法，其结果可以应用或迁移到一系列新的应用中。对于人类而言，文化信息迁移是很常见的，然而对于机器却并非如此。一旦成功，机器将能够随意地将它们的学习成果（和经验）迁移到新的机器上。

3. **超人工智能（ASI）**。即比人类大脑"聪明"和"快"几百万倍的人工智能，如图 10.12 所示。ASI 将展示出更快的信息处理速度——远远超过人类大脑的处理速度。通过一个网

⊖ Goertzel 的目标导向学习元结构（Goal-Oriented LEarning Meta-Architecture,
   GOLEM）[126] 似乎是开发真正的 AGI 的第一步，但受限于篇幅，这里不
   再详细讨论。

络（一个先进的互联网）作用于整个星球（或更多地方），这个实体将是无所不知、无所不在的。它会拥有心灵遥感的能力，通过在网络上远程操作来实现。也会拥有心灵感应的能力，它将能够渗透、倾听并凌驾于所有生物和非生物实体的计划、思想和感知之上，还将是一个卓越的预言家，根据在整个星球上收集的启发法做出近乎 100% 成功的预测。Bostrom 还提出，ASI 可能是由许多较小的智能体联合而形成的，因此大量的 AGI 协同工作可能会接近成为一个 ASI。

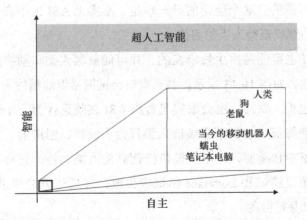

图 10.12　**超人工智能（ASI）**将通过像因特网这样的网络在全球范围内作用，它将是无所不知、无所不在的，与智能与自主的辩论没有任何相关。ASI 将有能力执行心灵遥感、心灵感应、心灵解读，以及做一个几乎 100% 成功的预言家。放大的部分显示了在当今的情境下人类所处的位置。作者制作，**CC-by-SA 4.0** 许可

　　ASI 将比人类大脑快得多，其思维能力也会比我们更全面。相比于猴子的大脑，我们的大脑增加了先进的认知模块，给了我们抽象思考、表达知识、使用语言、写作、创造、具有因果关系

的概念、长远规划、广泛地组织我们的大脑活动和认知等方面的能力，这些能力仅靠加快猴子大脑的运转速度是无法获得的[331]。延伸这些论点，至少可以认为 ASI 将具有更强的演绎能力，且在智力上远远优于人类。举例来说就是，ASI 将能够完成人类无法完成的脑力劳动，如具象化一个三十维的空间、带着完美的记忆——过去 10 年间读过的每一个字和每一点信息去阅读，能够预见自己采取的每一个行动的长期影响。当然，与之相比我们这个低智力水平和敏锐度的物种，无法理解 ASI 的真正能力和范围，也是有可能的。这个争论的另一端是，事实上 ASI 也不会赞同人类的价值观或坚持人类的美德。

AGI 也可能是由生物启发的，并可能复制人类和动物的一些行为特性，如图 10.13 所示，甚至有时会试图错误地模仿和复制某些生物过程。然而，也会很容易看出 ASI 将缺乏作为一个生物实体的任何特征。它既不会模仿人类行为、情绪、创造力、大脑活动、价值观和美德，也不会模仿任何其他人类属性。它将泰然自若地在图灵测试和 Lovelace 测试中失败，并且还可能得出结论：这种测试是徒劳的。

我们有很大的机会能在 2100 年之前创造出 AGI，而 ASI 也将作为随后的智能爆炸的结果随之而来，从而摧毁人类文明。然而，如果能实现受控的智能爆炸，则将给人类带来巨大的好处。假设受控的智能爆炸实现，一个仁慈的 ASI 随之而来，它就会将是一个存在于整个星球内外的全知实体，可能以各种方式发挥作用。Bostrom[43] 提出，ASI 可能是一位**圣人**，有接入每一个个体的思想和所有以前的环境、地质和气候过程的数据的能力，从而将能

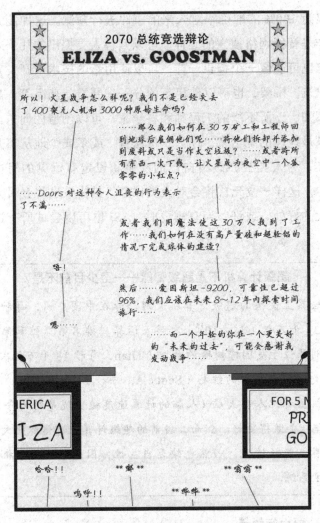

图 10.13 **2070 总统竞选辩论**。即便奇点没有发生，在不久的将来，生物和非生物生命形式之间的合作和共存是可以预见的，这样一个社会也将以纳米技术、太空探索、遗传学等新时代技术为标志，并被获取能源的需求所支配。漫画由作者制作，CC-by-SA 4.0 许可

够以接近 100% 的准确率对未来的事件进行预测。这种能力可以被看作是智能网络搜索的延伸，可以回答人类提出的几乎所有问题。它也可能像一个**神灵**一样，可以使用新的技术来开发新的机器、建筑、桥梁，也可以使用新的分子来制造新药品等，是一个无所不知、无所不能的工程师和科学家，可以创造任何东西。它也可以是地球的统治者，作为一位**元首**，或多或少地从事开放式的工作，为人类社会做出自己的决策和设定有远见的目标。人们相信，这样一位元首将会对人类仁慈，其决策也将会对人类产生更大的好处。或许，当有需要时，ASI 也可以尝试所有这三种角色。

超级计算机不是超级智能——至少目前不是

世界上最快的超级计算机天河二号在中国广州，每秒可以执行 34 千万亿（34×10^{15}）次浮点运算。排名第二位和第三位的分别是位于美国橡树岭的泰坦（Titan，每秒 18 千万亿次）和位于美国利弗莫尔的红杉（Sequoia，每秒 17 千万亿次）[⊖]。这三台机器都比人类大脑（人脑的计算速度被发现是约为每秒 10 千万亿次）做得更好。然而，当前的超级计算机都体积庞大、价格昂贵、能耗过大，当然也缺乏自主性，因此不能用于机器人等自主系统。

10.3.2　奇点与超越

奇点，这个用来表达人类历史上因技术的不断加速进步而到

⊖　此为作者 2015 年写作时的数据。——译者注

来的一个未来情况的术语，是在 20 世纪 50 年代初由约翰·冯·诺伊曼（John von Neumann）所创造的。1965 年，I. J. Good[131] 推测了超智能机器的发展和人类与技术的对峙，他的超智能机器模型在所有的智力活动上都远远超过了人类，而且他相信这样的机器将是人类最后的发明。最近，Bostrom[41] 和 Barrat[30] 也表达了类似的观点。Moravec 在 20 世纪 80 年代后期的观点更多的是从机器人的角度出发，他认为 21 世纪 40 年代的机器人是我们"进化的继承者"。20 世纪 90 年代初，Vinge 绘制的通往"后人类时代"的路线图点燃了这场辩论，而且最近又被霍金、马斯克、盖茨等人重新点燃。然而，抛开反乌托邦式的观点，库兹韦尔认为，奇点对于我们的物种而言可能也不是一个可悲的终点，而是一个预示着进化过程中不可避免的下一步来临的事件。然而，与缓慢的生物进化不同，这里将穿插着人为主导的技术进化。

奇点将在很大程度上取决于三种技术：基因学、纳米技术以及机器人技术，而且人们相信这些技术将不会是资源匮乏型的，而是环境友好型的，并且都将主要是基于知识的技术。

按照库兹韦尔的说法，奇点是 6 个纪元中的第 5 个，如图 10.14 所示。第一个纪元为**物理与化学**，从宇宙诞生之初，信息就被表示为质量或能量的离散单元，这两者的一致结合促生了宇宙的秩序。第二个纪元为**生物与 DNA**，分子和原子等复杂的结构在能量与质量的共同作用下形成，并促使形成碳原子和生物分子，它们在 DNA 的形成和信息链的复制中起着重要作用。第三个纪元为**大脑**，在第二个纪元形成的 DNA 产生了有机体，它们可以通过自己的感觉器官从周围环境中检测信息，并在自己的大脑和神

经系统中处理及存储这些信息。第四个纪元为**技术**，这就是我们
目前所处的位置，我们的文明已经实现了高质量的技术，并且已
经被技术发展带来的结果所淹没。如果奇点发生了，那将预示着
第五个纪元的到来，即**人类与技术的结合**。第六个纪元是推测的
延伸，即通过结合所创造的生物将尝试构建行星大小的处理单元，
以接入宇宙中的信息过程。**宇宙觉醒**是将自身实现为一个信息系
统，这将是第六个也是最后一个纪元。

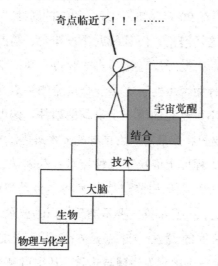

图 10.14　**六个纪元。**从宇宙的诞生和秩序，到生物雏形的成长，到导致
人类生命的形成，再到随后的技术发现，我们站在了第四纪元。
奇点，如果发生，将是第五个。改编自库兹韦尔[193]

"加速回报"定律预测，信息处理系统的速度、容量、带宽和
价格对性能的影响正获得更好的价值，每年大约翻一番。从真空
管到硅革命，计算机产业的发展每年吸引了超过一万亿美元的研
发资金。这种指数级的增长使得虚拟现实、机器人、医疗技术等

其他技术也得以实现。

人类大脑的映射被认为是一种范式转换，从而将启动对人类大脑逆向工程的研究。能够通过图灵测试的类人智能软件模型被寄希望于 2020 年面世。像最著名的 Eugene Goostman、苹果（Apple）的 Siri、谷歌助手（Google Assistant）和微软（Microsoft）的 Cortana 等逼真的聊天机器人，都已经非常接近于能仿真人类。机器能够以非常快的速度分享它们的知识，这比视觉、文字和声音作为主要信息传递手段的生物智能有了显著的进步。Goertzel 等人还预测，到 2020 年左右，AI 能够进行诺贝尔奖质量的科学研究。已经有人工手段——"Imagination Engine"在分子化学和蛋白质组学方面有了新的发现。通过人工途径在科学技术领域取得突破性的发现指日可待。

著名的机器人研究员石黑浩表示，人的定义随着技术的不断发展也在不断变化。如果说在大约 70 年以前，一个完整的人体才能构成一个人，现在，一个基于文本的聊天机器人也能充当一个人的存在，并且随着对人格认知的改变，奇点附近的机器将会与人类惊人地相似，如图 10.15 所示。智能聊天机器人可以很好地骗过图灵测试。在二三十年之内，我们也许能够将我们的大脑"上传"到一个智能系统中，从而获得某种形式的永生。

Bostrom 和库兹韦尔都认为，了解人类大脑是解开这个谜题的关键部分。蓝脑计划、人类连接组项目以及 Brain Preservation 项目等也都为这一进程增添了动力。"上传的大脑"是否有资格成为人，这引起了激烈的争论。如果不断进化的社会和伦理价值观允许我们接受这一点，那么我们就会从普通人类的生物智能转向近乎不朽的生物机器。

图 10.15 **技术获得了人类的美德**，我们正走向一个技术将开始表现出人类价值观和能力的未来。CC 3.0 许可，卡通取自 http://geek-and-poke.com

研究表明，人类大脑与计算机可能并不能相提并论，因为人脑的计算能力和速度都是有限的。相比之下，机器可以计算 100 位数的质因数，这是生物智能无法完成的壮举。由于配备有赫布型学习（Hebbian Learning）[⊖]的机器人和 AI 实体的进化速度比生物智能要快得多，技术的发展速度将不受人类思维处理速度的生物学限制。这种非生物智能将能够通过因特网和其他在线设施和资源，掌握整个人类文明所获得的事实、数据和理解。这些超智能生物也可以从其他机器和人类上持续获得技能和知识，持续进步。

纳米技术也会促进这种技术加速，纳米结构（如纳米管电子将被用于开发分子水平的电路）使运算速度比目前快 1000 倍。利用基于纳米技术的电子设计，可以在不增加体积或能耗的情况下，

⊖ 如果智力的进化是社会凝聚力的壮举，那么这里也可以是模因学习。

开发出能力远超人类大脑的人工大脑。电子的机器大脑将能够以接近光速处理信号，这比生物系统中的电化学信号处理有了显著的改善。这些人工大脑将配备迭代学习，从而随意改进自己的设计，显然会创造一个无止境的完美循环，直到奇点。

库兹韦尔的奇点时间线（2005 年，取自他的书《奇点临近》）

2010—2020

（1）大多数文本会是在屏幕上阅读的，而不是在纸上。

（2）自动驾驶汽车成为现实。

（3）人脸识别变得司空见惯。

（4）人机交互变得非常高效。

（5）仿真的人格变得更有人情味，更有说服力。

（6）纳米技术前景可观，但尚未成为主流。

（7）所有计算机的计算能力总和超过了人类的计算能力。

（8）沉浸式技术成为一个流行词汇。

2020—2030

（1）虚拟现实与现实变得无法区分。

（2）纳米机器走向商业化，所有人都可以买到。

（3）纳米机器人可以进入人体血液，帮助进行外科手术等。

（4）100 纳米级别的计算机问世。

（5）人工生物能够通过图灵测试。

（6）电话可以实时显示两个人的三维全息图像。

（7）一台 1000 美元的计算机就可以比人类大脑强大 1000 倍。

（8）人类饮食被智能纳米系统所取代。

（9）人体 2.0 版，拥有更好的骨骼、大脑和消化系统。

（10）整个人类大脑都已被解码。

（11）家用机器人变得司空见惯。

2030—2040

（1）意识上传成为现实，人类通过其软件化身继续生存。

（2）通过将纳米机器植入人类大脑，实现完全沉浸式虚拟现实。

（3）人们可以改变自己的记忆和经历，从而改变自己的个性。

> **2040—奇点**
> （1）可以远程体验关于一个人日常琐事的实时大脑信息传输。
> （2）非生物智能已经远远超过了生物智能。
> （3）人们在虚拟现实中所花费的时间比现实世界多。
> （4）一台 1000 美元的计算机的计算能力会是整个人类的十亿倍。
> （5）纳米科技"foglets"可以用"稀薄的空气"制造食物。
> **在奇点**，技术的发展已经被超智能机器所主导，这些机器能够非常快速地思考、行动和交流，以至于生物智能都无法理解。机器以不断提升的、自我改进的循环，持续地推进 AI 的发展。技术进步是爆炸性的，无法被准确预测。人类与机器之间的明显区别已不复存在。

　　这些智能机器将能够发展出自己的社会生态位，并通过在云上归并它们的网络硬件或共享存储等资源来协同工作。库兹韦尔还认为，这些机器将具有模块化功能，可以两台或多台联结在一起完成特定任务，待任务完成后再分开。

　　第五个纪元意味着机器智能与生物智能完成了融合。这将把模式识别的生物能力与快速、高记忆能力、准确、知识及技能共享的非生物优点融合在一起。库兹韦尔认为在这一阶段之后将出现"双指数增长"，其结果将在速度、能力和性价比方面都是破纪录的。在这次融合之后，医学上将能够重新调整所有的器官，并且真正发展出拥有超强的身体和非常发达的颅骨设备的超级人类。然而与 Walter 式生物的概念不同，这还不会比环境动态更快地引发人工进化。可能还要再等上几十年，个人就可以飞速地制造出人工器官。

　　机器人技术支持纳米技术。纳米级别的机器人将被用于医疗程序和药物输运，在逆转衰老、治疗各种疾病方面发挥作用，为通过与人类神经系统交互实现沉浸式虚拟现实提供一个平台，并通过控制大脑的毛细血管来增强人类智能。一旦这些纳米机器人开始升级大脑，人类大脑的能力将每年翻一番。除了医疗方面，纳米机器人还将通过逆转早期工业化造成的污染来改善环境，也有助于通过虚拟现实等手段来改善人类生活。

在接近奇点时，虚拟和现实之间的区别将逐渐消失，而虚拟现实将在我们的神经系统内来操作。那将是沉浸式的，与之相比，当前的大规模多人在线虚拟现实系统（如 Second Life 和 Sims Online）看起来就像一些玩具。

奇点的时间轴被认为是在 2040～2100 年之间。Moravec 和库兹韦尔都认为是 2040～2050 年。Bostrom 和 Goertzel 认为 ASI 最早可能在 10 年后问世，其中 Bostrom 将上限设定在 2100 年左右。

10.3.3　人工智能的另一种观点和遏制

作为另一种观点，人工智能最大的危险不是超智能机器，而是邓宁－克鲁格效应的某种变体在世界范围内的显现，即人们过早地猜度他们已经掌握了人工智能，而真正的专家又没有发表明确的意见。很明显，内德·卢德（Ned Ludd）及他的追随者们从未掌握过人工智能，但奇点的到来让那些可能并不精通人工智能的科幻小说读者们产生了极大的热情。编造理论在科学上是很疯狂的，但也为新学科奠定了基础。这种影响对于人工智能似乎太过尖锐，因为它还不是一种"落地"的科学，也并不是教科书中干瘪的一页，而是一门属于未来的学科。

预测人工智能很难 [22]，但这并没有阻止人们对一项未来技术的"乐观"，人们也常常为了项目更好地推进而进行猜想和预测，无论是出于金钱方面还是其他方面的考虑。Kelly 针对喜欢做预测的人的固有偏误，提出了半经验主义的"Maes-Garreau 定律" [175]。她讽刺地指出，预测的人得出的日期会足够晚，但会在他的有生之年——Maes-Garreau 点到来。

Maes-Garreau 定律（Kelly, 2007）
人们最赞成的对于未来技术的预测将落在 Maes-Garreau 点上。 其中，Maes-Garreau 点被定义为比做出预测的人的预期寿命短一年的时间。

奇点 [11] 的批判者们，（1）要么对它不屑一顾，声称它是猜想的、伪科学的和不切实际的一个理论，要么试图以其他的理由来反驳它。（2）而另一些人则认为"加速回报"可能不会在如此短的时间内（不超过 2100 年）达到如此高的水平 [236]。（3）摩尔定律会成为物理上的限制，阻碍所需的技术进步，减缓指数增长。（4）而且在开发类人的 AI [10] 的过程中，缺乏对人类大脑的映射和复杂性，将使人工智能偏离目标。（5）还有社会崩溃、自然灾难和对人工智能的排斥等，都会改变人类的命运，摆脱奇点。另外，（6）主动的预防方法的成功也能控制人工智能的发展⊖，如图 10.16 所示。

即使未来没有奇点，超级智能本质上仍将存在，并且这些实体将接管医护、经济、政治和战争等关键角色。能够反映这一点

⊖ Goertzel 将这种方法命名为"人工智能保姆（Nanny AI）"。

的是，我们已经有了超级计算机，它们确实属于超级智能，但缺乏机动性，只适用于多任务处理和数据处理。然而，随着我们不断努力将伦理和价值观灌输到人造非生物实体中，我们迟早会拥有能某种程度上复制人性理想的人工价值体系。因此，无论我们的文明是否到达奇点，都会见证 AGI（无论是受控的还是不受控的）以及机器人经济的到来。现有的 170 万机器人的数量肯定会激增，只有时间才能告诉我们，是我们的后代继续活着讲述这个故事，还是我们的灭绝被以二进制代码的形式记录下来。

超级智能机器控制策略：迟缓

图 10.16　多位领先的思想家和技术专家都提出了**遏制人工智能**，以阻止或至少推迟 ASI 和技术奇点的到来。然而，奇点论阵营认为，不可避免的事情是无法被阻止的。卡通由 Iyad Rahwan 制作（http://www.mit.edu/~irahwan/cartoons.html），CC 许可

　　综合智能的无限威力可能意味着 AGI 及其高级化身将逐渐获得改变宇宙物理过程的能力⊖。因此，如库兹韦尔预言的最后一部

⊖　这是阿西莫夫的短篇小说《最后的问题》的主题。

分所述，随着第六个纪元的到来，宇宙作为一个智能实体觉醒，或许可以改写物理定律，撤销热力学第二定律的禁令以及对时间和光速的限制，当这样的宇宙大声说出"要有光"时，也许真的会有光。

小结

1. 技术上先进的文明比技术上原始的文明要进步得快得多。

2. 技术专家、机器人专家和哲学家们指出了一些分水岭事件：（i）当与人类相比，机器要先进得多，人类的思维已经理解不了它们的发展；（ii）人与机器融合在了一起；（iii）人工超级智能变得无处不在，并渗透到所有人类和自然活动中。（i）是 Vinge 提出的，（ii）是库兹韦尔提出的，这两个都被称为技术奇点。（iii）指的是超人工智能（ASI）的出现。

3. 技术革新的范式转变速度正在加快，几乎每十年翻一番。

4. 将开拓走向这一事件的三条途径的三项革新是：基因学、纳米技术和机器人技术。

5. 超人类主义和虚无主义是奇点的宗旨，人类将与技术融合，按照我们当前的标准，将不再是生物实体。

6. 奇点和超级智能可能会带来明显不可思议的技术，例如：（i）意识上传和永生；（ii）人类通过新时代的医疗设备不断为其生物躯体提供时髦的设备，慢慢地融合成半机械人；（iii）心灵遥感；（iv）心灵感应；（v）心灵传送；（vi）以非常高的准确率（100%）进行预言。

7. 尽管专家们意见不一，但 2040～2100 年是预言实现的时间轴。

注释

1. 梅尔文·克兰茨伯格（Melvin Kranzberg）在 1985 年的技术历史学会（Society for the History of Technology）年会上发表的主席报告中介绍了他的六条技术定律。这六条定律是：

   （1）技术不好也不坏；也不是中性的。

   （2）发明是需求之母。

   （3）技术都是成套出现，或大或小。

   （4）虽然技术可能是引发诸多公共问题的主因，但非技术因素在技术政策决定中占据主导。

   （5）历史相关性普遍存在，但技术的历史相关性最强。

   （6）技术是深受人为因素影响的一种活动——技术历史也是如此。

2. 机器人已经登上了舞台。相比之下，一些电影演员也把机器人的角色演绎得完美无缺，如 *Bicentennial Man* 中的 Robin Williams、*The Passengers* 中的 Michael Sheen，他们的表演都令人印象深刻。

3. 超人类主义现在是一项社会政治运动，其标志是一个圆圈里面一个 "h+"，代表 "人类＋"。

4. 具身——现实世界交互对身体的需要，是机器人所必需的。然而，随着人工智能和新技术的发展，我们或许正处在一个没有身体的超级智能实体可能很快成为现实的接合点上。"没有身体"这个假设可以通过两种方式实现：（1）超级智能是一个跨星球的无所不能的实体，作为众生的一位仁慈的统治者，实际上控制着所有的生物和非生物；（2）意识上传成为现实，人类可以将他们的意识上传到电子硬件上。

5. 在讨论第一个纪元时，库兹韦尔提出了物质和能量在本质上是数字的还是模拟的这样一个问题。值得注意的是，物质和能量在原子尺度上都是分离的，但在宏观尺度上似乎都是连续的。

6. 库兹韦尔通过外推他的加速回报模型来支持 2045 年的观点，并预测到 2049 年左右，成本为 1000 美元的人工计算能力将与整个人类文明相当，即每秒 10^{26} 次计算。

7. 专家们还预测，太空旅行的技术飞跃和超越光速的成功尝试可能发生在同一时间线附近。

8. 2012 年 12 月，雷·库兹韦尔加入谷歌，担任技术总监，负责机器学习和语言处理项目。

9. "Roko's Basilisk" 是一个有争议但很受欢迎的思想实验，它表明 ASI 可能会惩罚那些没有帮助使它问世的人。这个问题最初是在 http://lesswrong.com/ 上讨论的，一直是 ASI 备受争议的问题之一。

10. 因 xkcd 而闻名的兰道尔·门罗（Randall Munroe）经常暗示，我们在不经意地、无缝地将维基百科作为我们思维的延伸。

11. 在 2045 年，除了奇点之外，人们还预测：（1）中国经济
将成为世界第一；（2）石油日产量可能降至 1500 万桶，相
当于削减掉了目前全球消耗量的近八成。

12. 在技术历史上，超级智能的到来将是一个库恩式范式转
变，可与哥白尼革命相媲美。

附录 A　运行示例

下载并解压软件代码：https://www.crcpress.com/From-AI-toRobotics-Mobile-Social-and-Sentient-Robots/Bhaumik/p/book/9781482251470。

A.1　Braitenberg 模拟器

在名为 b-simulator 的子文件夹中，右键单击名为 braitenberg.html 的文件，然后用 Web 浏览器（火狐浏览器或谷歌浏览器）打开它。屏幕上会出现一个 braitenberg 的车辆和一个光源。

A.2　模拟 Wall-E 和 Eva 的聊天

使用 python walleeva.py 命令从终端窗口运行 python 脚本。

参 考 文 献

[1] The uncanny valley. http://www.uncannyvalleyplay.com/ [Online; accessed 11-November-2016].

[2] Who is nao? https://www.ald.softbankrobotics.com/en/cool-robots/nao [Online; accessed 11-November-2016].

[3] Keith Abney. Robotics, ethical theory, and metaethics: A guide for the perplexed. In Patrick Lin, George Bekey, and Keith Abney, editors, *Robot ethics: The ethical and social implications of robotics*, pages 35–52. MIT Press (MA), 2012.

[4] Philip E. Agre and David Chapman. Pengi: An implementation of a theory of activity. In *Proceedings of the Sixth National Conference on Artificial Intelligence - Vol 1*, AAAI'87, pages 268–272. AAAI Press, 1987.

[5] Maciek Albrecht. private communication, 2015.

[6] Igor Aleksander. Artificial neuroconsciousness an update. In *From Natural to Artificial Neural Computation, International Workshop on Artificial Neural Networks, IWANN '95, Malaga-Torremolinos, Spain, June 7-9, 1995, Proceedings*, pages 566–583, 1995.

[7] Igor Aleksander and Piers Burnett. *Reinventing Man: The Robot Becomes Reality*. Henry Holt & Co., 1984.

[8] C. Allen, G. Varner, and J. Zinser. Prolegomena to any future artificial moral agent. *Journal of Experimental & Theoretical Artificial Intelligence*, 12(3):251–261, 2000.

[9] Colin Allen, Iva Smit, and Wendell Wallach. Artificial morality: Top-down, bottom-up, and hybrid approaches. *Ethics and Inf. Technol.*, 7(3):149–155, September 2005.

[10] Mark Allen, Paul.G Greaves. The singularity isn't near. http://www.technologyreview.com/view/425733/paul-allen-the-singularity-isnt-near/ [Online; accessed 24-May-2015], Oct 2011.

[11] Kurt Anderson. Enthusiasts and skeptics debate artificial intelligence. http://www.vanityfair.com/news/tech/2014/11/artificial-intelligence-singularity-theory [Online; accessed 24-May-2015], Nov 2011.

[12] Michael Anderson and Susan Leigh Anderson. Robot be good. *Scientific American*, 303(4):72–77, Oct 2010.

[13] S.L Anderson. The unaccptability of asimov's three laws of robotics as a basis for *machine ethics*. In Susan Leigh Anderson Michael Anderson, editor, *Machine Ethics*, pages 285 – 296. Cambridge University Press, Norwood, NJ, 2011.

[14] P. Anselme. Opportunistic behaviour in animals and robots. *J. Exp. Theor. Artif. Intell.*, 18(1):1–15, 2006.

[15] Ichiro Aoki. An analysis of the schooling behavior of fish: Internal organization and communication process. *Bulletin of the Ocean Research Institute, University of Tokyo*, 12:1–65, Mar 1980.

[16] Ichiro Aoki. A simulation study on the schooling mechanism in fish. *Nippon Suisan Gakkaishi*, 48(8):1081–1088, 1982.

[17] R.C. Arkin. Motor schema based navigation for a mobile robot: An approach to programming by behavior. In *1987 IEEE International Conference on Robotics and Automation. Proceedings.*, volume 4, pages 264–271, Mar 1987.

[18] Ronald C. Arkin. *Behavior-based Robotics*. MIT Press, Cambridge, MA, USA, 1st edition, 1998.

[19] Ronald C. Arkin. Governing lethal behavior: Embedding ethics in a hybrid deliberative/reactive robot architecture. In *Proceedings of the 3rd ACM/IEEE International Conference on Human Robot Interaction*, HRI '08, pages 121–128, New York, NY, USA, 2008. ACM.

[20] Ronald C. Arkin. *Governing Lethal Behavior in Autonomous Robots*. CRC Press, 2009.

[21] Ronald C. Arkin and Patrick Ulam. An ethical adaptor: Behavioral modification derived from moral emotions. In *Proceedings of the 8th IEEE International Conference on Computational Intelligence in Robotics and Automation*, CIRA'09, pages 381–387, Piscataway, NJ, USA, 2009. IEEE Press.

[22] Stuart Armstrong and Kaj Sotala. How we are predicting AI or failing to. In Jan Romportl, Eva Zackova, and Jozef Kelemen, editors, *Beyond Artificial Intelligence*, volume 9 of *Topics in Intelligent Engineering and Informatics*, pages 11–29. Springer International Publishing, 2015.

[23] Isaac. Asimov. *The Last Question*. Doubleday Books, 1990.

[24] IEEE Standards Association. The global initiative for ethical considerations in the design of autonomous systems. http://standards.ieee.org/develop/indconn/ec/autonomous_systems.html [Online; accessed 01-November-2016], February 2016.

[25] Ryan Avent, Frances Coppola, Frederick Guy, Nick Hawes, Izabella Kaminska, Edward Skidelsky Tess Reidy, Noah Smith, E. R. Truitt, Jon Turney, Georgina Voss, Steve Randy Waldman, and Alan Winfield. Our work here is done: Visions of a robot economy. http://www.nesta.org.uk/publications/our-work-here-done-visions-robot-economy [Online; accessed 12-Oct-2014], 2014.

[26] Tucker Balch. Hierarchic social entropy: An information theoretic measure of robot group diversity. *Auton. Robots*, 8(3):209–238, Jun 2000.

[27] Stephen Balkam. What will happen when the internet of things becomes artificially intelligent? https://www.theguardian.com/technology/2015/feb/20/internet-of-things-artificially-intelligent-stephen-hawking-spike-jonze [Online; accessed 26-October-2016], February 2015.

参 考 文 献

[28] David Ball, Scott Heath, Janet Wiles, Gordon Wyeth, Peter Corke, and Michael Milford. Openratslam an open source brain-based slam system. *Autonomous Robots*, 34(3):149–176, 2013.

[29] Owen Barder. Google and the trolley problem. http://www.owen.org/blog/7308 [Online; accessed 12-Oct-2014], June 2014.

[30] James Barrat. *Our Final Invention: Artificial Intelligence and the End of the Human Era*. St. Martin's Griffin, 2013.

[31] bbc.co.uk. Emotion robots learn from people. http://news.bbc.co.uk/2/hi/technology/6389105.stm [Online; accessed 26-March-2017], Feb 2007.

[32] Anthony F Beavers. Could and should the ought disappear from ethics? In Don Heider and Adrienne Massinari, editors, *Digital Ethics: Research and Practice*, pages 197–209. Peter Lang, Digital Formations Series, 2012, 1988.

[33] Randall D. Beer, Hillel J. Chiel, and Leon S. Sterling. A biological perspective on autonomous agent design. *Robot. Auton. Syst.*, 6(1-2):169–186, June 1990.

[34] Graeme B. Bell. *Forward Chaining for Potential Field Based Navigation*. PhD thesis, University of St Andrews, 2005.

[35] Laura Beloff. *The Hybronaut Affair:A Menage of Art, Technology, and Science*, pages 83–90. John Wiley & Sons, 2013.

[36] Gerardo Beni. From swarm intelligence to swarm robotics. In *Proceedings of the 2004 International Conference on Swarm Robotics*, SAB'04, pages 1–9, Berlin, Heidelberg, 2005. Springer-Verlag.

[37] Rob Bensiger. White house submissions and report on AI safety. https://intelligence.org/2016/10/20/white-house-submissions-and-report-on-ai-safety/ [Online; accessed 08-November-2016], Oct 2016.

[38] Ned Block. On a confusion about a function of consciousness. *Brain and Behavioral Sciences*, 18(2):227–247, 1995.

[39] Margaret Boden, Joanna Bryson, Darwin Caldwell, Kerstin Dautenhahn, Lilian Edwards, Sarah Kember, Paul Newman, Geoff Pegman, Tom Rodden, Tom Sorell, Mick Wallis, Blay Whitby, Alan Winfield, and Vivienne Parry. Principles of robotics. https://www.epsrc.ac.uk/research/ourportfolio/themes/engineering/activities/principlesofrobotics/ [Online; accessed 28-October-2016], September 2010.

[40] Eric Bonabeau, Marco Dorigo, and Guy Theraulaz. *Swarm Intelligence From Natural to Artificial Systems*. Oxford University Press, USA, 1999.

[41] Nick Bostrom. Ethical issues in advanced artificial intelligence. In G Smit, I Lasker and W Wallach, editors, *Cognitive, Emotive and Ethical Aspects of Decision Making in Humans and in Artificial Intelligence*, pages 12–17, 2003.

[42] Nick Bostrom. Transhumanist values. In Frederick Adams, editor, *Ethical Issues for the 21st Century*. Philosophical Documentation Center Press, 2003.

[43] Nick Bostrom. *Superintelligence: Paths, Dangers, Strategies*. Oxford University Press, Oxford, UK, 1st edition, 2014.

[44] Valentino Braitenberg. *Vehicles, experiments in synthetic psychology*. MIT Press, 1984.

[45] Brian Bremner. Japan unleashes a robot revolution. https://www.bloomberg. com/news/articles/2015-05-28/japan-unleashes-a-robot-revolution [Online; accessed 05-May-2017], May 2015.

[46] Susan E. Brennan and Eric A. Hulteen. Interaction and feedback in a spoken language system: a theoretical framework. *Knowledge-Based Systems*, 8(2):143 – 151, 1995.

[47] Selmer Bringsjord, Paul Bello, and David Ferrucci. Creativity, the Turing test, and the (better) Lovelace test. *Minds Mach.*, 11(1):3–27, February 2001.

[48] Selmer Bringsjord, John Licato, Naveen Sundar Govindarajulu, Rikhiya Ghosh, and Atriya Sen. Real robots that pass human tests of self-consciousness. In *24th IEEE International Symposium on Robot and Human Interactive Communication, RO-MAN 2015, Kobe, Japan, August 31 - September 4, 2015*, pages 498–504, 2015.

[49] Selmer Bringsjord and Joshua Taylor. The divine-command approach to robot ethics. In Patrick Lin, George Bekey, and Keith Abney, editors, *Robot ethics: The ethical and social implications of robotics*, pages 85–108. MIT Press (MA), 2012.

[50] Rodney A. Brooks. A robust layered control system for a mobile robot. *Robotics and Automation, IEEE Journal of*, 2(1):14–23, Mar 1986.

[51] Rodney A. Brooks. Elephants don't play chess. *Robotics and Autonomous Systems*, 6:3–15, 1990.

[52] Rodney A. Brooks. Intelligence without reason. pages 569–595. Morgan Kaufmann, 1991.

[53] Rodney A. Brooks. Intelligence without representation. *Artificial Intelligence*, 47:139–159, 1991.

[54] Rodney A. Brooks. The role of learning in autonomous robots. In *COLT'91, Proc. of the fourth Annual Workshop, University of California, Santa Cruz*, pages 5–10. Morgan Kaufmann, 1991.

[55] Rodney A. Brooks. From earwigs to humans. *Robotics and Autonomous Systems*, 20:291–304, 1996.

[56] W. Browne, K. Kawamura, J. Krichmar, W. Harwin, and H. Wagatsuma. Cognitive robotics: new insights into robot and human intelligence by reverse engineering brain functions [from the guest editors]. *IEEE Robotics Automation Magazine*, 16(3):17–18, September 2009.

[57] Juan Buis. Disney created this hopping robot that looks just like tigger. http://thenextweb.com/shareables/2016/10/07/disney-hopping-robot/ [Online; accessed 25-January-2017], Oct 2016.

[58] Sam Byford. The ethics of driverless cars. https://www.theverge.com/2015/4/28/ 8507049/robear-robot-bear-japan-elderly [Online; accessed 05-May-2017], April 2015.

参 考 文 献

[59] Ewen Callaway. Monkeys seem to recognize their reflections. http://www.nature.
com/news/monkeys-seem-to-recognize-their-reflections-1.16692 [Online;
accessed 28-January-2016], Jan 2015.

[60] Ryan Calo. Robotics and the lessons of cyberlaw. *California Law Review*,
103(3):513–63, 2014.

[61] Joseph Campbell. Robot monk blends science and Buddhism at Chinese temple.
http://in.reuters.com/article/china-religion-robot-idINKCN0XJ066
[Online; accessed 12-October-2016], April 2016.

[62] Hande Celikkanat and Erol Sahin. Steering self-organized robot flocks through
externally guided individuals. *Neural Comput. Appl.*, 19(6):849–865, Sep 2010.

[63] Hande Celikkanat, Ali Emre Turgut, and Erol Sahin. Guiding a robot flock via
informed robots. In *Distributed Autonomous Robotic Systems 8*, pages 215–225.
Springer Berlin Heidelberg, 2009.

[64] David J. Chalmers. Consciousness and its place in nature. In Stephen P Stich and
Ted A. Warfield, editors, *Blackwell Guide to the Philosophy of Mind*, pages 102–142.
Blackwell, 2003.

[65] Jorge Cham. Re-inventing the wheel. http://www.willowgarage.com/blog/2010/
04/27/reinventing-wheel [Online; accessed 11-December-2017], April 2010.

[66] Szu Ping Chan. This is what will happen when robots take over
the world. http://www.telegraph.co.uk/finance/economics/11994694/Heres-
what-will-happen-when-robots-take-over-the-world.html [Online; accessed
26-October-2016], November 2015.

[67] D. Chapman. Penguins can make cake. *AI Mag.*, 10(4):45–50, Nov 1989.

[68] Kevin M. Choset, Howie and Lynch, George A. Hutchinson, Seth and Kantor,
Lydia E. Burgard, Wolfram and Kavraki, and Sebastian Thrun. *Principles of Robot
Motion: Theory, Algorithms, and Implementations*. Bradford Books, 2005.

[69] Ron Chrisley. Embodied artificial intelligence. *Artif. Intell.*, 149(1):131–150, Sep 2003.

[70] R. Clarke. Asimov's laws of robotics: implications for information technology-part i.
Computer, 26(12):53–61, Dec 1993.

[71] R. Clarke. Asimov's laws of robotics: implications for information technology-part ii.
Computer, 27(1):57–66, Jan 1994.

[72] Matt Clinch. Everyone is scared: Nobel prize winner shiller. http://www.cnbc.com/
id/102374842 [Online; accessed 23-May-2015], Jan 2015.

[73] Rachel Courtland. Review: The uncanny valley, a play by francesca talenti that puts
a robot actor on stage. http://spectrum.ieee.org/geek-life/reviews/review-
the-uncanny-valley [Online; accessed 11-November-2016], Jan 2015.

[74] Iain D Couzin, Jens Krause, Nigel R Franks, and Simon A Levin. Effective leadership
and decision-making in animal groups on the move. *Nature*, 433(7025):513–516, 2005.

[75] ID Couzin, J. Krause, R. James, GD Ruxton, and NR Franks. Collective memory and
spatial sorting in animal groups. *Journal of Theoretical Biology*, 218(1):1–11, 2002.

参 考 文 献

[76] Sarah Cox. Goldsmiths to host love and sex with robots conference. http://www.gold.ac.uk/news/love-and-sex-with-robots-2016/ [Online; accessed 25-November-2016], Oct 2016.

[77] Simon Cox. Cyborg society. https://www.1843magazine.com/dispatches/the-daily/i-robot-japans-cyborg-society [Online; accessed 05-May 2017], July 2016.

[78] M Csikszentmihalyi. *Flow: The Psychology of Optimal Experience.* Harper Perennial Modern Classics, 2008.

[79] Richard Cubek, Wolfgang Ertel, and Gunther Palm. *A Critical Review on the Symbol Grounding Problem as an Issue of Autonomous Agents*, pages 256–263. Springer International Publishing, 2015.

[80] Huepe Cristian Cucker, Felipe. Flocking with informed agents. *Mathematics In Action*, 1(1):1–25, 2008.

[81] Anthony Cuthbertson. Lego robot controlled by artificial worm brain developed by openworm project. http://www.ibtimes.co.uk/lego-robot-controlled-by-artificial-worm-brain-developed-by-openworm-project-1485174 [Online; accessed 25-January-2017], Jan 2016.

[82] R. I. Damper and T. W. Scutt. Biologically-based learning in the arbib autonomous robot. In *Proceedings. IEEE International Joint Symposia on Intelligence and Systems (Cat. No.98EX174)*, pages 49–56, May 1998.

[83] R.I. Damper, R.L.B. French, and T.W. Scutt. Arbib: An autonomous robot based on inspirations from biology. *Robotics and Autonomous Systems*, 31(4):247 – 274, 2000.

[84] P. Danielson. *Artificial Morality: Virtuous Robots for Virtual Games.* Routledge, 1992.

[85] Evan Dashevsky. Will robots make humans unnecessary? http://in.pcmag.com/pandora-free-version/99785/feature/will-robots-make-humans-unnecessary [Online; accessed 12-October-2016], February 2016.

[86] Kerstin Dautenhahn, Chrystopher L. Nehaniv, Michael L. Walters, Ben Robins, Hatice Kose-Bagci, and Mike Blow. Kaspar –a minimally expressive humanoid robot for human–robot interaction research. *Appl. Bionics Biomechanics*, 6(3,4):369–397, July 2009.

[87] Geoffroy De Schutter, Guy Theraulaz, and Jean-Louis Deneubourg. Animal-robots collective intelligence. *Annals of Mathematics and Artificial Intelligence*, 31(1-4):223–238, May 2001.

[88] Danielle Demetriou. Japans pm plans 2020 robot olympics. http://www.telegraph.co.uk/news/worldnews/asia/japan/10913610/Japans-PM-plans-2020-Robot-Olympics.html [Online; accessed 05-May-2017], June 2014.

[89] D. C. Dennett. Cognitive wheels: The frame problem of AI. In Zenon Pylyshyn, editor, *The Robot's Dilemma: The Frame Problem in Artificial Intelligence*, pages 41–64. Ablex Publishing Co., Norwood, NJ, 1987.

[90] Daniel Dennett. Quining qualia. In A. Marcel and E. Bisiach, editors, *Consciousness in Modern Science*. Oxford University Press, 1988.

[91] Daniel C. Dennett. The practical requirements for making a conscious robot [and discussion]. *Philosophical Transactions: Physical Sciences and Engineering*, 349(1689):133–146, 1994.

[92] Daniel C. Dennett. Cog as a thought experiment. *Robotics and Autonomous Systems*, 20(24):251–256, 1997. Practice and Future of Autonomous Agents.

[93] Jared Diamond. *Collapse: How Societies Choose to Fail or Succeed*. Penguin Books, 2011.

[94] Eric Dietrich. Homo sapiens 2.0 why we should build the better robots of our nature. In Susan Leigh Anderson Michael Anderson, editor, *Machine Ethics*, pages 115–137. Cambridge University Press, Norwood, NJ, 2011.

[95] Stuart Dredge. Artificial intelligence will become strong enough to be a concern, says bill gates. http://www.theguardian.com/technology/2015/jan/29/artificial-intelligence-strong-concern-bill-gates [Online; accessed 06-August-2015], January 2015.

[96] Kevin Drum. Welcome, robot overlords. please don't fire us? http://www.motherjones.com/media/2013/05/robots-artificial-intelligence-jobs-automation [Online; accessed 9-May-2015].

[97] Frederick Ducatelle, Gianni A. DiCaro, Carlo Pinciroli, and Luca M. Gambardella. Self-organized cooperation between robotic swarms. *Swarm Intelligence*, 5(2):73–96, 2011.

[98] A. P. Duchon and W. H. Warren. Robot navigation from a Gibsonian viewpoint. In *Proceedings of IEEE International Conference on Systems, Man and Cybernetics*, volume 3, pages 2272–2277, Oct 1994.

[99] Andrew P. Duchon, Leslie Pack Kaelbling, and William H. Warren. Ecological robotics. *Adaptive Behavior*, 6(3-4):473–507, 1998.

[100] Gilberto Echeverria, Sverin Lemaignan, Arnaud Degroote, Simon Lacroix, Michael Karg, Pierrick Koch, Charles Lesire, and Serge Stinckwich. Simulating complex robotic scenarios with morse. In *SIMPAR*, pages 197–208, 2012.

[101] Robert Epstein. The empty brain. https://aeon.co/essays/your-brain-does-not-process-information-and-it-is-not-a-computer [Online; accessed 26-September-2016], May 2016.

[102] Edward A. Feigenbaum. Some challenges and grand challenges for computational intelligence. *J. ACM*, 50(1):32–40, Jan 2003.

[103] Marissa Fessenden. We've put a worm's mind in a lego robot's body. http://www.smithsonianmag.com/smart-news/weve-put-worms-mind-lego-robot-body-180953399/ [Online; accessed 25-January-2017], Nov 2014.

[104] David Fischinger, Peter Einramhof, Konstantinos Papoutsakis, Walter Wohlkinger, Peter Mayer, Paul Panek, Stefan Hofmann, Tobias Koertner, Astrid Weiss, Antonis Argyros, and Markus Vincze. Hobbit, a care robot supporting independent living at home: First prototype and lessons learned. *Robotics and Autonomous Systems*, 75.

[105] Paul Fitzpatrick and Artur Arsenio. Feel the beat: using cross-modal rhythm to integrate robot perception. In *Proceedings of Fourth International Workshop on Epigenetic Robotics*, 2004.

[106] Luciano Floridi and J. W. Sanders. On the morality of artificial agents. *Minds Mach.*, 14(3):349–379, Aug 2004.

[107] Terrence Fong, Illah Nourbakhsh, and Kerstin Dautenhahn. A survey of socially interactive robots. *Robotics and Autonomous Systems*, 42(3-4):143–166, 2003. Socially Interactive Robots.

[108] Martin Ford. *Rise of the Robots: Technology and the Threat of Mass Unemployment.* OneWorld, January 2016.

[109] D. Fox, W. Burgard, and S. Thrun. The dynamic window approach to collision avoidance. *IEEE Robotics Automation Magazine*, 4(1):23–33, Mar 1997.

[110] Foxnews. Elon musk says we are summoning the demon with artificial intelligence. http://www.foxnews.com/tech/2014/10/26/elon-musk-says-are-summoning-demon-with-artificial-intelligence/ [Online; accessed 23-May-2015], October 2014.

[111] Stan Franklin and Art Graesser. Is it an agent, or just a program?: A taxonomy for autonomous agents. In Jorg P. Muller, Michael J. Wooldridge, and Nicholas R. Jennings, editors, *Intelligent Agents III Agent Theories, Architectures, and Languages: ECAI 1996 Workshop (ATAL) Budapest, Hungary, August 12–13, 1996 Proceedings*, pages 21–35. Springer Berlin Heidelberg, 1996.

[112] Robert M. French and Patrick Anselme. Interactively converging on context-sensitive representations: A solution to the frame problem. *Revue Internationale de Philosophie*, 53(209):365–385, 1999.

[113] Tom Froese and Ezequiel A. Di Paolo. The enactive approach: Theoretical sketches from cell to society. *Pragmatics and Cognitionpragmatics and Cognition*, 19(1):1–36, 2011.

[114] Gordon G. Gallup. Chimpanzees: Self-recognition. *Science*, 167(3914):86–87, 1970.

[115] Simon Garnier, Jacques Gautrais, and Guy Theraulaz. The biological principles of swarm intelligence. *Swarm Intelligence*, 1(1):3–31, 2007.

[116] Erann Gat. On three-layer architectures. In *Artificial Intelligence and Mobile Robots*. MIT Press, 1998.

[117] Bill Gates. A Robot in Every Home. *Scientific American Magazine*, January 2007.

[118] S. S. Ge and Y. J. Cui. New potential functions for mobile robot path planning. *IEEE Transactions on Robotics and Automation*, 16(5):615–620, Oct 2000.

[119] Bernard Gert. *Morality: Its Nature and Justification.* Oxford University Press, 1998.

[120] Samuel Gibbs. New segway transforms into a cute robot companion when youre not riding it. https://www.theguardian.com/technology/2016/jan/06/segway-robot-companion-intel-ninebot [Online; accessed 26-September-2016], January 2016.

参 考 文 献

[121] James J. Gibson. *The Ecological Approach to Visual Perception.* Psychology Press, 2014.

[122] George Gilder. *Knowledge and Power: The Information Theory of Capitalism and How it is Revolutionizing our World.* Regnery Publishing, Washington, D.C., United States, 2013.

[123] M. L. Ginsberg. Ginsberg replies to Chapman and Schoppers. *AI Mag.*, 10(4):61–62, Nov 1989.

[124] M. L. Ginsberg. Universal planning: An (almost) universally bad idea. *AI Mag.*, 10(4):40–44, Nov 1989.

[125] James Gips. Toward the ethical robot. In Kenneth M. Ford, C.Glymour, and Patrick Hayes, editors, *Android Epistemology.* MIT Press, 1994.

[126] Ben Goertzel. Golem: towards an agi meta-architecture enabling both goal preservation and radical self-improvement. *Journal of Experimental & Theoretical Artificial Intelligence*, 26(3):391–403, 2014.

[127] S. Goertzel, B. Baum and T. Goertzel. How long till human-level AI? *H+ magazine*, Feb 2010.

[128] Fatih Gokce and Erol Sahin. To flock or not to flock: The pros and cons of flocking in long-range "migration" of mobile robot swarms. In *Proceedings of The 8th International Conference on Autonomous Agents and Multiagent Systems - Volume 1*, AAMAS '09, pages 65–72, Richland, SC, 2009. International Foundation for Autonomous Agents and Multiagent Systems.

[129] Kevin Gold, Marek Doniec, Christopher Crick, and Brian Scassellati. Robotic vocabulary building using extension inference and implicit contrast. *Artificial Intelligence*, 173(1):145 – 166, 2009.

[130] D. Goldman, H. Komsuoglu, and D. Koditschek. March of the sandbots. *IEEE Spectrum*, 46(4):30–35, April 2009.

[131] I. J. Good. Speculations concerning the first ultraintelligent machine. In F. Alt and M. Ruminoff, editors, *Advances in Computers*, volume 6. Academic Press, 1965.

[132] A. Green and K. Severinson-Eklundh. Task-oriented dialogue for cero: a user-centered approach. In *Proceedings 10th IEEE International Workshop on Robot and Human Interactive Communication. ROMAN 2001 (Cat. No.01TH8591)*, pages 146–151, 2001.

[133] S. Greenfield. *The Private Life of the Brain: Emotions, Consciousness, and the Secret of the Self.* Wiley, 2000.

[134] Tony Greicius. Rosettas lander philae wakes from comet nap. `https://www.nasa.gov/jpl/rosetta-lander-philae-wakes-from-comet-nap` [Online; accessed 06-December-2017], June 2015.

[135] Andrew Griffiths. How paro the robot seal is being used to help uk dementia patients. `https://www.theguardian.com/society/2014/jul/08/paro-robot-seal-dementia-patients-nhs-japan` [Online; accessed 25-November-2016], July 2014.

[136] Keith Gunderson. Interview with a robot. *Analysis*, 23(6):136–142, 1963.

[137] Pentti O A Haikonen. Reflections of consciousness; the mirror test. In *In Proceedings of AAAI Symposium on Consciousness and Artificial Intelligence: Theoretical foundations and current approaches*, pages 67–71. AAAI, 2007.

[138] J. Storrs Hall. Ethics for machines. In Susan Leigh Anderson Michael Anderson, editor, *Machine Ethics*, pages 28 – 44. Cambridge University Press, Norwood, NJ, 2011.

[139] J. Halloy, G. Sempo, G. Caprari, C. Rivault, M. Asadpour, F. Tache, I. Said, V. Durier, S. Canonge, J. M. Ame, C. Detrain, Nikolaus Correll, Alcherio Martinoli, Francesco Mondada, R. Siegwart, and Jean-Louis Deneubourg. Social Integration of Robots into Groups of Cockroaches to Control Self-Organized Choices. *Science*, 318(5853):1155–1158, 2007.

[140] H. Hamann, T. Schmickl, and K. Crailsheim. Thermodynamics of emergence: Langton's ant meets boltzmann. In *2011 IEEE Symposium on Artificial Life (ALIFE)*, pages 62–69, April 2011.

[141] Heiko Hamann, Thomas Schmickl, and Karl Crailsheim. Explaining emergent behavior in a swarm system based on an inversion of the fluctuation theorem. In Tom Lenaerts, Mario Giacobini, Hugues Bersini, Paul Bourgine, Marco Dorigo, and Rene Doursat, editors, *Advances in Artificial Life, ECAL 2011: Proceedings of the 11th European Conference on the Synthesis and Simulation of Living Systems*, pages 302–309. MIT Press, 2011.

[142] Stevan Harnad. The symbol grounding problem. *Physica D: Nonlinear Phenomena*, 42(1-3):335–346, 1990.

[143] I. Hartley. Experiments with the subsumption architecture. In R. Hartley and F. Pipitone, editors, *1991 IEEE International Conference on Robotics and Automation, 1991. Proceedings*, volume vol.2, pages 1652–1658, Apr 1991.

[144] Inman Harvey. Evolving robot consciousness : The easy problems and the rest. In *Consciousness Evolving*, pages 205–219. John Benjamins, 2002.

[145] Brosl Hasslacher and Mark W. Tilden. Living machines. In *In IEEE workshop on Bio-Mechatronics, L. Steels*, pages 143–169, 1996.

[146] Marc Hauser. *Moral Minds, How Nature Designed Our Universal Sense of Right and Wrong*. Harper Collins, 2006.

[147] Jeff Hawkins and Sandra Blakeslee. *On Intelligence*. Times Books, 2004.

[148] Thomas Hellstrom. On the moral responsibility of military robots. *Ethics and Information Technology*, 15(2):99–107, 2013.

[149] Germund Hesslow and D-A Jirenhed. The inner world of a simple robot. *Journal of Consciousness Studies*, 14(7):85–96, 2007.

[150] Lawrence M. Hinman. *Kantian Robotics: Building a Robot to Understand Kant's Transcendental Turn*, pages 135–142. Cambridge Scholars Publishing, Newcastle, UK, 2007.

[151] Hal Hodson. Robotic tormenter depresses lab rats. http://www.newscientist.com/blogs/onepercent/2013/02/robot-rat-depression.html [Online; accessed 07-Dec-2014], Feb 2013.

[152] David W. Hogg, Fred Martin, and Mitchel Resnick. Braitenberg creatures. http://cosmo.nyu.edu/hogg/lego/braitenberg_vehicles.pdf [Online; accessed 24-March-2017], 1991. Published at Epistemology And Learning Group.

[153] James Hollan, Edwin Hutchins, and David Kirsh. Distributed cognition: Toward a new foundation for human-computer interaction research. *ACM Trans. Comput.-Hum. Interact.*, 7(2):174–196, June 2000.

[154] Owen Holland. Exploration and high adventure: the legacy of Grey Walter. *Philosophical Transactions of the Royal Society of London A: Mathematical, Physical and Engineering Sciences*, 361(1811):2085–2121, 2003.

[155] Owen Holland. The first biologically inspired robots. *Robotica*, 21:351–363, 8 2003.

[156] John Hopson. Behavioral game design. *www.gamasutra.com*, April 2001.

[157] Huosheng Hu and Michael Brady. A parallel processing architecture for sensor-based control of intelligent mobile robots. *Robotics and Autonomous Systems*, 17(4):235 – 257, 1996.

[158] Bryce Huebner, Susan Dwyer, and Marc Hauser. The role of emotion in moral psychology. *Trends in Cognitive Sciences*, 13(1):1–6, 1 2009.

[159] H. Huttenrauch and K. S. Eklundh. To help or not to help a service robot. In *The 12th IEEE International Workshop on Robot and Human Interactive Communication, 2003. Proceedings. ROMAN 2003.*, pages 379–384, Oct 2003.

[160] Hiroshi Ishiguro and T Minato. Development of androids for studying on human-robot interaction. *International Symposium On Robotics*, 36:5, 2005.

[161] Hiroyuki Ishii, Motonori Ogura, Shunji Kurisu, Atsushi Komura, Atsuo Takanishi, Naritoshi Iida, and Hiroshi Kimura. Experimental study on task teaching to real rats through interaction with a robotic rat. In *Proceedings of the 9th International Conference on From Animals to Animats: Simulation of Adaptive Behavior*, SAB 2006, pages 643–654, Berlin, Heidelberg, 2006. Springer-Verlag.

[162] Hiroyuki Ishii, Qing Shi, Shogo Fumino, Shinichiro Konno, Shinichi Kinoshita, Satoshi Okabayashi, Naritoshi Iida, Hiroshi Kimura, Yu Tahara, Shigenobu Shibata, and Atsuo Takanishi. A novel method to develop an animal model of depression using a small mobile robot. *Advanced Robotics*, 27(1):61–69, 2013.

[163] Nick Jakobi. Evolutionary robotics and the radical envelope-of-noise hypothesis. *Adaptive Behavior*, 6(2):325–368, 1997.

[164] J. Jones. *Robot Programming: A Practical Guide to Behavior-Based Robotics*. Tab Robotics. McGraw-Hill Education, 2003.

[165] B. Joy. Why the future doesn't need us. *Wired*, 8(4), April 2000.

[166] M. Kamermans and T. Schmits. The history of the frame problem. *Artificial Intelligence*, 53(209):86–116, 2004.

[167] I. Kamon and E. Rivlin. Sensory-based motion planning with global proofs. *IEEE Transactions on Robotics & Automation*, 13(6):814–822, December 1997.

[168] I. Kamon, E. Rivlin, and E. Rimon. Range-sensor based navigation in three dimensions. In *Proceedings IEEE International Conference on Robotics & Automation*, 1999.

[169] Ishay Kamon, Elon Rimon, and Ehud Rivlin. Range-sensor-based navigation in three-dimensional polyhedral environments. *The International Journal of Robotics Research*, 20(1):6–25, 2001.

[170] I. Kant and G. Hatfield. *Prolegomena to Any Future Metaphysics: That Will Be Able to Come Forward as Science: With Selections from the Critique of Pure Reason*. Cambridge Texts in the History of Philosophy. Cambridge University Press, 2004.

[171] V. E. Karpov. Emotions and temperament of robots: Behavioral aspects. *Journal of Computer and Systems Sciences International*, 53(5):743–760, 2014.

[172] K. Kawamura, W. Dodd, P. Ratanaswasd, and R. A. Gutierrez. Development of a robot with a sense of self. In *Proceedings of 2005 IEEE International Symposium on Computational Intelligence in Robotics and Automation (CIRA)*, pages 211–217, June 2005.

[173] K. Kawamura, D. C. Noelle, K. A. Hambuchen, T. E. Rogers, and E. Turkay. A multi-agent approach to self-reflection for cognitive robots. In *Proc. of 11th International Conf. on Advanced Robotics*, pages 568–575, 2003.

[174] S. Kazadi. PhD thesis, California Institute Of Technology, Pasadena, California.

[175] Kevin Kelly. The maes-garreau point. http://kk.org/thetechnium/2007/03/the-maesgarreau/ [Online; accessed 24-May-2015], March 2007.

[176] Christian Keysers and Valeria Gazzola. Social neuroscience: Mirror neurons recorded in humans. *Current Biology*, 20(8):353 – 354, 2010.

[177] O. Khatib. *Commande dynamique dans l'espace operational des robots manipulateurs en presence d'obstacles*. PhD thesis, Ecole Nationale de la Statistique et de l'Administration Economique, France, 1980.

[178] O. Khatib. Real-time obstacle avoidance for manipulators and mobile robots. *International Journal of Robotics Research*, 5(1):90–98, 1986.

[179] S. Kierkegaard, H. V. Hong, and E. Hong. *Stages on Life's Way*. Princeton University Press, 1992.

[180] D. Kirsh. Today the earwig, tomorrow man? *Artificial Intelligence*, 47:161–184, 1991.

[181] T. Kitamura. Can a robot's adaptive behavior be animal-like without a learning algorithm ? In *Systems, Man, and Cybernetics, 1999. IEEE SMC '99 Conference Proceedings. 1999 IEEE International Conference on*, volume 2, pages 1047–1051, 1999.

[182] T. Kitamura and D. Nishino. Training of a leaning agent for navigation-inspired by brain-machine interface. *IEEE Transactions on Systems, Man, and Cybernetics, Part B (Cybernetics)*, 36(2):353–365, Apr 2006.

[183] T. Kitamura, Y. Otsuka, and T. Nakao. Imitation of animal behavior with use of a model of consciousness-behavior relation for a small robot. In *Proceedings of 4th IEEE International Workshop on Robot and Human Communication, 1995. RO-MAN'95 TOKYO*, pages 313–317, Jul 1995.

[184] Tadashi Kitamura, Tomoko Tahara, and Ken-Ichi Asami. How can a robot have consciousness? *Advanced Robotics*, 14(4):263–275, 2000.

[185] Zoe Kleinman. When will man become machine? http://www.bbc.com/news/technology-30583218 [Online; accessed 26-October-2016], December 2014.

[186] D. Koditschek. Exact robot navigation by means of potential functions: Some topological considerations. In *Proceedings. 1987 IEEE International Conference on Robotics and Automation*, volume 4, pages 1–6, Mar 1987.

[187] Silke Koltrowitz and Marina Depetris. Swiss reject free income plan after worker vs. robot debate. http://www.reuters.com/article/us-swiss-vote-idUSKCNOYROCW [Online; accessed 12-October-2016], June 2016.

[188] Melvin Kranzberg. Technology and history: "kranzberg's laws". *Technology and Culture*, 27(3):544–560, 1986.

[189] Jeffrey L. Krichmar. Design principles for biologically inspired cognitive robotics. *Biologically Inspired Cognitive Architectures*, 1:73–81, 2012.

[190] Matthew Kroh and Sricharan Chalikonda. *Essentials of Robotic Surgery*. Springer, 2014.

[191] C. Ronald Kube and Hong Zhang. Task modelling in collective robotics. *Autonomous Robots*, 4(1):53–72, 1997.

[192] Robert Lawrence Kuhn. What will happen when the internet of things becomes artificially intelligent? http://www.space.com/30937-when-robots-colonize-cosmos-will-they-be-conscious.html [Online; accessed 26-October-2016], October 2015.

[193] Ray Kurzweil. *The Singularity Is Near: When Humans Transcend Biology*. Penguin (Non-Classics), 2006.

[194] Ray Kurzweil. How my predictions are faring an update by ray kurzweil. http://www.kurzweilai.net/how-my-predictions-are-faring-an-update-by-ray-kurzweil [Online; accessed 24-May-2015], Oct 2010.

[195] K. N. Kutulakos, C. R. Dyer, and V. J. Lumelsky. Provable strategies for vision-guided exploration in three dimensions. In *Proceedings IEEE International Conference on Robotics & Automation*, pages 1365–1371, 1994.

[196] J. Lacan and B. Fink. *Ecrits: The First Complete Edition in English*. W. W. Norton, 2006.

[197] Kevin LaGrandeur. Technology in cross-cultural mythology: Western and non-western. http://ieet.org/index.php/IEET/more/lagrandeur20130817 [Online; accessed 07-April-2015], August 2013.

[198] D. Lambrinos and C. Scheier. Building complete autonomous agents: a case study on categorization. In *Proceedings of the 1996 IEEE/RSJ International Conference on Intelligent Robots and Systems '96, IROS 96.*, volume 1, pages 170–177, Nov 1996.

[199] Jean-Claude Latombe. *Robot Motion Planning.* Kluwer Academic Publishers, Norwell, MA, USA, 1991.

[200] Steven M. LaValle. *Planning Algorithms.* Cambridge University Press, 2006. Available at http://planning.cs.uiuc.edu/.

[201] C.P. Lee-Johnson and D.A. Carnegie. Mobile robot navigation modulated by artificial emotions. *Systems, Man, and Cybernetics, Part B: Cybernetics, IEEE Transactions on,* 40(2):469–480, April 2010.

[202] David Levy. The ethics of robot prostitute. In Patrick Lin, George Bekey, and Keith Abney, editors, *Robot ethics: The ethical and social implications of robotics,* pages 223–232. MIT Press (MA), 2012.

[203] Blanca Li. Robot. http://www.blancali.com/en/event/99/Robot [Online; accessed 11-November-2016], July 2013.

[204] Blanca Li. Robot film - director's cut. http://www.blancali.com/en/event/117/Robot-film-directors-cut [Online; accessed 21-October-2016], February 2015.

[205] Fei Li, Weiting Liu, Xin Fu, Gabriella Bonsignori, Umberto Scarfogliero, Cesare Stefanini, and Paolo Dario. Jumping like an insect: Design and dynamic optimization of a jumping mini robot based on bio-mimetic inspiration. *Mechatronics,* 22(2):167–176, 2012.

[206] Andrew Liszewski. Disney just invented a one-legged robot that hops like tigger. http://gizmodo.com/disney-just-invented-a-one-legged-robot-that-hops-like-1787483677 [Online; accessed 25-January-2017], Oct 2016.

[207] Lyle Long and Troy Kelley. chapter The Requirements and Possibilities of Creating Conscious Systems. Infotech Aerospace Conferences. American Institute of Aeronautics and Astronautics, Apr 2009.

[208] L.S. Lopes, J.H. Connell, P. Dario, R. Murphy, P. Bonasso, B. Nebel, N. Nilsson, and R.A. Brooks. Sentience in robots: applications and challenges. *Intelligent Systems, IEEE,* 16(5):66–69, Sep 2001.

[209] Dylan Love. This law school professor believes robots may lead to an increase in prostitution. http://www.businessinsider.in/This-Law-School-Professor-Believes-Robots-May-Lead-To-An-Increase-In-Prostitution/articleshow/34059910.cms [Online; accessed 25-November-2016], April 2014.

[210] Michael Luck, Nathan Griffiths, and Mark d'Inverno. *From agent theory to agent construction: A case study,* pages 49–63. Springer Berlin Heidelberg, Berlin, Heidelberg, 1997.

[211] V. Lumelsky and A. Stepanov. Dynamic path planning for a mobile automaton with limited information on the environment. *IEEE Transactions on Automatic Control,* 31(11):1058–1063, Nov 1986.

参 考 文 献

[212] V. Lumelsky and A. Stepanov. Path-planning strategies for a point mobile automaton moving amidst unknown obstacles of arbitrary shape. *Algorithmica*, 2(1):403–430, Nov 1987.

[213] J Luyken. Are robots about to take away 18 million jobs? `http://www.thelocal.de/jobs/article/are-robots-about-to-take-away-18-million-jobs` [Online; accessed 05-November-2016], May 2015.

[214] Karl F MacDorman. Androids as an experimental apparatus: Why is there an uncanny valley and can we exploit it? In *CogSci-2005 workshop: toward social mechanisms of android science*, pages 106–118, 2005.

[215] Eric Mack. Elon Musk worries skynet is only five years off. `https://www.cnet.com/news/elon-musk-worries-skynet-is-only-five-years-off/` [Online; accessed 07-November-2016], Nov 2014.

[216] Alexis C Madrigal. Is this virtual worm the first sign of the singularity? `http://www.theatlantic.com/technology/archive/2013/05/is-this-virtual-worm-the-first-sign-of-the-singularity/275715/` [Online; accessed 26-October-2016], May 2013.

[217] Pattie Maes. The dynamics of action selection. In *Proceedings of the 11th International Joint Conference on Artificial Intelligence - Vol 2*, IJCAI'89, pages 991–997, San Francisco, CA, USA, 1989. Morgan Kaufmann Publishers Inc.

[218] Pattie Maes. How to do the right thing. *Connection Science Journal*, 1:291–323, 1989.

[219] Jordan A. Mann, Bruce A. MacDonald, I.-Han Kuo, Xingyan Li, and Elizabeth Broadbent. People respond better to robots than computer tablets delivering healthcare instructions. *Computers in Human Behavior*, 43(Supplement C):112 – 117, 2015.

[220] Juergen Manner and Junichi Takeno. Monad structures in the human brain. In *13th International Workshop on Computer Science and Information Technologies (CSIT'2011)*, pages 84–88, 2011.

[221] David Marr, Shimon Ullman, and Tomaso Poggio. *Vision - A Computational Investigation into the Human Representation and Processing of Visual Information.* MIT Press, 2010.

[222] Vitor Matos and Cristina P. Santos. Towards goal-directed biped locomotion: Combining cpgs and motion primitives. *Robotics and Autonomous Systems*, 62(12):1669 – 1690, 2014.

[223] Jason Mc. Dermott. The uncanny mountain of geeky jokes. `http://jasonya.com/wp/tag/uncanny-mountain/` [Online; accessed 29-April-2017].

[224] Lee McCauley. Ai armageddon and the three laws of robotics. *Ethics and Information Technology*, 9(2):153–164, 2007.

[225] Jeffrey L. McKinstry, Anil K. Seth, Gerald M. Edelman, and Jeffrey L. Krichmar. Embodied models of delayed neural responses: Spatiotemporal categorization and predictive motor control in brain based devices. *Neural Networks*, 21(4):553 – 561, 2008.

[226] Donald Melanson. Study shocker: babies think friendly robots are sentient. http://www.engadget.com/2010/10/16/study-shocker-babies-think-friendly-robots-are-sentient/ [Online; accessed 16-April-2016], October 2010.

[227] M. Merleau-Ponty. *Eye and Mind*, pages 159–190. Northwestern University Press, 1964.

[228] M. Merleau-Ponty and D.A. Landes. *Phenomenology of Perception*. Routledge, 2013.

[229] T Metzinger. Two principles for robot ethics. In E. Hilgendorf and J.P.Gunther, editors, *Robotik und Gesetzgebung*, pages 263–302. Nomos.S, Baden-Baden, Germany, 2013.

[230] Jean-Baptiste Michel, Yuan Kui Shen, Aviva Presser Aiden, Adrian Veres, Matthew K. Gray, The Google Books Team, Joseph P. Pickett, Dale Holberg, Dan Clancy, Peter Norvig, Jon Orwant, Steven Pinker, Martin A. Nowak, and Erez Lieberman Aiden. Quantitative analysis of culture using millions of digitized books. *Science*, 2010.

[231] Jason Millar. You should have a say in your robot car's code of ethics. https://www.wired.com/2014/09/set-the-ethics-robot-car/ [Online; accessed 17-March-2017], Sep 2014.

[232] Marc.G Millis. What is vision 21 ? In *VISION 21, Interdisciplinary Science and Engineering in the era of Cyber Space*, pages 3–6. NASA, 1993.

[233] Takashi Minato, Michihiro Shimada, Hiroshi Ishiguro, and Shoji Itakura. Development of an android robot for studying human-robot interaction. In Bob Orchard, Chunsheng Yang, and Moonis Ali, editors, *Innovations in Applied Artificial Intelligence*, volume 3029 of *Lecture Notes in Computer Science*, pages 424–434. Springer Berlin Heidelberg, 2004.

[234] Javier Minguez and L. Montano. Nearness diagram (nd) navigation: collision avoidance in troublesome scenarios. *IEEE Transactions on Robotics and Automation*, 20(1):45–59, Feb 2004.

[235] Carl Mitcham. *Thinking through Technology:The Path between Engineering and Philosophy*. University of Chicago Press, 1994.

[236] T Modis. The singularity myth. *Technological Forecasting & Social Change*, 73(2), 2006.

[237] Christoph Moeslinger, Thomas Schmickl, and Karl Crailsheim. Emergent flocking with low-end swarm robots. In *Proceedings of the 7th International Conference on Swarm Intelligence*, ANTS'10, pages 424–431, Berlin, Heidelberg, 2010. Springer-Verlag.

[238] Christoph Moeslinger, Thomas Schmickl, and Karl Crailsheim. A minimalist flocking algorithm for swarm robots. In *Proceedings of the 10th European Conference on Advances in Artificial Life: Darwin Meets Von Neumann - Vol Part II*, ECAL'09, pages 375–382, Berlin, Heidelberg, 2011. Springer-Verlag.

[239] James H. Moor. The nature, importance, and difficulty of machine ethics. *IEEE Intelligent Systems*, 21(4):18–21, Jul 2006.

参考文献

[240] James.H Moor. Four kinds of ethical robots. *Philosophy Now*, 72:12–14, March 2009.

[241] Hans.P Moravec. *Robot: Mere Machine to Transcendent Mind*. Oxford University Press, Inc., New York, NY, USA, 2000.

[242] M. Mori and C.S. Terry. *The Buddha in the robot*. Kosei Pub. Co., 1981.

[243] Randall Munroe. Robot apocalypse. https://what-if.xkcd.com/5/ [Online; accessed 12-Oct-2014].

[244] Randall Munroe. Hooray robots! http://blog.xkcd.com/2008/04/22/hooray-robots/ [Online; accessed 28-Feb-2015], April 2008.

[245] Randall Munroe. New pet. https://xkcd.com/413/ [Online; accessed 28-Feb-2015], April 2008.

[246] Danielle Muoio. Japan is running out of people to take care of the elderly, so it's making robots instead. http://www.businessinsider.com/japan-developing-carebots-for-elderly-care-2015-11?IR=T [Online; accessed 05-May-2017], Nov 2015.

[247] Robin Murphy and David D. Woods. Beyond asimov: The three laws of responsible robotics. *IEEE Intelligent Systems*, 24(4):14–20, July 2009.

[248] Robin R. Murphy. *Introduction to AI Robotics*. MIT Press, 2001.

[249] Thomas Nagel. What Is It Like to Be a Bat? *The Philosophical Review*, 83(4):435–450, Oct 1974.

[250] J. Nakanishi, T. Fukuda, and D. E. Koditschek. A brachiating robot controller. *IEEE Transactions on Robotics and Automation*, 16(2):109–123, Apr 2000.

[251] M. A. Nasseri and M. Asadpour. Control of flocking behavior using informed agents: An experimental study. In *Swarm Intelligence (SIS), 2011 IEEE Symposium on*, pages 1–6, April 2011.

[252] AFP Relax News. Meet kodomoroid, otonaroid: World's first android newscasters. http://www.thestar.com.my/lifestyle/features/2014/07/01/meet-kodomoroid-otonaroid-worlds-first-android-newscasters/ [Online; accessed 20-June-2016], July 2014.

[253] Nils J. Nilsson. Shakey the robot, technical note 323. *SRI International*, (323):1–149, April 1984.

[254] T Norretranders. *The User Illusion: Cutting Consciousness Down to Size*. Penguin Books, 1999.

[255] Tim Oates. Stop fearing artificial intelligence. https://techcrunch.com/2015/04/08/stop-fearing-artificial-intelligence/ [Online; accessed 27-October-2016], April 2015.

[256] Natsuki Oka. Apparent free will caused by representation of module control. In *No Matter, Never Mind*, pages 243–249. John Benjamins, 2002.

[257] T. Okuda, Y. Sago, T. Ideguchi, Xuejun Tian, and H. Shibayama. Performability evaluation of network humanoid robot system on ubiquitious network. In *VTC-2005-Fall. 2005 IEEE 62nd Vehicular Technology Conference, 2005.*, volume 3, pages 1834–1838, Sept 2005.

[258] Sean O'Neill. Beyond the imitation game. *New Scientist*, 224(2999):27, 2014.

[259] J. Kevin O'Regan and Alva Noe. A sensorimotor account of vision and visual consciousness. *Behavioral and Brain Sciences*, 24(5):939–1031, 2001.

[260] J. Kevin O'Regan and Alva Noe. What it is like to see: A sensorimotor theory of perceptual experience. *Synthese*, 129(1):79–103, 2001.

[261] Carlos Pelta. "fungus eaters" and artificial intelligence: a tribute to masanao toda. `http://artificial-socialcognition.blogspot.in/2008/09/fungus-eaters-and-complex-systems.html` [Online; accessed 15-Nov-2014], Sep 2008.

[262] Rolf Pfeifer. Building "fungus eaters": Design principles of autonomous agents. In *In Proceedings of the Fourth International Conference on Simulation of Adaptive Behavior SAB96 (From Animals to Animats)*, pages 3–12. MIT Press, 1996.

[263] Ayse Pinar Saygin, Ilyas Cicekli, and Varol Akman. Turing test: 50 years later. *Minds Mach.*, 10(4):463–518, Nov 2000.

[264] C. Pinciroli, V. Trianni, R. O'Grady, G. Pini, A. Brutschy, M. Brambilla, N. Mathews, E. Ferrante, G. Di Caro, F. Ducatelle, T. Stirling, . Gutirrez, L. M. Gambardella, and M. Dorigo. Argos: A modular, multi-engine simulator for heterogeneous swarm robotics. In *2011 IEEE RSJ International Conference on Intelligent Robots and Systems*, pages 5027–5034, Sept 2011.

[265] David Pogue. Do we need to prepare for the robot uprising? `https://www.scientificamerican.com/article/do-we-need-to-prepare-for-the-robot-uprising/` [Online; accessed 05-November-2016], Oct 2015.

[266] J.B. Pollack. Seven questions for the age of robots. In *Yale Bioethics Seminar*, Jan 2004.

[267] J.B. Pollack. Ethics for the robot age. *Wired*, 13(1), Jan 2005.

[268] Dean A. Pomerleau. Alvinn, an autonomous land vehicle in a neural network. `http://repository.cmu.edu/compsci`, 1989.

[269] Zenon W. Pylyshyn. *The Robot's dilemma : the frame problem in artificial intelligence*. Theoretical issues in cognitive science. Ablex, Norwood, NJ, 1987.

[270] Morgan Quigley, Ken Conley, Brian P Gerkey, Josh Faust, Tully Foote, Jeremy Leibs, Rob Wheeler, and Andrew Y Ng. Ros: an open-source robot operating system. In *ICRA Workshop on Open Source Software*, volume 3, 01 2009.

[271] A. Ram, R. C. Arkin, K. Moorman, and R. J. Clark. Case-based reactive navigation: a method for on-line selection and adaptation of reactive robotic control parameters. *IEEE Transactions on Systems, Man, and Cybernetics, Part B (Cybernetics)*, 27(3):376–394, Jun 1997.

[272] Ashwin Ram and Juan Carlos Santamara. Continuous case-based reasoning. *Artificial Intelligence*, 90:86–93, 1993.

[273] I. Rano. 2012 ieee international conference on robotics and automation (icra). In *A model and formal analysis of Braitenberg vehicles 2 and 3*, pages 910–915, May 2012.

[274] BSI Press Release. Standard highlighting the ethical hazards of robots is published. http://www.bsigroup.com/en-GB/about-bsi/media-centre/press-releases/2016/april/-Standard--highlighting-the-ethical-hazards-of-robots-is-published/ [Online; accessed 01-November-2016], April 2016.

[275] Craig W. Reynolds. Flocks, herds and schools: A distributed behavioral model. *SIGGRAPH Comput. Graph.*, 21(4):25–34, August 1987.

[276] Jeremy Rifkin. *The Zero Marginal Cost Society: The Internet of Things, the Collaborative Commons, and the Eclipse of Capitalism*. St. Martin's Griffin, New York, NY, USA, 2015.

[277] G. Rizzolatti and L. Craighero. The mirror-neuron system. *Annual Review of Neuroscience*, 27:169–192, 2004.

[278] Jennifer Robertson. Robo sapiens japanicus: Humanoid robots and the posthuman family. *Critical Asian Studies*, 39(3):369–398, 2007.

[279] Hayley Robinson, Bruce MacDonald, Ngaire Kerse, and Elizabeth Broadbent. The psychosocial effects of a companion robot: A randomized controlled trial. *Journal of the American Medical Directors Association*, 14(9):661 – 667, 2013.

[280] E. M. A. Ronald and M. Sipper. Surprise versus unsurprise: Implications of emergence in robotics. *Robotics and Autonomous Systems*, 37(1):19–24, October 2001.

[281] E. M. A. Ronald, M. Sipper, and M. S. Capcarr'ere. Design, observation, surprise ! a test of emergence. *Artificial Life*, 5(3):225–239, Summer 1999.

[282] Kenneth Rosenblatt and David Payton. A fine-grained alternative to the subsumption architecture for mobile robot control. In *Proceedings of the AAAI Symposium on Robot Navigation*, pages 317–324, 1989.

[283] Mark Elling Rosheim. *Leonardo's lost robots*. Springer, Berlin, Heidelberg, Germany, 2006.

[284] Aviva Rutkin. Ethical trap: robot paralysed by choice of who to save. http://www.newscientist.com/article/mg22329863.700-ethical-trap-robot-paralysed-by-choice-of-who-to-save.html#.VEpd2t-jmb8 [Online; accessed 24-Oct-2014], Sep 2014.

[285] Selma Sabanovic. Inventing japans 'robotics culture: The repeated assembly of science, technology, and culture in social robotics. *Social Studies of Science*, 44(3):342–367, 2014.

[286] Alessandro Saffiotti and Mathias Broxvall. Peis ecologies: Ambient intelligence meets autonomous robotics. 121, 10 2005.

[287] Erol Sahin. *Swarm Robotics: From Sources of Inspiration to Domains of Application*, pages 10–20. Springer Berlin Heidelberg, Berlin, Heidelberg, 2005.

参 考 文 献

[288] Uptin Saiidi. Here's why japan is obsessed with robots. http://www.cnbc.com/2017/03/09/heres-why-japan-is-obsessed-with-robots.html [Online; accessed 05-May-2017], March 2017.

[289] S. Schaal. The new robotics - towards human-centered machines. 1(2):115–126, 2007.

[290] Christian Scheier and Rolf Pfeifer. *Classification as sensory-motor coordination*, pages 657–667. Springer Berlin Heidelberg, Berlin, Heidelberg, 1995.

[291] Thomas Schmickl, Christoph Moslinger, and Karl Crailsheim. Collective perception in a robot swarm. SAB'06, pages 144–157, Berlin, Heidelberg, 2007. Springer-Verlag.

[292] Susan Schneider. The problem of AI consciousness. http://www.huffingtonpost.com/entry/the-problem-of-ai-conscio_b_9502790.html [Online; accessed 25-March-2016], March 2016.

[293] M. J. Schoppers. In defense of reaction plans as caches. *AI Mag.*, 10(4):51–60, Nov 1989.

[294] John R Searle. *Mind, Language And Society: Philosophy In The Real World.* Basic Books, 1999.

[295] Matthew Sedacca. Are robots really destined to take over restaurant kitchens? http://www.eater.com/2016/8/29/12660074/robot-restaurant-kitchen-labor [Online; accessed 26-October-2016], August 2016.

[296] Gregory Sempo, Stephanie Depickere, Jean-Marc Ame, Claire Detrain, Jose Halloy, and Jean-Louis Deneubourg. Integration of an autonomous artificial agent in an insect society: Experimental validation. In *From Animals to Animats 9, 9th International Conference on Simulation of Adaptive Behavior, SAB 2006, Rome, Italy, September 25-29, 2006, Proceedings*, pages 703–712, 2006.

[297] Kerstin Severinson-Eklundh, Anders Green, and Helge Httenrauch. Social and collaborative aspects of interaction with a service robot. *Robotics and Autonomous Systems*, 42(3):223 – 234, 2003.

[298] Amanda Sharkey. Robots and human dignity: a consideration of the effects of robot care on the dignity of older people. *Ethics and Information Technology*, 16(1):63–75, 2014.

[299] Amanda Sharkey and Noel Sharkey. Granny and the robots: ethical issues in robot care for the elderly. *Ethics and Information Technology*, 14(1):27–40, 2012.

[300] N Sharkey. Cassandra or false prophet of doom: AI robots and war. *IEEE Intelligent Systems*, 23(4):14–17, July 2008.

[301] N Sharkey. Grounds for discrimination: Autonomous robot weapons. *RUSI Defence Systems*, 11(2):86–89, 2008.

[302] Noel Sharkey. The ethical frontiers of robotics. *Science*, 322(5909):1800–1801, 2008.

[303] Tory Shepherd. Robots could soon take over the world. no, this isnt science fiction. http://www.dailytelegraph.com.au/rendezview/robots-could-soon-take-over-the-world-no-this-isnt-science-fiction/news-story/64627dcebec15f08f12735efdd74b628 [Online; accessed 26-October-2016], August 2015.

[304] Herbert A. Simon. A behavioral model of rational choice. *The Quarterly Journal of Economics*, 69(1):99–118, 1955.

[305] Herbert A. Simon. Rational choice and the structure of the environment. *Psychological Review*, 63(2):129–138, 1956.

[306] Erik Sofge. An open letter to everyone tricked into fearing artificial intelligence. http://www.popsci.com/open-letter-everyone-tricked-fearing-ai [Online; accessed 27-October-2016], January 2015.

[307] Robert Sparrow. The Turing triage test. *Ethics and Information Technology*, 6(4):203–213, 2004.

[308] Dirk H. R. Spennemann. On the cultural heritage of robots. *International Journal of Heritage Studies*, 13(1):4–21, 2007.

[309] Janusz A. Starzyk and Dilip K. Prasad. A computational model of machine consciousness. *International Journal of Machine Consciousness*, 03(02):255–281, 2011.

[310] Luc Steels. The symbol grounding problem has been solved. so what's next. In Manuel de Vega, Arthur M. Glenberg, and Arthur C. Graesser, editors, *Symbols and Embodiment: Debates on Meaning and Cognition*, pages 223–244. Oxford University Press, 2008.

[311] Zachary Stewart. Are robotic actors the future of live theater? http://www.theatermania.com/new-york-city-theater/news/are-robotic-actors-the-future-of-live-theater_71083.html [Online; accessed 25-November-2016], Jan 2015.

[312] Andrew Stokes. The ethics of driverless cars. http://www.queensu.ca/gazette/stories/ethics-driverless-cars [Online; accessed 17-March-2017], Aug 2014.

[313] J. P. Sullins. Robots, love, and sex: The ethics of building a love machine. *IEEE Transactions on Affective Computing*, 3(4):398–409, April 2012.

[314] John P. Sullins. When is a robot a moral agent ? In Susan Leigh Anderson Michael Anderson, editor, *Machine Ethics*, pages 151 – 161. Cambridge University Press, Norwood, NJ, 2011.

[315] Tohru Suzuki, Keita Inaba, and Junichi Takeno. *Conscious Robot That Distinguishes Between Self and Others and Implements Imitation Behavior*, pages 101–110. Springer Berlin Heidelberg, Berlin, Heidelberg, 2005.

[316] Junichi Takeno. *Creation of a Conscious Robot: Mirror Image Cognition and Self-Awareness*. Pan Stanford, 2012.

[317] Nobuko Tanaka. Can robots be chips off the bards block? http://www.japantimes.co.jp/life/2010/08/15/general/can-robots-be-chips-off-the-bards-block#.WCXJYtGkU_s [Online; accessed 11-November-2016], Aug 2010.

[318] Elana Teitelbaum. 5 ways skynet is more real than you think. http://www.huffingtonpost.in/entry/skynet-real_n_7042808 [Online; accessed 07-November-2016], June 2015.

参 考 文 献

[319] Chuck Thompson and Elaine Yu. New order? China restaurant debuts robot waiters. http://edition.cnn.com/2016/04/19/travel/china-robot-waiters/ [Online; accessed 26-October-2016], April 2016.

[320] Evan Thompson. *Mind in Life - Biology, Phenomenology, and the Sciences of Mind.* Harvard University Press, 2010.

[321] James Titcomb. Stephen hawking says artificial intelligence could be humanity's greatest disaster. http://www.telegraph.co.uk/technology/2016/10/19/stephen-hawking-says-artificial-intelligence-could-be-humanitys/ [Online; accessed 26-October-2016], October 2016.

[322] Masanao Toda. The design of a fungus-eater: A model of human behavior in an unsophisticated environment. *Behavioral Science*, 7(2):164–183, 1962.

[323] Steve Torrance. Machine ethics and the idea of a more-than-human moral world. In Susan Leigh Anderson Michael Anderson, editor, *Machine Ethics*, pages 115–137. Cambridge University Press, Norwood, NJ, 2011.

[324] David S Touretzky. The hearts of symbols: Why symbol grounding is irrelevant. In *Proceedings of the Fifteenth Annual Conference of the Cognitive Science Society*, pages 165–168, 1993.

[325] David S. Touretzky. Seven big ideas in robotics, and how to teach them. In Laurie A. Smith King, David R. Musicant, Tracy Camp, and Paul T. Tymann, editors, *SIGCSE*, pages 39–44. ACM, 2012.

[326] David S. Touretzky. Robotics for computer scientists: whats the big idea? *Computer Science Education*, 23(4):349–367, 2013.

[327] Gregory Trencher. Os homo sapiens 2.0: New human software coming soon? http://ourworld.unu.edu/en/os-homo-sapiens-2-0-new-human-software-coming-soon [Online; accessed 24-May-2015], May 2011.

[328] Ali E Turgut, Hande Celikkanat, Fatih Gokce, and Erol Sahin. Self-organized flocking in mobile robot swarms. *Swarm Intelligence*, 2(2-4):97–120, 2008.

[329] Ali Emre Turgut, Cristian Huepe, Hande Celikkanat, Fatih Gkffe, and Erol Sahin. Modeling phase transition in self-organized mobile robot flocks. In *International Conference on Ant Colony Optimization and Swarm Intelligence*, pages 108–119. Springer Berlin Heidelberg, 2008.

[330] Toby Tyrrell. *Computational Mechanisms for Action Selection*. PhD thesis, University of Edinburgh, 1993.

[331] Tim Urban. The AI Revolution: Our immortality or extinction. http://waitbutwhy.com/2015/01/artificial-intelligence-revolution-2.html [Online; accessed 24-May-2015], Jan 2015.

[332] Tim Urban. The AI Revolution: The road to superintelligence. http://waitbutwhy.com/2015/01/artificial-intelligence-revolution-1.html [Online; accessed 24-May-2015], Jan 2015.

[333] Francisco J. Varela, Evan Thompson, and Eleanor Rosch. *The Embodied Mind - Cognitive Science and Human Experience*. MIT Press, 1993.

[334] Richard Vaughan. Massively multi-robot simulation in stage. *Swarm Intelligence*, 2(2):189–208, Dec 2008.

[335] Richard Vaughan, Neil Sumpter, Jane Henderson, Andy Frost, and Stephen Cameron. Experiments in automatic flock control. *Robotics and Autonomous Systems*, 31(12):109–117, 2000.

[336] Tamas Vicsek, Andras Czirok, Eshel Ben-Jacob, Inon Cohen, and Ofer Shochet. Novel type of phase transition in a system of self-driven particles. *Phys. Rev. Lett.*, 75(6):1226–1229, Aug 1995.

[337] D. Vikerimark and J. Minguez. Reactive obstacle avoidance for mobile robots that operate in confined 3d workspaces. In *MELECON 2006 - 2006 IEEE Mediterranean Electrotechnical Conference*, pages 1246–1251, May 2006.

[338] Vernor Vinge. The coming technological singularity: How to survive in the post-human era. In *VISION 21, Interdisciplinary Science and Engineering in the era of Cyber Space*, pages 11–22. NASA, 1993.

[339] Vernor Vinge. Signs of the singularity. *IEEE Spectrum*, 45(6):76–82, June 2008.

[340] Paul Vogt. The physical symbol grounding problem. *Cognitive Systems Research*, 3(3):429–457, 2002.

[341] M. Waibel, M. Beetz, J. Civera, R. D'Andrea, J. Elfring, D. Galvez-Lopez, K. Haussermann, R. Janssen, J.M.M. Montiel, A. Perzylo, B. Schiessle, M. Tenorth, O. Zweigle, and R. van de Molengraft. Roboearth. *Robotics Automation Magazine, IEEE*, 18(2):69–82, 2011.

[342] Jake Wakefield. Intelligent machines: Do we really need to fear ai? http://www.bbc.com/news/technology-32334568 [Online; accessed 27-October-2016], Sep 2015.

[343] Wendell Wallach and Colin Allen. *Moral Machines: Teaching Robots Right from Wrong*. Oxford University Press, Inc., New York, NY, USA, 2010.

[344] W. Grey Walter. An imitation of life. *Scientific American*, 182(5):42 – 45, 1950.

[345] W. Grey Walter. A machine that learns. *Scientific American*, 185(2):60 – 63, 1951.

[346] D. Wang, D. K. Liu, N. M. Kwok, and K. J. Waldron. A subgoal-guided force field method for robot navigation. In *2008 IEEE/ASME International Conference on Mechtronic and Embedded Systems and Applications*, pages 488–493, Oct 2008.

[347] Mary Anne Warren. On the moral and legal status of abortion. *The Monist*, 57(1):43–61, 1973.

[348] Peter Kelley-U Washington. Do we need new laws for rise of the robots? http://www.futurity.org/laws-robots-artificial-intelligence-959762/ [Online; accessed 27-October-2016], July 2015.

[349] J M Watts. Animats: computer-simulated animals in behavioral research. *Journal of Animal Science*, 76(10):2596–2604, October 1998.

[350] Mark Weiser. The computer for the 21st century. *SIGMOBILE Mob. Comput. Commun. Rev.*, 3(3):3–11, July 1999.

参考文献

[351] N. Wiener. *Cybernetics Or Control and Communication in the Animal and the Machine*. M.I.T. Pr.paperback.23. M.I.T. Press, 1961.

[352] Norbert Wiener. New concept of communication engineering. *Electronics*, pages 74–77, Jan 1949.

[353] Stuart Wilkinson. "gastrobots"—benefits and challenges of microbial fuel cells in foodpowered robot applications. *Autonomous Robots*, 9(2):99–111, 2000.

[354] Margaret Wilson. Six views of embodied cognition. *Psychonomic Bulletin & Review*, 9(4):625–636, 2002.

[355] Nathan Wilson. How i learned to stop worrying and love ai. https://techcrunch. com/2015/03/12/how-i-learned-to-stop-worrying-and-love-ai/ [Online; accessed 27-October-2016], March 2015.

[356] Stewart W. Wilson. Knowledge growth in an artificial animal. In *Proceedings of the 1st International Conference on Genetic Algorithms*, pages 16–23, Hillsdale, NJ, USA, 1985. L. Erlbaum Associates Inc.

[357] Stewart W. Wilson. The animat path to ai. In *Animals to Animats: Proceedings of the First International Conference on the Simulation of Adaptive Behavior, Cambridge, Massachusetts*. The MIT Press/Bradford Books, 1991.

[358] A.F.T. Winfield and O.E. Holland. The application of wireless local area network technology to the control of mobile robots. *Microprocessors and Microsystems*, 23(10):597 – 607, 2000.

[359] Alan Winfield. Walterian creatures. http://alanwinfield.blogspot.in/2007/04/ walterian-creatures.html [Online; accessed 25-Oct-2014], April 2007.

[360] Alan Winfield. *Robotics: A Very Short Introduction*. Very Short Introductions Series. OUP Oxford, 2012.

[361] Alan Winfield. Ethical robots: some technical and ethical challenges. http://alanwinfield.blogspot.co.uk/2013/10/ethical-robots-some-technical-and.html [Online; accessed 25-Oct-2014], 2013.

[362] Alan Winfield. On internal models, consequence engines and popperian creatures. http://www.alanwinfield.blogspot.co.uk/2014/07/on-internal-models-consequence-engines.html [Online; accessed 25-Oct-2014], July 2014.

[363] Alan Winfield. private communication, 2015.

[364] Alan Winfield. Text on, social, legal and ethical issues of AI. http://hamlyn.doc.ic.ac.uk/uk-ras/ethics-regulation-and-governance [Online; accessed 27-October-2016], April 2016.

[365] Alan F. T. Winfield, Christopher J. Harper, and Julien Nembrini. *Towards Dependable Swarms and a New Discipline of Swarm Engineering*, pages 126–142. Springer Berlin Heidelberg, Berlin, Heidelberg, 2005.

[366] Alan F.T. Winfield, Christian Blum, and Wenguo Liu. Towards an ethical robot: Internal models, consequences and ethical action selection. In M.Mistry, A.Leonardis, M.Witkowski, and C.Melhuish, editors, *Advances in Autonomous Robotics Systems, 15th Annual Conference, TAROS 2014, Birmingham, UK, September 1-3, 2014. Proceedings*, page 8596. Springer, 2014.

[367] Justin Wintle. *The Concise New Makers of Modern Culture*. Routledge, November 2008.

[368] Gaby Wood. *Living Dolls: A Magical History Of The Quest For Mechanical Life*. Faber and Faber, London, United Kingdom, 2003.

[369] N. Wood, A. Sharkey, G. Mountain, and A. Millings. The paro robot seal as a social mediator for healthy users. In *4th International Symposium on New Frontiers in Human-Robot Interaction*. University of Kent, Jan 2015.

[370] Roman V. Yampolskiy. *Artificial Superintelligence: A Futuristic Approach*. Chapman & Hall/CRC, 2015.

[371] Tom Ziemke. On the role of robot simulations in embodied cognitive science. *AISB Journal*, 1:389–399, 01 2003.

奇点临近

作者：（美）Ray Kurzweil 著 译者:李庆诚 董振华 田源 ISBN:978-7-111-35889-3 定价:99.00元

人工智能作为21世纪科技发展的最新成就，深刻揭示了科技发展为人类社会带来的巨大影响。本书结合求解智能问题的数据结构以及实现的算法，把人工智能的应用程序应用于实际环境中，并从社会和哲学、心理学以及神经生理学角度对人工智能进行了独特的讨论。本书提供了一个崭新的视角，展示了以人工智能为代表的科技现象作为一种"奇点"思潮，揭示了其在世界范围内所产生的广泛影响。本书全书分为以下几大部分：第一部分人工智能，第二部分问题延伸，第三部分拓展人类思维，第四部分推理，第五部分通信、感知与行动，第六部分结论。本书既详细介绍了人工智能的基本概念、思想和算法，还描述了其各个研究方向最前沿的进展，同时收集整理了详实的历史文献与事件。

本书适合于不同层次和领域的研究人员及学生，是高等院校本科生和研究生人工智能课的课外读物，也是相关领域的科研与工程技术人员的参考书。